普通高等院校电工电子基础系列教材

电路分析基础

主　编　关　健
副主编　王振宇　胡林林　李欣雪
参　编　李　彬　高　洁

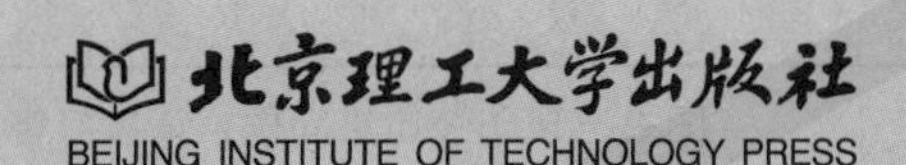

内容简介

本书以培养应用型人才为目标，充分考虑电类专业的工程需要，以实用为原则，够用为度，对传统教学内容进行了取舍，主要介绍了典型电路的分析方法。本书强调对电路基础理论的理解和应用，避免复杂的推理论证，力求概念明确清晰、通俗易懂。通过应用实例，问题导向，融入理论知识，提高分析和解决实际工程中电路问题的能力。

全书共8章，主要内容包括电路的基础知识、直流电路的分析、电路定理、动态电路的时域分析、正弦稳态电路分析、三相交流电路的分析、*RLC*谐振电路的分析、互感耦合电路与变压器等内容。各章均配有例题和习题，书末附有习题参考答案。为了方便读者应用计算机软件进行电路仿真，各章均配有典型电路仿真案例，附录介绍了Tina Pro电路仿真软件的使用方法。

本书适合于高等院校电气类、自动化类、电子信息类、计算机类等相关专业的学生使用，也适合于其他工科专业的学生使用，还可作为工程技术人员以及高校教师的参考书。

图书在版编目（CIP）数据

电路分析基础／关健主编. --北京：北京理工大学出版社，2022.6（2022.7重印）

ISBN 978-7-5763-1371-0

Ⅰ.①电…　Ⅱ.①关…　Ⅲ.①电路分析-高等学校-教材　Ⅳ.①TM133

中国版本图书馆CIP数据核字（2022）第096579号

出版发行／北京理工大学出版社有限责任公司
社　　址／北京市海淀区中关村南大街5号
邮　　编／100081
电　　话／（010）68914775（总编室）
（010）82562903（教材售后服务热线）
（010）68944723（其他图书服务热线）
网　　址／http：//www.bitpress.com.cn
经　　销／全国各地新华书店
印　　刷／北京昌联印刷有限公司
开　　本／787毫米×1092毫米　1/16
印　　张／17.5
字　　数／412千字
版　　次／2022年6月第1版　2022年7月第2次印刷
定　　价／48.00元

责任编辑／张鑫星
文案编辑／张鑫星
责任校对／周瑞红
责任印制／李志强

图书出现印装质量问题，请拨打售后服务热线，本社负责调换

前言

FOREWORD

本书是一部为应用型本科高校培养应用型人才而量身定制的教材。本书以培养电气、电子、自动化、通信等电类专业应用型人才为目标，以够用为度、重在应用为原则编写教材内容。为了满足电类专业的工程设计要求，并与后续专业课程更好地衔接，适应毕业生就业需要，本书从工程应用的角度，把电路分为直流电路、交流电路、谐振电路、动态电路、稳态电路、互感耦合电路等典型电路形式，然后分别介绍这些电路的分析和计算方法。同时，融入电路基础知识和定理等电路理论。书中通过典型实例，提出电路分析任务，再以任务和问题为导向，把电路理论嵌入其中，解决电路的分析和计算问题。本书通过电路仿真，可及时观察电路运行效果，增强对抽象电路理论的理解。通过解决工程实际的电路分析问题，增加学生成就感，激发学习兴趣，提高学生的电路分析和计算能力。

本书的结构体系和内容体现了基础性，应用型本科教育对理论知识的学习是讲究实用而不是追求完整高深，但也不是肤浅简单，所以打牢基础是很重要的。在编写教材时注意把重要理论知识点讲够、讲透，概念清晰明确。对于“够用为度”的“度”，经过反复研究推敲，慎重确定，恰当删减了不必要的内容。

“电路分析基础”课程为电类专业基础课，本书考虑与公共基础前导课的衔接性，又体现与后续专业课的应用性，把如何理解和应用电路概念、术语、公式、定理解决电路问题作为教材编写工作的重点。例题和习题均为实际应用电路模型，并配有文字说明，起到了示范、指导和加深理解的作用。习题没有追求复杂，但类型多样。例题解题步骤清晰明确，尽可能添加了元器件的实物图片。教学手段上引入了电路仿真，在每一章加入了案例仿真分析，采用电子电路仿真软件“Tina Pro（中文版）”，对电路分析结果加以验证。教材中的术语、电路元件符号、变量等均采用了国家统一标准或行业通用形式，并做到全书一致。

全书共8章。第1章电路的基础知识，第2章直流电路的分析，第3章电路定理，第4章动态电路的时域分析，第5章正弦稳态电路的分析，第6章三相交流电路的分析，第7章 *RLC* 谐振电路的分析，第8章互感耦合电路与变压器。各章均配有习题和典型案例仿真，书末附有各章习题参考答案。为了提高读者应用计算机仿真软件分析电路的能力，书末增加了电子电路仿真软件“Tina Pro（中文版）”的简介。

本书由关健担任主编，负责全书的统稿；王振宇、胡林林、李欣雪担任副主编，李彬、高洁担任参编。其中，关健编写了第1章、附录2；王振宇编写了第5章、第6章、附录1，并对每章的电路仿真部分进行了统稿；胡林林编写了第4章、第8章的8.1、8.2、8.3节；高洁编写了第8章的8.4、8.5、8.6节；李彬编写了第7章、第3章的3.3、3.4、3.5节；李欣雪编写了第2章、第3章的3.1、3.2节。

本书在编写过程中，作者参考了多位同行专家的著作和文献。在此，向他们表示真诚的谢意。

由于编者水平有限，书中难免存在缺点和不足之处，欢迎读者批评指正。

编　者

目　录

CONTENTS

第1章　电路的基础知识

内容提要：本章主要介绍电路的基础知识，内容包括实际电路与电路模型，电流、电压、电功率等电路的基本物理量，电阻元件与欧姆定律，电压源和电流源等理想电源、基尔霍夫定律及应用。为后续的学习打下较好基础。

1.1　实际电路与电路模型

1.1.1　实际电路及功能

随着科学技术的进步，人们在生活和工作中会接触到种类繁多的电子设备。例如，照明电路、家用电器、手机、对讲机、计算机、门禁系统、ETC收费系统、工厂自动化生产线，等等。

这些电子设备的核心就是电路。电路是由电路部件和电路器件相互连接而构成电流通路的装置。比较复杂的电路通常呈网状，故电路有时也常被称为网络。实际上，在电路理论中，电路与网络这两个名词一般可以通用。由实际电路元件组成的电路称为实际电路。由理想电路元件组成的与实际电路相对应的电路称为电路模型。

电路的组成：组成电路的主要部件有电源、负载、导线、开关和测量仪表等。

1. 电源

提供电能的装置称为电源。电源的功能是将其他形式的能量转换成电能，提供给负载。

在实际生产生活中，干电池、蓄电池、太阳能电池、各种发电机等都可以作为电源使用。

由于电路中的电压和电流是在电源的激励作用下产生的，因此电源又称为激励。激励在电路各支路中产生的电压和电流又称为响应。有时，根据激励和响应之间的因果关系，又把激励称为输入，响应称为输出。

2. 负载

消耗电能的用电设备称为负载。负载的功能是将电能转换成其他形式的能。常见的负载有电灯、电磁炉、电风扇、空调、电视机等。

注意：在不同状态下，电源和负载的角色是会发生转变的。

例如手机电池，在正常使用手机时，手机电池为手机电路提供电能量，是手机电路的能量来源。但是如果把手机处于充电状态时，则手机电池通过充电器吸收外界能量，并将电能转变成化学能存储在电池中。在这种状态下，电池由电源的角色就变成了吸收能量的负载。

3. 导线

电路中将电能传输给负载的连接线称为导线。导线是用导电能力极强的金属材料制成的。

电路中除了电源、负载和导线之外，还有用于控制、测量等功能的电路部件单元，例如开关、仪表等。

图 1.1（a）所示为手电筒的实际电路，它由干电池、灯泡、导线和开关组成。干电池是电源，灯泡是负载，导线为传输环节，开关为控制部件。当开关闭合后形成电流通路，当电流通路中有电流流过时，使灯泡发光，以起到照明的作用。

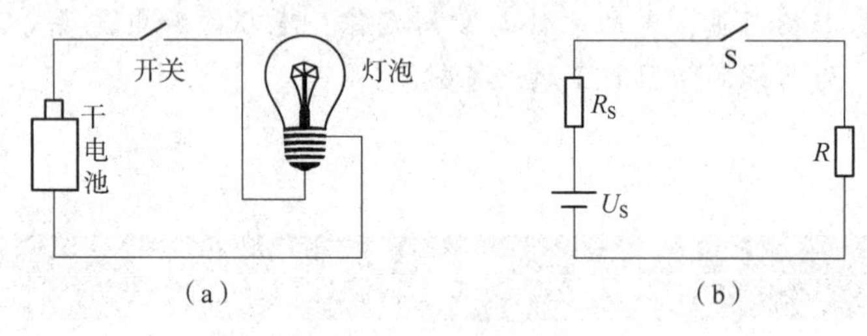

图 1.1　手电筒电路

（a）实际电路；（b）电路模型

电路的功能主要可分为两种，第一种功能是进行电能的传输、分配、转换和储存，第二种功能是实现电信号的传递、变换、处理和控制。

（1）进行电能的传输、分配、转换和储存。

通过电路可实现电能的远距离传输、分配、转换和储存。例如，在电力系统的电路中，发电机是电源，它把其他形式的能（如机械能、光能、风能）转化为电能。电能通过变压器升压和输电线的远距离传送，再经过变压器降压送给千家万户的负载。负载把电能转换成其他形式的能，例如光能（电灯）、热能（电炉）、机械能（电风扇）。用户还可以通过充电电路，把部分电能储存到蓄电池中以备他用。

（2）实现信号的传输、变换、处理和控制。

通过电路可实现电信号的传输、变换、处理和控制。例如，电视机接收天线将接收到含有声音和图像信息的高频电视信号，通过高频传输线送到电视机中，这些信号经过选择、变频、放大等处理，恢复出原来的声音和图像信号，在扬声器发出声音，在显示屏幕上呈现图像。

1.1.2　电路模型

组成实际电路的元件种类繁多，即使是很简单的实际元件，在工作时所发生的物理现象也可能会是很复杂的。电灯泡不但发光发热消耗电能，而且还会在其周围产生微弱的磁场；干电池有内阻效应，电池在向外提供电能时，其内部也是有少量的电能损耗；电力传输线在传输电能时还会消耗部分电能。

诸多实例说明直接对由实际元件和设备构成的电路进行全面分析和研究，往往很困难，有时甚至是不可能的。为此，对于各种实际电路元件应按照它们在电路中表现出来的电磁性质进行分类，并加以理想化。在一定的条件下忽略其次要的性质，突出其主要特征，用一个足以表征其主要电磁性质的“模型”——理想电路元件来表示。

比如，电灯发光发热所消耗的电能远大于微弱磁场所消耗的电能，故可以只考虑其电阻特性而忽略其磁场特性；当电池的负载很轻时、输出电流小，可不考虑其内阻效应；长距离的电力传输线要考虑其电阻耗能特性，但电路板上的传输线就不必考虑电阻耗能特性。

1. 电路中的理想元件

一般来说，实际电路元件的电性能都比较复杂，研究起来比较麻烦。在电路分析时，常常以理想化元件取代它们进行电路分析。所谓理想元件，就是电特性单一的元件，常见的理想元件包括理想电阻、理想电感、理想电容、理想电压源、理想电流源等，如图1.2所示。

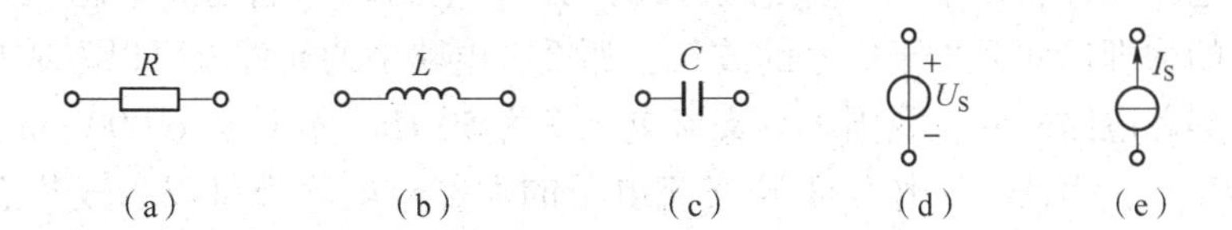

图1.2　理想元件的符号

(a) 理想电阻；(b) 理想电感；(c) 理想电容；(d) 理想电压源；(e) 理想电流源

1）理想电阻元件

只具有将电能转化为热能的元件，称为理想电阻元件。理想电阻元件既不储存电场能也不储存磁场能。理想电阻元件是二端元件，文字符号用“R”表示，图形符号如图1.2（a）所示。

2）理想电感元件

只具有将电能转化为磁场能的元件，称为理想电感元件。理想电感元件只存储磁场能，但不消耗能量。电感元件也是二端元件，文字符号用“L”表示，图形符号如图1.2（b）所示。

3）理想电容元件

只具有将电能转化为电场能的元件，称为理想电容元件。理想电容元件只存储电场能，但不消耗能量。电容元件也是二端元件，文字符号用“C”表示，图形符号如图1.2（c）所示。

图1.2（d）、图1.2（e）分别为理想电压源和理想电流源的图形符号，它们的特性将在后面电源部分详细介绍。由于本书涉及的电路元件都是理想元件，所以习惯上不提“理

想”二字，比如“理想电阻”就简称为“电阻”。

2. 电路的理想化模型

引入了理想元件的概念以后，实际的电路元件都可以用能够反映其主要电磁特征的理想元件来替代。因此，无论是简单的还是复杂的实际电路，都可以通过若干种理想电路元件所构成的抽象电路来表示，通常把这种抽象电路称为“电路的理想化模型”，简称“电路模型”，如图1.1（b）所示。

本教材中出现的电路都是这种理想化模型。用常用元件符号构成的图表现了电路的结构，便于分析其工作原理，故又称这种图为电路原理图，简称电路图。电路理想化模型中的导线都是理想导线，理想导线的内电阻值为零。电路理想化模型只反映各种理想元件在电路中的作用及相互连接方式，并不表示电气设备和元件的真实几何形状和实际位置。

3. 集总电路与分布参数电路

如果元件的特性与元件的尺寸无关，则这种元件就称为集总元件或点元件。由集总元件构成的电路称为集总电路。反之，如果电路元件的特性与元件物理尺寸有关，这样的元件为分布参数元件，由分布参数元件构成的电路称为分布参数电路。上面介绍的理想元件都属于集总元件，本教材中研究的电路都是集总参数电路。

相比较而言，集总参数电路要比分布参数电路分析简单一些，实际电路中是否能看成集总参数电路来研究，要看其工作时信号的波长如何。如果电路中元件的物理尺寸与信号的波长比较接近，电路元件就不能当成集总参数的元件，电路就不能当成集总电路去研究。相反，如果电路的物理尺寸远小于信号的波长，那么，电路中的元件就可以看成集总元件，电路就可以当成集总电路研究。我国工频交流电频率为50 Hz，波长达6 000 km，波长远远大于一般电路的尺寸，因此，工作于工频交流电下的大部分电路都可以当成集总电路来分析研究。

1.2 电路的基本物理量

电路分析中常常用到电流、电压、电位、电功率等物理量，本节对这些物理量以及与它们有关的概念进行简要的介绍。

1.2.1 电流

1. 电流的形成

电荷在电场的作用下定向移动形成电流。电荷的移动也就是带电粒子的移动，导体中的自由电子，电解液和电离气体中的正、负离子，半导体中的自由电子和空穴，都属于带电粒子。

习惯上将正电荷的移动方向规定为电流的实际方向，则带负电荷的粒子的定向移动方向为电流的反方向，如图1.3所示。

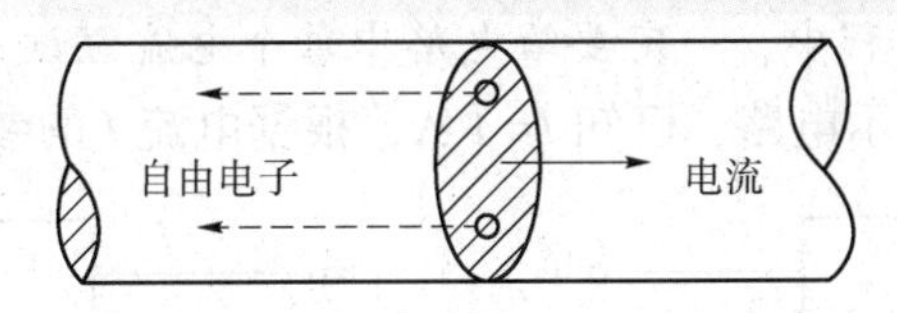

图 1.3　电荷的定向移动

2. 电流强度

电流的大小用电流强度来衡量。电流强度习惯上又常简称为电流。电流在数值上等于单位时间内通过导体单位横截面积的电荷量 q，用符号 i 表示，即

$$i=\frac{\Delta q}{\Delta t} \tag{1-1}$$

式中，q 是电荷量，单位是库仑（C）；t 是时间，单位是秒（s）。

电流的单位是安培（A）。在实际使用中，电流强度还会用到较大的单位千安（kA）和较小的单位毫安（mA）、微安（μA），它们之同的换算关系如下：

$$1\ \text{kA}=10^3\ \text{A},\ 1\ \text{A}=10^3\ \text{mA},\ 1\ \text{mA}=10^3\ \mu\text{A}$$

3. 直流和交流

若电流的大小和方向不随时间变化，则称这种电流为恒定电流，简称为直流，常用字母 DC 表示。直流电流用大写的字母 I 表示，所以式（1-1）可改写为

$$I=\frac{Q}{t} \tag{1-2}$$

周期性变化且平均值为零的电流称为交变电流，简称为交流，常用字母 AC 表示。交流电流用小写字母 i 表示。

4. 电流的实际方向与参考方向

将正电荷移动的方向规定为电流的实际方向。在复杂的电路中，很难确定元件中电流的实际方向，为了分析与计算方便，可以先给电路中的电流假设一个流动方向，这种假设的电流方向，称为电流的参考方向。

在图 1.4 中，电流实际方向用虚线箭头表示。电流参考方向有两种表示方法，第一种是用实线箭头表示，第二种是用双下标字母表示（例如 I_{ab} 表示电流由 a 点流向 b 点，并有 $I_{ab}=-I_{ba}$），但通常用实线箭头表示电流的方向。

在电路分析过程中，电流参考方向选择是任意的，不一定是电流的实际方向。当电流的实际方向与其参考方向一致时，则电流为正值（$I>0$），如图 1.4（a）所示；当电流的实际方向与其参考方向相反时，则电流为负值（$I<0$），如图 1.4（b）所示。

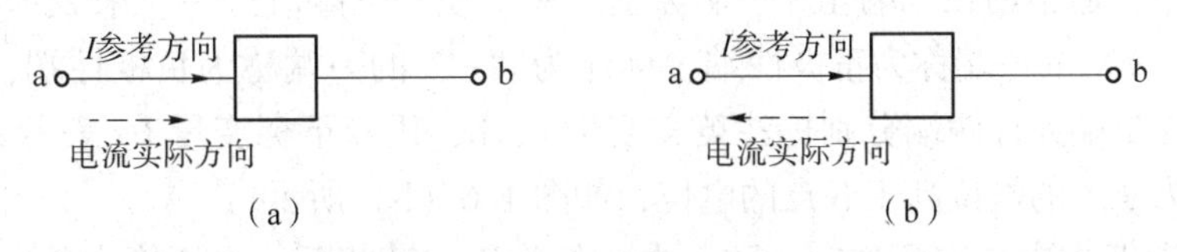

图 1.4　电流的参考方向与实际方向关系图

（a）$I>0$；（b）$I<0$

图 1.4 中的方框表示一个二端元件，不指某特定元件。由图 1.4 可见，在选定参考方向后，电流值才有正负之分。如果没有选定参考方向，电流值的正负则无任何意义。

注意：在电路分析的过程中，一定要给电路中每个电流假设一个参考方向。

【例 1.1】 如图 1.5 所示电路，已知 $I=1$ A，根据电流 I 的参考方向，试计算 I_{ab} 的值。

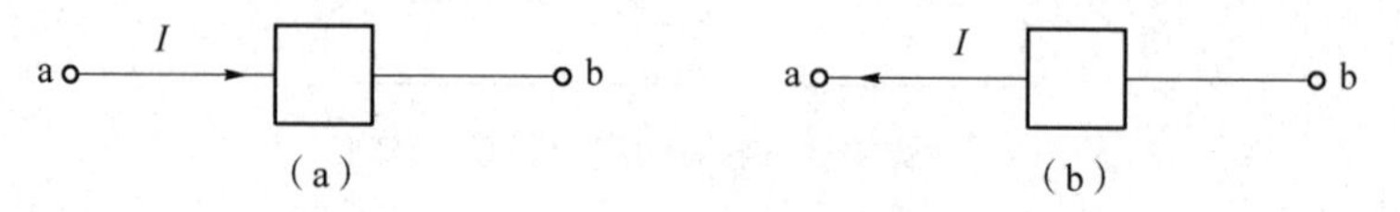

图 1.5 例 1.1 电路图

(a) 参考方向向右；(b) 参考方向向左

【解】 根据图 1.5（a）可知 I_{ab} 的方向与 I 的方向相同，则 $I_{ab}=1$ A。

根据图 1.5（b）可知 I_{ab} 的方向与 I 的方向相反，则 $I_{ab}=-1$ A。

1.2.2 电压与电位

电路分析中另一个基本物理量是电压。从物理学课程中已经知道，电荷在电场力的作用下移动，电场力要做功。

1. 电压的定义

设有单位正电荷 q 在电场力的作用下，从 a 点移到 b 点，电场力做的功为 W，则 a、b 两点间的电压为

$$u_{ab}=\frac{dW}{dq} \tag{1-3}$$

式中，W 的单位是焦耳（J）；q 的单位是库仑（C）；u_{ab} 的单位是伏特（V）。在实际使用中，电压还会用到较大的单位千伏（kV）和较小的单位毫伏（mV）、微伏（μV），它们之间的换算关系如下

$$1\ \text{kV}=1\ 000\ \text{V},1\ \text{V}=1\ 000\ \text{mV},1\ \text{mV}=1\ 000\ \mu\text{V}$$

电压的实际方向规定为正电荷在电场中受电场力作用而移动的方向。

如果电压的大小和方向均不随时间改变，则称为直流电压。显然，对于直流电压，若电场力将电荷 q 从 a 点移到 b 点所做的功为 W，则直流电压 U_{ab} 可表示为

$$U_{ab}=\frac{W}{q} \tag{1-4}$$

与前面介绍电流时一样，用大写字母 U 代表直流电压，小写字母 u 代表交流电压。

2. 电压的实际方向与参考方向

在电路图中，通常用在二端元件一端标上“+”，另一端标上“-”来表示电压 U 的参考方向。标注为“+”的一端称为正极性端，标注为“-”的一端称为负极性端，如图 1.6（a）所示。也可以在二端元件两端分别标注英文字母 a、b，用双下标变量 U_{ab} 表示 a、b 两端之间的电压，且认为 a 点的电位高于 b 点的电位，如图 1.6（b）所示。

若电压的参考方向与实际方向一致，电压值为正；若相反，电压值为负。

【例 1.2】 如图 1.7 所示电路，当 $U=3$ V，二端元件哪边电位高？当 $U=-5$ V，二端元件哪边电位高？

【解】 当 $U=3$ V，为正值，说明电压的参考方向与实际方向相同，则二端元件左端电位高，右端电位低。

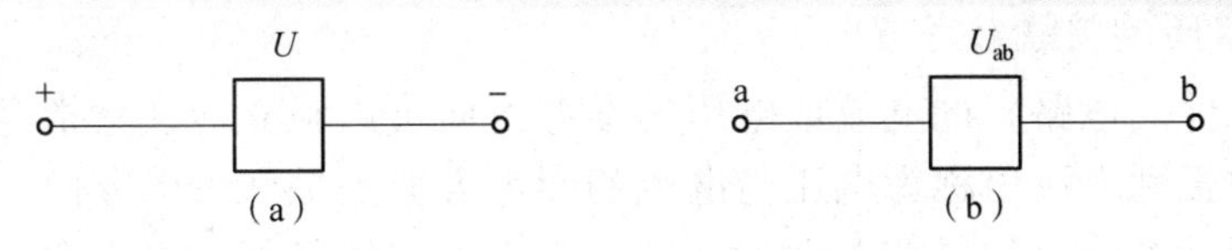

图 1.6　电压的参考方向表示方法

(a) 正负号表示电压参考方向；(b) 双下标表示电压参考方向

当 $U=-5$ V，为负值，说明电压的参考方向与实际方向相反，则二端元件右端电位高，左端电位低。

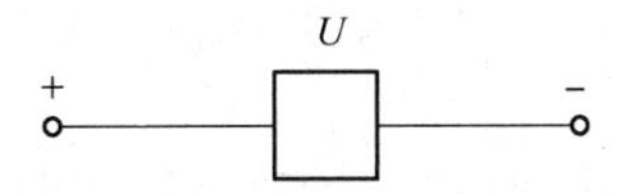

图 1.7　例 1.2 电路图

3. 电位的定义

在电路中任意选一点作为参考点，则其他各点到参考点的电压称为该点的电位，仍用 U 表示。例如，a、b 两点相对于参考点的电位分别用为 U_a、U_b 表示。a、b 两点之间的电压等于这两点间的电位差，即 $U_{ab}=U_a-U_b$，因此，电压又称为电位差。电位与电压既有联系又有区别，其主要区别在于电路中任意两点间的电压，其数值是绝对的，与该两点之间的路径无关；而电路中某点的电位是相对的，其值取决于参考点的选择。

电位的参考点可以任意选取。参考点选取的不同，电路中某点的电位是不同的，但不会影响到两点间的电压。这就是常说的电位是相对的，而电压是绝对的。在电路的分析过程中常选择大地、设备外壳、接地点、电源的负端作为参考点，参考点的电位是零。参考点选好后，就不再改变。

【例 1.3】　如图 1.8 (a) 所示电路，当选 b 点为参考点时，确定 U_a、U_b 和 U_{ab}的值；当选 c 点为参考点时，确定 U_a、U_b 和 U_{ab}的值。

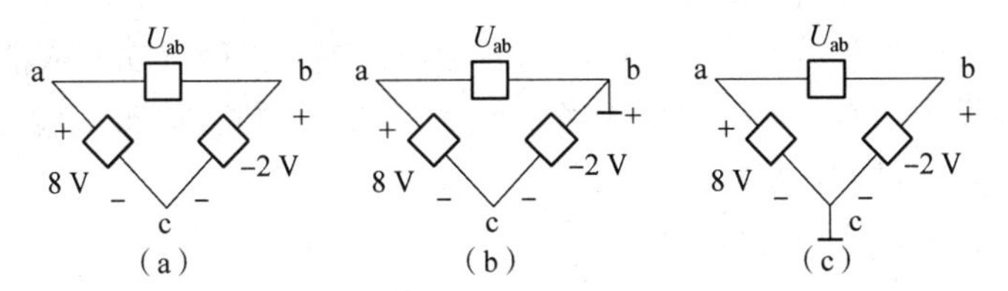

图 1.8　例 1.3 电路图

(a) 原电路；(b) b 点为参考点；(c) c 点为参考点

【解】　如图 1.8 (b) 所示，当选 b 点为参考点时，可得

$$U_b=0\ \text{V}$$

则

$$U_{ab}=U_{ac}+U_{cb}=U_{ac}-U_{bc}=8+2=10(\text{V})$$

$$U_a=U_{ab}+U_b=10\ \text{V}$$

如图 1.8 (c) 所示，当选 c 点为参考点时，可得

$$U_c=0\ \text{V}$$

$$U_a=8\ \text{V}, U_b=-2\ \text{V}$$

$$U_{ab}=U_a-U_b=8-(-2)=10(\text{V})$$

4. 电流与电压的关联参考方向

一个二端元件（电路）的电流或电压的参考方向可以独立地任意指定，电流从其正极性端流入，负极性端流出称为电压与电流的参考方向是关联参考方向。电流从其负极性端流入、正极性端流出称是非关联参考方向。为了方便起见，往往将一个元件或一条支路上的电流和电压参考方向选成一致的，即关联参考方向。

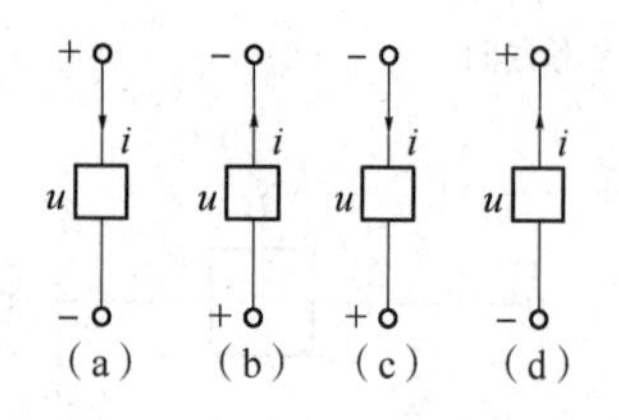

图 1.9　电压、电流的关联方向

在图 1.9（a）、（b）中，电流 i 自电压 u 的正极性端流入电路，从电压的负极性端流出，电压、电流的参考方向是关联参考方向；在图 1.9（c）、（d）中，电流 i 自电压 u 的负极性端流入，从电压的正极性端流出，则电流、电压的参考方向是非关联参考方向。

1.2.3　电功率与电能

1. 电功率

单位时间内电流所做的功，称为电功率，简称功率，用符号 p 来表示。在二端元件 u、i 为关联参考方向时，有如下表达式

$$p=\frac{\mathrm{d}W}{\mathrm{d}t}=\frac{\mathrm{d}W}{\mathrm{d}q}\cdot\frac{\mathrm{d}q}{\mathrm{d}t}=ui \tag{1-5}$$

而当 u、i 为非关联参考方向时，有如下表达式

$$p=-ui \tag{1-6}$$

式中的负号就表示电压、电流为非关联方向。

在计算中，取关联参考方向，若 $p>0$，则表示该二端元件吸收功率或消耗功率；若 $p<0$，则表示该二端元件发出功率。取非关联参考方向，若 $p>0$，则表示该二端元件发出功率；若 $p<0$，则表示该二端元件吸收功率。

在直流情况下，上两式可分别写为

$$P=UI,P=-UI \tag{1-7}$$

功率的国际单位为瓦特（W）。在实际应用中还会用到千瓦（kW）、毫瓦（mW）和微瓦（μW），它们之间的关系是

$$1\ \mathrm{kW}=1\ 000\ \mathrm{W},1\ \mathrm{W}=1\ 000\ \mathrm{mW},1\ \mathrm{mW}=1\ 000\ \mu\mathrm{W}$$

在功率计算的时候，一定要注意该部分电路的电压和电流的参考方向是否关联。

【例 1.4】　试求图 1.10 中元件的功率，并指出元件是吸收功率还是发出功率。

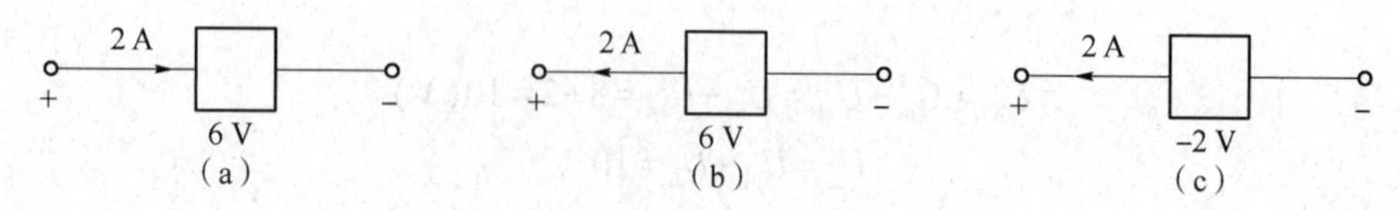

图 1.10　例 1.4 电路图

【解】　图 1.10（a）中，电压 $U=6$ V、电流 $I=2$ A，且电压、电流为关联参考方向，故有

$$P=UI=6\times2=12(\mathrm{W})\quad(P>0，元件吸收功率)$$

图 1.10（b）中，电压 $U=6$ V、电流 $I=2$ A，电压、电流为非关联参考方向，故有

$$P=-UI=-6\times2=-12(\mathrm{W})\quad(P<0，元件发出功率)$$

图 1.10（c）中，电压 $U=-2$ V、电流 $I=2$ A，电压、电流为非关联参考方向，故有

$$P=-UI=-(-2)\times2=4(\mathrm{W})\quad(P>0，元件吸收功率)$$

2. 电能

电流通过电路元件时，电场力要做功，称为电能。当有电流从元件的高电位端流入，低电位端流出，即有正电荷从元件的“+”端移到“-”端时，电场力做正功，电能转化为其他形式的能量。例如，电流流过电阻元件时电能转化为热能，或者电流流过被充电的电池时电能转换为化学能，此时元件吸收电能。相反，当电流从元件的低电位端流入、高电位端流出，电荷从元件的“-”端移到“+”端时，电场力做负功，元件将其他形式的能量转换为电能。例如，正在向外供电的电池，就是把化学能转换为电能。

设在 $\mathrm{d}t$ 时间内，有正电荷 $\mathrm{d}q$ 从元件的“+”端移到“-”端，若元件两端的电压为 u，根据电压的定义，电场力所做功，也即元件吸收的能量为现假定 i 在元件上与 u 成关联参考方向

$$\mathrm{d}W=u\mathrm{d}q=u\frac{\mathrm{d}q}{\mathrm{d}t}\mathrm{d}t=ui\mathrm{d}t$$

即在 $\mathrm{d}t$ 时间内，元件消耗了电能 $\mathrm{d}W$。故电场力在时间 0 到 t 的时间内，所做的功有

$$W=\int_0^t ui\mathrm{d}\xi \tag{1-8}$$

如果正电荷 $\mathrm{d}q$ 是从元件的“-”端移到“+”端，则电场力做负功，有

$$W=-\int_0^t ui\mathrm{d}\xi \tag{1-9}$$

在直流的情形下，电压 U 和电流 I 都是常量，则根据式（1-8）和式（1-9），可得如下两式

$$W=UIt\ 和\ W=-UIt \tag{1-10}$$

元件是消耗电能还是提供电能，则要视电压与电流的实际方向而定，在电压、电流取关联参考方向时，若计算得 $W>0$，说明 U、I 的参考方向与实际方向一致，即有电流从元件的高电位端流入、低电位端流出，说明元件消耗电能。若计算得 $W<0$，则说明 U 或 I 的参考方向与实际方向相反，即有电流从元件的低电位端流入、高电位端流出，说明元件向外提供电能。

电能的单位是焦耳（J），工程上也常用千瓦时（kW·h，俗称“度”）作单位，它们的换算关系为

$$1\ \mathrm{kW\cdot h}=1\ 000\ \mathrm{W}\times3\ 600\ \mathrm{s}=3.6\times10^6\ \mathrm{J}=3.6\times10^3\ \mathrm{kJ}=3.6\ \mathrm{MJ}$$

1.3　电阻元件与欧姆定律

1.3.1　电阻元件

电荷在导体中运动时，会受到分子和原子等其他粒子的碰撞与摩擦，碰撞和摩擦的结果

形成了导体对电流的阻碍，这种阻碍作用最明显的特征是导体消耗电能而发热（或发光）。物体对电流的这种阻碍作用，称为该物体的电阻。

电阻的常用单位是欧姆，简称欧（Ω）。电阻常用的单位还有千欧（kΩ）、兆欧（MΩ）、毫欧（mΩ）等，它们之间的关系为

$$1\ \mathrm{M\Omega}=1\ 000\ \mathrm{k\Omega},\ 1\ \mathrm{k\Omega}=1\ 000\ \Omega,\ 1\ \Omega=1\ 000\ \mathrm{m\Omega}$$

导体的电阻是客观存在的，它不随导体两端的电压变化而变化。实验证明在一定温度下，导体的电阻大小与导体的长度 l 成正比，与导体的横截面积 S 成反比，并与导体材料的性质有关，即

$$R=\rho\frac{l}{S} \tag{1-11}$$

式中，ρ 为导体的电阻率（单位为 Ω · m）。

在一定温度下，导体的电阻率 ρ 是由导体的材料性质所决定的，表 1.1 所示为几种常用材料的电阻率。

表 1.1　几种常用材料的电阻率

材料名称	电阻率 ρ(20 ℃)/(Ω · m)	电阻率的温度系数 α/℃$^{-1}$
银	1.6×10^{-3}	3.6×10^{-3}
铜	1.7×10^{-3}	4.1×10^{-3}
铝	2.9×10^{-3}	4.2×10^{-3}
钨	5.3×10^{-3}	5×10^{-3}
铁	9.78×10^{-3}	6.2×10^{-3}
镍	7.3×10^{-3}	6.2×10^{-3}
铂	1.0×10^{-7}	3.9×10^{-3}
锡	1.14×10^{-7}	4.4×10^{-5}
锰铜（锰 12%、铜 86%、镍 2%）	4×10^{-7}	2×10^{-5}
康铜（铜 54%、镍 46%）	5×10^{-7}	4×10^{-5}
镍铬（镍 80%、铬 20%）	1.1×10^{-5}	7×10^{-5}
纯净锗	0.6	
纯净硅	2 300	

电阻是物体（或者说材料）本身的一种性质，利用材料的这种性质可以制成“电阻器”元件。用电阻元件来集中表示实际电路中导体对电流的阻碍作用。如果突出实际元件对电流的阻碍作用，忽略次要性质，便可抽象出一种理想的电路元件——电阻元件，电阻元件是一种最常用的理想元件。电阻元件的电路图形符号如图 1. 11 所示。

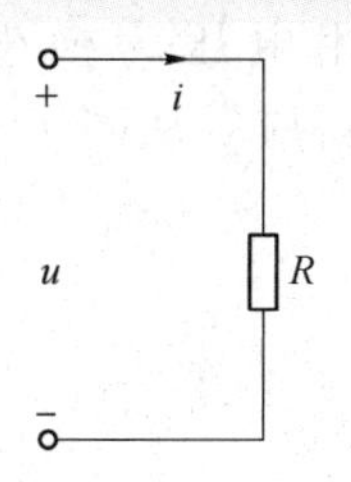

图 1.11　电阻元件的电路图形符号

1.3.2　欧姆定律

电阻元件通常简称为电阻，因此“电阻”一词既可以指一种元件，又可以指元件的一种性质。

电阻两端的电压 u 与通过电阻的电流 i 之间的关系，称为电阻的伏安特性。

实验表明通过电阻元件的电流 i 与元件两端的电压 u 成正比。在电压、电流取关联参考方向时，该关系可写成

$$u=Ri \tag{1-12}$$

这就是电阻元件的伏安特性，式中 R 是元件的电阻。这一规律在 1827 年被德国科学家欧姆所发现，故称为欧姆定律。

一个电阻元件的特性，除了可以用电阻值的大小描述之外，还可以用其电导值 G 来描述，则欧姆定律还可写如下形式

$$i=Gu \tag{1-13}$$

电导的单位为西门子（S），$G=1/R$。

显然，一个电阻元件的电阻值越大，其电导值就越小，导电能力越差；电阻值越小其电导值就越大，导电能力就越好。所以，电导值是从电阻元件导通电流能力上去描述电阻特性的。当一段材料的电导值极小而趋于零时，称之为绝缘体；当一段材料的电导值趋于无穷大时，则称之为超导体。

在非关联参考方向的情况下，欧姆定律表达式为

$$u=-Ri \text{ 和 } i=-Gu \tag{1-14}$$

在直流情况下，欧姆定律有如下形式：

$$U=RI \text{ 和 } U=-RI \tag{1-15}$$

$$I=GU \text{ 和 } I=-GU \tag{1-16}$$

欧姆定律表明，当电流流过电阻元件时，会沿着电流的方向出现电压降（即电压），当有电压作用在电阻两端时，将产生由高电位端流向低电位端的电流。

在直角平面坐标系中，以电流为横坐标，电压为纵坐标，可画出式（1-12）的图形。当电阻 R 为线性不变正值时，称该元件为线性电阻元件，其伏安特性是一条过原点且分布在一、三象限的直线，如图 1.12（a）所示。

电阻 R 的几何意义是该直线的斜率$\left(R=\dfrac{u}{i}=\tan\alpha\right)$，$R$ 值越大，斜率越大，与 i 轴的夹角就越大，直线就越陡。由图 1.12（a）可知 $R_1>R_2$。

电阻的伏安特性曲线也可以用电压为横坐标，电流为纵坐标画出图形，如图 1.12（b)所示，与式（1-13）相对应。从图 1.12（b）可见，其直线的斜率表示电导，且有 $G_1>G_2$。

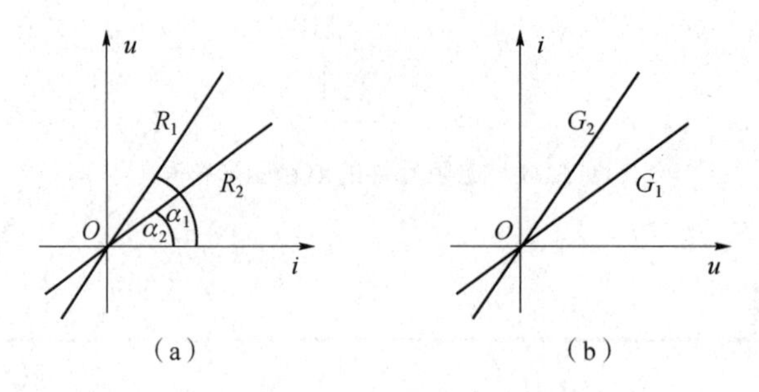

图 1.12 电阻的伏安特性曲线

（a）$u=Ri$ 曲线；（b）$i=Gu$ 曲线

有一些二端元件的伏安特性曲线不是一条直线，图 1.13 所示为晶体二极管伏安特性曲线，其伏安关系不服从欧姆定律，这种元件称为非线性电阻元件。

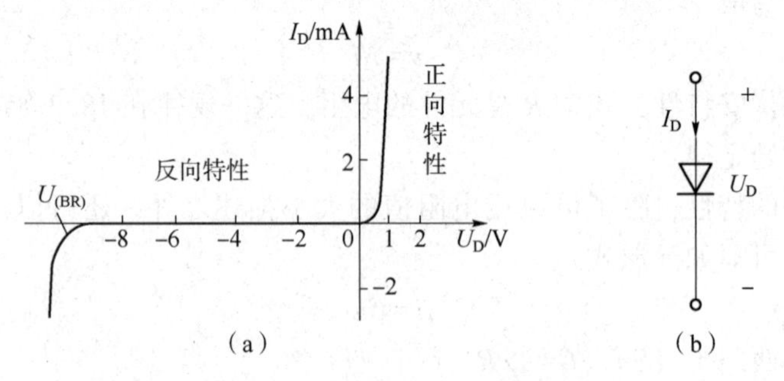

图 1.13 晶体二极管伏安特性曲线及电路符号

（a）伏安特性曲线；（b）电路符号

1.3.3 常用电阻器的基本知识

电阻器是组成电子电路的主要元件。电阻器简称电阻，它是利用金属或非金属材料制成的，在电路中对电流有阻碍作用。

1. 电阻器的分类

根据制作材料和构造可分为以下几种

（1）线绕电阻器。

由镍铬、康铜等电阻丝绕在瓷管上制成，功率大，稳定性高，阻值小。

（2）薄膜电阻器。

在瓷棒上涂一层碳膜或金属膜制成，稳定性好，误差小，阻值大，功率小。

（3）实心电阻。

由炭黑、石墨、黏土、石棉等按比例混合压制而成，阻值大，功率较大，稳定性差。

2. 电阻值的标注

电阻器的标称方法有以下四种。

（1）文字符号直标法。

如某个电阻的外壳上有“RJ-0.5W-1kΩ±5%”标记，其中“RJ”表示金属膜电阻，“0.5W”表示功率，“1kΩ”表示电阻值，“±5%”表示误差范围，也称精度。这种标注方法通常用于对大体积电阻阻值的标注。

（2）色环标志法。

色环标志法就是用不同颜色的环来表示电阻的参数。常用色环电阻有 4 色环和 5 色环两种。其中，最后一环表明电阻的精度，倒数第二环表示 10 的幂次方，前面有几个环表示几位有效数字。

表 1.2 所示为各颜色所代表的不同数值。

例如，某个 4 色环电阻的色环颜色依次为红、紫、橙、金，则其阻值为 $27\times10^3=27$（kΩ），误差为±5%。

表 1.2　颜色与有效数字及偏差的关系

颜色	有效数字	乘数（倍乘）	允许偏差/%
银色	—	10^{-2}	±10
金色	—	10^{-1}	±5
黑色	0	10^0	—
棕色	1	10^1	±1
红色	2	10^2	±2
橙色	3	10^3	—
黄色	4	10^4	—
绿色	5	10^5	±0.5
蓝色	6	10^6	±0.25
紫色	7	10^7	±0.1
灰色	8	10^8	—
白色	9	10^9	±50 -20
无色	—	—	±20

为了便于记忆，可以用下面的口诀帮助记忆。

1 棕 2 红 3 橙，4 黄 5 绿 6 蓝；7 紫 8 灰 9 雪白，黑色是 0 要记清。

色环电阻如图 1.14 所示。图 1.14（a）所示为四色环碳膜电阻，精度为±5%，图 1.14（b）所示为五色环金属膜电阻，精度为±1%。

（3）文字符号法。

文字符号法是将需要标示的主要参数与技术性能，用文字、数字符号有规律的组合标示在产品表面上的方法。例如，标示为 *R*33，表示电阻值为 0.33 Ω；标示为 3*R*3，表示电阻值为 3.3 Ω；标示为 5k1，表示电阻值为 5.1 kΩ 等。

图 1.14　色环电阻

(a) 四色环碳膜电阻；(b) 五色环金属膜电阻

3. 电阻的额定功率

电阻器的额定功率是指电阻器在交流和直流电路中，在规定的温度下，长期连续负荷所允许消耗的最大功率。一般情况下，电阻器的功率越大，其体积越大。电子电路中小功率电阻器的常用功率值为：0.125 W(1/8 W)、0.25 W(1/4 W)、0.5 W(1/2 W)、1 W 等。设计实际电路时，应计算功率值，并留出裕量，合理选型。

1.4　理想电源

将其他形式的能量转换成电能的设备称为电源。常见的实际电源有直流电源和交流电源两种。例如，直流电源有干电池、锂电池、蓄电池、直流发电机、直流稳定电源等。交流电源有电力系统的正弦交流电源和产生多种波形的各种信号发生器等。

在电路分析中，实际电源常用理想电源模型来分析。理想电源是实际电源理想化之后得到的电路模型，分为独立电源和受控电源。

1.4.1　独立电源

独立电源有两种模型，一种是理想电压源模型，简称电压源；另一种是理想电流源模型，简称电流源。

1. 理想电压源

元件的端电压始终保持恒定不变且与通过它的电流大小和方向无关的电源，是一种理想元件，称为理想电压源，简称为电压源或恒压源。

理想电压源应满足三个特点：

(1) 端电压的大小与其所接的外电路没有任何关系，总保持为某个给定值（直流电压源）或给定的时间函数（交流电压源）。

(2) 通过电压源的电流大小和方向可随外电路的不同而变化，既电流可大可小、可正可负。

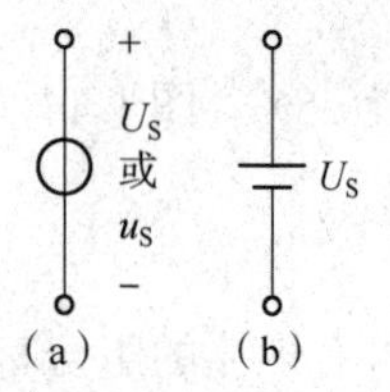

图 1.15　理想电压源的图形符号

(3) 电源内阻为零。

例如，电池是很普通的电源，如果电池自身的内阻为零，电池的端电压均为定值。其值等于电池的电动势，与流过它的电流的大小无关，那么它抽象出来就是一个理想的电压源。任何电压源，只要它们的内阻很小，小到可以忽略不计，电压不受电流的影响，其模型都可以看成是一个理想的电压源。图 1.15 所示为理想电压源的图形符号，

图中 U_S 表示直流电压源所产生的电压数值，“+”“-”符号表示 U_S 的极性。

在电路分析中，实际电压源可以用一个理想电压源和一个内阻相串联的模型来表示，图 1.16（a）所示为直流电压源电路模型。

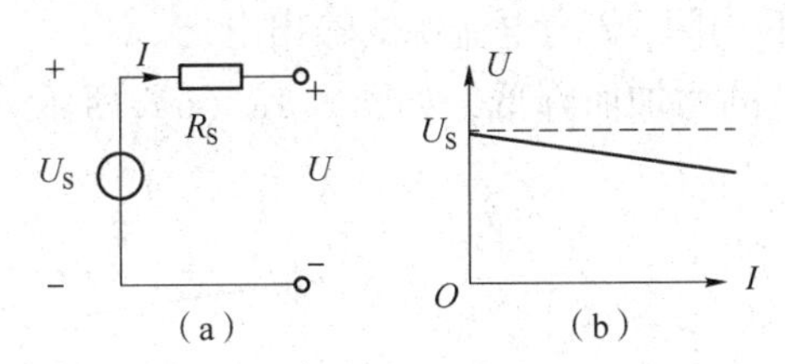

图1.16　实际直流电压源电路模型及端口电压特性曲线

（a）电路模型；（b）端口电压特性曲线

其中，U_S 为理想直流电压源的定值电压；R_S 为电压源的内阻。端口电压随着电流 I 的增加而降低，如图 1.16（b）所示。

端口电压 U 的表达式为

$$U=U_S-R_SI \tag{1-17}$$

由式（1-17）可知，电压源的内阻越小，其输出电压越稳定，带负载的能力就越强。

【例 1.5】　某实际电压源，$U_S=10$ V，$R_S=1$ Ω，外接负载电阻 $R_L=4$ Ω，试计算电压源输出电流 I 和端口电压 U。当电源内阻 $R_S=0.1$ Ω 时，再计算输出电流 I 和端口电压 U。

【解】　理想电压源 U_S 的外电路是由内阻 R_S 和负载电阻 R_L 串联而成，可求得电压源输出电流为

$$I=\frac{U_S}{R_S+R_L}$$

当 $R_S=1$ Ω 时，可求得

$$I=\frac{10}{1+4}=2(\text{A}),U=R_LI=4\times2=8(\text{V})$$

当 $R_S=0.1$ Ω 时，可求得

$$I=\frac{10}{0.1+4}\approx2.44(\text{A}),U=R_LI=4\times2.44=9.76(\text{V})$$

由计算结果可以看出，当电压源内阻值远小于负载电阻值时，内阻降压非常小，几乎可以忽略不计。

2. 理想电流源

理想电流源是输出电流始终保持恒定不变而与其两端的电压大小无关的电源，简称电流源或恒流源。

理想电流源具有三个特点：

（1）理想电流源的电流 I_S 固定不变，与外接电路无关。

（2）理想电流源的端电压取决于它所连接的外电路，是可以改变的。

（3）理想电流源的内阻是无穷大的。

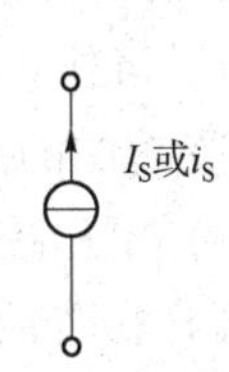

图 1.17　理想电流源的图形符号

其电路图形符号如图 1.17 所示，图中 I_S 表示直流电流源所产生的

电流数值，箭头表示电流的方向。

在电路分析与计算中，实际电流源也可以用一个理想电流源和一个内阻相并联的模型来表示，如图 1.18（a）所示，该模型称为电流源模型。图 1.18（a）中 I_S 表示理想电流源的定值电流；R_S 表示电流源的内阻；I 为电流源的输出电流。

端口电流 I 随着电压 U 的增加而降低，如图 1.18（b）所示。

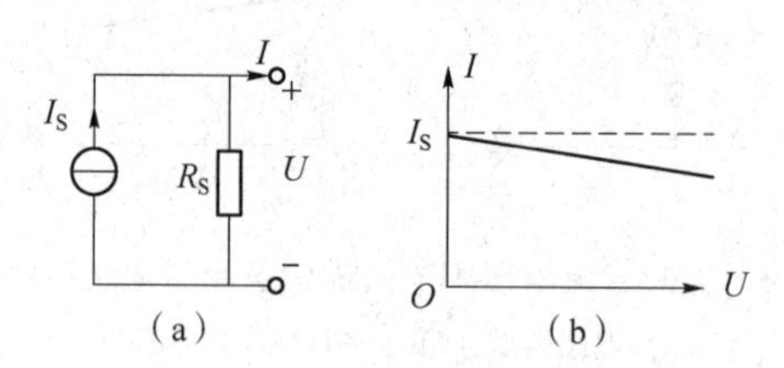

图 1.18　实际直流电压源电路模型及端口电压特性曲线

（a）电路模型；（b）端口电压特性曲线

端口电压 I 的表达式为

$$I=I_S-U/R_S \tag{1-18}$$

由式（1-18）可知，电流源的内阻越大，其输出电流越稳定，带负载的能力就越强。

电压源和电流源统称为电源。在实际设备中主要还是用电压源，但在 LED 电路中，要保证 LED 正常发光，通常采用恒流源。

1.4.2　受控电源

前面介绍的电压源和电流源都是独立电源，电压源的输出电压和电流源的输出电流都由电源本身的因素决定，而与电路中其他支路的电压、电流大小无关。

但在电路分析中，还会遇到另一类电源，它们的电压或电流受电路中其他部分电压或电流的控制，称为“受控源”，又称为非独立源。受控源具有电源的特性，但与独立源有较大的差别，受控源输出电压或电流的大小受到其他支路电压或电流的控制。在没有独立源的电路中，受控源是无法正常工作的。

例如，在电子电路中，晶体三极管的集电极电流受基极电流的控制，场效应管的漏极电流受栅极电压的控制，运算放大器的输出电压受输入电压的控制，发电机的输出电压受其励磁线圈电流的控制等。这类电路器件的工作特性都可用受控源元件来描述。

受控源有受控电压源和受控电流源之分，控制量也有电压和电流之分。因此，受控电压源可以分为电压控制电压源（VCVS）、电流控制电压源（CCVS）两种；受控电流源有电压控制电流源（VCCS）、电流控制电流源（CCCS）两种，如图 1.19 所示。

为了与独立电源有所区别，受控源采用菱形符号表示。在受控源电路模型中，μ、g、r、β 称为受控源的控制系数，它反映了控制量对受控源的控制能力。

（1）电压控制电压源（VCVS）。

图 1.19（a）所示为 VCVS，受控输出电压 u_2 与控制电压 u_1 的关系为

$$u_2=\mu u_1 \tag{1-19}$$

式中，μ 表示电压放大倍数，无量纲，只是一个比例系数。

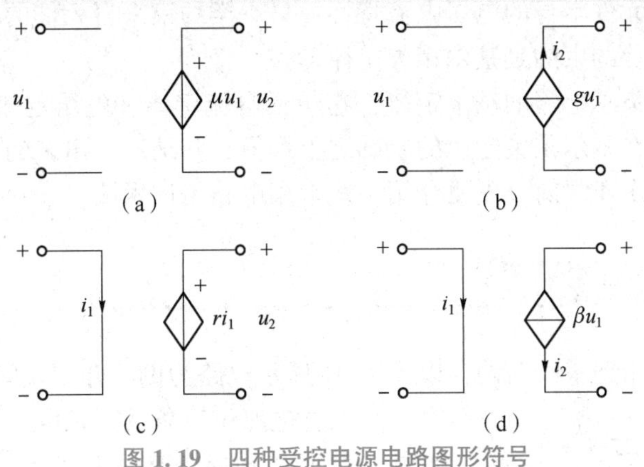

图 1.19　四种受控电源电路图形符号

(a) VCVS；(b) VCCS；(c) CCVS；(d) CCCS

(2) 电压控制电流源（VCCS）。

图 1.19（b）所示为 VCCS，受控输出电流 i_2 与控制电压 u_1 的关系为

$$i_2=gu_1 \tag{1-20}$$

式中，g 表示把控制电压转换成输出电流的能力，量纲是西门子。

(3) 电流控制电压源（CCVS）。

图 1.19（c）所示为 CCVS，受控输出电压 u_2 与控制电流 i_1 的关系为

$$u_2=ri_1 \tag{1-21}$$

式中，r 表示把控制电流转换成输出电压的能力，量纲为欧姆。

(4) 电流控制电流源（CCCS）。

图 1.19（d）所示为 CCCS，受控输出电流 i_2 与控制电流 i_1 的关系为

$$i_2=\beta i_1 \tag{1-22}$$

式中，β 表示电流放大倍数，无量纲，只是一个比例系数。

【例 1.6】　电路如图 1.20 所示，已知 $\mu=2$，$I_S=2$ A，$R_1=5$ Ω，$R_2=2$ Ω，求电路中的电流 I。

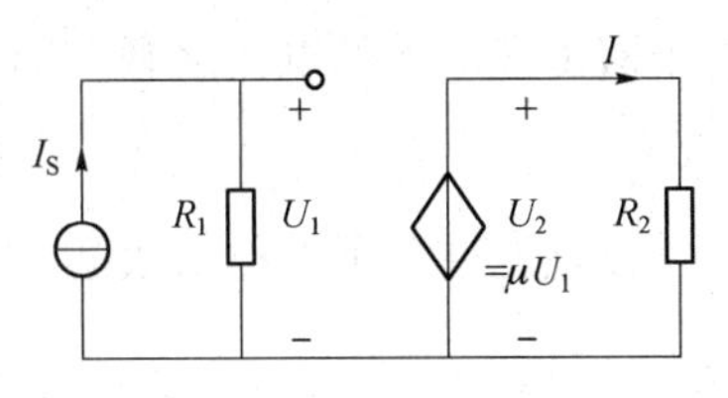

图 1.20　例 1.6 电路图

【解】　电路左右两半部分之间没有电流流过，故可根据左半电路求出控制量 U_1：

$$U_1=R_1I_S=2\times5=10(\text{V})$$

再由式（1-19）求得 U_2：

$$U_2=\mu U_1=2\times10=20(\text{V})$$

由右路半电路可求得 I：

$$I=\frac{U_2}{R_2}=\frac{20}{2}=10(\text{A})$$

1.5　基尔霍夫定律

若干电路元件按一定的连接方式构成电路后，电路中各部分的电流和电压必然受到两类

约束，一类约束来自元件本身的电压电流特性；另一类约束来自元件的相互连接方式，也叫作拓扑约束，反映拓扑约束的是基尔霍夫定律。

基尔霍夫定律是集总电路的基本定律，它包括电流定律和电压定律。电路中许多定理、定律和分析方法都是在基尔霍夫定律的基础之上推导、归纳总结出来的。

在介绍基尔霍夫定律之前，先要介绍一些常用电路名词术语。

1.5.1 常用电路名词术语

电路分析中经常用到一些名词，以图 1.21 所示电路为例，介绍说明电路的相关名词。

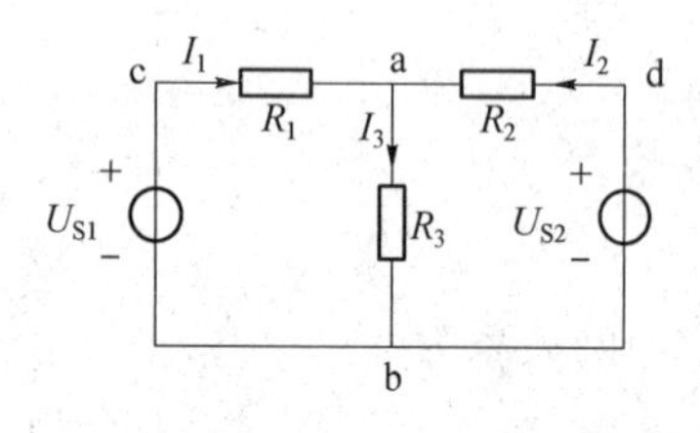

图 1.21　电阻电路图

（1）结点：电路中三条及三条以上支路的连接点称为结点。如图 1.21 所示电路中有两个结点：a 点和 b 点。

（2）支路：连接于两个结点之间的一段电路称为支路。如电路中有三条支路：acb、adb 和 ab。其中 acb、adb 支路中接有电源，称为含源支路；ab 支路中没有电源，称为无源支路。

（3）回路：电路中的任一闭合路径称为回路。如图 1.21 所示电路中有三个回路：abca、adba 和adbca。

（4）网孔：将电路画在平面上，内部不含有任何支路的回路称为网孔。如图 1.21 所示电路中有两个网孔：abca 和 adba。回路 adbca 不是网孔，网孔是回路的特例。

1.5.2 基尔霍夫电流定律（KCL）

基尔霍夫电流定律（KCL）又称为基尔霍夫第一定律，它描述了任一结点各支路电流之间的约束关系，反映了电流的连续性。其表述为：在任一瞬时，流入某一结点的电流之和应等于流出该结点的电流之和，即

$$\sum i_{入} = \sum i_{出} \tag{1-23}$$

在直流情况下，KCL 表达式如下

$$\sum I_{入} = \sum I_{出} \tag{1-24}$$

若规定流入结点的电流取正号，流出结点的电流取负号，则基尔霍夫电流定律还可表述为：在任一瞬时，通过某一结点的电流的代数和恒等于零，即

$$\sum_k I_k = 0 \tag{1-25}$$

如图 1.21 所示，对结点 a 和 b 分别有：

$$I_1+I_2-I_3=0 \tag{1-26}$$

$$-I_1-I_2+I_3=0 \tag{1-27}$$

可以看出，将式（1-25）两边同乘以-1 可得到式（1-26），因此，在图 1.21 所示电路中，只对其中一个结点列电流方程即可，这个结点称为独立结点。一般来说，当电路中有 n 个结点时，独立结点有 $n-1$ 个。

基尔霍夫电流定律不仅可以应用于结点，而且还可推广应用于电路中任一假设的闭合

面，也称为广义结点。即在任一瞬时，通过任一闭合面的电流的代数和也恒等于零。

如图1.22所示，虚线框内的闭合面有三个结点a、b、c，应用基尔霍夫电流定律可得出：

$$I_1-I_2+I_3=0$$

【例1.7】 如图1.23所示，已知$I_1=5$ A，$I_2=2$ A，$I_3=-3$ A，求I_4。

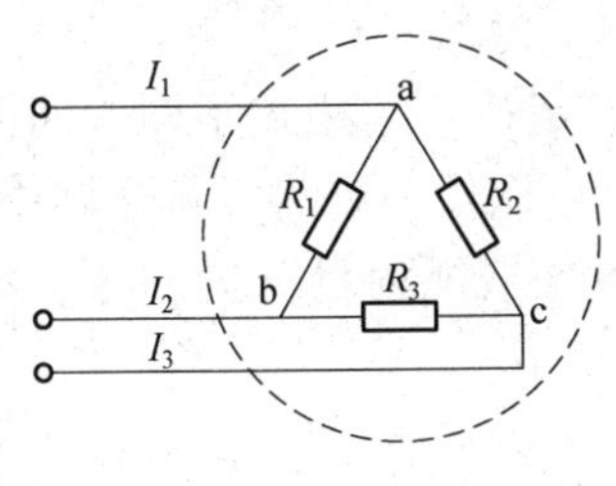

图1.22　广义结点示意图

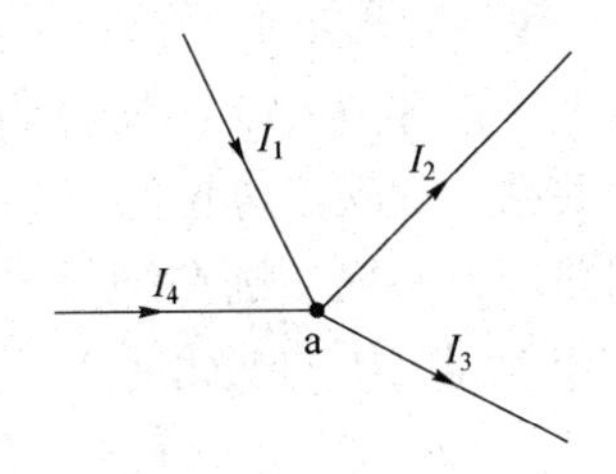

图1.23　例1.7结点图

【解】 对结点a，若流入结点为正，流出结点为负，根据基尔霍夫电流定律（KCL）有

$$I_1-I_2-I_3+I_4=0$$

则

$$I_4=-I_1+I_2+I_3=-5+2+(-3)=-6(\text{A})$$

对结点a，若流入结点为负，流出结点为正，根据KCL得

$$-I_1+I_2+I_3-I_4=0$$

则

$$I_4=-I_1+I_2+I_3=-5+2+(-3)=-6(\text{A})$$

通过计算可得，在列写KCL方程时规定流入电流为正，还是流出电流为正，并不影响计算结果。但是在同一个KCL方程中，到底是流入为正还是流出为正，规定必须一致。

注意：在电路图中，如果有多于3条支路接在一起时，要在连接处打上“·”，用以表示连接，如果不打点则表示不连接。

【例1.8】 某电阻电桥电路如图1.24所示，已知$I=15$ A，$I_1=8$ A，$I_2=-3$ A，求其余各支路的电流。

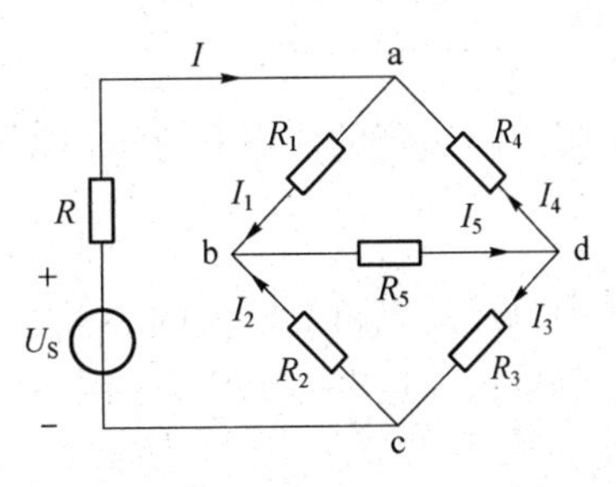

图1.24　例1.8电路图

【解】 需要求解电流I_3、I_4和I_5。

（1）求I_4

对结点a，应用KCL可列出方程为

$$I-I_1+I_4=0$$

整理后，得

$$I_4=-I+I_1=-8+15=-7(\text{A})$$

（2）求I_5

对结点b，可列出方程为

$$I_1+I_2-I_5=0$$

整理后，得

$$I_5=I_1+I_2=8-3=5(\text{A})$$

（3）求I_3

对结点c，可列出方程有

$$I_3-I_2-I=0$$

整理后，得

$$I_3=I_2+I=-3+15=12(\mathrm{A})$$

1.5.3 基尔霍夫电压定律（KVL）

基尔霍夫电压定律（KVL）又称为基尔霍夫第二定律，它描述了同一回路中各元件电压之间的约束关系，反映了电位的单值性。其表述为：在任一瞬时，从电路中任一点出发，沿任一闭合回路绕行一周，则在绕行方向（逆时针方向或顺时针方向）上，电压降之和应等于电压升之和，即电压的变化等于零，即

$$\sum u_{升} = \sum u_{降} \tag{1-28}$$

在直流情况下，KVL 表达式如下

$$\sum U_{升} = \sum U_{降} \tag{1-29}$$

若规定电压降取正号，电压升取负号，则基尔霍夫电压定律还可表述为：在任一瞬时，沿任一回路绕行一周，回路中各段电压的代数和恒等于零，即

$$\sum_k U_k = 0 \tag{1-30}$$

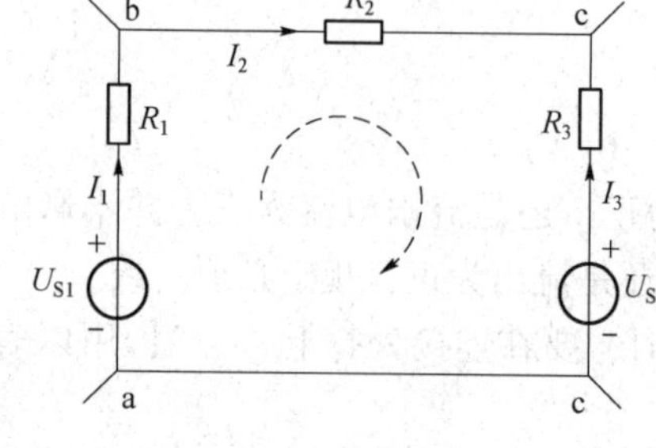

图 1.25　闭合回路示意图

如图 1.25 所示，若规定回路绕行方向为顺时针，则回路方程为

$$R_3I_3+U_{S1}=R_1I_1+R_2I_2+U_{S2} \tag{1-31}$$

或

$$R_1I_1+R_2I_2-R_3I_3+U_{S2}-U_{S1}=0 \tag{1-32}$$

整理后，得

$$R_1I_1+R_2I_2-R_3I_3=U_{S1}-U_{S2} \tag{1-33}$$

式（1-31）为基尔霍夫电压定律在电阻电路中的另一种表达式，即在任一闭合回路的绕行方向上，电阻上电压降的代数和等于电源电压的代数和，即

$$\sum_k R_kI_k = \sum_m U_{Sm} \tag{1-34}$$

式中，凡是电阻上电流的参考方向与回路绕行方向一致的，该电阻的电压降取正号，反之，取负号；凡是电源电压升的参考方向与所选回路绕行方向一致的，电源电压取正号，反之，取负号。

在画电路图时，有时为了简洁起见，省略了闭合回路中的某条支路，而成了开口回路。注意，开口回路与回路开路是不相同的。开口回路的开口端支路是有电流的，而回路开路后的支路端的电流是为零的。

基尔霍夫电压定律不仅可以应用于闭合回路，而且还可推广应用于开口回路。

如图 1.26 所示电路，应用基尔霍夫电压定律有

$$U_S-RI-U=0$$

【例 1.9】 由 4 个电路元件构成的电路如图 1.27 所示，已知 $U_1=5$ V，$U_3=3$ V，$U_4=-2$ V，求 U_2。

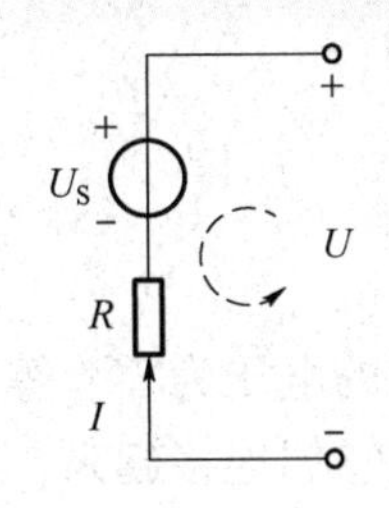

图 1.26　开口回路图

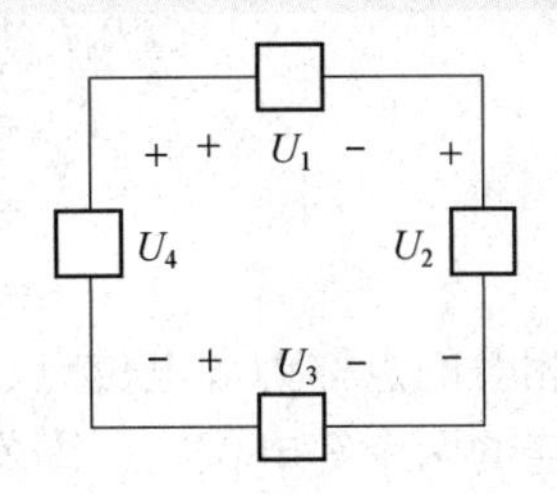

图 1.27　例 1.9 电路图

【解】　根据 KVL，假设回路的绕行方向为顺时针方向，则可列出回路方程

$$U_1+U_2-U_3-U_4=0$$

整理得

$$\begin{aligned}U_2 &= U_3+U_4-U_1 \\ &= 3-2-5=-4(\text{V})\end{aligned}$$

1.5.4　基尔霍夫定律综合应用

【例 1.10】　如图 1.28 所示电路，已知 $U_{S1}=23\ \text{V}$，$U_{S2}=-16\ \text{V}$，$R_1=10\ \Omega$，$R_2=8\ \Omega$，$R_3=5\ \Omega$，$R_4=R_6=2\ \Omega$，$R_5=4\ \Omega$，$R_7=20\ \Omega$，试求电流 I_{ab} 及电压 U_{cd}。

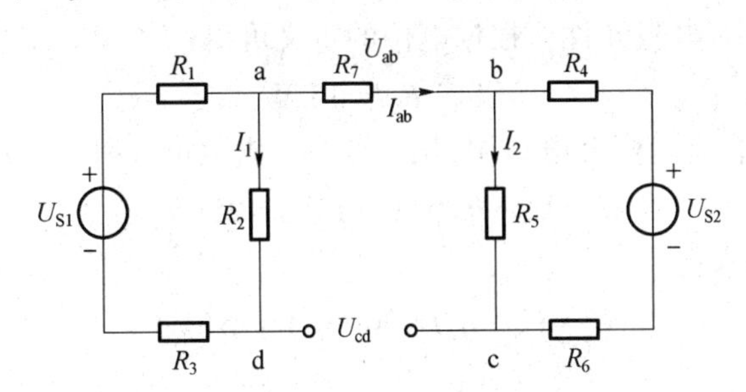

图 1.28　例 1.10 电路图

【解】　可将图 1.28 中左半部分或右半部分看作一个广义结点。可以看出进出这个广义结点的电流只有 I_{ab}，根据 KCL，得

$$I_{ab}=0$$

故有

$$U_{ab}=0$$

电阻 R_7 上无压降，a、b 为等电位。

整个电路相当于两个独立的回路，其电流分别为

$$I_1=\frac{U_{S1}}{R_1+R_2+R_3}=\frac{23}{10+8+5}=1(\text{A})$$

$$I_2=\frac{U_{S2}}{R_4+R_5+R_6}=\frac{-16}{2+4+2}=-2(\text{A})$$

在回路 abcd 中，应用基尔霍夫电压定律有：

$$R_7I_{ab}+R_5I_2+U_{cd}-R_2I_1=0$$

$$U_{cd}=R_2I_1-R_7I_{ab}-R_5I_2$$

$$=8\times1-4\times(-2)$$

$$=8+8=16(V)$$

电路中电位相等的点称为等电位点，两个等电位点间的电压为零。等电位点不一定直接相连，不直接相连的两个等电位点，即使用导线或电阻把它们连接起来，导线或电阻中也不会有电流，因而不改变电路原来的工作状态。

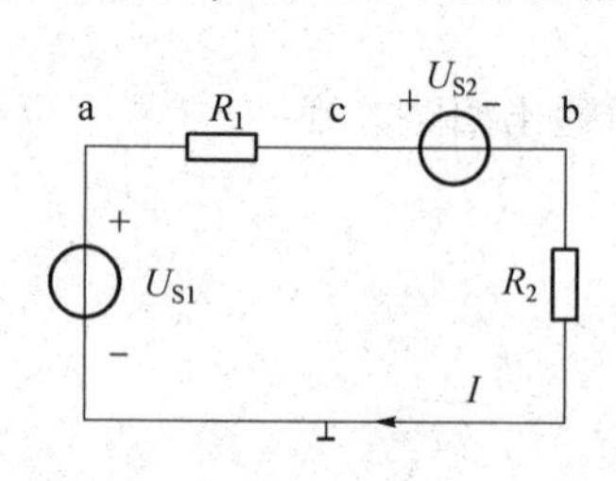

图 1.29　例 1.11 电路图

【例 1.11】 电路如图 1.29 所示，已知 $U_{S1}=30$ V，$U_{S2}=10$ V，$R_1=5\ \Omega$，$R_2=15\ \Omega$，求电路中电位 U_a、U_b 和 U_c，电压 U_{ac} 和 U_{ab}。

【解】 电流的参考方向为顺时针方向，可得到电路的回路方程为

$$R_1I+U_{S2}+R_2I-U_{S1}=0$$

整理可得

$$I=\frac{U_{S1}-U_{S2}}{R_1+R_2}=\frac{30-10}{5+15}=1(A)$$

由于 a 点与参考点之间只有电压源 U_{S1}，所以 a 点的电位可以直接写出，即

$$U_a=U_{S1}=30\ V$$

而 b 点与参考点之间只有电阻元件，根据电位的定义可得

$$U_b=R_2I=15\ V$$

c 点与参考点之间含有电阻和电压源,从 c 点右半支路可求得

$$U_c=U_{S2}+R_2I=10+15\times1=25(V)$$

从 c 点左半支路可求得

$$U_c=U_{S1}-R_1I=30-5\times1=25(V)$$

进一步可求得

$$U_{ac}=U_a-U_c=30-25=5(V)$$

$$U_{ab}=U_a-U_b=30-15=15(V)$$

1.6　基尔霍夫定律的电路仿真

本教材的电路仿真采用的是 Tina Pro 电路仿真软件，其使用方法与其他电路仿真软件大同小异。基本步骤是：

（1）以管理员身份运行 Tina 可执行文件，创建电路图文件。

（2）从软件元件库中调用电路元件，构建仿真电原理图。

（3）设置元件参数。

（4）添加测试仪器。

（5）选择仿真模式，完成电路仿真。

其详细的使用方法见附录。

1.6.1　KCL 的电路仿真

（1）打开仿真软件，创建名为“KCL 仿真”文件。

（2）从软件基本元件库中调用 3 个电阻元件和 1 个电压源元件，从仪表库中调出 4 个电流测量箭头，并用导线连接成 3 个电阻并联电路。

（3）双击元件，就可打开元件属性窗口，在此窗口中可设置相关参数。

设置电压源电压为 5 V，电阻阻值分别为 $R_1=5\ \Omega$、$R_2=2\ \Omega$ 和 $R_3=1\ \Omega$（软件不能输入和显示“Ω”字母）。

（4）修改电流箭头编号，分别为 I、I_1、I_2 和 I_3。

（5）选择“DC 仿真结果表”模式，完成电路仿真。

仿真电路如图 1.30（a）所示，仿真结果如图 1.30（b）所示。仿真结果如下

$$I=8.5\ \text{A}, I_1=1\ \text{A}, I_2=2.5\ \text{A}, I_3=-5\ \text{A}$$

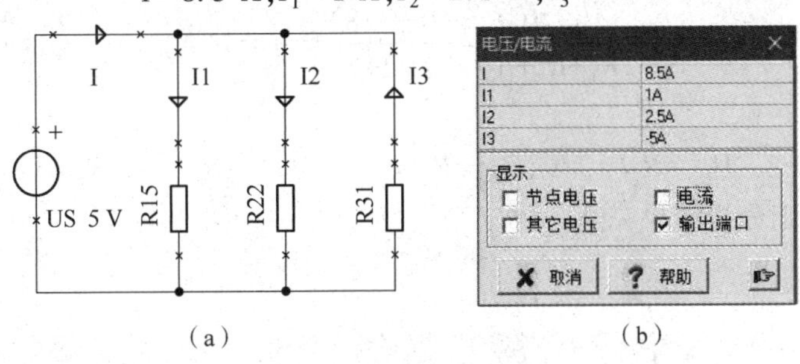

（a）　　（b）

图 1.30　KCL 仿真

（a）仿真电路；（b）仿真结果

对图 1.30（a）进行人工分析，3 个电阻并联，端电压为 5 V，根据图中 I、I_1、I_2 和 I_3 的参考方向，R_1、R_2 和 R_3 的阻值，可计算出

$$I_1=1\ \text{A}, I_2=2.5\ \text{A}, I_3=-5\ \text{A}, I=I_1+I_2-I_3=8.5\ \text{A}$$

仿真结果与人工分析结果完全一致。

1.6.2　KVL 的电路仿真

（1）打开仿真软件，创建名为“KVL 仿真”文件。

（2）从软件基本元件库中调用 3 个电阻元件和 2 个电压源元件，从仪表库调出 3 个电压测量端口和 1 个电流测量箭头，并用导线连接成如图 1.31（a）所示回路。

（3）设置电压源 $U_{S1}=10\ \text{V}$、$U_{S2}=-8\ \text{V}$，电阻阻值分别为 $R_1=1\ \Omega$、$R_2=2\ \Omega$ 和 $R_3=3\ \Omega$。

（4）修改电压测量端口名称，分别为 U_{R_1}、U_{R_2} 和 U_{R_3}，电流测量箭头名称为 I。

（5）选择“DC 仿真结果表”模式，完成电路仿真，选择仿真结果中的“输出端口”。

仿真电路如图 1.31（a）所示，仿真结果如图 1.31（b）所示。仿真结果是：

$$I=3\ \text{A}, U_{R_1}=3\ \text{V}, U_{R_2}=6\ \text{V}, U_{R_3}=-9\ \text{V}$$

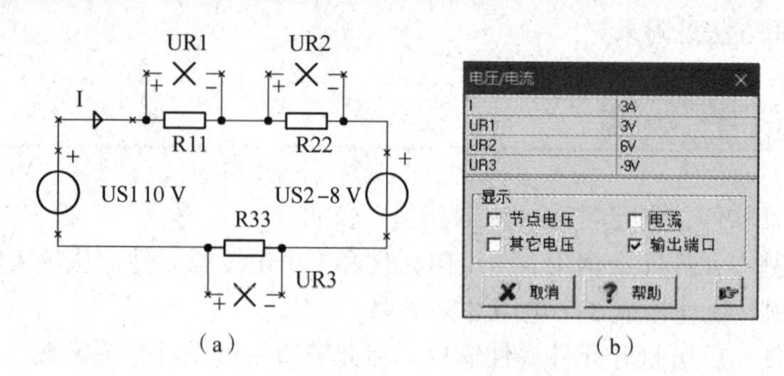

（a）　　　　（b）

图 1.31　KVL 仿真

（a）仿真电路；（b）仿真结果

对图 1.31 进行人工分析，回路方程为

$$R_1I+R_2I+R_3I=U_{S1}-U_{S2}$$

整理可得

$$I=\frac{U_{S1}-U_{S2}}{R_1+R_2+R_3}=\frac{10-(-8)}{1+2+3}=\frac{18}{6}=3(\mathrm{A})$$

则

$$U_{R_1}=R_1I=3\ \mathrm{V},U_{R_2}=R_2I=6\ \mathrm{V},U_{R_3}=-R_3I=-9\ \mathrm{V}$$

仿真结果与人工分析结果完全一致。

本章小结

本章首先介绍了电路的基本物理量：电流、电压和电功率。规定了若电流从一个二端元件的高电位端流入、低电位端流出，则称电流与电压的方向为关联参考方向，否则为非关联参考方向。

其次介绍了电路的基本元件：电阻、理想电源和受控电源。

在电压电流为关联参考方向时，电阻元件的电压电流关系服从欧姆定律，其表达式为 $u=Ri$。

在电压电流为关联参考方向时，元件的电功率与电压电流的关系式为 $p=ui$。

若元件的电压电流为非关联参考方向，以上两式右边要添加上负号。

在直流情况下，以上式子用大写字母表示。

当计算出电流、电压值为正值时，则表示电流、电压的实际方向与原设定的参考方向相同；若计算值为负，则相反。当计算出电功率为正值时，表明该元部件是吸收功率；若为负值，则向外提供功率。

理想电源又称为独立电源，分为理想电压源和理想电流源。理想电压源的端电压恒定（直流）不变或始终按某一给定规律变化（交流），与通过它的电流的大小、方向无关，且等效内阻为零。

理想电流源输出电流恒定不变（直流）或始终按某一给定规律变化（交流），与它两端的电压大小、方向无关，且等效内阻为无穷大。

受控源又称为非独立电源，分为电压控制电压源（VCVS）、电压控制电流源（VCCS）、电流控制电压源（CCVS）和电流控制电流源（CCCS）。它们输出的电压、电流大小受电路中其他支路元件的电压或电流控制。

基尔霍夫定律包括基尔霍夫电流定律（KCL）和基尔霍夫电压定律（KVL）。

KCL 可表述为：在任一瞬时，流入某一结点的电流之和应等于流出该结点的电流之和，其表达式为 $\sum i_{入} = \sum i_{出}$。

KVL 可表述为：在任一瞬时，从电路中任一点出发，沿任一闭合回路绕行一周，则在绕行方向（逆时针方向或顺时针方向）上，电压降之和应等于电压升之和，其表达式为 $\sum u_{升} = \sum u_{降}$。

习题 1

1-1　已知在 2 s 内从 A 到 B 通过某导线横截面的电荷量为 0.5 C，如题图 1.1 所示，请分别就电荷为正和负两种情况求 I_{AB} 和 I_{BA}。

1-2　如题图 1.2 所示电路中，已知 $U=-100$ V，请写出 U_{AB} 和 U_{BA} 各为多少？

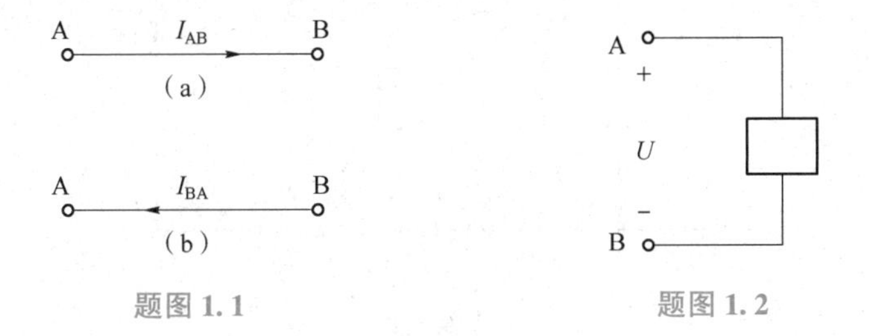

题图 1.1　　题图 1.2

1-3　如题图 1.3 所示电路，按给定的电压、电流参考方向，求出电流 I 或元件端电压 U 的值。

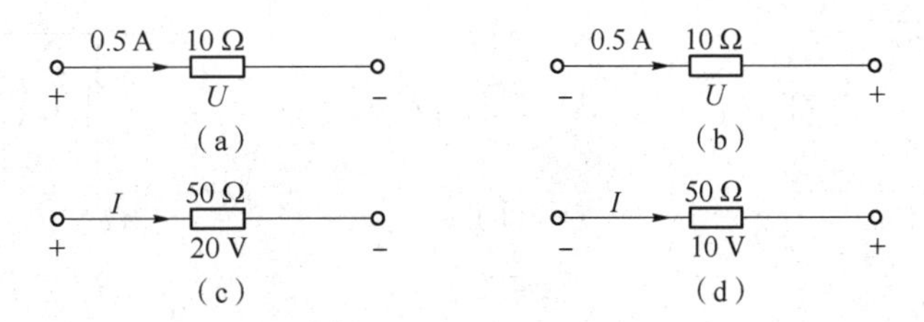

题图 1.3

1-4　如题图 1.4 所示电路中，若以“O”点为参考点时，$U_A=21$ V，$U_B=15$ V，$U_C=5$ V，现重选 C 点为参考点，求 U_A、U_B、U_C 并计算两种情况下的 U_{AB} 和 U_{BA}。

1-5　如题图 1.5 所示，计算元件的功率，并说明元件是吸收功率还是发出功率。

1-6　在题图 1.6 所示的三个元件中，试求：

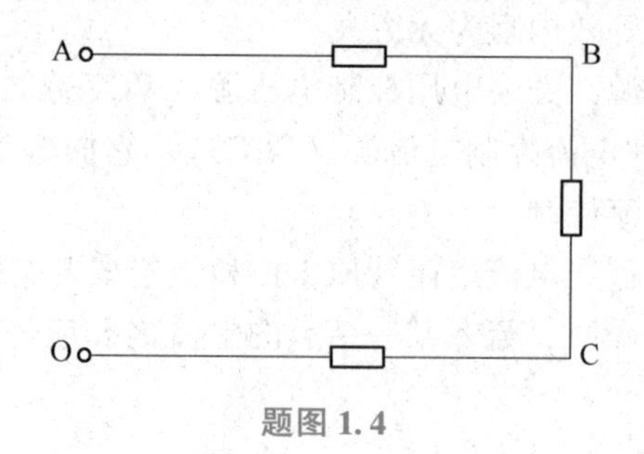

题图 1.4

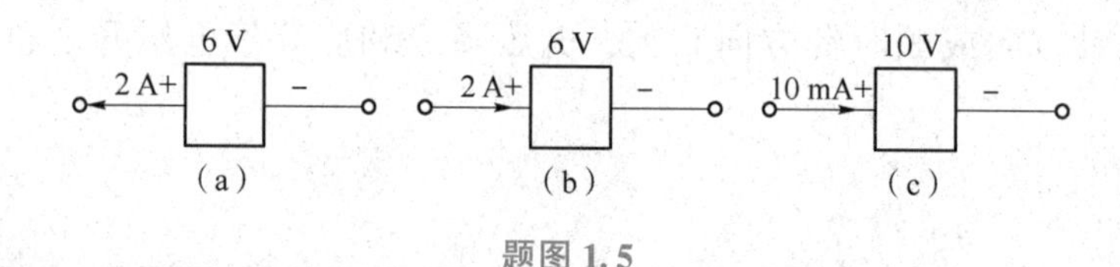

题图 1.5

（1）元件 A 处于耗能状态，且功率为 10 W，电流 $I_A = 1$ A，求 U_A；

（2）元件 B 处于供能状态，且功率为 10 W，电压 $U_B = 100$ V，求 I_B 并标出实际方向；

（3）元件 C 上 $U_C = 100$ V，$I_C = 2$ mA，且处于耗能状态，请标出 I_C 的实际方向并求功率 P_C 的值。

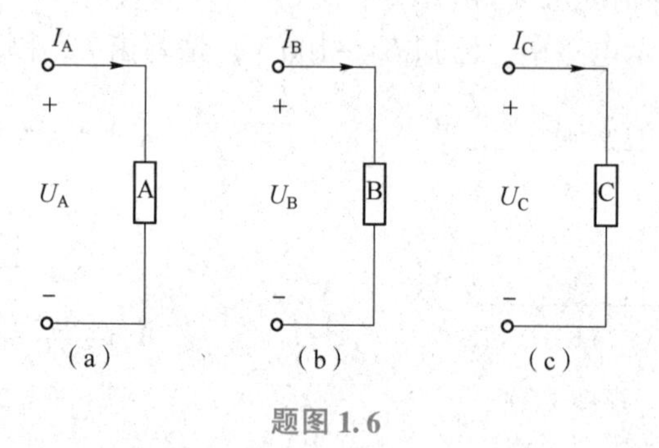

题图 1.6

1-7　试求出题图 1.7 所示电路中各电压源、电流源及电阻的功率（分别指出是吸收功率还是发出功率）。

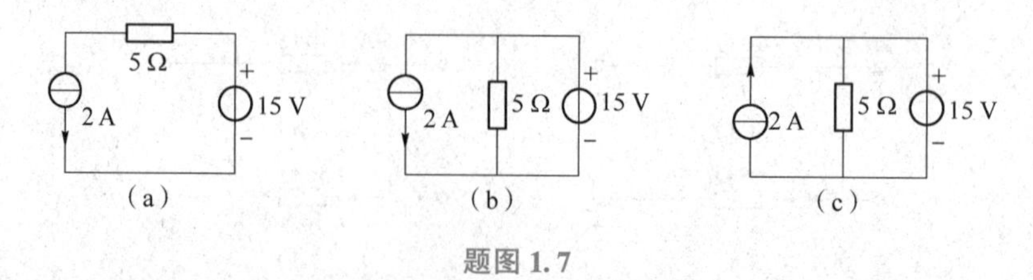

题图 1.7

1-8　题图 1.8 所示电路中的各元件的电流 $I = 2$ A。

（1）求各图中支路电压。

（2）求各图中电源、电阻及支路的功率，并讨论功率的平衡关系。

1-9　利用 KVL 和 KCL 求解题图 1.9 所示电路中电流 I_1。

1-10　如题图 1.10 所示电路，求出电压 u。

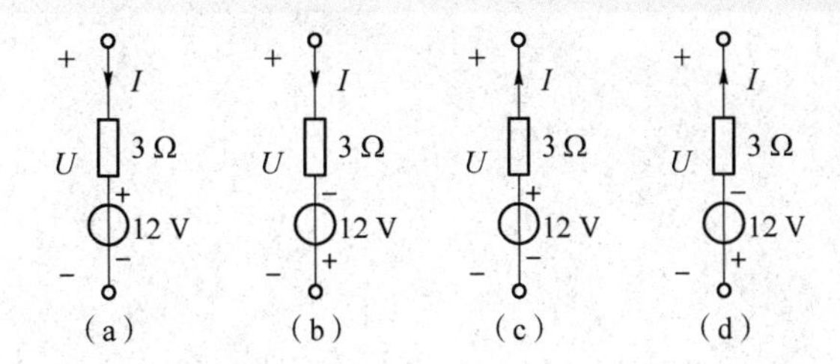

题图 1.8

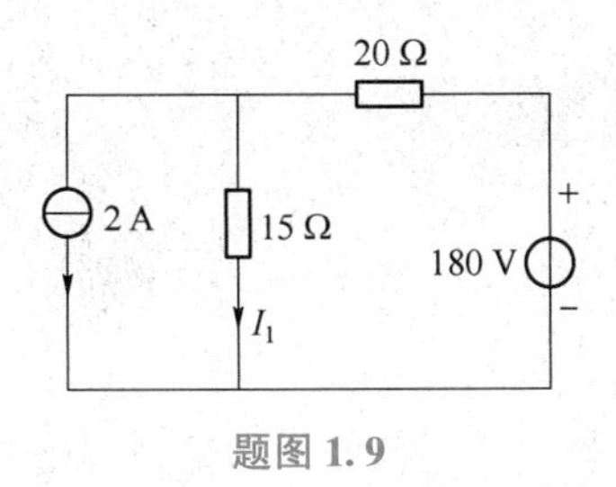

题图 1.9

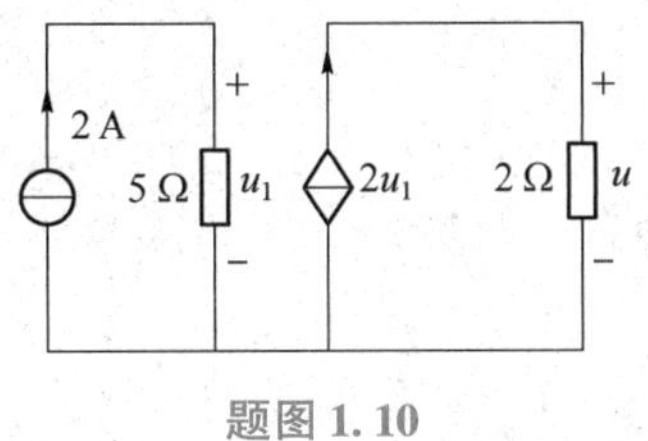

题图 1.10

1-11　如题图 1.11 所示电路，电阻 $R_1=1\ \Omega$，$R_2=2\ \Omega$，$R_3=10\ \Omega$，$U_{S1}=3\ V$，$U_{S2}=1\ V$。求电阻 R_1 两端的电压 U_1。

1-12　如题图 1.12 所示电路，已知 $R_1=2\ k\Omega$，$R_2=500\ \Omega$，$R_3=200\ \Omega$，$u_S=12\ V$，电流控制的电流源的激励电流 $i_d=5i_1$。求电阻 R_3 的端电压 u_3。

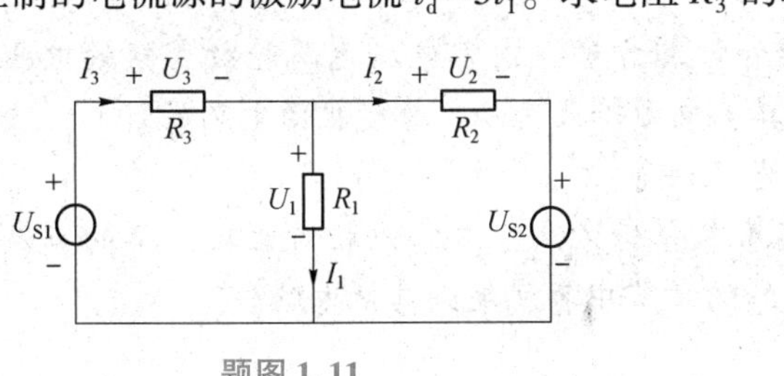

题图 1.11

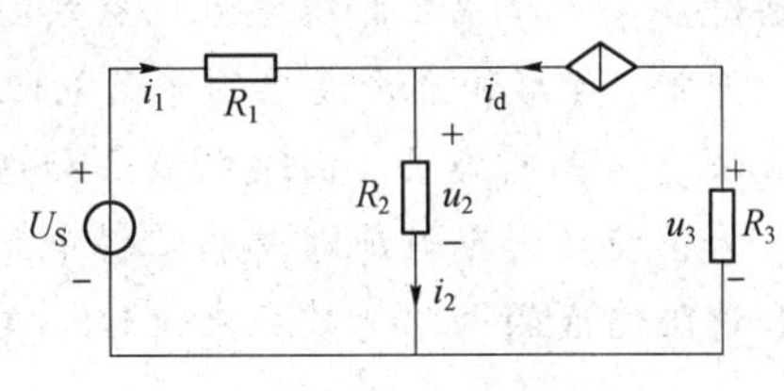

题图 1.12

1-13　求题图 1.13 所示电路中的控制量 I_1 及电压 U_0。

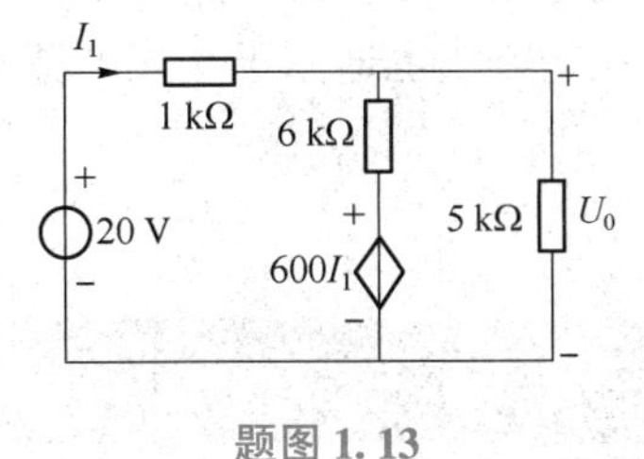

题图 1.13

第 2 章　直流电路的分析

内容提要：本章主要介绍直流电路的分析和计算方法，内容包括电路等效变换的电阻串联、并联、Y形和△形连接的等效电阻计算、电源等效变换、含受控源电路的计算、支路电流法、网孔电流法、回路电流法和结点电压法等。

为了使读者更好地理解和掌握电路的基本分析方法，本章以相对比较简单的直流电源和电阻组成的电路为基础来讲授，在后续的章节中再扩展到其他电路。

在电路的分类中，如果构成电路的无源元件均为线性电阻，则称该电路为线性电阻性电路，简称电阻电路。电阻电路中的电压源或电流源，可以是直流，也可以是交流。当电路中的独立电源都是直流电源时，这类电路称为直流电路。本章主要介绍由直流电源和电阻组成的直流电路的分析和计算方法，这些方法也适用于交流电源及电阻电路或含有电容、电感元件的正弦稳态电路。

2.1　电路等效的一般概念

在电路分析中，常常把电路的某个部分作为一个整体来看待。若此整体只有两个端与电路的其他部分相连，则称为一端口网络或二端网络，本书采用二端网络这个称谓。利用本章介绍的等效概念和方法，可以将复杂的二端网络进行电路等效，化简为只有少数元件，甚至只有一个元件的电路，从而使得电路分析过程得以简化。对于结构复杂的电路，应用电路等效变换的方法来分析和计算通常是非常有效的。

下面介绍等效电路的一般概念。

如果两个电路具有完全相同的伏安特性就称这两个电路为等效电路或等效网络，如图 2.1（a）和图 2.1（b）所示的两个二端电路，它们的伏安特性表达式都是 $U=2RI$，因此它们就是一对等效电路。

值得注意的是“等效”的含义并不是说这两个二端网络内部是一样的，而是说这两个二端网络对于除自身之外的其他部分的电路（外电路）来说具有相同的电压电流关系。

下面通过例子来更好地说明这一点。在图 2.2（a）所示电路中，10 Ω 电阻连接在10 V 电压源上，电阻的电流大小为 10 V/10 Ω = 1 A，显然电压源输出电流也是 1 A。在图 2.2（b）所示电路中，N 是一个复杂线性二端网络，它连接在 10 V 电压源上，如果这时 10 V 电压源的输出电流也为 1 A，那么站在 10 V 电压源的角度往右看，作为负载的 10 Ω 电阻与作为负载的二端网络 N，在电路中具有完全相同的效应，此时就称二端网络 N 与 10 Ω 电阻是等效电路。就二端网络 N 与 10 Ω 电阻本身而言显然它们不是一回事，所以说，等效的效果局限在“等效电路”的外电路。

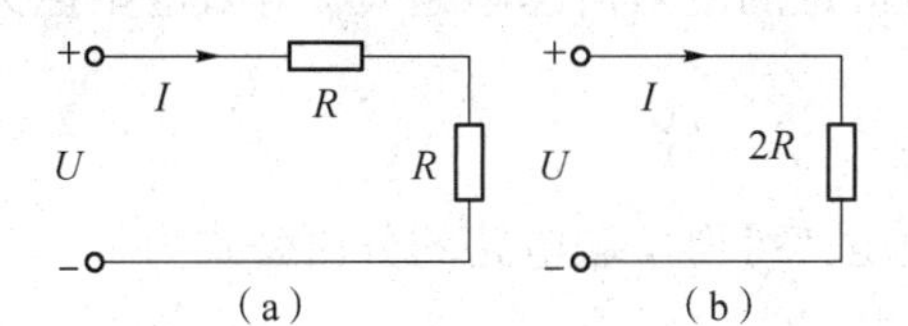

图 2.1　串联电阻等效

(a) 2 个阻值为 R 的电阻串联电路；(b) 等效阻值为 $2R$ 的电路

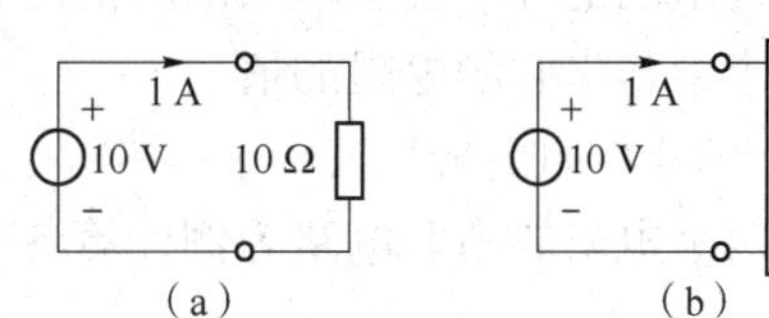

图 2.2　等效范围的说明

(a) 简单电路；(b) 复杂二端网络

2.2　电阻电路的等效变换

2.2.1　电阻的串联和并联

1. 串联电阻的等效

如果电路中有 n 个电阻顺序相接，中间没有分支，则这样的连接形式称为串联，如图 2.3（a）所示。串联电路的特点是通过串联元件的电流是同一个电流，端口总电压等于各串联元件的电压之和。

1）串联等效电阻

由图 2.3（a）可得

$$\begin{aligned} U &= U_1+U_2+\cdots+U_n \\ &= R_1I+R_2I+\cdots+R_nI \\ &= (R_1+R_2+\cdots+R_n)I \end{aligned}$$

$$\frac{U}{I}=R_1+R_2+\cdots+R_n$$

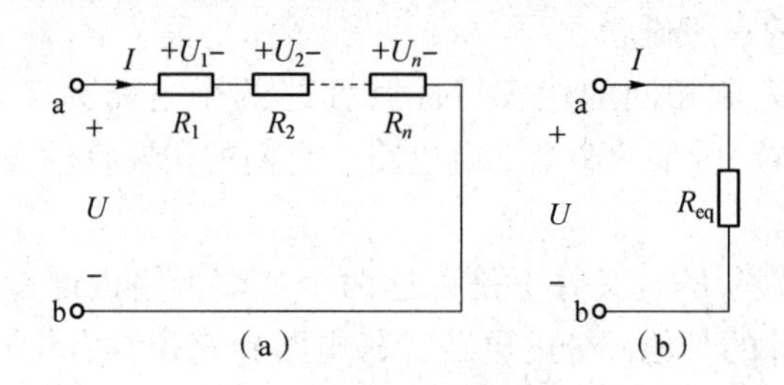

图 2.3　电阻的串联及等效

(a) n 个电阻串联；(b) 等效电阻

令

$$U=R_{eq}I \tag{2-1}$$

$$R_{eq}=R_1+R_2+\cdots+R_n \tag{2-2}$$

式中，R_{eq}为串联电阻的等效电阻，如图 2.3（b）所示。式（2-2）表明，多个电阻串联，其等效电阻的值等于各个串联电阻值之和。也就是常说的电阻值越串越大，等效电阻值大于任何一个参与串联的电阻的值。

2）串联电阻的分压

以两个电阻的串联电路为例计算各个电阻的电压，可得串联电路的分压公式为

$$U_1=R_1I=R_1\frac{U}{R_1+R_2}=\frac{R_1}{R_1+R_2}U \tag{2-3}$$

$$U_2=R_2I=R_2\frac{U}{R_1+R_2}=\frac{R_2}{R_1+R_2}U \tag{2-4}$$

若有 n 个电阻串联，任意一个电阻 R_i 分得的电压 U_i 为

$$U_i=\frac{R_i}{\sum\limits_{j=1}^{n}R_j}U \tag{2-5}$$

由式（2-5）可知，在电阻串联电路中，阻值大的电阻分压大，阻值小的电阻分压小。

3）串联电阻的功率

串联电阻的总功率 P 为

$$\begin{aligned}P&=UI=RI^2\\&=(R_1+R_2+\cdots+R_n)I^2\\&=P_1+P_2+\cdots+P_n\end{aligned} \tag{2-6}$$

式（2-6）表明，n 个电阻串联吸收的总功率等于各个电阻吸收的功率之和，也等于其等效电阻所吸收的功率。

2. 并联电阻的等效

如果电路中有 n 个电阻连接在两个公共点之间，则这样的连接形式称为电阻的并联，如图 2.4（a）所示。并联电路的特点是每个并联元件两端的电压是同一电压，端口总电流等于流过各个并联电阻的电流之和。

1）并联等效电阻

在图 2.4（a）的上结点运用 KCL，得

$$I=I_1+I_2+\cdots+I_n$$

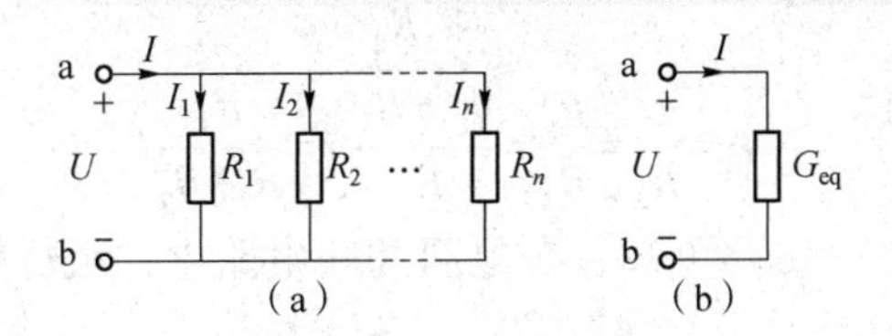

图 2.4　电阻的并联及等效

(a) n 个电阻并联；(b) 等效电阻

再根据并联电路的特点得

$$I=\frac{U}{R_1}+\frac{U}{R_2}+\cdots+\frac{U}{R_n}$$

$$=\left(\frac{1}{R_1}+\frac{1}{R_2}+\cdots+\frac{1}{R_n}\right)U$$

$$=(G_1+G_2+\cdots+G_n)U$$

$$\frac{I}{U}=(G_1+G_2+\cdots+G_n)$$

令

$$I=G_{eq}U \tag{2-7}$$

$$G_{eq}=G_1+G_2+\cdots+G_n \tag{2-8}$$

式中，G_{eq} 为串联电阻的等效电导，如图 2.4（b）所示。式（2-8）表明，多个电阻并联的等效电导值等于各个并联电阻的电导值之和。电导值是越并越大，且大于参与并联的任一电导值。

在实际应用中，通常给出的是电阻值，式（2-8）也可以表示为

$$\frac{1}{R_{eq}}=\frac{1}{R_1}+\frac{1}{R_1}+\cdots+\frac{1}{R_n} \tag{2-9}$$

为书写方便，常用“//”表示电阻并联关系。n 个电阻并联关系可写为

$$R_{eq}=R_1//R_2//\cdots//R_n \tag{2-10}$$

当多个电阻并联时，求其等效电阻值不是很方便。通常是先求 2 个电阻并联值，再一一往下并联计算。

2 个电阻并联公式为

$$R_{eq}=\frac{R_1R_2}{R_1+R_2} \tag{2-11}$$

由式（2-11）可知，电阻的值越并越小，其等效电阻值小于任一参与并联的电阻的值。

2）并联电阻的分流

以 2 个并联电阻为例进行分析。

由图 2.4（a）及式（2-11）可得 2 个并联电阻的分流公式：

$$I_1=\frac{U}{R_1}=\frac{RI}{R_1}=\frac{\frac{R_1R_2}{R_1+R_2}}{R_1}I=\frac{R_2}{R_1+R_2}I \tag{2-12}$$

$$I_2=\frac{U}{R_2}=\frac{RI}{R_2}=\frac{\frac{R_1R_2}{R_1+R_2}}{R_2}I=\frac{R_1}{R_1+R_2}I \tag{2-13}$$

由式（2-12）和式（2-13）可知，在电阻并联电路中，阻值大的电阻分流小，阻值小的电阻分流大。

3）并联电阻的功率

并联电路中的总功率 P 为

$$\begin{aligned}P&=\frac{U^2}{R_{eq}}=\left(\frac{1}{R_1}+\frac{1}{R_2}+\cdots+\frac{1}{R_n}\right)U^2\\&=\frac{U^2}{R_1}+\frac{U^2}{R_2}+\cdots+\frac{U^2}{R_n}\\&=P_1+P_2+\cdots+P_n\end{aligned} \tag{2-14}$$

式（2-14）表明，n 个电阻并联吸收的总功率等于各个电阻吸收的功率之和，也等于其等效电阻所吸收的功率。

3. 混联电路的化简与等效计算

既有电阻的串联又有并联的电路叫电阻的混联。电阻的混联在实际应用中十分广泛。分析混联电路，首先要分清各个电阻之间的串、并联关系，然后应用电阻串、并联的性质，逐步求出等效电阻。

【例 2.1】 在图 2.5 的电路中，已知 $R_1=3\ \Omega$，$R_2=6\ \Omega$，$R_3=2\ \Omega$，$R_4=R_5=4\ \Omega$，求 a、b 两点间的等效电阻 R_{ab}。

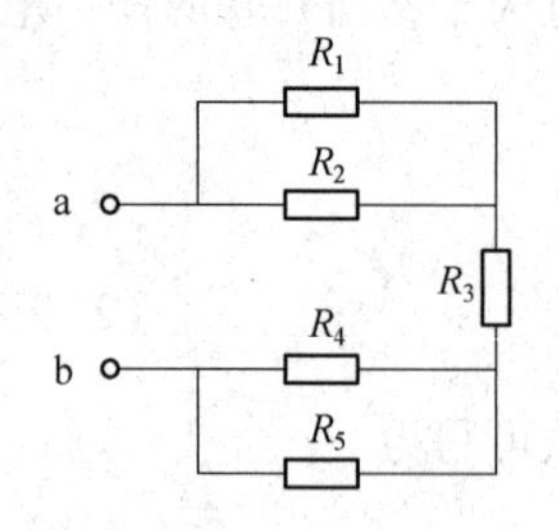

图 2.5 例 2.1 电路

【解】 从图 2.5 电路结构看，R_1 与 R_2 并联，R_4 与 R_5 并联，然后与 R_3 串联，所以 a、b 间的等效电阻 R_{ab} 可以写成为

$$\begin{aligned}R_{ab}&=R_1//R_2+R_3+R_4//R_5\\&=\frac{R_1R_2}{R_1+R_2}+R_3+\frac{R_4R_5}{R_4+R_5}\\&=\frac{3\times6}{3+6}+2+\frac{4\times4}{4+4}\\&=2+2+2\\&=6(\Omega)\end{aligned}$$

【例 2.2】 在如图 2.6（a）所示的电路中，已知 $R_1=R_2=R_3=R_4=R_5=4\ \Omega$，求 a、b 间的等效电阻 R_{ab}。

【解】 根据图 2.6（a）所示的电路结构，还不能看出各电阻之间的串联、并联关系。对于这样的电路，首先要把原电路进行适当的变形，变得容易看清串联或并联关系的电路形式，然后根据整理后的电路计算其等效电阻。

画等效电路的步骤如下。

（1）在电路图中，给每一个结点标注上一个字母（同一导线相连的各连接点只能用同一个字母），如图 2.6（a）所示。

（2）按顺序将各个字母沿水平方向排列，待求两端的字母置于两端，如图 2.6（b）所示。

（3）如图 2.6（c）所示，将各个电阻依次填入相应的字母之间，R_1 与 R_2 并联，R_3 与

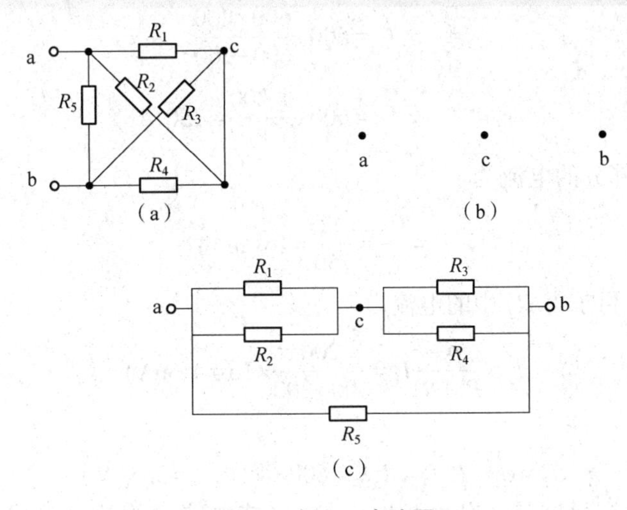

图 2.6　例 2.2 电路图

(a) 原电路图；(b) 结点展开；(c) 变形后电路图

R_4 并联，然后两组电阻串联，最后再与 R_5 并联，所以 a、b 间的等效电阻 R_{ab} 可以写成为

$$\begin{aligned} R_{ab} &= (R_1//R_2+R_3//R_4)//R_5 \\ &= (4//4+4//4)//4 \\ &= (2+2)//4 = 4//4 = 2(\Omega) \end{aligned}$$

【例 2.3】　图 2.7 所示为常用的滑动电阻器分压电路。$U_S = 12$ V，滑动电阻器 $R = R_1 + R_2 = 1.2$ kΩ，负载电阻 $R_3 =$ 200 kΩ。

(1) 开关 S 断开时，求 I_1、I_2、U_2、U_3 的值。

(2) 开关 S 闭合时，且滑动电阻器中间抽头位于中间位置情况下，求 I_1、I_2、U_2、U_3 的值。

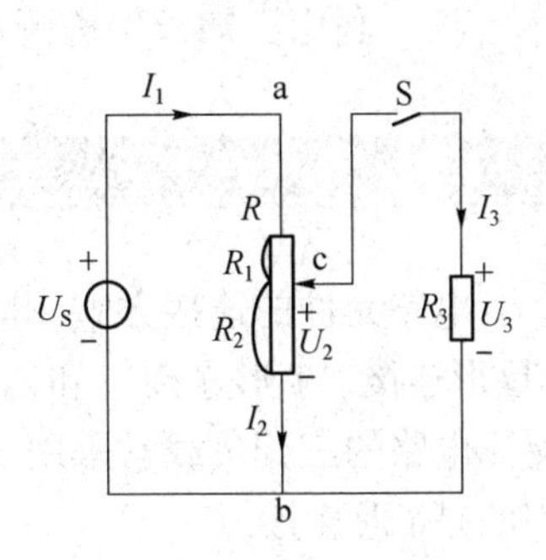

图 2.7　例 2.3 电路图

【解】　(1) S 断开时

R_3 与左边电路断开，则

$$U_3 = 0$$

电流 I_1、I_2 为同一电流，计算得

$$I_1 = I_2 = \frac{U_S}{R_1+R_2} = \frac{12}{1\ 200} = 10(\text{mA})$$

由欧姆定律可得

$$U_2 = R_2 I_2 = 600 \times 10 \times 10^{-3} = 6(\text{V})$$

(2) S 闭合时

电位器位于中间抽头时有

$$R_1 = R_2 = R/2 = 600\ \Omega$$

R_3 与 R_2 并联，电路等效电阻为

$$R_{eq} = R_1 + \frac{R_2 R_3}{R_2 + R_3}$$

$$=600+\frac{600\times200}{600+200}$$

$$=600+\frac{1\ 200}{8}=750(\Omega)$$

滑动电阻器 R_1 部分的电流为

$$I_1=\frac{U_S}{R_{eq}}=\frac{12}{750}=16(\text{mA})$$

应用分流公式，可求得 R_2 中的电流为

$$I_2=\frac{R_3}{R_2+R_3}I_1=\frac{200}{600+200}\times16=4(\text{mA})$$

则求得

$$U_2=U_3=R_2I_2=R_3I_3=600\times4\times10^{-3}=2.4(\text{V})$$

分析可知，当分压电路接入负载后（并联），使电路的等效电阻减小，电路总电流变大。因此，分压电路接入负载后，要注意电流是否超过额定值，以免损坏。

混联电路的分析和计算的几个步骤：

（1）首先理清电路中电阻的串、并联关系，必要时重新画出串、并联关系明确的电路图。

（2）利用电阻串、并联等效电阻公式计算出电路中总的等效电阻。

（3）利用已知条件进行计算，确定电路的端电压与总电流。

2.2.2 电阻的Y和△连接等效变换

电路元件的连接方式，除了串联和并联外，常见的电阻元件连接方式还包括Y形连接（星形连接、T形连接）和△形连接（三角形连接），如图 2.8 所示。在电力系统中，三相交流电路的三相负载常采用Y形或三角形连接。如供市民和工厂用电的低压供电系统中，采用的是Y形连接。

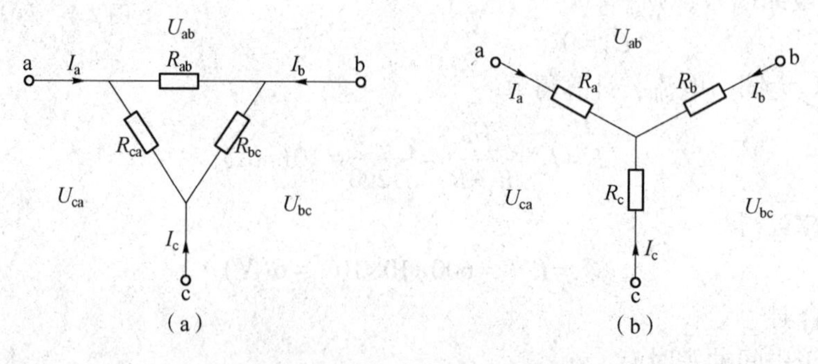

图 2.8　△/Y形连接电阻等效变换

（a）△形连接电路；（b）Y形连接电路

根据等效的概念可知，要使两个电路等效，应使两个电路对应端口之间具有相同的伏安特性。以上两个电路均有 3 个端口和 3 个端点，即 ab 端口、bc 端口和 ca 端口，a 端点、b 端点和 c 端点。因此对应端流入或流出的电流（如 I_a、I_b、I_c）一一相等，对应的端口电压

（如 U_{ab}、U_{bc}、U_{ca}）也一一相等。

如果将图 2.8（a）所示的△形电路等效变换为图 2.8（b）所示的Y形电路，根据等效变换条件（即端口的伏安特性相同），可以得到等效变换公式。

其相应的通用公式为

$$\text{Y形某端点等效电阻}=\frac{\text{△形对应端点相邻边电阻的乘积}}{\text{△形三边电阻之和}} \tag{2-15}$$

具体表达式为

$$R_a=\frac{R_{ab}R_{ca}}{R_{ab}+R_{bc}+R_{ca}} \tag{2-16}$$

$$R_b=\frac{R_{bc}R_{ab}}{R_{ab}+R_{bc}+R_{ca}} \tag{2-17}$$

$$R_c=\frac{R_{ca}R_{bc}}{R_{ab}+R_{bc}+R_{ca}} \tag{2-18}$$

如果将图 2.8（b）所示的Y形电路等效变换为图 2.8（a）所示的△形电路，其相应的通用公式为

$$\text{△形某边等效电阻}=\frac{\text{Y形支路电阻两两乘积之和}}{\text{Y形对应端口不相邻电阻}} \tag{2-19}$$

具体表达式为

$$R_{ab}=\frac{R_aR_b+R_bR_c+R_cR_a}{R_c} \tag{2-20}$$

$$R_{bc}=\frac{R_aR_b+R_bR_c+R_cR_a}{R_a} \tag{2-21}$$

$$R_{ca}=\frac{R_aR_b+R_bR_c+R_cR_a}{R_b} \tag{2-22}$$

若三角形连接的三个电阻相等，用 $R_{\triangle}$ 表示。变换后的Y形连接的三个电阻也相等，用 R_{Y} 表示。它们之间的关系为

$$R_Y=R_{\triangle}/3 \tag{2-23}$$

【例 2.4】 求图 2.9（a）电路中的电流 I。

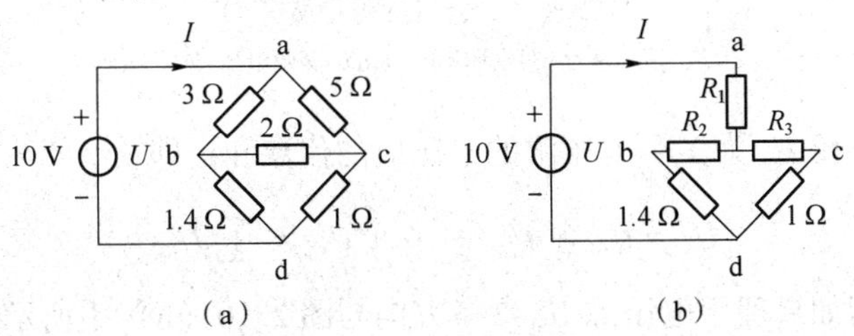

图 2.9 例 2.4 电路图及等效电路图

（a）原电路图；（b）Y形等效电路图

【解】 分析电路可知，该电路由两个△形电阻网络组成，只要将其中任一个△形网络等效变换为Y形连接形式，电路即可化简成简单的串、并联电路。如将 3 Ω、5 Ω、2 Ω 三个电阻构成的△形网络等效变换为星形网络，如图 2.9（b）所示，其等效电阻为

$$R_1=\frac{3\times5}{3+2+5}=1.5(\Omega)$$

$$R_2=\frac{3\times2}{3+2+5}=0.6(\Omega)$$

$$R_3=\frac{2\times5}{3+2+5}=1(\Omega)$$

利用电阻串并联关系，可求得电路等效电阻为

$$R=1.5+\frac{(0.6+1.4)\times(1+1)}{(0.6+1.4)+(1+1)}=2.5(\Omega)$$

最后求得

$$I=\frac{U}{R}=\frac{10}{2.5}=4(\text{A})$$

2.3　电源等效变换与应用

2.3.1　理想电源的串联和并联

1. 理想电压源串联

图 2.10（a）所示为多个电压源的串联，可以用一个电压源等效代替，如图 2.10（b）所示。

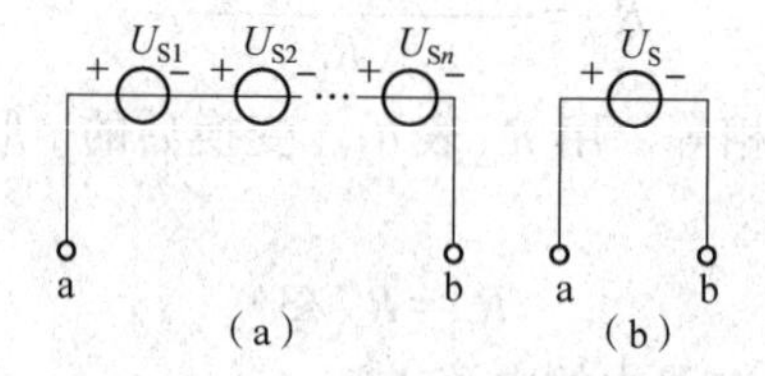

图 2.10　n 个电压源串联等效

（a）多个电压源串联；（b）等效电压源

等效电压源的电压 U_S 为多个电压源的电压值的代数和，即

$$U_S=U_{S1}+U_{S2}+\cdots+U_{Sn}=\sum_{k=1}^{n}U_{Sk}$$

其中代数和是指如果理想电压源 U_{Sk} 参考方向与图 2.10（b）中所示的等效电压源 U_S 的参考方向一致时，式中的 U_{Sk} 前面取“+”号，不一致时取“-”号。

2. 理想电压源并联

（1）电压值不同的电压源不能并联。

（2）电压值相同的电压源能并联，可用一个等值电压源等效。

（3）电压源与其他元件并联，其等效电路就是该电压源。

比如，电压源 U_S 与电流源 I_S 并联，就等效为电压源 U_S，如图 2.11（a）所示；电压源

U_S 与电阻 R 并联，就等效为电压源 U_S，如图 2.11（b）所示。

之所以可以这样的等效，是因为理想电压源的电流可以为任意值。以图 2.11（a）为例，在原电路中电压源向外提供的电流为 I_1，电流源的电流为 I_S，端口电流为 $I=I_1+I_S$，端口电压为 U_S。在其等效电路中，电压源的电流由原来的 I_1 增加到 I，增加部分就是电流源原来提供的电流。但对端口外部而言，原电路与其等效电路的端口电压和端口电流都相同。

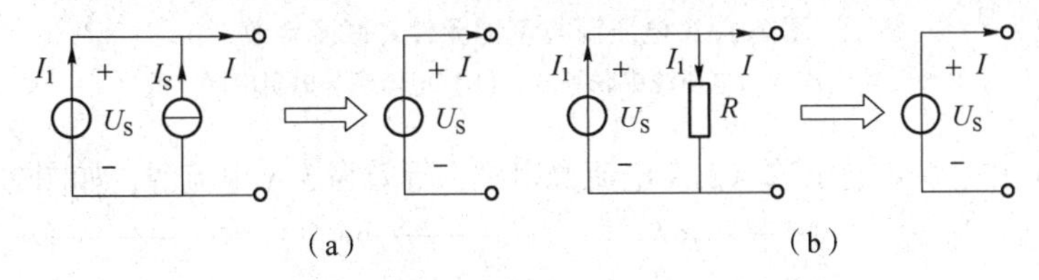

图 2.11　电压源与其他元件并联及等效

（a）电压源与电流源并联等效；（b）电压源与电阻并联等效

3. 理想电流源的并联

图 2.12（a）所示为多个电流源的并联，可以用一个电流源等效替代，如图 2.12（b）所示。

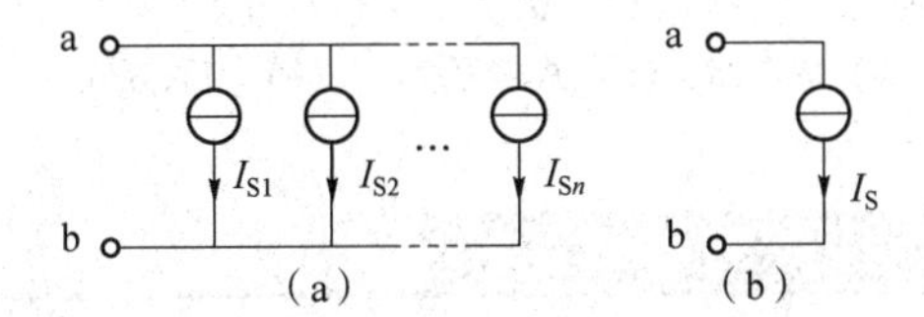

图 2.12　n 个电流源并联等效

（a）多个电流源并联；（b）等效电流源

等效电流源的电流值为多个电流源的代数和，即

$$I_S = I_{S1} + I_{S2} + \cdots + I_{Sn} = \sum_{k=1}^{n} I_{Sk}$$

其中代数和是指如果理想电压源 I_{Sk} 参考方向与图 2.12（b）所示的电压 I_S 的参考方向一致时，式中的 I_{Sk} 前面取“+”号，不一致时取“−”号。

4. 理想电流源的串联

（1）电流值不同的电流源不能串联。

（2）电流值相同的电流源能并联，可用一个等值电流源等效。

（3）电流源与其他元件串联，其等效电路就是该电流源。

比如，电流源 I_S 与电压源 U_S 串联，就等效为电流源 I_S，如图 2.13（a）所示；电流源 I_S 与电阻 R 串联，就等效为电流源 I_S，如图 2.13（b）所示。

之所以可以这样的等效，是因为理想电流源的电压可以为任意值。以图 2.13（a）为例，在原电路中电流源的电压为 U_1，电压源的电压为 U_S，端口电压为 $U=U_1-U_S$，端口电流为 I_S。在其等效电路中，电流源的电压由原来的 U_1 改变为 U，改变部分就是电压源原来的电压。但对端口外部而言，原电路与其等效电路的端口电压和端口电流都相同。

【例 2.5】　利用理想电源等效变换的方法，化简如图 2.14（a）所示电路。

【解】　图 2.14（a）中，6 V 电压源与 2 A 电流源并联，等效为 6 V 电压源，如图 2.14（b）所示。

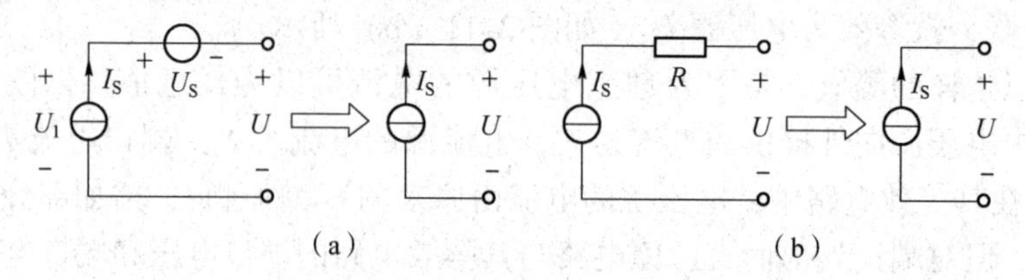

图 2.13　电压源与其他元件并联及等效

（a）电流源与电压源串联等效；（b）电流源与电阻串联等效

图 2.14（b）中，6 V 电压源与 3 A 电流源串联，等效为 3 A 电流源，如图 2.14（c）所示。

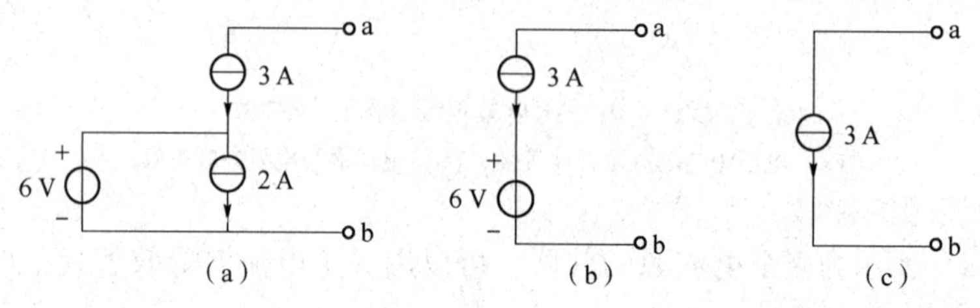

图 2.14　例 2.5 电路及等效

（a）原电路；（b）并联等效后；（c）串联等效后

2.3.2　实际电压源与电流源的等效变换

一个实际电源可以用一个理想电压源与一个电阻串联来表示，这种电路形式又称为有伴电压源；也可以用一个理想电流源与电阻并联来表示，这种电路形式又称为有伴电流源。这说明有伴电压源与有伴电流源是可以互相等效变换的，其等效变换电路图如图 2.15 所示。等效变换的条件为变换后保持端口电压和端口电流关系不变。

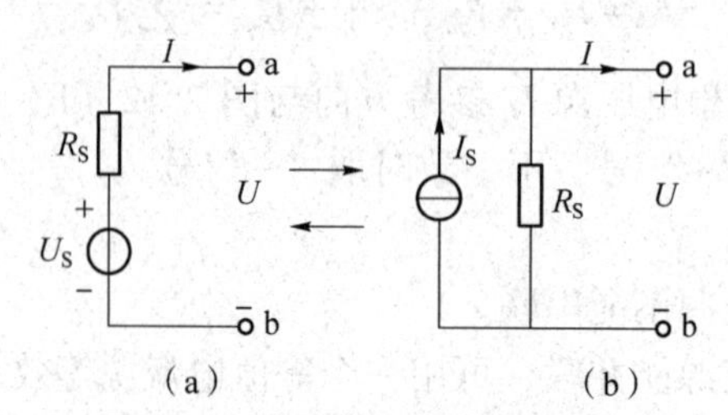

图 2.15　实际电源等效变换电路

（a）理想电压源串联电阻；（b）理想电流源并联电阻

由图 2.15（a）可得

$$U=U_S-R_SI \tag{2-24}$$

由图 2.15（b）可得

$$I=I_S-\frac{U}{R_S} \tag{2-25}$$

整理后得

$$U=R_SI_S-R_SI \tag{2-26}$$

经对比可得

$$U_S = R_S I_S \tag{2-27}$$

$$I_S = \frac{U_S}{R_S} \tag{2-28}$$

式（2-27）用于有伴电流源转换成有伴电压源；式（2-28）用于有伴电压源转换成有伴电流源。

在对有伴电压源和有伴电流源进行等效变换时，还应注意以下几点：

（1）有伴电压源和有伴电流源的等效变换关系只是对于外电路而言的，而对电源内部是不等效的。

（2）等效变换时，两等效电源的参考方向要一一对应。

（3）理想电压源与理想电流源之间无等效关系。

2.3.3　电源等效变换的应用

【例 2.6】　如图 2.16 所示，已知 $U_{S1}=24\ \text{V}$，$R_{S1}=4\ \Omega$，$U_{S2}=30\ \text{V}$，$R_{S2}=6\ \Omega$，试计算其等效电压源的电压 U_S 和内阻 R_S。

【解】　先将两个电压源等效变换为电流源，如图 2.17 所示。

图中

$$I_{S1}=\frac{U_{S1}}{R_{S1}}=\frac{24}{4}=6(\text{A})$$

$$I_{S2}=\frac{U_{S2}}{R_{S2}}=\frac{30}{6}=5(\text{A})$$

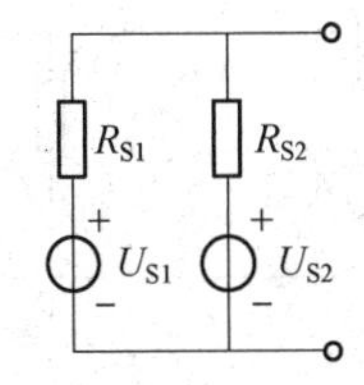

图 2.16　例 2.6 电路图

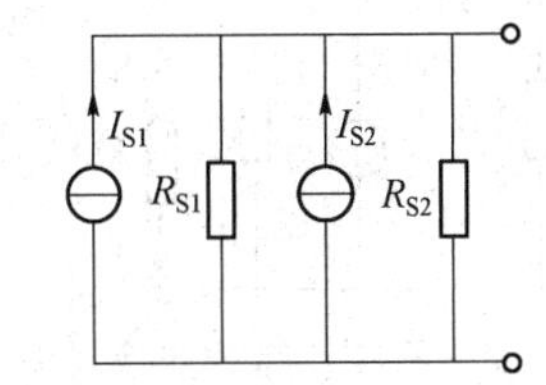

图 2.17　例 2.6 等效电路图

然后，再将两个并联电流源合并为一个等效电流源，如图 2.18 所示，图中

$$I_S=I_{S1}+I_{S2}=6+5=11(\text{A})$$

$$R_S=\frac{R_{S1}R_{S2}}{R_{S1}+R_{S2}}=\frac{4\times6}{4+6}=2.4(\Omega)$$

最后，再将这个电流源等效变换为电压源，如图 2.19 所示，图中

$$U_S=R_S I_S=2.4\times11=26.4(\text{V})$$

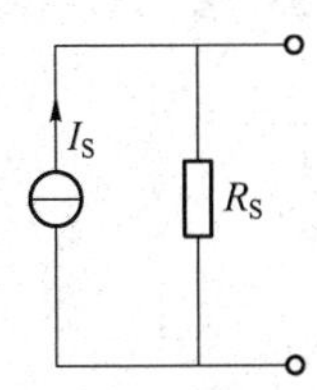

图 2.18　电流源并联内阻

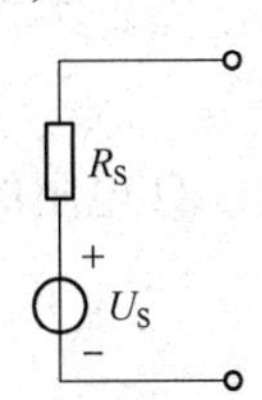

图 2.19　电压源串联内阻

【例 2.7】 如图 2.20 所示，利用电源等效变换的方法，求流过 3 Ω 电阻上的电流 I。

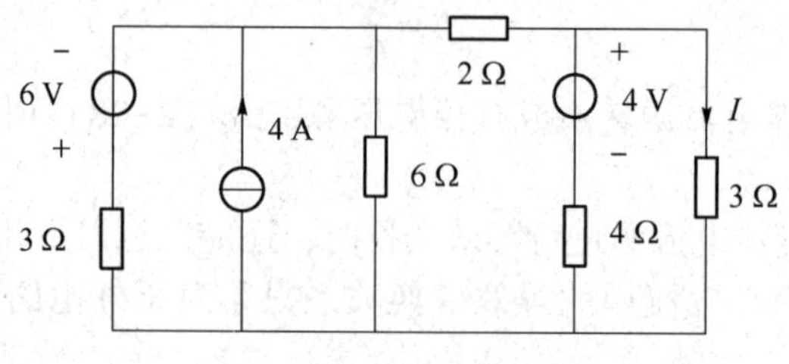

图 2.20 例 2.7 电路图

【解】 (1) 将 2 个有伴电压源支路转换成有伴电流源支路，电路如图 2.21 所示。

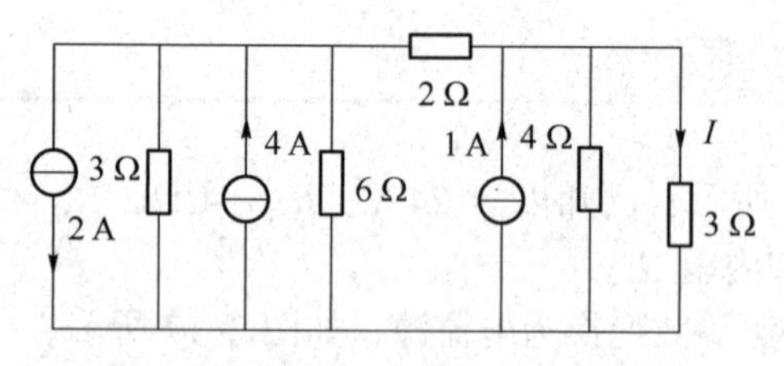

图 2.21 第一步等效变换

(2) 将左半部分合并为 1 个有伴电流源支路，如图 2.22 所示。

(3) 将左边有伴电流源支路转换成有伴电压源支路，如图 2.23 所示。

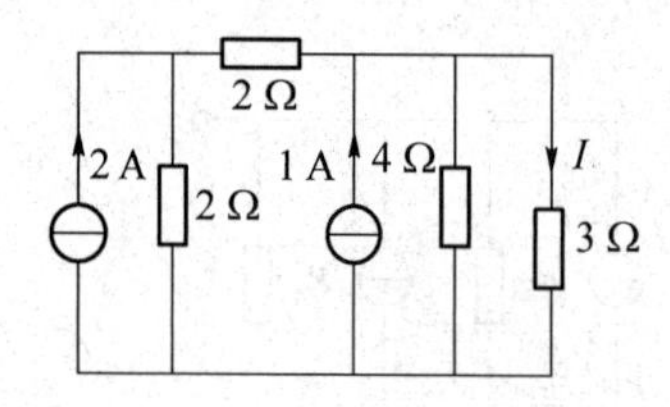

图 2.22 第二步等效变换

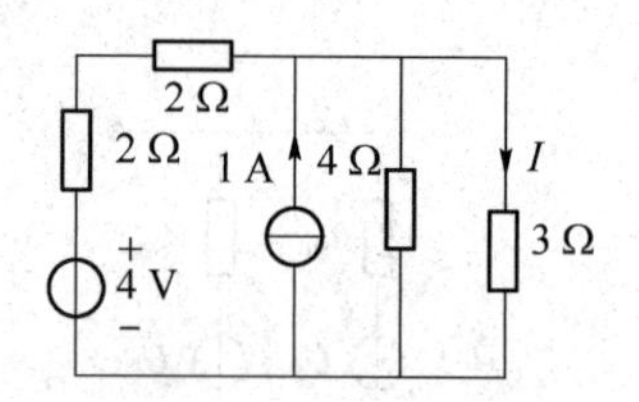

图 2.23 第三步等效变换

(4) 再进一步转换，如图 2.24 和图 2.25 所示。

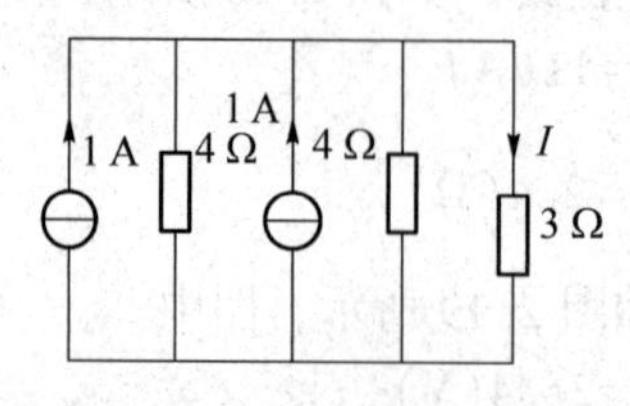

图 2.24 第四步等效变换

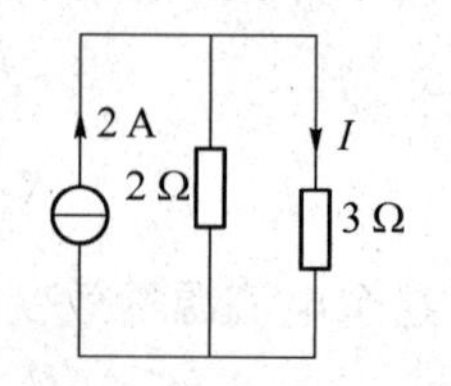

图 2.25 第五步等效变换

由图 2.25 可得流过 3 Ω 电阻的电流为

$$I=\frac{2\times2}{2+3}=\frac{4}{5}=0.8(\mathrm{A})$$

2.4　二端含源网络的输入电阻

2.4.1　含独立电源网络的输入电阻

对一个电源网络来说，从它的一个端子流入的电流等于从另外一个端子流出的电流。这种具有向外引出两个端子的网络或电路称为二端网络，图 2.26 所示为一个二端网络的图形表示。

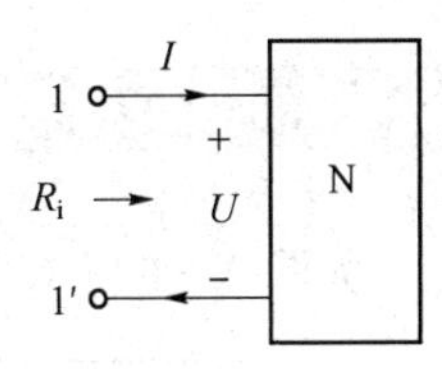

图 2.26　二端网络

网络的端口输入电阻 R_i 定义为端口电压 U 除以端口电流 I。

$$R_i=\frac{U}{I}$$

对于含有独立电源的二端网络，求输入电阻时，先将网络内部所有的独立源都置零。即独立电压源用短路线代替，独立电流源用开路代替，继而得到一个仅含有电阻的网络。再应用电阻的串-并联变换和Y-△变换等方法，可以求得它的输入电阻。

【例 2.8】　含源二端网络如图 2.27 所示，求该网络的输入电阻 R_i。

【解】　独立电压源 U_S 用短路代替，独立电流源 I_1、I_2 用开路代替，得出的电路图如图 2.28 所示。

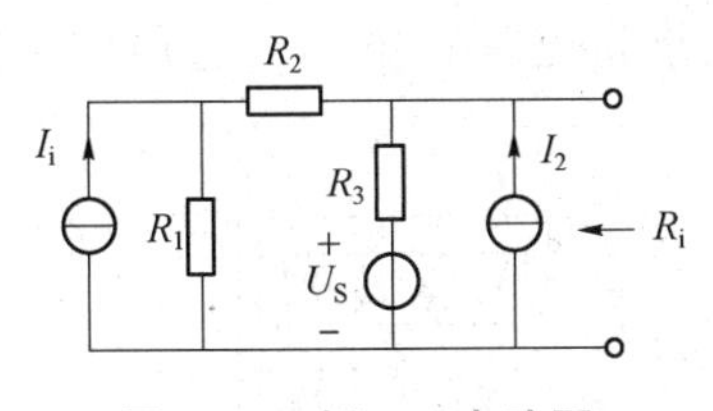

图 2.27　例 2.8 电路图

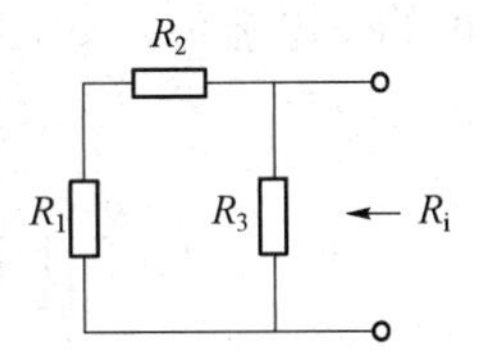

图 2.28　电源置零后电路图

电路图中，R_1 与 R_2 串联，再与 R_3 并联，由此可得输入电阻 R_i 为

$$\begin{aligned}R_i&=(R_1+R_2)//R_3\\&=\frac{(R_1+R_2)R_3}{R_1+R_2+R_3}\\&=\frac{R_1R_3+R_2R_3}{R_1+R_2+R_3}\end{aligned}$$

【例 2.9】　含源二端网络如图 2.29 所示，求该网络的输入电阻 R_{ab}。

【解】　独立电压源用短路代替，独立电流源用开路代替，得出的电路如图 2.30 所示。

电路图 2.30 中，从左至右看，4 Ω 电阻与 4 Ω 电阻及 2 Ω 电阻并联之后与 4 Ω 电阻串联，最终再与 5 Ω 电阻并联，由此可得输入电阻 R_{ab} 为

$$R_{ab}=[(4//4//2)+4]//5=5//5=2.5(\Omega)$$

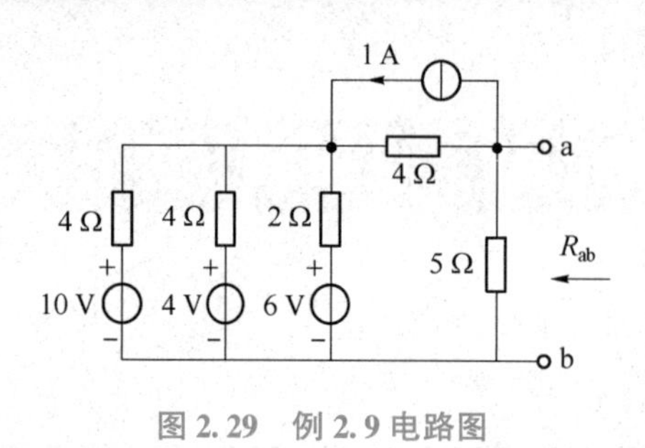

图 2.29　例 2.9 电路图

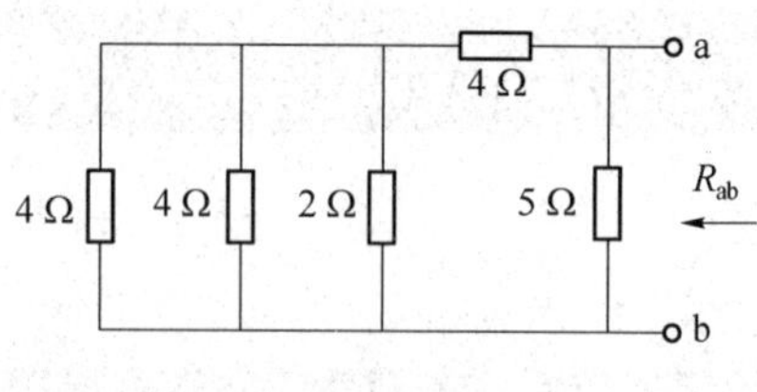

图 2.30　电源置零后电路

2.4.2　含受控电源网络的输入电阻

如图 2.31 所示含源二端网络，其内部除了含有电阻、独立电源外，还含有受控源。

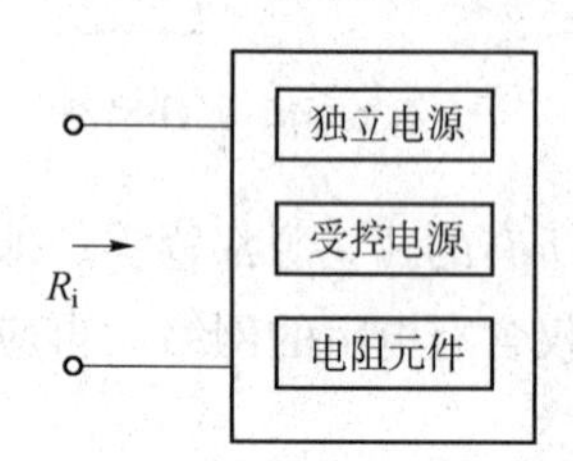

图 2.31　含源二端网络

求端口的输入电阻 R_i 时，不能把所有电源置零，而是采用两种不同的方法，一种是外加电源法，另一种是开路电压-短路电流法。

1. 外加电源法

外加电源法是先把网络内部的所有独立电源置为零，保留受控电源，再在端口外加一个电源。然后推导出端口电压 U 与端口电流 I 关系式，求得二端网络的输入电阻为

$$R_i = U/I$$

如果外加的是电压源，如图 2.32（a）所示，求得是端口电流，这种方法称为加压求流法。如果外加的是电流源，如图 2.32（a）所示，求得是端口电压，这种方法称为加流求压法。

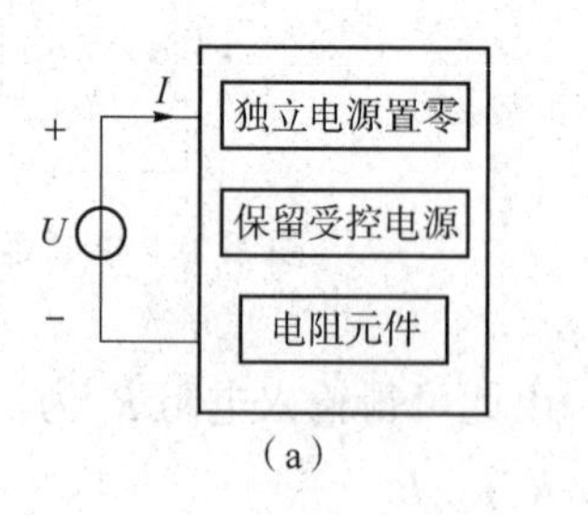

（a）

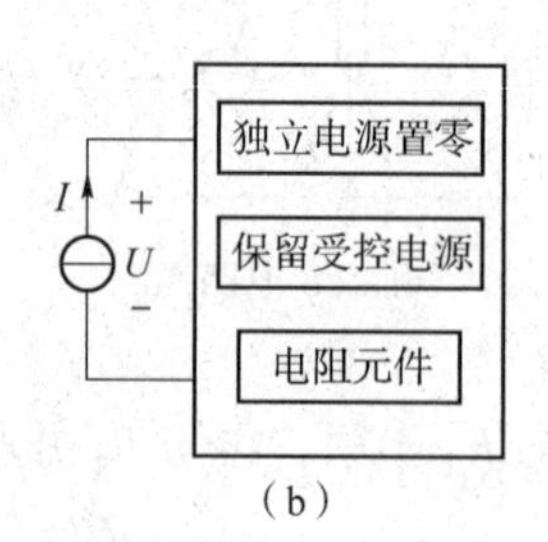

（b）

图 2.32　外加电源法

（a）加压求流法；（b）加流求压法

2. 开路电压-短路电流法

开路电压-短路电流法是保留网络内部的所有电源，把端口开路，求得其开路电压 U_{OC}；再将端口短路，求得其短路电流 I_{SC}。端口的输入电阻就是 U_{OC} 与 I_{SC} 的比值，即

$$R_i = \frac{U_{OC}}{I_{SC}}$$

开路电压-短路电流法如图 2.33 所示。

在利用外加电源法和开路电压-短路电流法求电路的输入电阻时，要注意端口的电压、

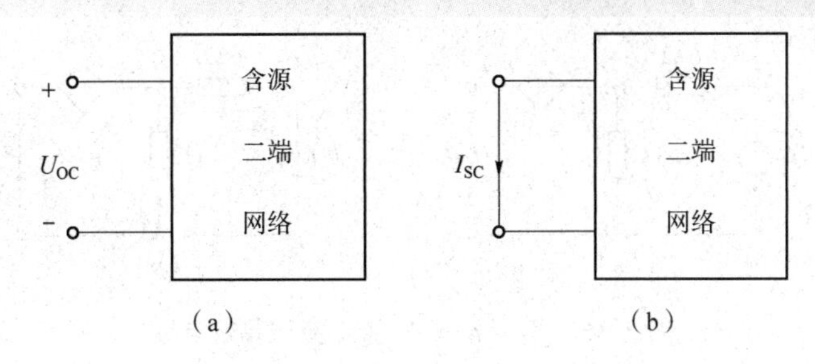

图 2.33　开路电压-短路电流法

(a) 求开路电压；(b) 加短路电流

电流参考方向。

【例 2.10】　电路如图 2.34 所示，用外加电源法和开路电压-短路电流法求端口的输入电阻 R_i。

(1) 外加电源法

将图 2.34 电路图中的独立源置零，即将电压源用短路线代替，在端口外加电压源 U，并假设流入端口的电流为 I，电路如图 2.35 所示。

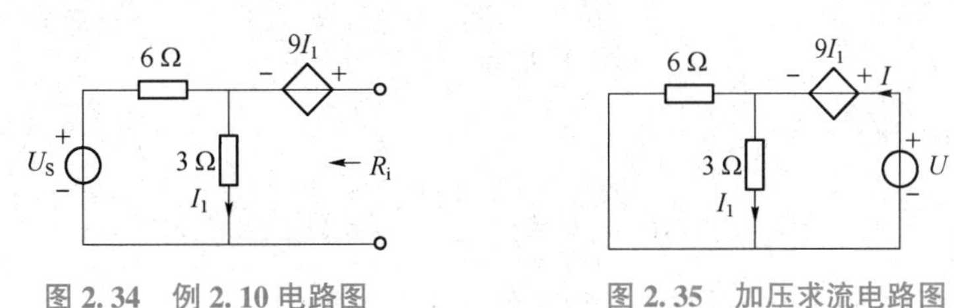

图 2.34　例 2.10 电路图　　**图 2.35　加压求流电路图**

由于 6 Ω 电阻与 3 Ω 电阻呈并联关系，由并联电阻分流公式可知，流过 6 Ω 电阻的电流是流过 3 Ω 电阻的一半，则有

$$I=0.5I_1+I_1=1.5I_1$$

端口电压为

$$U=9I_1+3I_1=12I_1$$

则电路的输入电路 R_i 为

$$R_i=\frac{U}{I}=\frac{12I_1}{1.5I_1}=8\ \Omega$$

(2) 开路电压-短路电流法

①求开路电压

将端口断开，并标注电压 U_{OC}，电路如图 2.36 (a) 所示。

由于端口开路，流过受控电压源的电流为零，则 U_S、6 Ω 电阻、3 Ω 电阻形成回路，且回路电流就是流过回路所有元件的电流，可求得

$$I_1=\frac{U_S}{6+3}=\frac{U_S}{9}$$

则开路电压为电流控制电压源的电压加上 3 Ω 电阻上的电压：

$$U_{OC}=9I_1+3I_1=12I_1=12\times\frac{U_S}{9}=\frac{4}{3}U_S$$

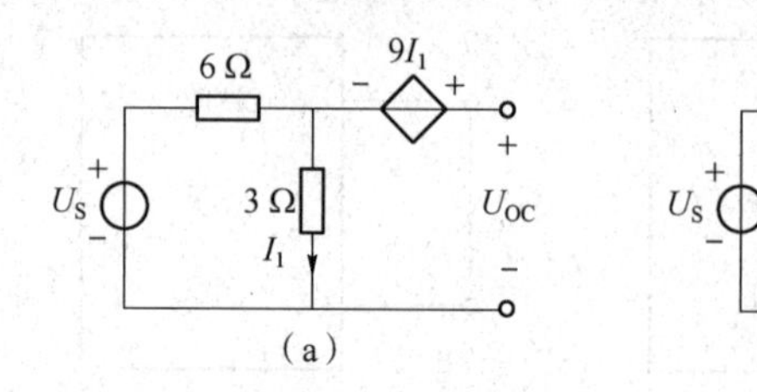

图 2.36　开路电压−短路电流法等效电路

(a) 求开路电压等效电路；(b) 求短路电流等效电路

②求短路电流

将端口短路，并标注短路电流 I_{SC}，如图 2.36（b）所示。

由图 2.36（b）可知，受控电压源与 3 Ω 电阻并联，并联元件上的电压相等，则

$$3I_1 = -9I_1$$

方程有唯一解：

$$I_1 = 0$$

则，受控电压源电压为零，3 Ω 电阻被短路。因此有：

$$I_{SC} = \frac{U_S}{6}$$

则电路的输入电阻为

$$R_i = \frac{U_{OC}}{I_{SC}} = \frac{(4/3)U_S}{(1/6)U_S} = 8\ \Omega$$

可见，以上两种不同的分析方法，得到的结论是一致的。

2.5　支路电流法与应用

结点、支路、回路、网孔等电路名词，在第 1 章中已经介绍，下面会经常使用。

支路电流法是分析计算复杂电路的一种最基本的方法，它是以支路电流为未知量，根据 KCL 和 KVL 分别对结点和回路列出所需要的方程组，而后联立方程组，解出各支路电流的方法。

2.5.1　支路电流法

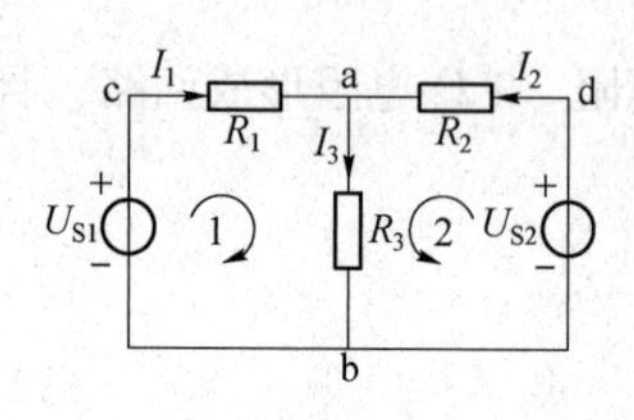

图 2.37　支路电流法示意图

在如图 2.37 所示电路中，结点数 $n=2$，支路数 $b=3$，故共需列出三个独立方程来求解三条支路上的电流。假设回路 1 的绕行方向为顺时针方向，回路 2 的绕行方向为逆时针方向，如图 2.37 中的箭头所示。

因电路中只有一个独立结点，故只对其中一个应用 KCL 即可，对结点 a 有

$$I_1 + I_2 - I_3 = 0 \tag{2-29}$$

由于要求解三个支路电流，因此，需要三个独立的方程。所以，还需应用 KVL 列出其余两个方程，通常可取独立回路列出。

对回路 abca 和 abda，可得

$$R_1I_1+R_3I_3=U_{S1} \tag{2-30}$$

$$R_2I_2+R_3I_3=U_{S2} \tag{2-31}$$

联立以上三式，即可求出支路电流 I_1、I_2 和 I_3。

通过上述分析可知，应用支路电流法求解支路电流的步骤（假设电路中有 n 个结点，b 条支路）为

（1）标定各支路电流的参考方向及回路绕行方向。

（2）应用基尔霍夫电流定律列出 $n-1$ 个结点电流方程。

（3）应用基尔霍夫电压定律列出 $b-(n-1)$ 个回路电压方程，通常选择独立回路。

（4）联立方程，求解各支路电流。

2.5.2　支路电流法的应用

【例 2.11】　电路如图 2.37 所示，$R_1=20\ \Omega$，$R_2=5\ \Omega$，$R_3=6\ \Omega$，$U_{S1}=140\ \text{V}$，$U_{S2}=90\ \text{V}$，试用支路电流法求电路中各支路电流 I_1、I_2 和 I_3。

【解】　把相关参数代入式（2-30）和式（2-31），得以下方程：

$$20I_1+6I_3=140 \quad ①$$

$$5I_2+6I_3=90 \quad ②$$

$$I_1+I_2-I_3=0 \quad ③$$

由③得

$$I_3=I_1+I_2$$

代入式①、式②后得

$$13I_1+3I_2=70 \quad ④$$

$$6I_1+11I_2=90 \quad ⑤$$

④×11-⑤×3，得

$$125I_1=500$$

解得

$$I_1=4\ \text{A}$$

将结果代入④，解得

$$I_2=6\ \text{A}$$

由③得

$$I_3=I_1+I_2=6\ \text{A}$$

【例 2.12】　电路如图 2.38 所示，试用支路电流法求电路中各支路电流和 U_1。

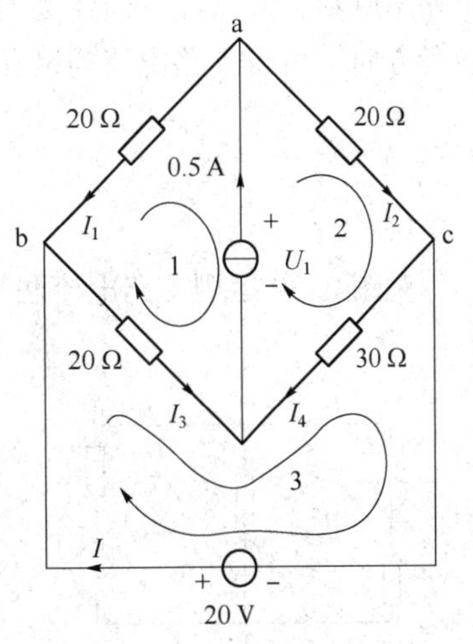

图 2.38　例 2.12 电路图

【解】　该电路中有 4 个结点和 6 条支路，规定 I、I_1、I_2、I_3、I_4 和 U_1 的参考方向如图 2.38所示，独立回路的绕行方向为顺时针方向。根据基尔霍夫电流定律和电压定律

可列出以下方程：

结点 a：$-I_1-I_2+0.5=0$

结点 b：$I+I_1-I_3=0$

结点 c：$I_2-I-I_4=0$

回路 1：$-20I_1+U_1-20I_3=0$

回路 2：$20I_2+30I_4-U_1=0$

回路 3：$20I_3-30I_4-20=0$

联立方程，解得

$$I=0.95\ \text{A},\ I_1=-0.25\ \text{A},\ I_2=0.75\ \text{A}$$
$$I_3=0.7\ \text{A},\ I_4=-0.2\ \text{A},\ U_1=9\ \text{V}$$

2.6　网孔电流法与应用

当电路的支路数目较多时，如果用支路电流分析电路，需要联立的方程数目也就相应地变多，求解过程越加烦琐。为解决这个问题，提出了网孔电流法，简称网孔法。

2.6.1　网孔电流法

网孔电流法是以假想的沿网孔边界流动的电流（即网孔电流）为待求量，由基尔霍夫定律列出各个网孔的 KVL 方程，联立方程求解，得到各个网孔电流，再根据各支路电流与网孔电流之间的关系，求出各个支路电流。

网孔电流是为了简化分析电路所假设的中间变量，但最终还是要求得支路电流或电压。

在如图 2.39 所示电路中，假想两个网孔各有一个沿网孔边界流动的电流 I_{m1} 和 I_{m2}，方向如图所示，并将此方向作为对应网孔的绕行方向。根据电路的结构形式和各个支路电流的参考方向，可得支路电流与网孔电流之间的关系式为

$$I_1=I_{m1}$$
$$I_2=I_{m1}-I_{m2}$$
$$I_3=-I_{m2}$$

对图 2.39 运用支路电流法列方程，得

$$I_1-I_2+I_3=0$$
$$I_2R_2-U_{S2}+I_1R_1-U_{S1}=0$$
$$-I_3R_3-U_{S3}+U_{S2}-I_2R_2=0$$

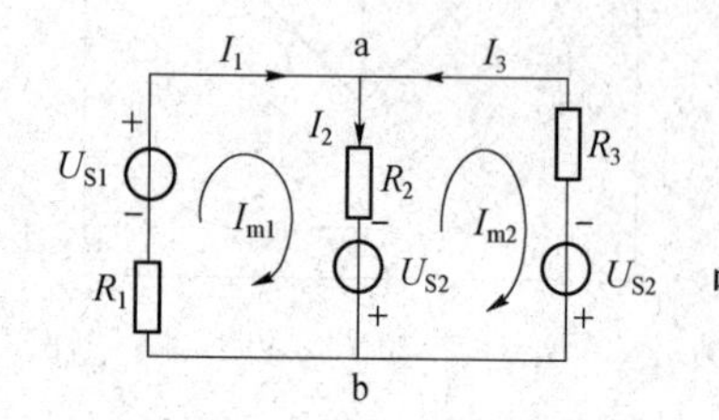

图 2.39　网孔电流法示意图

把支路电流与网孔电流之间的关系式代入以上各个方程中，整理得

$$(R_1+R_2)I_{m1}-R_2I_{m2}=U_{S1}+U_{S2}$$
$$-R_2I_{m1}+(R_2+R_3)I_{m2}=U_{S3}-U_{S2}$$

以上两式简写为

$$\begin{cases} R_{11}I_{m1}+R_{12}I_{m2}=U_{S11} \\ R_{21}I_{m1}+R_{22}I_{m2}=U_{S22} \end{cases} \tag{2-32}$$

式（2-32）就是图2.39对应的网孔电流方程，式中的电阻用双下标加以标注。

双下标两数字相同的电阻R_{11}、R_{22}，称为网孔1、网孔2的自电阻，它们分别等于各网孔中所有电阻之和，$R_{11}=R_1+R_2$，$R_{22}=R_2+R_3$，自电阻恒为正值。

双下标两数字不相同的电阻R_{12}、R_{21}称为互电阻，其绝对值等于两个相邻网孔间公共支路电阻值之和。当两个相邻网孔的网孔电流取相同绕行方向时（同为顺时针或同为逆时针方向），流过公共电阻的两网孔电流方向相反，互电阻取负值，否则取正值，如本例中$R_{12}=R_{21}=-R_2$。如果两个网孔之间没有公共电阻，则相应的互电阻为零。在电路中没有受控源的情况下有$R_{jk}=R_{kj}$。

式（2-32）中右端项，U_{S11}与U_{S22}分别为网孔1、网孔2中所有电源电压的代数和。各电源电压顺着绕行方向由负极到正极（电压升）取“+”号，若由正极到负极（电压升）则取“-”号。

将式（2-32）推广到具有n个网孔的电路，则有

$$\begin{aligned} R_{11}I_{m1}+R_{12}I_{m2}+\cdots+R_{1n}I_{mn}&=U_{S11} \\ R_{21}I_{m1}+R_{22}I_{m2}+\cdots+R_{2n}I_{mn}&=U_{S22} \\ &\vdots \\ R_{n1}I_{m1}+R_{n2}I_{m2}+\cdots+R_{nn}I_{mn}&=U_{Snn} \end{aligned} \tag{2-33}$$

由式（2-33）可得出网孔法直接列写方程组的规则是

自电阻×本网孔的网孔电流+互电阻×相邻网孔的网孔电流=本网孔中所含电源电压的代数和

式（2-33）还可写成矩阵的形式

$$\begin{bmatrix} R_{11} & R_{12} & \cdots & R_{1n} \\ R_{21} & R_{22} & \cdots & R_{2n} \\ & \vdots & & \\ R_{n1} & R_{n2} & \cdots & R_{nn} \end{bmatrix}\begin{bmatrix} I_{m1} \\ I_{m2} \\ \vdots \\ I_{mn} \end{bmatrix}=\begin{bmatrix} U_{S11} \\ U_{S22} \\ \vdots \\ U_{Snn} \end{bmatrix} \tag{2-34}$$

网孔电流分析法解题步骤总结如下：

（1）处理网孔中的并联支路、电流源支路。

（2）选定各网孔电流的绕行方向（最好是同为顺时针方向）。

（3）计算出各网孔的自电阻的值及网孔间的互电阻的值。

（4）计算出各网孔的电源总电压值。

（5）应用KVL列出与网孔数相等的独立网孔方程。

（6）处理网孔中的受控电源。

（7）求解网孔方程，解得网孔电流。

（8）根据各支路电流与网孔电流之间的关系式，求出各个支路电流及其他物理量。

2.6.2 网孔电流法的应用

【例2.13】 电路如图2.39所示，其中$R_1=1\ \Omega$，$R_2=2\ \Omega$，$R_3=2\ \Omega$，$U_{S1}=-5\ \text{V}$，$U_{S2}=4\ \text{V}$，$U_{S3}=5\ \text{V}$，求支路电流I_1、I_2和I_3。

【解】 由图 2.39 求得

网孔 1、网孔 2 的自电阻分别为

$$R_{11}=R_1+R_2=1+2=3(\Omega)$$
$$R_{22}=R_2+R_3=2+2=4(\Omega)$$

网孔 1 与网孔 2 之间的互电阻为

$$R_{12}=R_{21}=-R_2=-2\Omega$$

网孔1、网孔 2 的电压源分别为

$$U_{S11}=U_{S1}+U_{S2}=-5+4=-1(V)$$
$$U_{S22}=U_{S3}-U_{S2}=5-4=1(V)$$

可得

$$3I_{m1}-2I_{m2}=-1 \quad ①$$
$$-2I_{m1}+4I_{m2}=1 \quad ②$$

①×2+②，得

$$4I_{m1}=-1$$
$$I_{m1}=-0.25\ A$$

将以上结果代入②，得

$$I_{m2}=0.125\ A$$

代入方程①、②验算，求解结果正确。

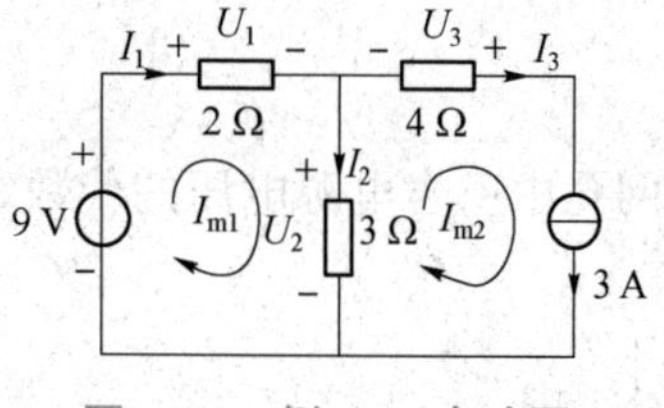

图 2.40　例 2.14 电路图

【例 2.14】 用网孔电流法，求图 2.40 所示电路中各支路电流和 3 个电阻上的电压。

【解】 由图 2.40 可知，网孔 2 的电流 I_{m2} 就等于电流源的电流，因此，用网孔电流法求解电路时，只有 I_{m1} 是未知量。

网孔 1、网孔 2 的自电阻分别为

$$R_{11}=2+3=5(\Omega)$$
$$R_{22}=3+4=7(\Omega)$$

网孔 1 与网孔 2 之间的互电阻为

$$R_{12}=R_{21}=-3\ \Omega$$

网孔 1 的电压源为

$$U_{S11}=U_S=9\ V$$

由此得出方程组为

$$\begin{cases}5I_{m1}-3I_{m2}=9\\ I_{m2}=3\end{cases}$$

解得

$$I_{m1}=3.6\ A$$

支路电流分别为

$$I_1=I_{m1}=3.6\ A,\ I_2=I_{m1}-I_{m2}=0.6\ A,\ I_3=I_{m2}=3\ A$$

电阻电压分别为

$$U_1=2I_1=7.2\ V,\ U_2=3I_2=1.8\ V,\ U_3=-4I_3=-12\ V$$

从本例可以看出，当网孔回路中含有电流源时，本网孔的网孔电流即为已知量，而不需要再列本网孔的 KVL 方程，从而简化了电路的计算。

【例 2.15】 电路如图 2.41 所示，求出各支路的电流和 2 Ω、3 Ω 电阻上的电压。

【解】 看起来电路有 3 个网孔，但 8 A 电流源与 2 Ω 电阻并联构成了 1 个有伴电流源，可等效变换成电压源与电阻串联，电路就只有 2 个网孔了。指定 2 个网孔电流的绕行方向均为顺时针方向，得等效电路如图 2.42 所示。

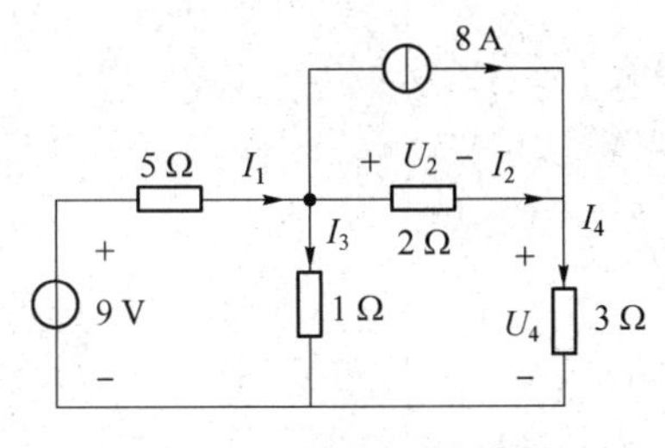

图 2.41　例 2.15 电路图

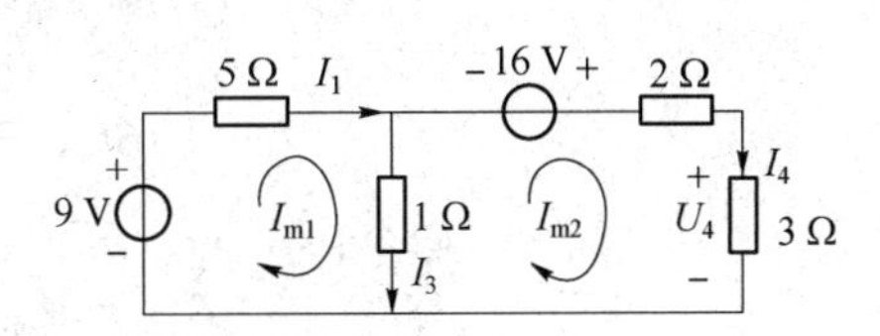

图 2.42　等效电路图

网孔 1、网孔 2 的自电阻分别为

$$R_{11}=6\ \Omega,\ R_{22}=6\ \Omega$$

网孔 1、网孔 2 的互电阻分别为

$$R_{12}=-1\ \Omega,\ R_{21}=-1\ \Omega$$

由图 2.42 可列出联立方程组为

$$\begin{cases}6I_{m1}-I_{m2}=9\\-I_{m1}+6I_{m2}=16\end{cases}$$

解联立方程组得

$$I_{m1}=2\ \text{A},\ I_{m2}=3\ \text{A}$$

再由图 2.42 可求得

$$I_1=I_{m1}=2\ \text{A},\ I_3=I_{m1}-I_{m2}=-1\ \text{A},\ I_4=I_{m2}=3\ \text{A},\ U_4=3I_4=6\ \text{V}$$

由图 2.42 不能求得 I_2 和 U_2，必须回到图 2.41 求解。

由图 2.41 中心结点可得

$$I_1=I_2+I_3+8$$

解得

$$I_2=I_1-I_3-8=2+1-8=-5(\text{A})$$

$$U_2=2I_2=-10\ \text{V}$$

如果在两网孔公共支路有无伴电流源，由于不知道电流源的电压，那就要假设电流源的端电压为增补变量，比如设为 U，再列写网孔电流方程及增补方程进行求解。网孔电流法是根据 KVL 列写的回路方程，那么增补方程就应该是根据 KCL 列写结点电流方程。

【例 2.16】 电路如图 2.43（a）所示，试用网孔电流法求支路电压 U_1。

【解】 假设 3 个网孔电流的绕行方向均为顺时针方向，无伴电流源的端电压为 U，则得图 2.43（b）。

根据电路得以下方程组：

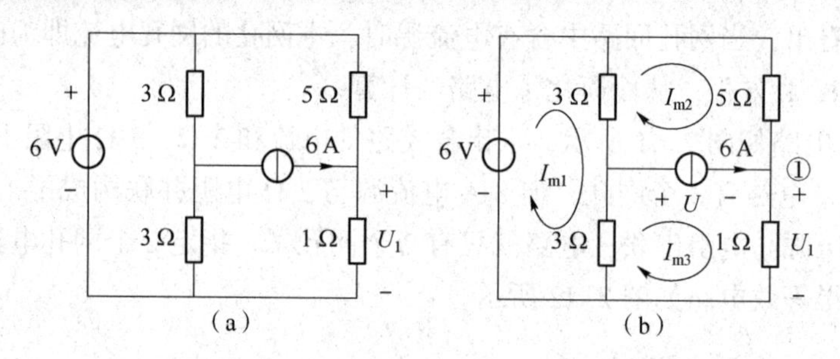

图 2.43 例 2.16 电路图

(a) 原电路图；(b) 网孔电流图

$$6I_{m1}-3I_{m2}-3I_{m3}=6$$
$$-3I_{m1}+8I_{m2}=U$$
$$-3I_{m1}+4I_{m3}=-U$$

三个方程组中，有 4 个未知变量，还需要列一个增补结点电流方程。

由结点①得

$$I_{m3}-I_{m2}=6\ \text{A}$$

经求解得

$$I_{m1}=4\ \text{A}、I_{m2}=0、I_{m2}=6\ \text{A}$$
$$U_1=6\ \text{V}，U=-12\ \text{V}$$

读者可自行求解验证。

【例 2.17】 电路如图 2.44 所示，列出电路的网孔电流方程组，并写成矩阵形式。

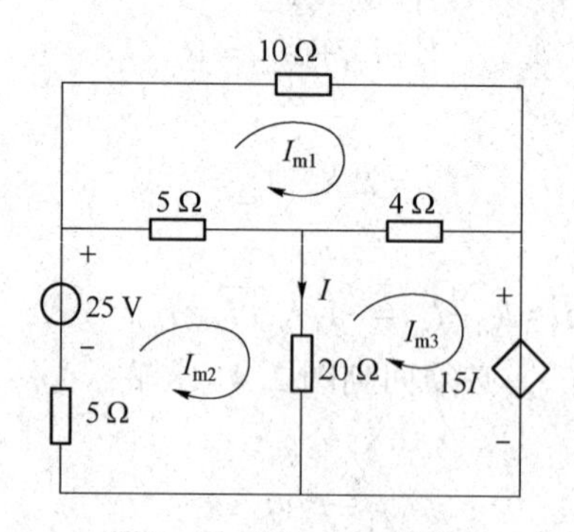

图 2.44 例 2.17 电路图

【解】 网孔自电阻分别为

$$R_{11}=19\ \Omega，R_{22}=30\ \Omega，R_{33}=24\ \Omega$$

网孔间互电阻分别为

$$R_{12}=R_{21}=-5\ \Omega，R_{13}=R_{31}=-4\ \Omega，R_{23}=R_{32}=-20\ \Omega$$

网孔电源电压分别为

$$U_{S11}=0\ \text{V}，U_{S22}=25\ \text{V}，U_{S33}=-15I$$

由以上分析得出方程组

$$19I_{m1}-5I_{m2}-4I_{m3}=0 \qquad ①$$
$$-5I_{m1}+30I_{m2}-20I_{m3}=25 \qquad ②$$

$$-4I_{m1}-20I_{m2}+24I_{m3}=-15I \quad ③$$

图 2.44 中有电流控制电压源，控制变量为流过 20 Ω 电阻上的电流 I。

因此有增补方程

$$I=I_{m2}-I_{m3}$$

把式③整理后得

$$-4I_{m1}-5I_{m2}+9I_{m3}=0$$

整理后得出方程组的矩阵形式为

$$\begin{bmatrix} 19 & -5 & -4 \\ -5 & 30 & -20 \\ -4 & -5 & 9 \end{bmatrix}\begin{bmatrix} I_{m1} \\ I_{m2} \\ I_{m3} \end{bmatrix}=\begin{bmatrix} 0 \\ 25 \\ 0 \end{bmatrix}$$

由以上几个例子可见，如果电路中不含有受控源，用网孔电流法列出的方程组的系数矩阵是相对于主对角线对称的；如果含有受控源，系数矩阵是不对称的。

2.7　回路电流法与应用

网孔电流法仅适用于平面电路，回路电流法则无此限制，它适用于平面或非平面电路，回路电流法是一种适应性较强并获得广泛应用的分析方法。

2.7.1　回路电流法

网孔电流是在网孔中连续流动的假想电流，对于一个具有 b 个支路，n 个结点的电路，b 个支路电流受（$n-1$）个 KCL 独立方程所制约，因此独立的支路电流只有（$b-n+1$）个，等于网孔电流数。回路电流也是在回路中连续流动的假想电流，但是与网孔不同，回路的取法很多，选取的回路应是一组独立回路，且回路的个数（也即回路电流的个数）也应等于（$b-n+1$）个。

回路电流法可用图论的知识来理解。图论基本术语如下：

1. 无向图

把实际电路图中结点与结点之间的支路用线段来代替，就得到该电路图所对应的抽象图，称为无向图。

图 2.45 所示为一张有 5 个结点、8 条支路的无向图。

2. 连通图

在图中，任意两结点之间至少存在一条路径时，该图称为连通图。图 2.45 就是一个连通图。

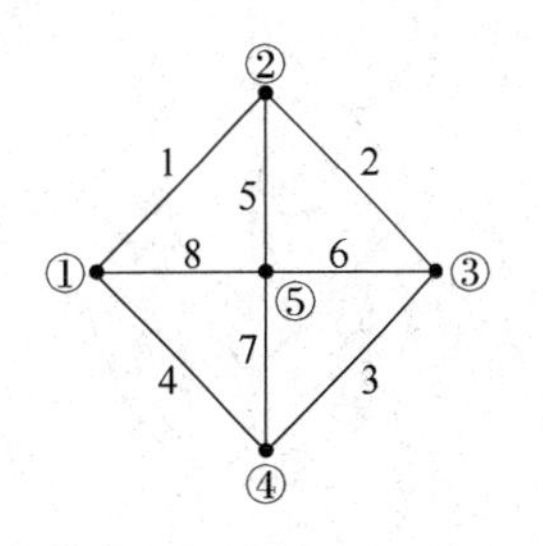

图 2.45　无向图

3. 树

包含图的全部结点，但不包含任何回路的连通子图，称为树。

4. 树支和连支

树中包含的支路称为该树的树支，不是树支的支路称为该树的连支。任一个具有 n 个结点的连通图，它的任何一个树的树支数为 $n-1$ 个。

5. 回路

对于图的任意一个树，加入一个连支，就会形成一个回路，这样的回路称为单连支回路或基本回路。

6. 有向图

给无向图中每条支路标上箭头符号，就得到相应的有向图，如图 2.46 所示。有向图的箭头指向可理解为实际电路中该支路的电流参考方向。

图 2.46　有向图

图 2.45 的部分子图如图 2.47 所示，可见，图 2.47（a）、图 2.47（b）和图 2.47（c）是连通图 2.45 的树，它包含了所有结点，但未形成回路。

图 2.47（d）包含有一个回路，不是树。图 2.47（e）有独立的结点，称为非连通图。

图 2.47（a）所示树中，它具有树支（5、6、7、8），相应的连支为（1、2、3、4）。

图 2.47（b）所示树中，树支为（1、3、5、6），相应的连支为（2、4、7、8）。

树支和连支一起构成图 2.45 的全部支路。

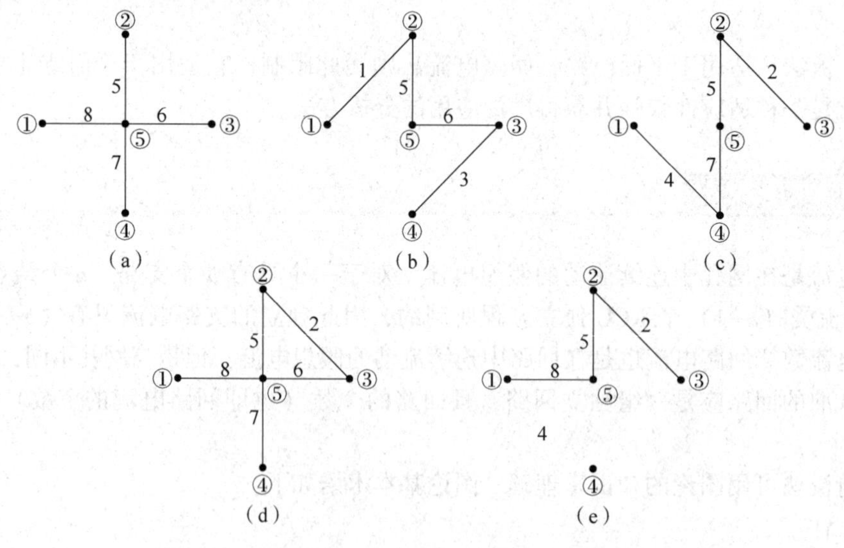

图 2.47　图 2.45 子图

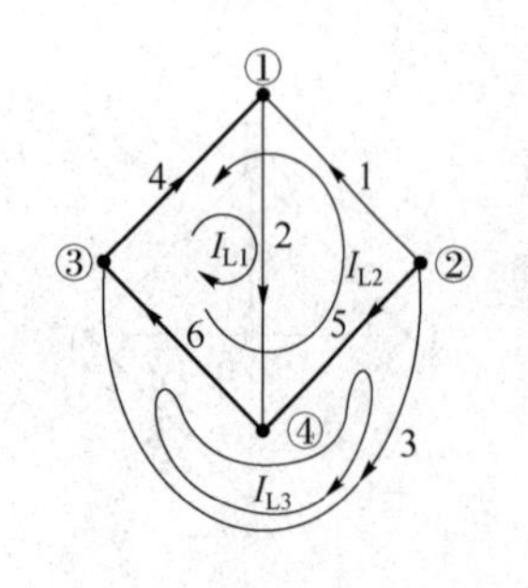

图 2.48　假想电流有向图

图 2.48 所示为某电路图的假想电流有向图，如果选支路（4、5、6）为树（在图中用粗线画出），可以得到与支路（1、2、3）组成的 3 个基本回路，它们是独立回路。把连支电流 I_1、I_2、I_3 分别作为在各自单连支回路中流动的假想回路电流 I_{L1}、I_{L2}、I_{L3}，下标 L 表示回路（Loop）。

由图 2.48 可知，支路 4 为回路 1 和 2 所共有，但这两个回路在支路 4 的绕行方向相反，所以得出树支电流 I_4 为

$$I_4 = I_{L1} - I_{L2}$$

同理，可以得出支路 5 和支路 6 的树支电流 I_5 和 I_6 为

$$I_5=-I_{L3}-I_{L2}$$
$$I_6=I_{L1}-I_{L2}-I_{l3}$$

从以上 3 式可见，树支电流可以通过连支电流或回路电流表达，即全部支路电流可以通过回路电流表达。

在列方程时，因回路电流应满足 KCL 方程，也只需按照 KVL 列方程。对于 b 个支路、n 个节点的回路，回路电流数 $l=(b-n+1)$。以下将以例题所示电路介绍列出回路电流方程的方法。

在电路图中选定某一树以后，形成的基本回路显然满足上述要求。这就是说基本回路电流可以作为电路的独立变量求解。

【例 2.18】 给定直流电路如图 2.49（a）所示，试根据所指定的一组回路列出电路的回路电流方程组。

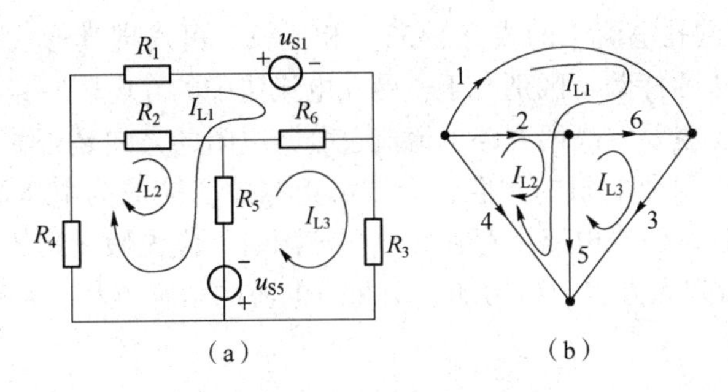

图 2.49　例 2.18 图

（a）电路图；（b）有向回路图

【解】 电路的有向图如图 2.49（b）所示，支路 4、5、6 为树支，1、2、3 为连支。3 个独立回路（基本回路）绘于图中，支路电流 I_1、I_2、I_3 即为回路电流 I_{L1}、I_{L2}、I_{L3}。

在三个基本回路列出以回路 I_{L1}、I_{L2}、I_{L3} 为变量的 KVL 方程分别为

$$\begin{aligned}&R_1I_{L1}+R_6(I_{L1}-I_{L3})+R_5(I_{L1}+I_{L2}-I_{L3})+R_4(I_{L1}+I_{L2})=-U_{S1}+U_{S5}\\&R_2I_{L2}+R_5(I_{L1}+I_{L2}-I_{L3})+R_4(I_{L1}+I_{L2})=U_{S5}\\&R_6(I_{L3}-I_{L1)}+R_3I_{L3}+R_5(-I_{L1}-I_{L2}+I_{L3})=-U_{S5}\end{aligned}\qquad(2-35)$$

整理得

$$\begin{aligned}&(R_1+R_4+R_5+R_6)I_{L1}+(R_4+R_5)I_{L2}-(R_5+R_6)I_{L3}=-U_{S1}+U_{S5}\\&(R_4+R_5)I_{L1}+(R_2+R_4+R_5)I_{L2}-R_5I_{L3}=U_{S5}\\&-(R_5+R_6)I_{L1}-R_5I_{L2}+(R_3+R_5+R_6)I_{L3}=-U_{S5}\end{aligned}\qquad(2-36)$$

各支路电流与回路电流的关系式为

$$I_1=I_{L1},I_2=I_{L2},I_2=I_{L3},I_4=-I_{L1}-I_{L2}$$
$$I_5=I_{L1}+I_{L2}-I_{L3}$$
$$I_6=-I_{L1}+I_{L3}$$

回路电流方程式（2-36）是 KVL 方程，其中，等式左边各项是各个回路电流在电路中电阻上引起的电压。

与网孔电流方程相似，对具有 k 个独立回路的电路可写出回路电流方程的一般形式：

$$\begin{cases} R_{11}I_{L1}+R_{12}I_{L2}+R_{13}I_{L3}+\cdots+R_{1k}I_{Lk}=U_{S11} \\ R_{21}I_{L1}+R_{22}I_{L2}+R_{23}I_{L3}+\cdots+R_{2k}I_{Lk}=U_{S22} \\ \cdots\cdots \\ R_{k1}i_{L1}+R_{k2}i_{L2}+R_{k3}I_{L3}+\cdots+R_{kk}I_{Lk}=U_{Skk} \end{cases} \tag{2-37}$$

式中，变量双下标数字相同的电阻，如 R_{11}、R_{22}、……，分别表示回路 1、回路 2、……的自电阻。双下标数字不相同的电阻，如 R_{21}、R_{12}、R_{13} 等是两回路间的互电阻。自电阻总是正的，互电阻取正还是取负，要根据相关两个回路电流在共有支路上的方向是否相同而决定，相同时取正，相反时取负。显然，若两个回路之间无共有电阻，则相应互电阻为零。

方程右方的 U_{S11}、U_{S22}、……，表示回路 1、回路 2、……的所有电压源的代数和。代数和中，若电压源的电压升方向与回路电流方向一致，则在表达式中，该电压源前面应取“+”号，否则取“-”号。

把式（2-37）与网孔电流法的式（2-33）相比较，可发现其形式是一样的。其实，网孔电流法是回路电流法的特例。区别在于，网孔电流法中的互电阻一定为负值，但回路电流法的互电阻可正可负，主要取决两回路电流流过公共电阻的方向是否相同。

如果电路中的电流源和电阻的并联组合，可经等效变换成为电压源和电阻的串联组合后，再列回路电流方程。但当电路中存在无伴电流源时，应先假设无伴电流源两端的电压为 U，作为一个求解变量列入方程，再增加一个回路电流的增补方程，从而保证独立方程数与独立变量数相同。

2.7.2 回路电流法的应用

【例 2.19】 如图 2.50 所示电路，用回路电流法对同一电路列写方程，式中，$U_{S1}=50\ \text{V}$，$U_{S3}=20\ \text{V}$，$I_{S2}=1\ \text{A}$。

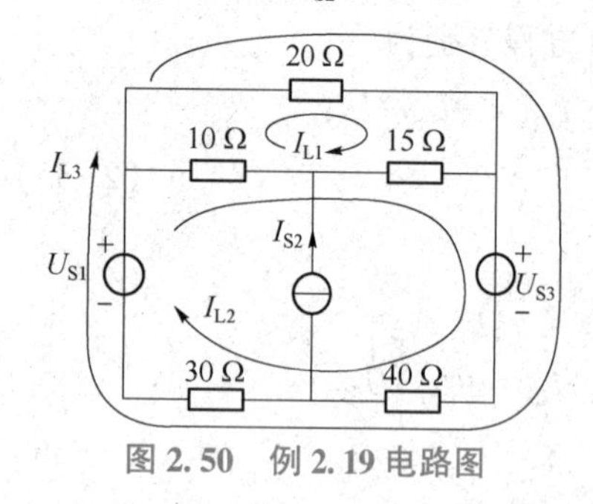

图 2.50 例 2.19 电路图

【解】 由图 2.52 得 KVL 方程为

$$(10+20+15)I_{L1}-(10+15)I_{L2}+20I_{L3}=0 \quad ①$$

$$-(10+15)I_{L1}+(10+15+40+30)I_{L2}+(30+40)I_{L3}=50-20 \quad ②$$

$$20I_{L1}+(30+40)I_{L2}+(20+30+40)I_{L3}=50-20 \quad ③$$

整理得

$$45I_{L1}-25I_{L2}+20I_{L3}=0$$

$$-25I_{L1}+95I_{L2}+70I_{L3}=30$$

$$20I_{L1}+70I_{L2}+90I_{L3}=30$$

由于在选取回路时避开了无伴电流源，在列回路方程时就不需要单独处理无伴电流源 I_{S2}，也不需要有增补方程。

如果用网孔电流法来分析上述电路，则需要先假设无伴电流源的端电压为 U，并作为一个变量来列方程，得到的是有 4 个变量的 3 个网孔电流方程，因此还需要再列写一个 KCL 增补方程，以保证独立方程数与方程变量数相同。

读者可以用网孔电流法对上述电路进行分析，列写出网孔电流方程进行比较。

【例 2.20】 根据如图 2.51 所示电路，用回路电流法求支路电流 I_1、I_2 和 I_3。

图 2.51 例 2.20 电路图

【解】 回路 1 自电阻：$R_{11}=5\ \Omega$

回路 1 与回路 2 的电流以相同方向流过 2 Ω 电阻，则两回路间的互电阻为

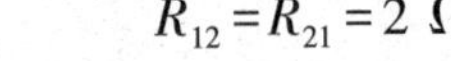

$$R_{12}=R_{21}=2\ \Omega$$

则回路电流方程为

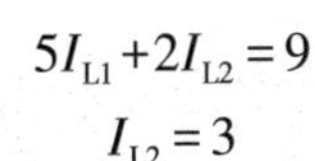

$$5I_{L1}+2I_{L2}=9$$
$$I_{L2}=3$$

从而解得

$$I_{L1}=0.6\ \text{A}$$

计算出：

$$I_1=I_{L1}+I_{L2}=0.6+3=3.6(\text{A}),I_2=I_{L1}=0.6\ \text{A}\quad I_3=I_{L2}=3\ \text{A}$$

其实图 2.51 与图 2.41 是同一个电路，只是用的是不同的分析方法，但所求得的结果是相同的。

【例 2.21】 电路图如图 2.52（a）所示，试列出电路的回路电流方程。

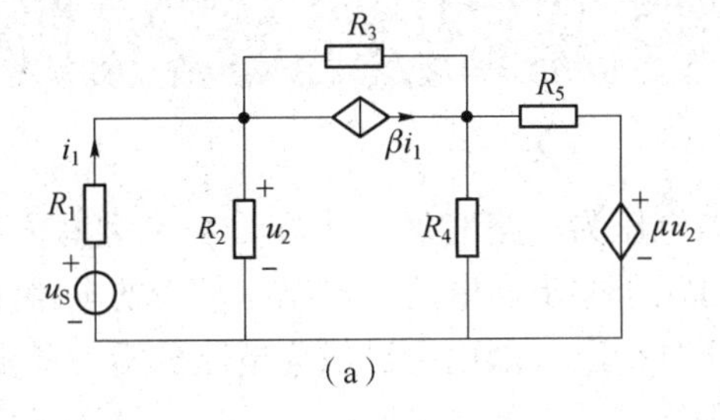

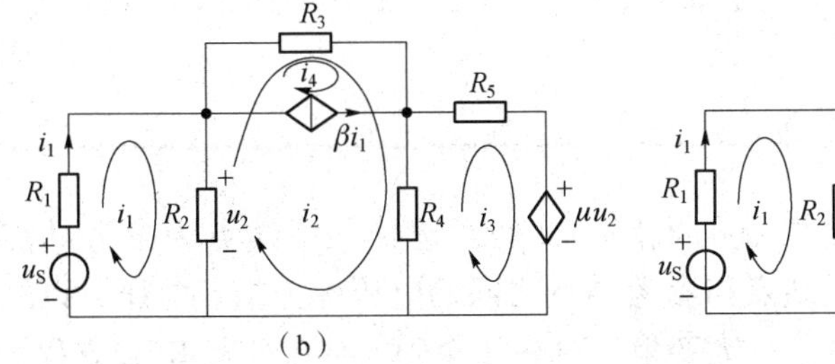

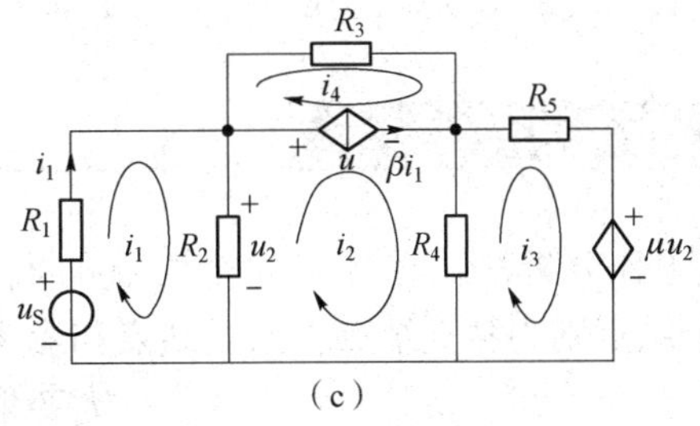

图 2.52 例 2.21 各电路

（a）例 2.21 电路图；（b）方案一电路图；（c）方案二电路图

方案一：选择如图 2.52（b）所示回路，电路的回路电流方程为

$$(R_1+R_2)i_1-R_2i_2=u_S$$
$$-R_2i_1+(R_2+R_3+R_4)i_2-R_4i_3+R_3i_4=0$$
$$-R_4i_2+(R_4+R_5)i_3=-\mu u_2$$
$$i_4=-\beta i_1$$

方案二：选择如图 2.52（c）所示回路，设无伴电流源的端电压为 u，则电路的回路电流方程为

$$(R_1+R_2)i_1-R_2i_2=u_S$$
$$-R_2i_1+(R_2+R_4)i_2-R_4i_3=-u$$
$$-R_4i_2+(R_4+R_5)i_3=-\mu u_2$$
$$R_3i_4=u$$

增补方程为

$$i_4=-\beta i_1$$

回路电流的步骤归纳如下：

(1) 根据给定的电路，通过选择一个树确定一组基本回路，并指定各回路电流（即连支电流）的参考方向。

(2) 按照一般公式列出回路电流方程，注意自电阻总是保持正的，互电组的正、负由相关的两个回路电流通过共有电阻时两者的参考方向是否相同而定。该式右边项取代数和时各有关电压源前面的“+”“-”号。

(3) 当电路中有受控源或无伴电流源时，须另行处理。

(4) 对于平面电路可用网孔电流法。

2.8 结点电压分析法与应用

结点电压分析法采用结点电压为电路变量（未知量）来列写方程，也称为结点电压法。它不仅适用于平面电路，还可用于非平面电路，对结点较少的电路尤其适用。目前电路的计算机辅助分析也常用结点电压分析法，因而它已成为电路分析中最重要的方法之一。用结点电压分析法列定出的结点方程组自动满足 KCL。

2.8.1 结点电压分析法

结点电压分析法：在具有 n 个结点的电路中，任意选择某一结点为参考结点，其他 $(n-1)$ 个结点则为独立结点，独立结点与参考结点之间的电压称为结点电压，以结点电压为变量，对 $n-1$ 个独立结点列写 KCL 方程，就得到 $n-1$ 个独立方程，最后由这些方程解出结点电压，从而求出所需的其他电压、电流。

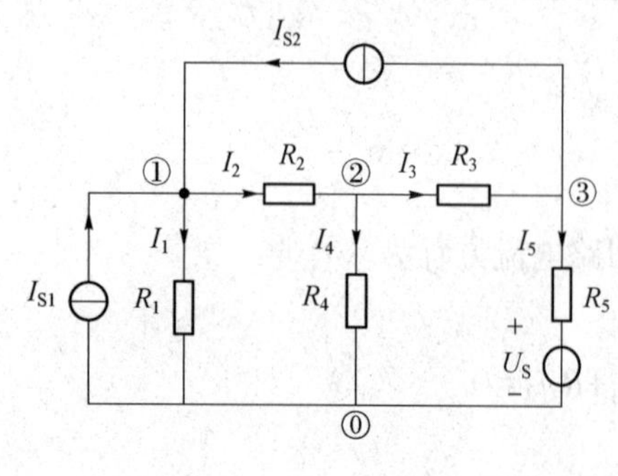

图 2.53 结点电压法

例如，对于图 2.53 所示电路，电路的结点数为 4，以结点⓪为参考结点，规定结点①、②、③的结点电压分别用 U_{n1}、U_{n2}、U_{n3} 表示。

对结点①、②、③分别列写 KCL 方程为

$$\begin{cases} I_1+I_2=I_{S1}+I_{S2} \\ -I_2+I_3+I_4=0 \\ -I_3+I_5=-I_{S2} \end{cases} \tag{2-38}$$

将支路电流用结点电压表示

$$\begin{cases}\dfrac{U_{n1}}{R_1}+\dfrac{U_{n1}-U_{n2}}{R_2}=I_{S1}+I_{S2}\\ -\dfrac{U_{n1}-U_{n2}}{R_2}+\dfrac{U_{n2}-U_{n3}}{R_3}+\dfrac{U_{n2}}{R_4}=0\\ -\dfrac{U_{n2}-U_{n3}}{R_3}+\dfrac{U_{n3}-U_S}{R_5}=-I_{S2}\end{cases}\tag{2-39}$$

经整理得

$$\begin{cases}\left(\dfrac{1}{R_1}+\dfrac{1}{R_2}\right)U_{n1}-\dfrac{1}{R_2}U_{n2}=I_{S1}+I_{S2}\\ -\dfrac{1}{R_2}U_{n1}+\left(\dfrac{1}{R_2}+\dfrac{1}{R_3}+\dfrac{1}{R_4}\right)U_{n2}-\dfrac{1}{R_3}U_{n3}=0\\ -\dfrac{1}{R_3}U_{n2}+\left(\dfrac{1}{R_3}+\dfrac{1}{R_5}\right)U_{n3}=-I_{S2}+\dfrac{U_S}{R_5}\end{cases}\tag{2-40}$$

令 $G_k=1/R_k$，$k=1$、2、3、4、5，则上式可写为

$$\begin{cases}(G_1+G_2)U_{n1}-G_2U_{n2}=I_{S1}+I_{S2}\\ -G_2U_{n1}+(G_2+G_3+G_4)U_{n2}-G_3U_{n3}=0\\ -G_3U_{n2}+(G_3+G_5)U_{n3}=-I_{S2}+G_5U_S\end{cases}\tag{2-41}$$

令 $G_{11}=G_1+G_2$，$G_{22}=G_2+G_3+G_4$，$G_{33}=G_3+G_5$ 分别为结点①、②、③的自电导，自电导总是正的，等于连于各结点支路电导之和。

令 $G_{12}=G_{21}=-G_2$，$G_{23}=G_{32}=-G_3$ 分别为结点①与②，②与③间的互电导，互电导总是负的，等于连接于两结点间支路电导的负值。

上式方程右方写为 I_{Sn1}、I_{Sn2} 和 I_{Sn3}，分别表示结点①、②、③的净流入电流，净流入电流等于结点的电流源的代数和，流入结点取“+”，流出结点取“−”。

注意：净流入电流源还应包括电压源和电阻串联组合经等效变换形成的电流源的电流。则上式方程组可以整理为

$$\begin{cases}G_{11}U_{n1}+G_{12}U_{n2}+G_{13}U_{n3}=I_{Sn1}\\ G_{21}U_{n1}+G_{22}U_{n2}+G_{23}U_{n3}=I_{Sn2}\\ G_{31}U_{n1}+G_{32}U_{n2}+G_{33}U_{n3}=I_{Sn3}\end{cases}\tag{2-42}$$

将式（2−42）推广到具有（$n-1$）个独立结点的电路，则有

$$\begin{matrix}G_{11}U_{n1}+G_{12}U_{n2}+\cdots+G_{1(n-1)}U_{n(n-1)}=I_{Sn1}\\ G_{21}U_{n1}+G_{22}U_{n2}+\cdots+G_{2(n-1)}U_{n(n-1)}=I_{Sn2}\\ \vdots\\ G_{(n-1)1}U_{n1}+G_{(n-1)2}U_{n2}+\cdots+G_{(n-1)(n-1)}U_{n(n-1)}=I_{Sn(n-1)}\end{matrix}\tag{2-43}$$

由以上方程组求得各结点电压后，可根据电阻的 VCR 求出各支路电流。

结点电压分析法解题步骤总结如下：

（1）处理结点的串联支路、电压源支路；

（2）计算出各结点的自电导值及结点间的互电导值；

（3）计算出各结点的电源总电流值；

（4）应用 KCL 列出与独立结点数相等的结点电压方程；

（5）如有必要，要根据 KVL 列出某回路的增补方程；

（6）处理电路中的受控电源；

（7）求解结点电压方程，解得各结点电压；

（8）根据各支路电压与结点电压之间的关系式，求出各个支路电压及其他物理量。

2.8.2 结点电压法的应用

【例 2.22】 电路如图 2.54 所示，用结点电压法求所示支路电流 I。

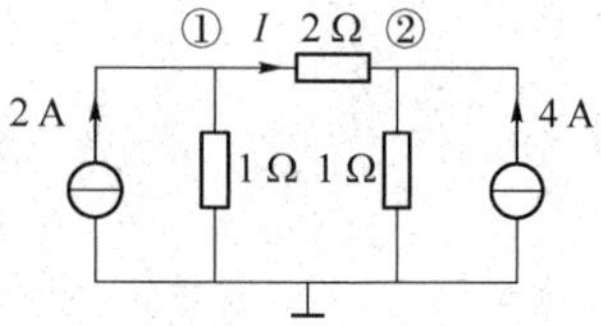

图 2.54 例 2.22 图

【解】 设结点①和结点②的电压分别为 U_{n1}、U_{n2}。

结点①和结点②的自电导分别为

$$G_{11}=\frac{1}{1}+\frac{1}{2}=1.5\ (\mathrm{S})$$

$$G_{22}=\frac{1}{2}+\frac{1}{1}=1.5\ (\mathrm{S})$$

结点①与结点②之间互电导为

$$G_{12}=G_{21}=-0.5\ \mathrm{S}$$

结点①和结点②的净流入电源电流为

$$I_{S11}=2\ \mathrm{A},\ I_{S22}=4\ \mathrm{A}$$

电路的结点电压方程为

$$1.5U_{n1}-0.5U_{n2}=2 \quad ①$$

$$-0.5U_{n1}+1.5U_{n2}=4 \quad ②$$

①×3+②，得

$$(4.5-0.5)U_{n1}=10$$

求解后，得

$$U_{n1}=2.5\ \mathrm{V}$$

将以上结果代入式②，得

$$U_{n2}=3.5\ \mathrm{V}$$

两结点间的电流为

$$I=\frac{U_{n1}-U_{n2}}{2}=\frac{2.5-3.5}{2}=-0.5(\mathrm{A})$$

【例 2.23】 电路如图 2.55（a）所示，试用结点电压法求解电流 I 和 I_0。

【解】 所给电路没有标明结点，电路中出现了电压源。因此，在列结点电压方程时，要先进行技术处理。

如果电路中只有一个电压源时，通常是选电压源的负极为参考结点，则电源电压就是某独立结点相对于参考结点的电压，可以使方程变得简单。

再指定其他独立结点的编号，编好后的电路图如图 2.55（b）所示。

由图 2.55（b）可得出结点电压方程为

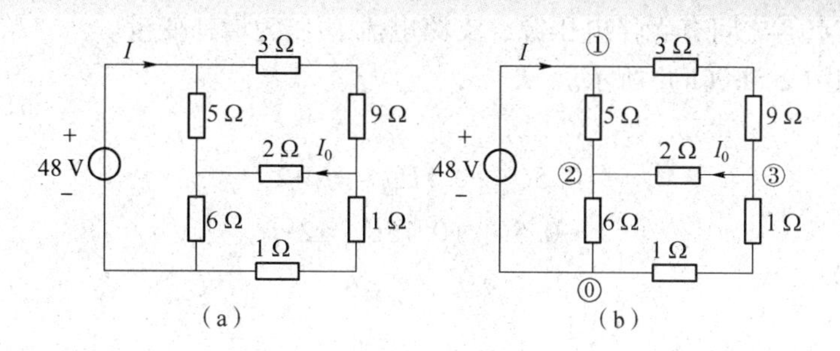

图 2.55　例 2.23 电路图

（a）未编号电路图；（b）编号后电路图

$$U_{n1}=48\ \text{V} \qquad ①$$

$$-\frac{1}{5}U_{n1}+\left(\frac{1}{5}+\frac{1}{2}+\frac{1}{6}\right)U_{n2}-\frac{1}{2}U_{n3}=0 \qquad ②$$

$$-\frac{1}{3+9}U_{n1}-\frac{1}{2}U_{n2}+\left(\frac{1}{3+9}+\frac{1}{2}+\frac{1}{1+1}\right)U_{n3}=0 \qquad ③$$

整理后，得

$$\begin{cases}\frac{13}{15}U_{n2}-\frac{1}{2}U_{n3}=\frac{48}{5}\\ -\frac{1}{2}U_{n2}+\frac{13}{12}U_{n3}=4\end{cases}$$

解得

$$U_{n2}=18\ \text{V},\ U_{n3}=12\ \text{V}$$

$$I_0=\frac{U_{n3}-U_{n2}}{2}=-3\ \text{A}$$

$$I=\frac{U_{n1}-U_{n3}}{12}+\frac{U_{n1}-U_{n2}}{5}=9\ \text{A}$$

当独立结点有无伴电压源时，要设电压源电流为增补变量，再列方程求解。

【例 2.24】　电路如图 2.56（a）所示，试用结点电压法求解结点电压 U_{n1}、U_{n2} 和 U_{n3}，支路电流 I_1、I_2 和 I_3。

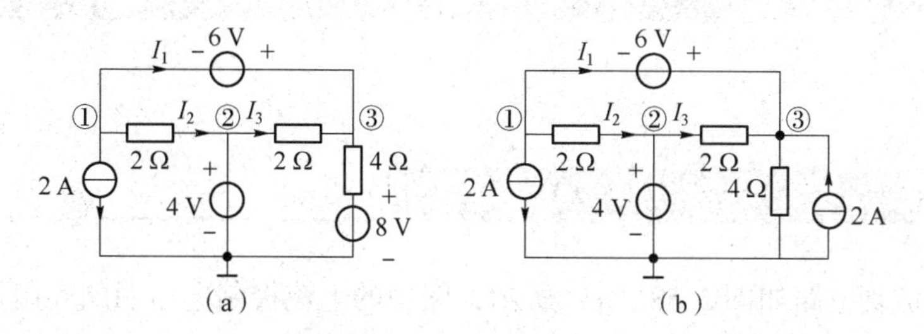

图 2.56　例 2.24 电路图

（a）原电路图；（b）等效电路

【解】　结点②与参考地之间接有电压源，结点电压为 $U_{n2}=4$ V。

结点③有伴电压源支路可转换为有伴电流源支路。

结点①与结点③之间有无伴电压源，支路电流 I_1 作为增补变量。

等效电路如图 2.56（b）所示。

列出方程为

$$0.5U_{n1}-0.5U_{n2}=-I_1-2$$

$$-0.5U_{n2}+0.75U_{n3}=2+I_1$$

增补方程为
$$U_{n3}-U_{n1}=6$$

经求解，得

$$U_{n1}=-3\ \text{V},\ U_{n2}=4\ \text{V},\ U_{n3}=3\ \text{V}$$

$$I_1=0.2\ \text{A},\ I_2=-2.2\ \text{A},\ I_3=-0.8\ \text{A}$$

读者可自行求解验证。

【例 2.25】 列写图 2.57 所示电路的结点电压方程。

【解】 把受控源当作独立源列方程：

$$\begin{cases}\left(\dfrac{1}{R_1}+\dfrac{1}{R_2}\right)u_{n1}-\dfrac{1}{R_1}u_{n2}=i_{S1}\\ -\dfrac{1}{R_1}u_{n1}+\left(\dfrac{1}{R_1}+\dfrac{1}{R_3}\right)u_{n2}=-g_m u_{R_2}-i_{S1}\end{cases}$$

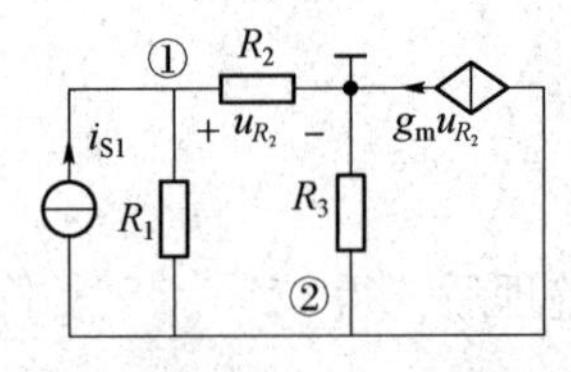

图 2.57 例 2.25 电路图

增补方程为

$$u_{R_2}=u_{n1}$$

将增补方程代入以上联立方程，整理后得

$$\begin{bmatrix}\dfrac{1}{R_1}+\dfrac{1}{R_2} & -\dfrac{1}{R_1}\\ -\left(\dfrac{1}{R_1}-g_m\right) & \dfrac{1}{R_1}+\dfrac{1}{R_3}\end{bmatrix}\begin{bmatrix}u_{n1}\\ u_{n2}\end{bmatrix}=\begin{bmatrix}i_{S1}\\ -i_{S1}\end{bmatrix}$$

由上式可知，当电路中有了受控电源之后，结点电压方程的系数矩阵不再是对称的了。

2.9 直流电路仿真

2.9.1 含受控源电路输入电阻的仿真求解

例 2.10 的仿真电路如图 2.58（a）所示，图中的电流控制电压源的互阻设置为 9 Ω。仿真结果如图 2.58（c）所示。

由图 2.58（a）可知，外加电压 U 为 12 V，测得的端口电流 I 为 1.5 A，则计算出电路的输入电阻为

$$R_i=12/5=8(\Omega)$$

仿真结果与理论分析一致。

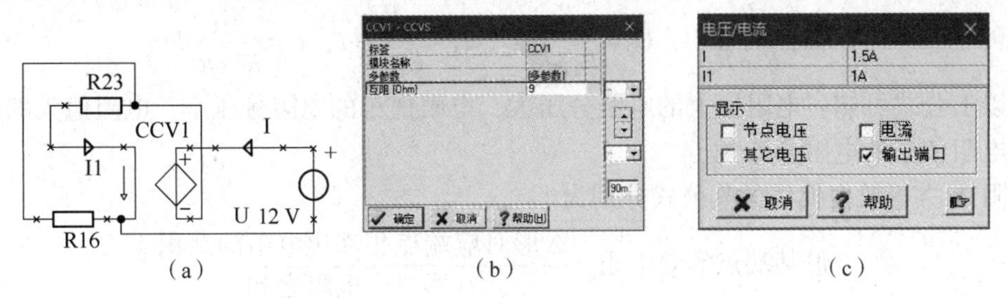

（a）　　（b）　　（c）

图 2.58　例 2.10 电路仿真及仿真结果

（a）仿真电路；（b）参数设置；（c）仿真结果

2.9.2　结点电压法仿真求解

例 2.24 的仿真电路如图 2.59（a）所示，仿真结果如图 2.59（b）所示。

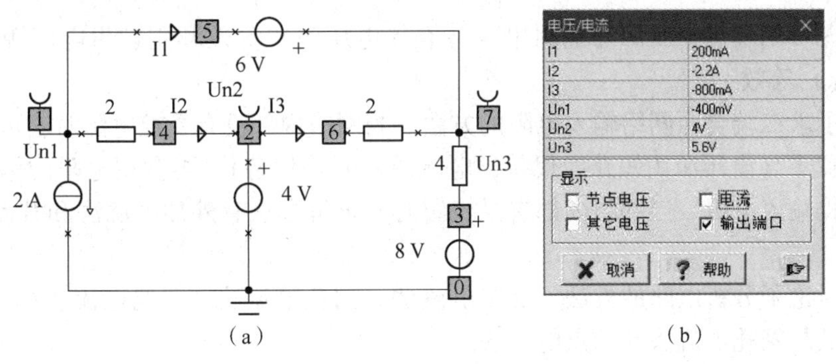

（a）　　（b）

图 2.59　例 2.24 仿真电路及仿真结果

（a）仿真电路；（b）仿真结果

仿真结果与理论分析一致。

本章小结

本章先讨论了电阻的串、并联等效，并给出如下计算公式

$$R=\sum_{i=1}^{n}R_i,\ G=\sum_{i=1}^{n}G_i$$

专门讨论了 2 个电阻的并联，其公式分别为

$$R=\frac{R_1R_2}{R_1+R_2}$$

电阻越串越大，其等效电阻值大于参与串联的任一电阻值；电阻越并越小，其等效电阻值小于参与并联的任一电阻值。

还讨论了电阻分压公式和电流分流公式。2 个电阻的分压公式和分流公式分别为

$$U_1=\frac{R_1}{R_1+R_2}U,\ U_2=\frac{R_2}{R_1+R_2}U,\ I_1=\frac{R_2}{R_1+R_2}I,\ I_2=\frac{R_1}{R_1+R_2}I$$

由以上公式可知：电阻值大的电阻分压大，电阻值小的电阻分压小；电阻值大的电阻分流小，电阻值小的电阻分流大。

电阻△-Y等效变换法，其公式分别为

$$\text{Y形某端点等效电阻}=\frac{\text{△形对应端点相邻边电阻的乘积}}{\text{△形三边电阻之和}}$$

$$\text{△形某边等效电阻}=\frac{\text{Y形支路电阻两两乘积之和}}{\text{Y形对应端口不相邻电阻}}$$

讨论了理想电源的串、并联等效。n 个电压源串联的等效电压源的值为所有串联电压源值的代数和。n 个电流源并联的等效电流源的值为所有并联电流源值的代数和。其公式分别为

$$U_S=\sum_{k=1}^{n}U_{Sk},\ I_S=\sum_{k=1}^{n}I_{Sk}$$

实际电源可用理想电压源与电阻串联（有伴电压源）等效和用理想电流源与电阻并联（有伴电流源）等效。

还讨论了求二端含源网络输入电阻的方法。当网络内部没有受控电源时，可将内部的所有独立电源置零（电压源用短路线代替，电流源用开路代替），再利用电阻的串、并联等效变换方法求得输入电阻。当网络内部有受控源时，求解方法有外加电源法和开路电压-短路电流法。

本章后讨论了分析电路的方法：支路电流法、网孔电流法、回路电流法和结点电压法，其中最常用的是网孔电流法和结点电压法。

网孔电流分析法解题步骤总结如下：

（1）处理网孔中的并联支路、电流源支路。

（2）选定各网孔电流的绕行方向（最好是同为顺时针方向）。

（3）计算出各网孔的自电阻值及网孔间的互电阻值。

（4）计算出各网孔的电源总电压值。

（5）应用 KVL 列出与网孔数相等的独立网孔方程。

（6）处理网孔中的受控电源。

（7）求解网孔方程，解得网孔电流。

（8）根据各支路电流与网孔电流之间的关系式，求出各个支路电流及其他电量。

结点电压分析法解题步骤总结如下：

（1）处理结点的串联支路、电压源支路。

（2）计算出各结点的自电导值及结点间的互电导值。

（3）计算出各结点的电源总电流值。

（4）应用 KCL 列出与独立结点数相等的结点电压方程。

（5）如有必要，要根据 KVL 列出某回路的增补方程。

（6）处理电路中的受控电源。

（7）求解结点电压方程，解得结点电压。

（8）根据各支路电压与结点电压之间的关系式，求出各个支路电压及其他电量。

习题 2

2-1　电路如题图 2.1 所示，求图（a）和图（b）中的端口等效电阻 R。

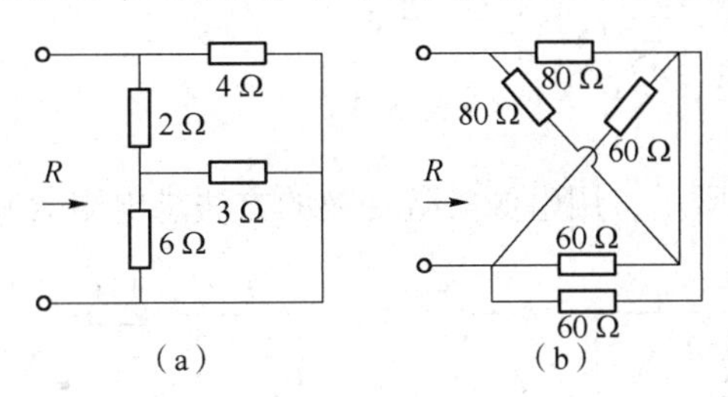

题图 2.1

2-2　电路如题图 2.2 所示，求图（a）和图（b）中的端口等效电阻 R。

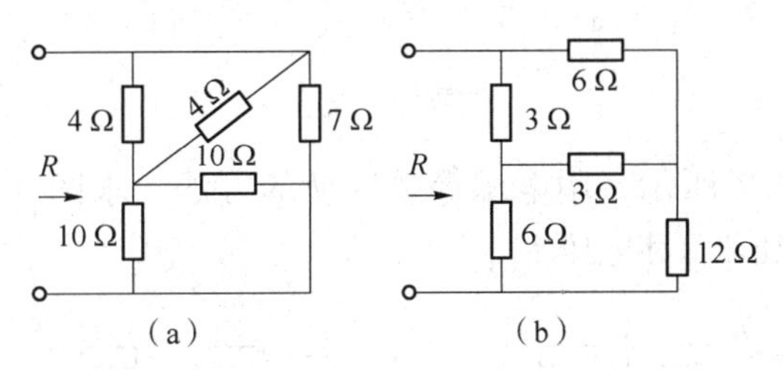

题图 2.2

2-3　用△-Y等效变换法求解题图 2.3 中的等效电阻 R。

（1）将结点①、②、③之间的三个 9 Ω 电阻所构成的△形变换为Y形；

（2）将结点①、③、④与作为内部公共结点的②之间的三个 9 Ω 电阻所构成的Y形变换为△形。

2-4　利用Y-△等效变换求题图 2.4 中端的等效电阻 R。

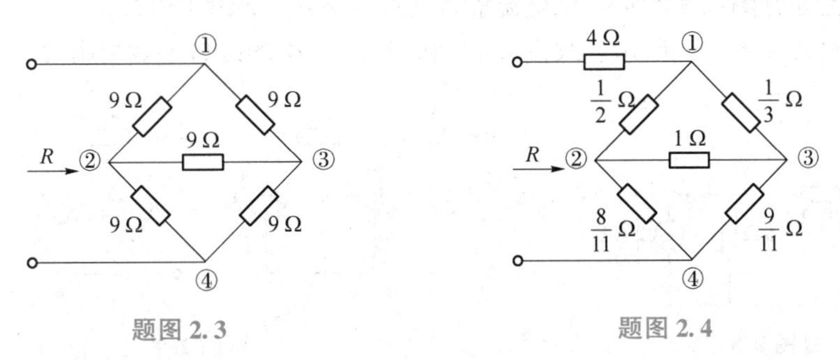

题图 2.3　　　　题图 2.4

2-5　电路如题图 2.5（a）所示，$U_{S1}=24$ V，$U_{S2}=6$ V，$R_1=12$ kΩ，$R_2=6$ kΩ，$R_3=2$ kΩ。题图 2.5（b）所示为经电源变换后的等效电路。

（1）求等效电路的 i_S 和 R。

（2）根据等效电路求 R_3 中电流和消耗功率。

（3）分别求出题图 2.5（a）、（b）中电阻的消耗功率。

（4）试问 U_{S1}、U_{S2} 发出的功率是否等于 i_S 发出的功率？R_1、R_2 消耗的功率是否等于 R 消耗的功率？为什么？

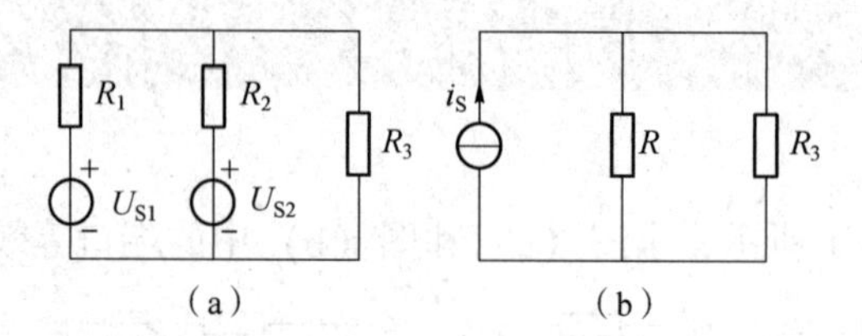

题图 2.5

2-6 电路如题图 2.6 所示，用电源等效变换的方法求电阻 R 中的电流 I 和端电压 U。

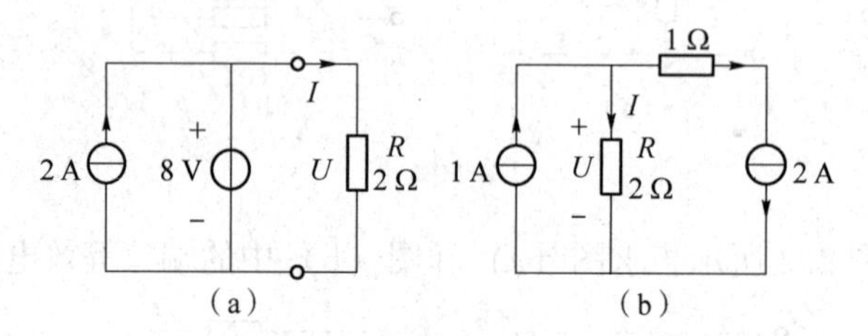

题图 2.6

2-7 电路如题图 2.7 所示，用电源等效变换的方法，求图（a）中的电流 I_1 和电压 U_{AB}；求图（b）中的电压 U_{AB} 和电压 U_{CB}。

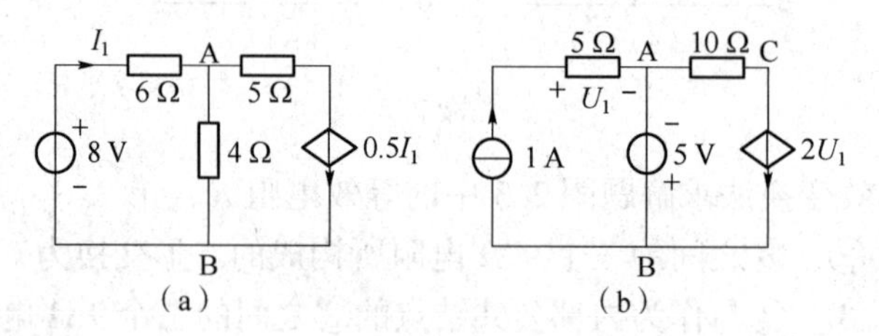

题图 2.7

2-8 电路如题图 2.8 所示，用电源等效变换的方法，求图中的 I。

2-9 电路如题图 2.9 所示，求图（a）和图（b）中的端口等效电阻 R。

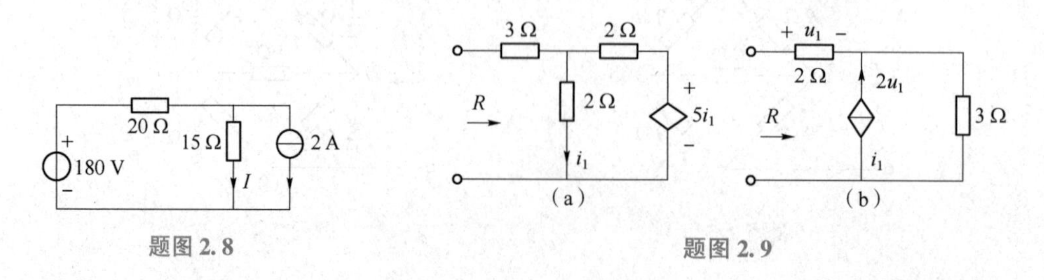

题图 2.8

题图 2.9

2-10 电路如题图 2.10 所示，用电源等效变换的方法，将图中各电路简化成最简单的形式。

2-11 电路如题图 2.11 所示，用电源等效变换的方法，将图中各电路简化成最简单的形式。

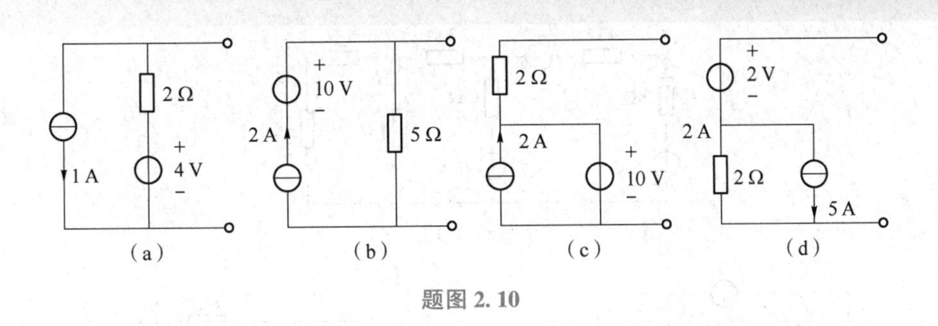

题图 2.10

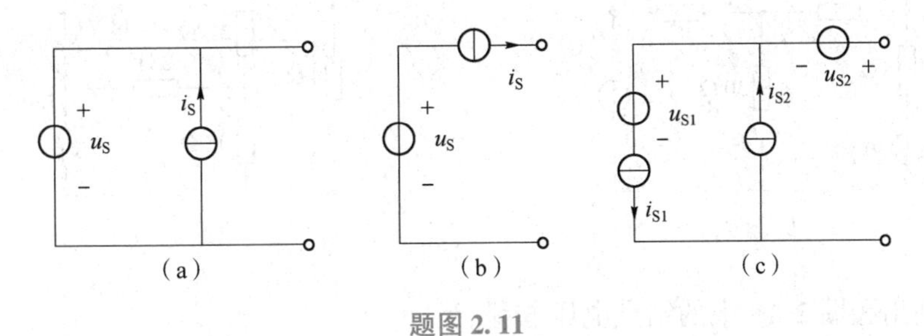

题图 2.11

2-12　电路如题图 2.12 所示，利用电源等效变换的方法求电流 I。

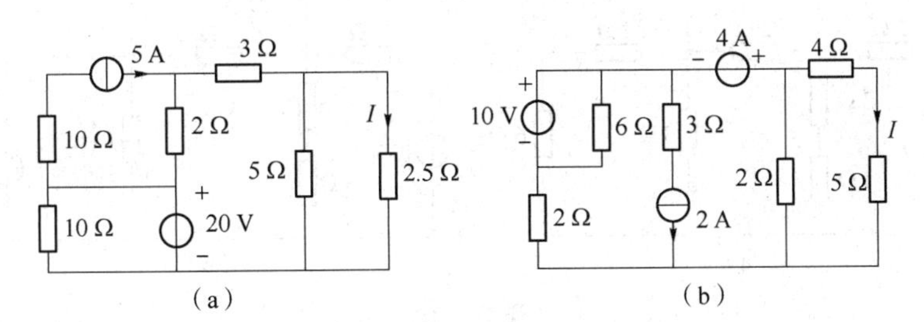

题图 2.12

2-13　电路如题图 2.13 所示，利用电源等效变换的方法求图中的电压 u。

2-14　如题图 2.14 所示，用支路电流法列写电路方程组。

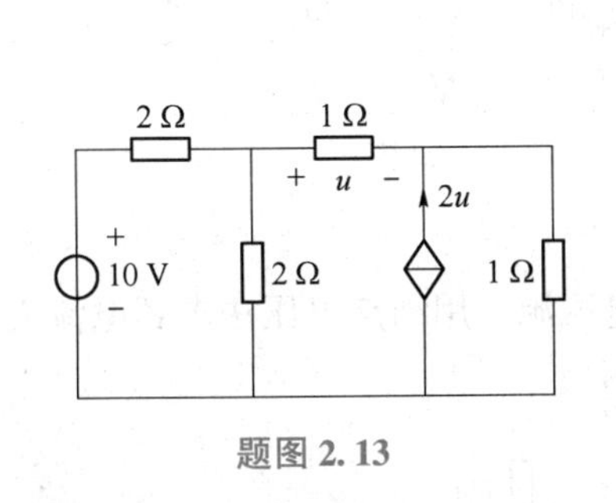

题图 2.13

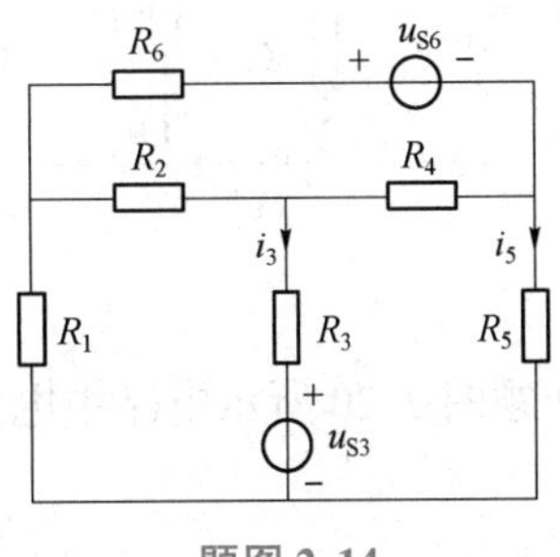

题图 2.14

2-15　如题图 2.14 所示，用网孔电流法列写电路的求解方程组。

2-16　用网孔电流法求解题图 2.15 所示中的 5 Ω 电阻中的电流 I。

2-17　用网孔电流法求解题图 2.16 所示中的电流 I。

2-18　用网孔电流法和回路电流法求解题图 2.17 的电流 I_S 和电压 U_0。

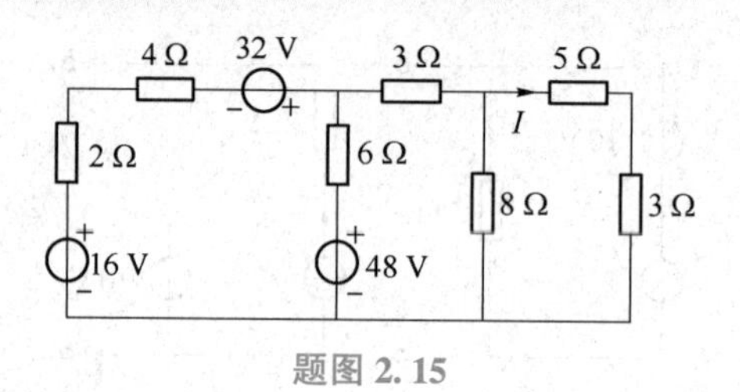

题图 2.15

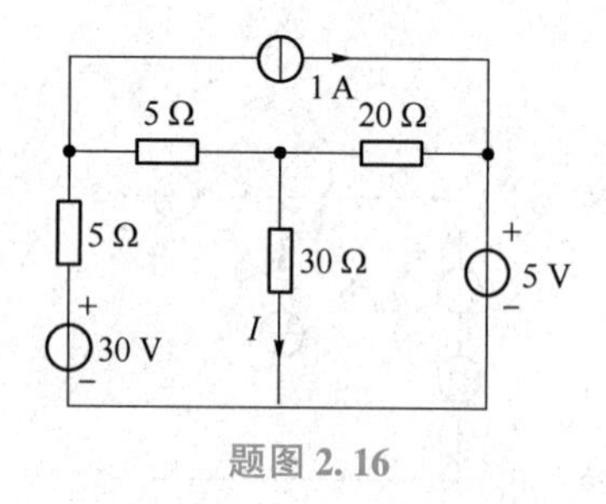

题图 2.16

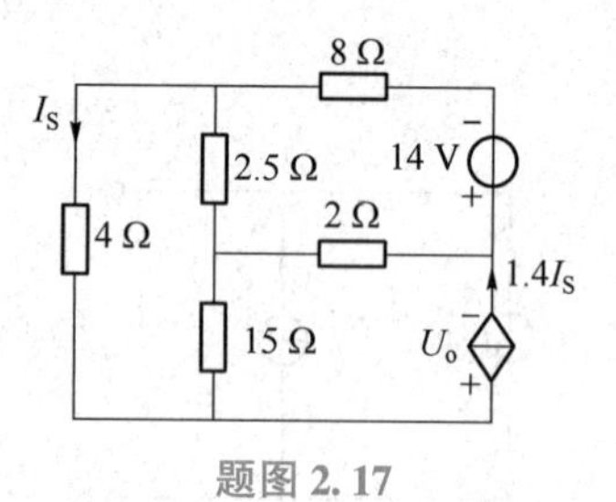

题图 2.17

2-19 列出题图 2.18 中的结点电压方程。

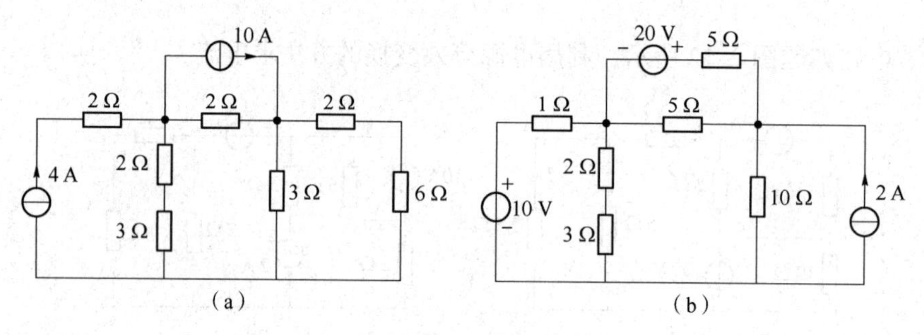

题图 2.18

2-20 列出题图 2.19 中的结点电压方程，并求解电路中各支路电流。

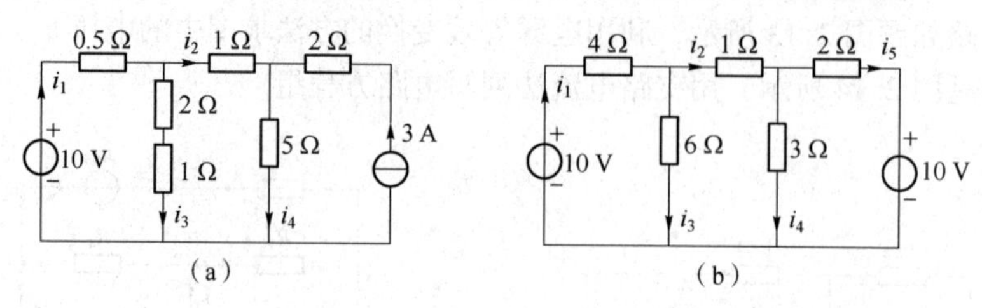

题图 2.19

2-21 如题图 2.20 所示电路中电压为无伴电压源，用结点电压法求解电流 I_S 和 I_O。

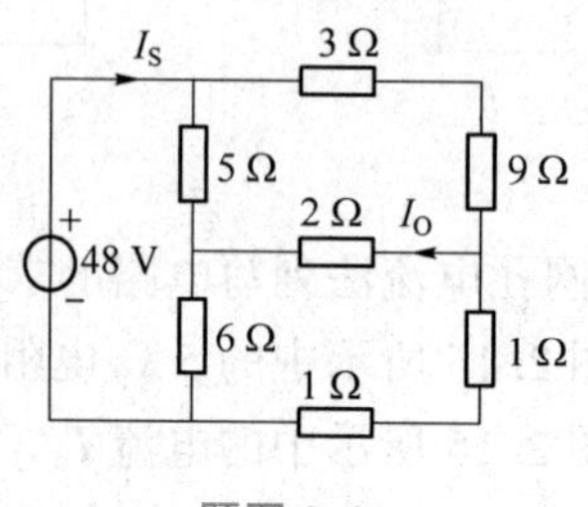

题图 2.20

第3章　电路定理

内容提要：本章主要介绍了重要的电路定理，内容包括叠加定理、齐次定理、戴维南定理、诺顿定理以及最大功率传输定理。同时介绍了应用这些定理进行电路分析的方法。

在电路分析中经常会应用一些重要的电路定理，主要有叠加定理、齐次定理、戴维南定理、诺顿定理以及最大功率传输定理。这些定理既适用于直流电路，也适用于交流电路；既适用于电阻电路，也适用于含有动态元件的电路。

为了让读者更好地掌握和应用电路定理，本章仍以相对比较简单的直流电源和电阻组成的直流电路为基础来讲授主要内容。

3.1　叠加定理与应用

叠加定理是线性电路分析中的一个重要定理。它为研究线性电路中响应与激励的关系提供了理论根据和方法，并经常作为建立其他电路定律的基本依据。

叠加定理反映了线性电路的一个基本性质，即线性电路具有叠加性和齐次性。那么，什么是线性电路呢？由线性元器件构成的电路称为线性电路。例如，由直流电源和电阻构成的电路就是线性电路。

3.1.1 叠加定理

1. 叠加定理的表述

在线性电路中，任何一条支路中的电流，任何一个元件上的电压，都可以看成是由电路中各个独立电源分别单独作用产生的电流、电压的代数和，这就是叠加定理。

公式表示为

$$y=y^{(1)}+y^{(2)}+\cdots+y^{(n)}=k_1x_1+k_2x_2+\cdots+k_nx_n \tag{3-1}$$

式中，y 表示待求电流或电压；$y^{(i)}$ 表示 x_i（独立电压源或电流源）单独作用于电路时产生的电流或电压；k_i 为常系数。

当电路中独立电源很多时，也可以把独立电源分组作用，再利用定理求解。

注意：电路元件上的功率不满足叠加定理。

2. 叠加定理的正确性

下面以一个简单电路来研究叠加定理的正确性。

电路如图 3.1（a）所示，求 U_2 的表达式。

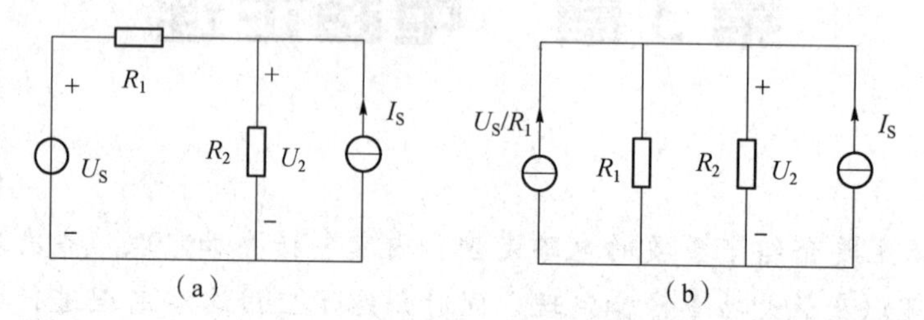

图 3.1 叠加定理

（a）线性电路；（b）等效电路

求解过程如下：

（1）将电路左边的有伴电压源等效变换为有伴电流源，如图 3.1（b）所示。

（2）由图 3.1（b）可求得

$$U_2=\frac{R_1R_2}{R_1+R_2}(U_S/R_1+I_S)=\frac{R_2}{R_1+R_2}U_S+\frac{R_1R_2}{R_1+R_2}I_S \tag{3-2}$$

（3）将图 3.1 拆分成 U_S 和 I_S 单独作用的分电路，如图 3.2 所示电路。

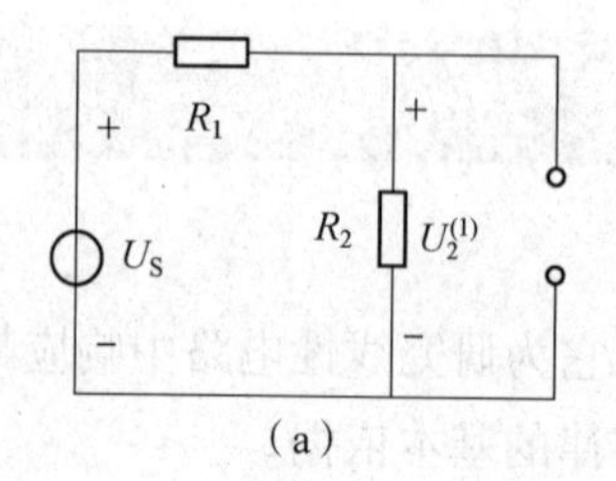

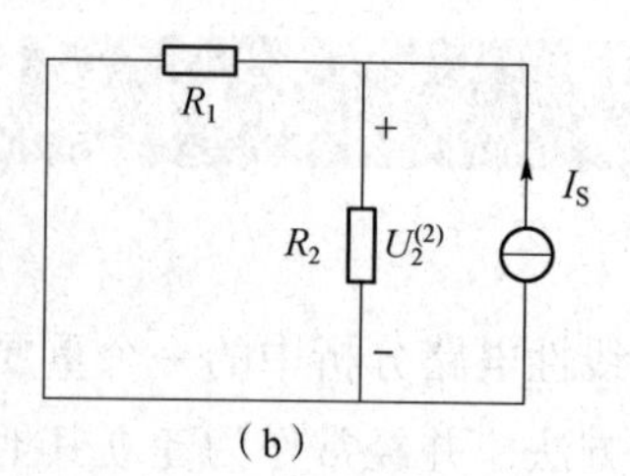

图 3.2 叠加定理

（a）$I_S=0$ 等效电路；（b）$U_S=0$ 等效电路

(4) 求解图 3.2。

由图 3.2 (a) 解得

$$U_2^{(1)}=\frac{R_2}{R_1+R_2}U_S \tag{3-3}$$

由图 3.2 (b) 解得

$$U_2^{(2)}=\frac{R_1R_2}{R_1+R_2}I_S \tag{3-4}$$

可以看出

$$U_2=U_2^{(1)}+U_2^{(2)} \tag{3-5}$$

即在两个电源共同作用的图 3.1 电路中求得的 U_2 是两个电源单独作用产生的电压之和。如果再求解其他支路的电压或电流，也能得出同样的结论；如果电路中有更多的独立电源，也能得出同样的结论。

3.1.2 叠加定理的应用

应用叠加定理时，可以分别计算各个电压源和电流源单独作用时的电流和电压，然后把它们叠加起来。应用叠加定理分析和求解电路的步骤如下：

(1) 画出某个独立电源单独作用时的等效分电路。

(2) 分别对分电路进行求解。

(3) 将各分电路求得的解进行线性相加得到最终结果。

注意：在应用叠加定理时，要注意以下几点。

(1) 某个电源单独作用时，其他电源不作用，即置零。方法是，电压源置零用短路线代替，电流源置零用开路代替。

(2) 各支路中的电流变量、各元件上的电压变量的参考方向不能改变，但要用分电流变量、分电压变量表示。

比如原电路的电流 I_1，在不同的分电路中可用 $I_1^{(1)}$、$I_1^{(2)}$、…分变量表示；原电路中的电压 U_2，在不同的分电路中可用 $U_2^{(1)}$、$U_2^{(2)}$、…分变量表示。

(3) 保留原电路中的受控电源，但控制量要用分电路中的分变量来表示。

(4) 叠加定理只能用来分析计算电流和电压，不能用来计算功率。

(5) 叠加定理只用于线性电路，不适用于非线性电路。

【例 3.1】 如图 3.3 所示电路，已知 $U_S=6$ V，$I_S=3$ A，$R_1=2$ Ω，$R_2=4$ Ω，$R_3=3$ Ω。试用叠加定理求电路的各支路电流和电阻上的电压，并求电阻 R_2 消耗的功率。

【解】 (1) U_S 单独作用

U_S 单独作用时的分电路如图 3.4 所示。

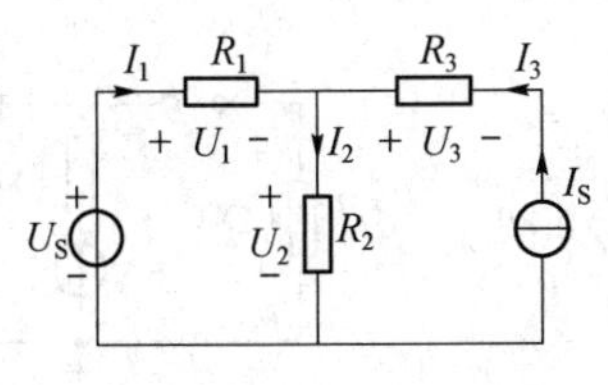

图 3.3　例 3.1 电路图

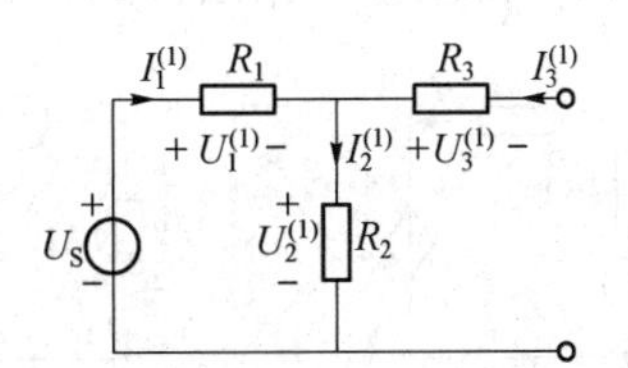

图 3.4　U_S 单独作用分电路图

由图 3.4 可知右侧独立电流源开路，所以

$$I_3^{(1)}=0$$

求得另外两条支路电流为

$$I_1^{(1)}=I_2^{(1)}=\frac{U_S}{R_1+R_2}=\frac{6}{2+4}=1\ (\text{A})$$

$$U_1^{(1)}=R_1I_1^{(1)}=2\ \text{V},\ U_2^{(1)}=R_2I_2^{(1)}=4\ \text{V},\ U_3^{(1)}=-R_3I_3^{(1)}=0\ \text{V}$$

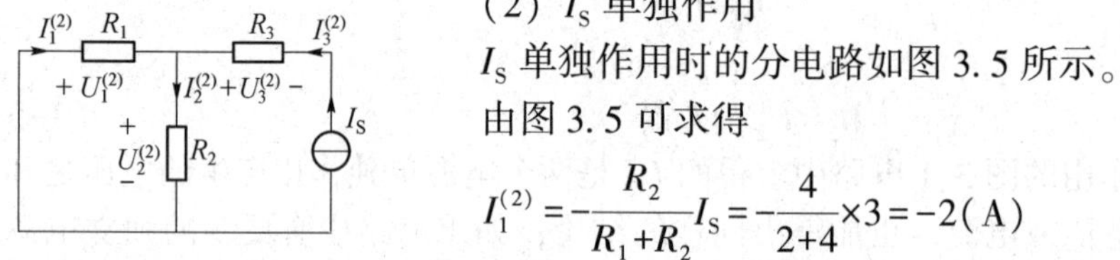

图 3.5　I_S 单独作用分电路图

（2）I_S 单独作用

I_S 单独作用时的分电路如图 3.5 所示。

由图 3.5 可求得

$$I_1^{(2)}=-\frac{R_2}{R_1+R_2}I_S=-\frac{4}{2+4}\times 3=-2(\text{A})$$

$$I_2^{(2)}=I_S+I_1^{(2)}=3-2=1(\text{A}),I_3^{(2)}=I_S=3\ \text{A}$$

$$U_1^{(2)}=R_1I_1^{(2)}=-4\ \text{V},U_2^{(2)}=R_2I_2^{(2)}=4\ \text{V},U_3^{(2)}=-R_3I_3^{(2)}=-9\ \text{V}$$

（3）求原电路中的电流和电压

$$I_1=I_1^{(1)}+I_1^{(2)}=1-2=-1(\text{A}),\ I_2=I_2^{(1)}+I_2^{(2)}=1+1=2(\text{A}),\ I_3=I_3^{(1)}+I_3^{(2)}=3(\text{A})$$

$$U_1=U_1^{(1)}+U_1^{(2)}=2-4=-2(\text{V}),\ U_2=U_2^{(1)}+U_2^{(2)}=4+4=8(\text{V}),\ U_3=U_3^{(1)}+U_3^{(2)}=-9(\text{V})$$

（4）求 R_2 上消耗的功率

注意：功率不满足叠加定理，只能计算出元件的总电流和总电压之后才能计算功率。

R_2 上消耗的功率为

$$P_2=U_2I_2=16\ \text{W}$$

【例 3.2】　电路如图 3.6 所示，试用叠加定理求解电流 I。

【解】　电路中有受控源，在利用叠加定理求解电路时，受控源不能单独作用于电路。

（1）1 A 电流源单独作用于电路

在 1 A 电流源单独作用的分电路中，6 V 电压源用短路线代替，U 用 $U^{(1)}$ 表示，I 用 $I^{(1)}$ 表示，保留受控源，分电路如图 3.7 所示。

由右边回路以及欧姆定律可列出方程：

$$3I^{(1)}+2U^{(1)}+1\times(I^{(1)}-1)=0$$

$$U^{(1)}=-1\times 1=-1(\text{V})$$

整理后求解得

$$I^{(1)}=\frac{3}{4}\ \text{A}$$

（2）6 V 电压源单独作用于电路

在 6 V 电压源单独作用的分电路中，1 A 电流源用开路代替，U 用 $U^{(2)}$ 表示，I 用 $I^{(2)}$ 表示，保留受控源，得出分电路图，如图 3.8 所示。

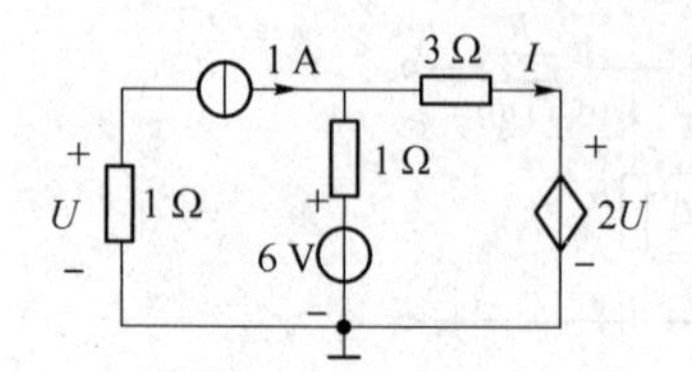

图 3.6　例 3.2 电路图

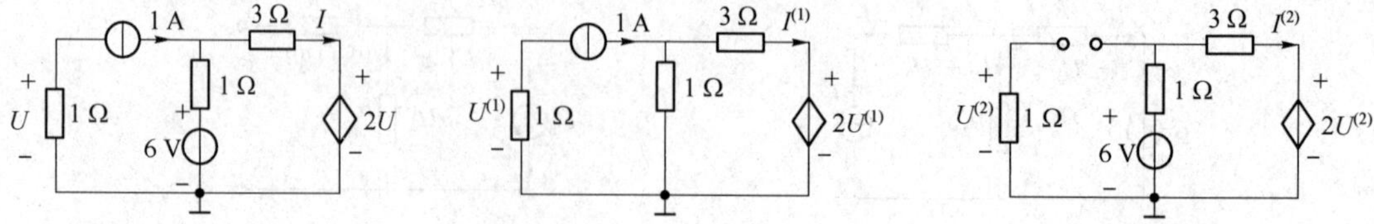

图 3.7　1 A 电流源单独作用

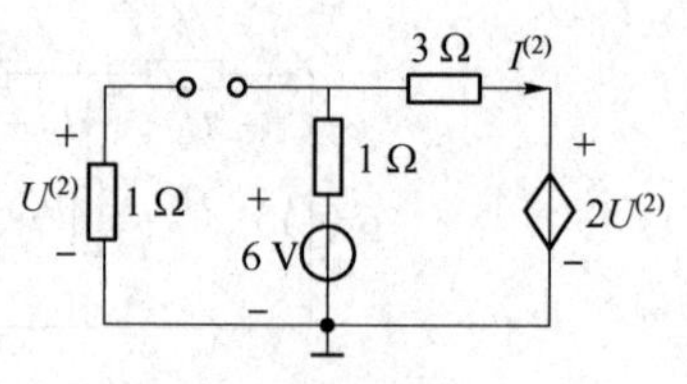

图 3.8　6 V 电压源单独作用

此时，左边 1 Ω 电阻中没有电流，因此

$$U^{(2)}=0\ \text{V}$$

由图 3.8 可求得

$$I^{(2)}=\frac{6}{3+1}=\frac{3}{2}(\text{A})$$

（3）将 $I^{(1)}$ 与 $I^{(2)}$ 相加

得总电流

$$I=I^{(1)}+I^{(2)}=\frac{3}{4}+\frac{3}{2}=\frac{9}{4}(\text{A})$$

3.2　齐次定理与应用

3.2.1　齐次定理

齐次定理表述为：在线性电路中，当激励变化时，电路中的响应将随之变化；激励变化多少倍，响应也将随之变化多少倍。

以上概念可用一次函数的概念来推论。

设两个一次线性函数分别为 $y_1=kx_1$，$y_2=kx_2$，若 $x_1=mx_2$，则有 $y_1=my_2$。

把叠加定理与齐次定理结合，还可用于电路中所有激励源不按相同比例变化的情况。

3.2.2　齐次定理的应用

【例 3.3】　例 3.1 电路图中，U_S 由 6 V 增加到 12 V，I_S 由 3 A 增加到 6 A，求此激励下支路电流 I_2、电压 U_2 和电阻 R_2 消耗的功率 P_2。

由题意可知，两个电源的值均增加了 1 倍，利用叠加定理，可知各支路的电压和电流也将增加 1 倍，功率增加了 4 倍。

因此，可方便地求得

$$I_2=4\ \text{A},\ U_2=16\ \text{V},\ P_2=64\ \text{W}$$

【例 3.4】　例 3.1 电路图中，U_S 由 6 V 增加到 9 V，I_S 由 3 A 减小到 1 A，求此激励下电路的支路电流和电压。

【解】　U_S 的新值是原来值的 1.5 倍，其单独作用时得出的支路电流和电压也应是增加到原值的 1.5 倍，故有

$$I_1^{(1)}=I_2^{(1)}=1.5\ \text{A},\ I_3^{(1)}=0,\ U_1^{(1)}=3\ \text{V},\ U_2^{(1)}=6\ \text{V},\ U_3^{(1)}=0\ \text{V}$$

I_S 的新值是原来值的 1/3 倍，其单独作用时得出的支路电流和电压也应是减少到原值的 1/3，故有

$$I_1^{(2)}=-\frac{2}{3}\ \text{A},\ I_2^{(2)}=\frac{1}{3}\ \text{A},\ I_3^{(2)}=1\ \text{A},\ U_1^{(2)}=-\frac{4}{3}\ \text{V},\ U_2^{(2)}=\frac{4}{3}\ \text{V},\ U_3^{(2)}=-3\ \text{V}$$

求得原电路中的电流和电压分别为

$$I_1=I_1^{(1)}+I_1^{(2)}=\frac{2.5}{3}\ \text{A},\ I_2=I_2^{(1)}+I_2^{(2)}=\frac{5.5}{3}\ \text{A},\ I_3=I_3^{(1)}+I_3^{(2)}=1\ \text{A}$$

$$U_1=U_1^{(1)}+U_1^{(2)}=\frac{5}{3}\ \text{V},\ U_2=U_2^{(1)}+U_2^{(2)}=\frac{22}{3}\ \text{V},\ U_3=U_3^{(1)}+U_3^{(2)}=-3\ \text{V}$$

【例 3.5】 梯形电路如图 3.9 所示，其中，$R_L=2\ \Omega$，$R_1=R_2=1\ \Omega$，$U_S=51$ V，试用齐次定理求支路电流 I。

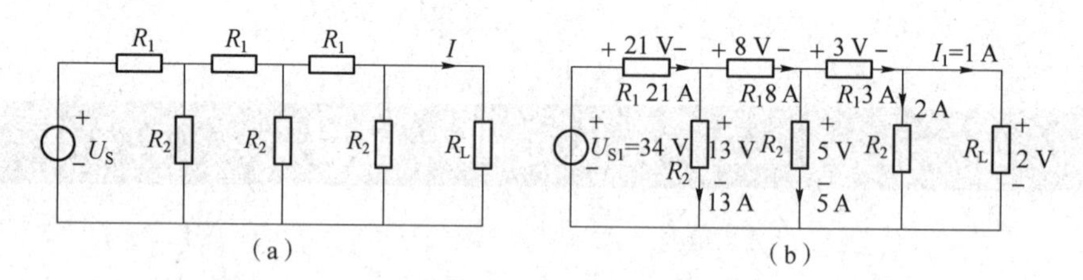

图 3.9 梯形电路的求解

【解】 如果用常规的方法去求解，不管是电源等效变换、支路电流法、网孔电流法还是结点电压法，步骤都很烦琐。如果利用电路的齐次性，采用倒推的方法，可以较方便地求得其解。

倒推法的具体步骤是：

(1) 假设电阻 R_L 上的电流 I 为某整数值 I_1，利用电阻并联分流的知识，求得与 R_L 并联电阻上的电流，继而求得两并联支路总电流和最右端结点的电压。

(2) 再求得从右往左第 2 个结点的电压，求得该结点向下支路的电流，以此类推，逐级向输入端逼近，最终在输入端得到与假设输出电流 I_1 对应的输入电压 U_{S1}。

(3) 将原输入电压 U_S 除以得出的输入电压 U_{S1}，得到一比例系数 k。原假设的电流 I_1 乘以该比例系数，就得到当前输入电压对应的输出电流 I。

如图 3.9 (b) 所示，先假设输出电流 $I_1=1$ A。

由于 R_L 与最右边的 R_2 并联，且 $R_L=2R_2$。根据并联电阻分流公式，可求得流过该 R_2 的电流是流过 R_L 电流的 2 倍，也就是 2 A。则该结点并联支路的总电流为 3 A，也就是流过右边第 1 个 R_1 电阻的电流。

电流在最右边并联电路上产生的电压为 2 V，在右边第 1 个 R_1 电阻上产生的电压为3 V，继而就可以求得右边第 2 个结点的电压，再求得该结点向下支路的电流，…，最终在输入端求得电压源的电压 $U_{S1}=34$ V，如图 3.9 (b) 所示。

求得比例系数为

$$k=\frac{U_S}{U_{S1}}=\frac{51}{34}=1.5$$

根据齐次定理，可求得

$$I=kI_1=1.5\ \text{A}$$

3.3　戴维南定理与应用

在求解某些实际电路问题中，有时只需要计算电路中某一支路的电压和电流响应，而无须计算其他支路的电压和电流。在这种情况下，如果能求出待求支路以外的有源二端线性网络的最简单等效电路，并用它代替原电路中的有源二端网络来求响应，要比在原电路中直接求响应方便得多。有源二端网络的最简单等效电路有两种形式，一种是实际电源的电压源模型，另一种是实际电源的电流源模型，这两种模型统称为等效电源模型。与等效电源模型相关的定理称为等效电源定理。将有源二端线性网络等效为实际电源的电压源模型的定理称为戴维南定理；将有源二端线性网络等效为实际电源的电流源模型的定理称为诺顿定理。下面分别加以介绍。

3.3.1　戴维南定理

戴维南定理表述为：一个含有独立电源、线性电阻和受控源的二端网络，对外电路来说，可以用一个电压源和电阻串联组合等效置换，此电压源的电压等于二端网络的开路电压、其电阻等于该二端网络内部全部独立电源置零后的输入电阻或等效电阻。

有源线性二端网络及戴维南等效电路如图3.10所示。

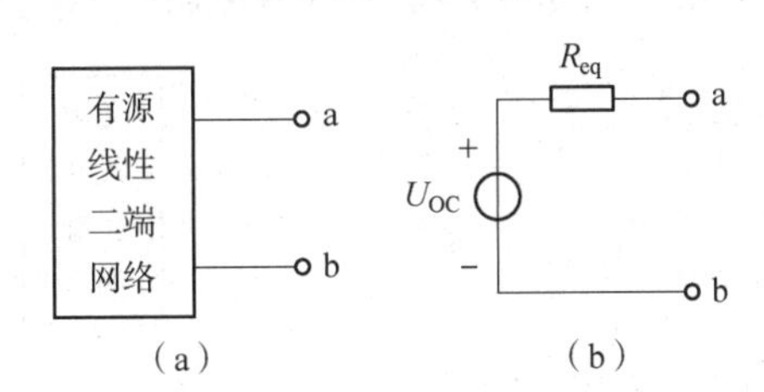

图3.10　有源二端网络及戴维南等效电路
(a) 有源二端网络；(b) 戴维南等效电路

用戴维南定理求出的二端网络的等效串联模型（等效电源），称为戴维南等效电路。如何能求出一个具体的有源线性二端网络的戴维南等效电路，关键在于求出这个端口的开路电压和等效电阻。所谓开路电压 U_{OC}是指外电路（负载）断开后两端的电压；等效电阻 R_{eq}是指将原有源线性二端网络变成无源线性二端网络（独立电源置零，保留受控源）后的输入电阻。

戴维南等效电阻的具体计算方法：

当有源线性二端网络内部不含受控源，这时将独立源置零后，应用电阻的串联、并联，Y-△变换等方法计算等效电阻。

当有源线性二端网络内部含有受控源，这时有两种方法可用，一种是外加电源法，即独立源置零后在端口加电压源求电流或者加电流源求电压的方法；另一种是用开路电压除以短路电流的方法。具体的求解步骤在后面讲解。

3.3.2 戴维南定理的应用

应用戴维南定理可方便地求出电路中某一支路的电流和电压。只要求出戴维南等效电路，并与待求支路相连，得到简单无分支闭合电路，即可求出待求支路的电流和电压。

由于戴维南等效电路是由电路的开路电压 U_{OC} 及等效电阻 R_{eq} 构成，所以求解戴维南等效电路的过程就是求解开路电压 U_{OC} 及等效电阻 R_{eq} 的过程。应用戴维南定理分析电路的解题步骤如下：

（1）断开待求支路。

将待求变量所在的支路与电路的其他部分断开，形成一个或几个二端口网络。

（2）求开路电压。

将端口开路后，保留二端网络内部的所有电源，求开路端口电压 U_{OC}，如图 3.11 所示。

注意：开路端口的支路电流为零。

（3）求等效电阻。

求等效电阻的方法有三种：

①电阻电路等效变换法。

这种方法用于网络内部没有受控电源的情况。求等效电阻时，将网络内部的所有电源置零（电压源用短路线代替，电流源用开路代替），如图 3.12 所示。此时，得到一个纯电阻电路，利用电阻等效变换的方法，可求得网络的等效电阻。

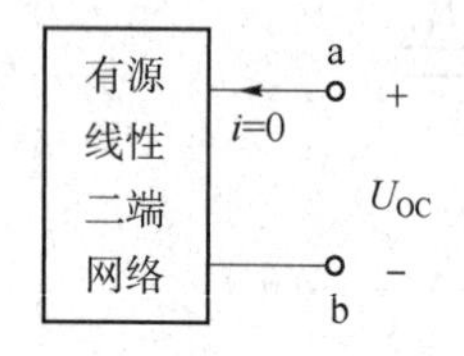

图 3.11　求开路电压

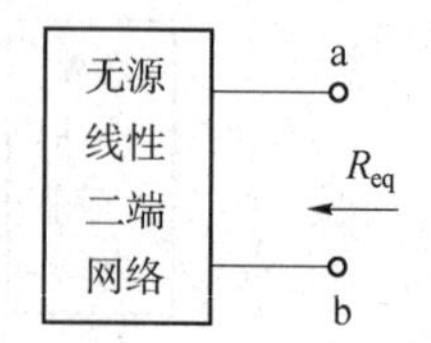

图 3.12　求等效电阻

②开路电压-短路电流法。

这种方法用于网络内部含有受控电源的情况。将端口短路，保留内部所有电源包括独立电源和受控电源，求得端口短路电流 I_{SC}，如图 3.13 所示。开路电压与短路电流的比值就是网络的等效电阻。

$$R_{eq}=\frac{U_{OC}}{I_{SC}} \tag{3-6}$$

③外加电源法。

这种方法也常用于网络内部含有受控电源的情况，有加电压源求端口电流法和加电流源求端口电压法。

内部所有独立电源置零，保留受控源，在开路端口外加电压为 U 的电压源。此时，将产生由电压源正极流向网络内部的电流 I，如图 3.14 所示。U 与 I 的比值就是二端网络的等效电阻。

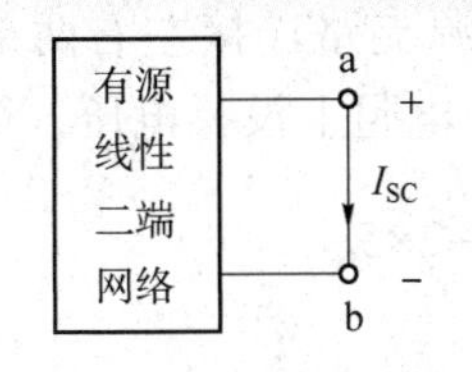

图 3.13　求短路电流

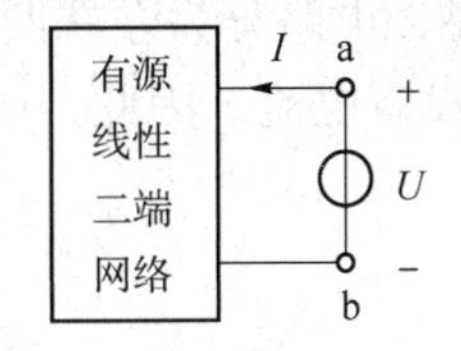

图 3.14　加压求流法

$$R_{eq}=U/I \tag{3-7}$$

计算时，可不需要知道 U 的具体值，只要能推导出 I 正比于 U 的表达式即可。

（4）画出戴维南等效电路，并与待求支路相连，得到一个简单无分支闭合电路，再求待求支路的电流或电压。

【例 3.6】　电路如图 3.15 所示，求图中端口的戴维南等效电路。

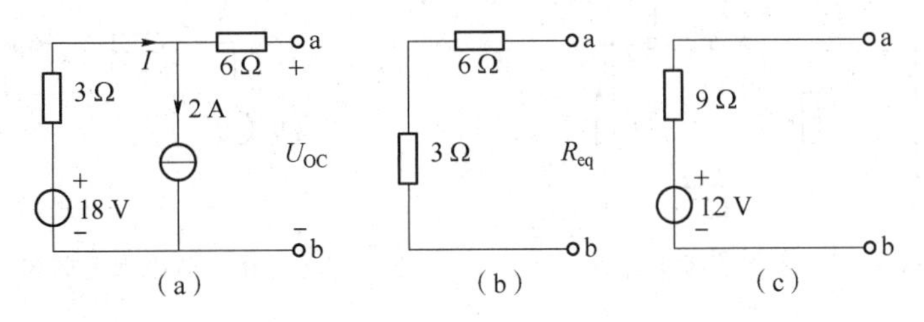

图 3.15　例 3.6 电路图

【解】　（1）求 a、b 间的开路电压 U_{OC}

由电路图 3.15（a）可知，6 Ω 电阻支路没有电流，因此，支路中的 6 Ω 电阻上没有电压，由此得

$$\begin{aligned}U_{OC}&=18-2\times3\\&=12(\mathrm{V})\end{aligned}$$

（2）求 a、b 间的等效电阻 R_{eq}

将电路中的电压源用短路线代替，电流源用开路代替，得到如图 3.15（b）所示等效电路，可求得

$$R_{eq}=3+6=9(\Omega)$$

（3）画出戴维南等效电路

戴维南等效电路如图 3.15（c）所示。

【例 3.7】　电路如图 3.16 所示，电路在 a、b 处断开，求图中端口 a、b 间的戴维南等效电路。

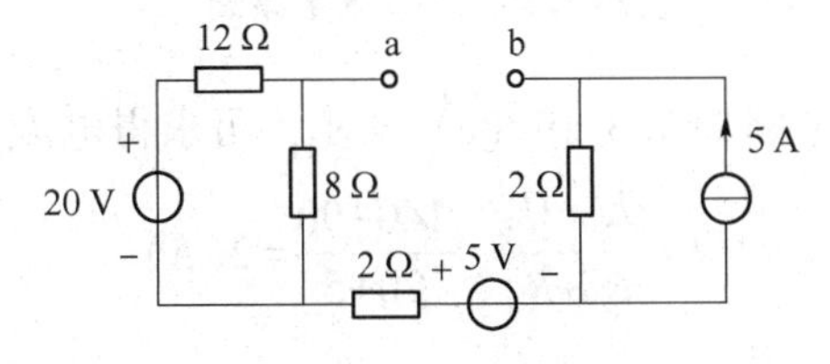

图 3.16　例 3.7 电路图

【解】　（1）求 a、b 间的开路电压 U_{OC}

由图 3.16 可见，电路分为左右两部分，5 V 电压源支路连接左右两部分，对该支路用 KCL，可知该支路没有电流。因此，中间支路中的 2 Ω 电阻上没有电压，得

$$U_{OC}=U_{ab}=\frac{8}{12+8}\times20+5-2\times5$$
$$=8+5-10=3(\text{V})$$

（2）求 a、b 间的等效电阻 R_{eq}

将电路中的电压源用短路线代替，电流源用开路代替，得到如图 3.17 所示等效电路。

由图 3.17 可求得

$$R_{eq}=12//8+2+2=8.8(\Omega)$$

（3）画出戴维南等效电路

图 3.16 的戴维南等效电路如图 3.18 所示。

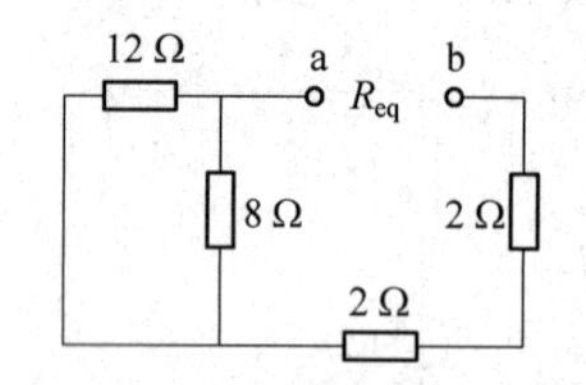

图 3.17　电源置零电路图

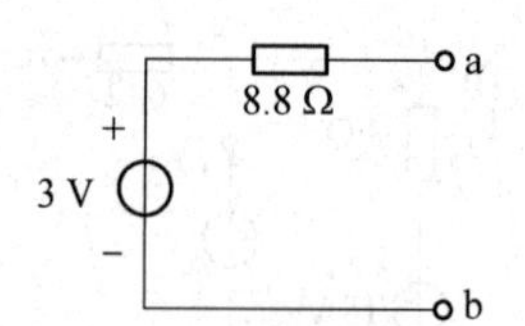

图 3.18　戴维南等效电路

【例 3.8】　如图 3.19（a）所示电路，已知 $U_{S1}=140$ V，$U_{S2}=90$ V，$R_1=20$ Ω，$R_2=5$ Ω，$R_3=6$ Ω，试用戴维南定理求支路电流 I_3。

【解】　根据戴维南定理，将 R_3 支路以外的部分用电压源和电阻串联等效代替，如图 3.19（b）所示。

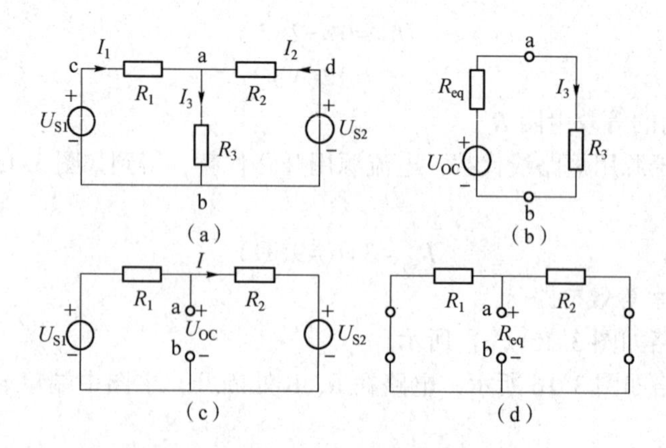

图 3.19　例 3.8 电路图

R_3 支路断开后，等效电路如图 3.19（c）所示，可求得电流 I 为

$$I=\frac{U_{S1}-U_{S2}}{R_1+R_2}=\frac{140-90}{20+5}=2(\text{A})$$

等效电路的开路电压 U_{OC} 为

$$U_{OC}=U_{S1}-R_1I=140-20\times2=100(\text{V})$$

独立电源置零后，等效电路如图 3.19（d）所示，可求得等效电阻 R_{eq} 为

$$R_{eq}=R_1//R_2=\frac{R_1R_2}{R_1+R_2}=\frac{20\times5}{20+5}=4(\Omega)$$

再根据如图3.19（b）所示简单无分支闭合电路，计算出支路电流 I_3 为

$$I_3=\frac{U_{OC}}{R_{eq}+R_3}=\frac{100}{4+6}=10(A)$$

【例3.9】　电路如图3.20（a）所示，求图中端口左边电路的戴维南等效电路。

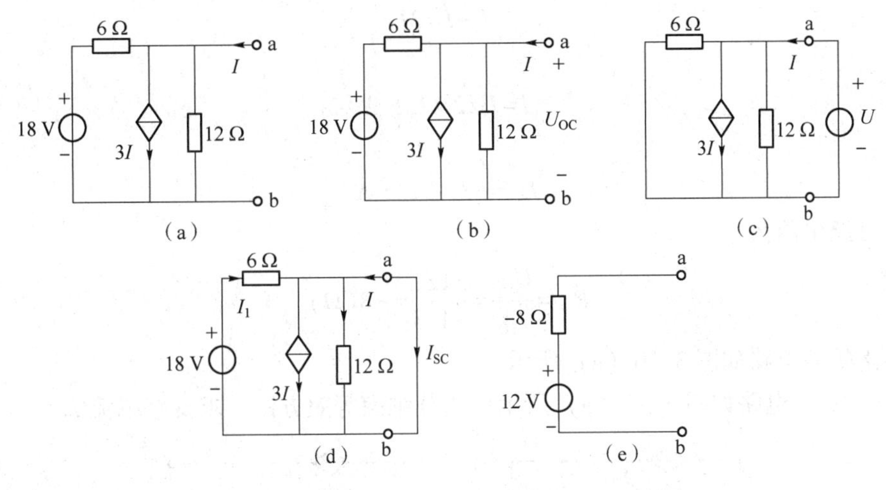

图3.20　例3.9电路图

【解】　(1) 求开路电压

在端口标注上 U_{OC}，如图3.20（b）所示。由于端口是开路的，故端口电流 $I=0$，继而受控电流源 $3I=0$，受控电流源相当于开路，求得开路电压为

$$U_{OC}=\frac{12}{6+12}\times18=12(V)$$

(2) 等效电阻

由于电路内部含有受控源，就不能采用电阻等效变换的方法求解等效电阻。下面分别采用加电压源求端口电流法和短路电流法求解。

①加电压源求端口电流法

加电压源求端口电流法要将电路内部的所有独立电源置零，保留受控电源，外加电压源为 U，假设端口电流为 I，电路如图3.20（c）所示。

由图3.20（c）可得

$$I=\frac{U}{6}+3I+\frac{U}{12}$$

整理后，解得

$$I=-\frac{U}{8}$$

等效电阻为

$$R_{eq}=\frac{U}{I}=-8\ \Omega$$

等效电阻出现负值是因为电路内部有受控电源所致。

②短路电流法

将电路端口短路，保留电路内部所有电源，如图 3.20（e）所示。由于端口短路了，端口电压为零，与之并联的 12 Ω 电阻没有电流流过。

求得流过 6 Ω 电阻的电流 I_1 为

$$I_1=18/6=3(\text{A})$$

由结点可得

$$I_1+I=3I$$

解得

$$I=I_1/2=1.5\ \text{A}$$

再得

$$I_{\text{SC}}=-I=-1.5\ \text{A}$$

求得开路电阻为

$$R_{\text{eq}}=\frac{U_{\text{OC}}}{I_{\text{SC}}}=\frac{12}{-1.5}=-8(\Omega)$$

戴维南等效电路如图 3.20（e）所示。

【例 3.10】 电路如图 3.21（a）所示，用戴维南等效方法，求支路电流 I_2。

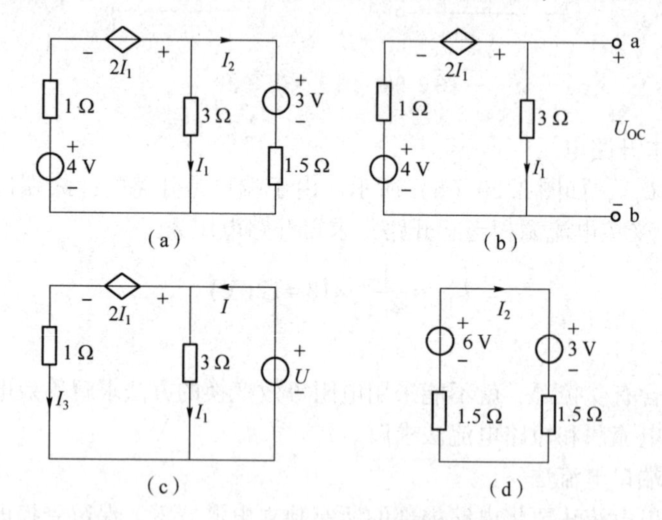

图 3.21 例 3.10 电路图

（a）原电路；（b）求 U_{OC} 电路；（c）求 R_{eq} 电路；（d）戴维南等效电路

【解】 （1）求开路电压

断开 I_2 所在支路，在外电路端口标注上 U_{OC}，如图 3.21（b）所示。左侧回路列写电压方程

$$3I_1+I_1=2I_1+4$$

解得

$$I_1=2\ \text{A}$$

求得开路电压为

$$U_{\text{OC}}=3I_1=6\ \text{V}$$

（2）求等效电阻

由于电路内部含有受控源，就不能采用电阻等效变换的方法求解等效电阻。下面采用加电压源求端口电流法来求解。

加电压源求端口电流法要将电路内部的所有独立电源置零，保留受控电源，外加电压源为 U，假设端口电流为 I，电路如图 3.21（c）所示。

由图 3.21（c）可得

$$I=I_1+I_3$$

左侧回路电压方程

$$2I_1+I_3=3I_1$$

整理后，解得

$$I_1=I_3$$
$$I=2I_1$$

右侧回路电压方程

$$U=3I_1$$

等效电阻为

$$R_{eq}=\frac{U}{I}=\frac{3I_1}{2I_1}=1.5\ \Omega$$

戴维南等效电路如图 3.21（d）所示。

图 3.21（d）是简单无分支闭合电路，可计算出所求电流 I_2 为

$$I_2=\frac{6-3}{1.5+1.5}=1(\mathrm{A})$$

3.3.3　诺顿定理与应用

既然实际电源的电压源模型和电流源模型之间可以进行等效变换，那么有源线性二端网络也可以用实际电流源模型作为等效电路。

诺顿定理是戴维南的对偶，诺顿定理的内容为：一个有源线性二端网络的对外作用可以用一个理想电流源与一个电导（或电阻）并联的电路（即电流源模型）来等效。其电流源的电流等于线性有源网络端口的短路电流，其电导（或电阻）等于该网络内部独立电源均为零时的等效电导（或电阻），如图 3.22 所示。

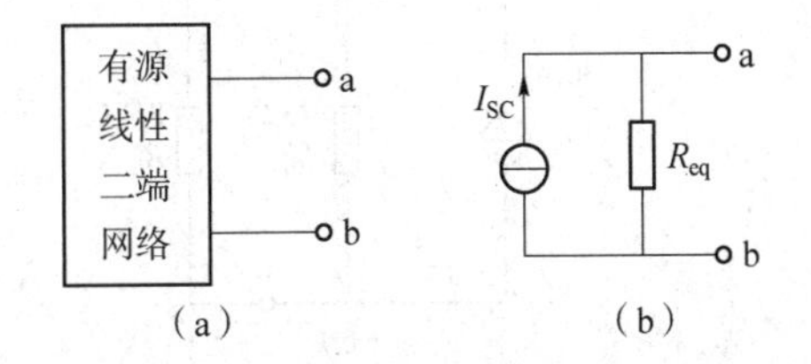

图 3.22　有源线性二端网络及诺顿等效电路

（a）有源二端网络；（b）诺顿等效电路

求一个具体的有源线性二端网络的诺顿等效电路，关键在于求出这个二端网络的短路电

流和等效电阻。所谓短路电流 I_{SC} 是指外电路（负载）短路后流过短路导线的电流；等效电阻 R_{eq} 是指将原有源线性二端网络除独立源变成二端无源线性二端网络后（独立电压源用短路线替代，独立电流源开路，保留受控源）的输入电阻。

【例 3.11】 求图 3.16（a）所示电路的诺顿等效电路。

【解】 将端口短路，得如图 3.23（a）所示电路。

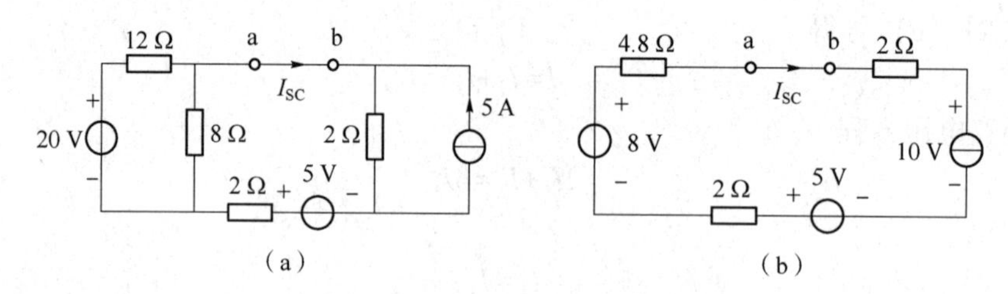

图 3.23 求 I_{SC} 电路

（a）原电路 a、b 端口短路；（b）等效变换后电路

利用电源等效变换的方法，得到如图 3.21（b）所示电路，求得

$$I_{SC}=\frac{8+5-10}{4.8+2+2}=\frac{3}{8.8}\approx 0.34(\mathrm{A})$$

该电路的等效电阻已在例 3.7 中求出，其诺顿等效电路如图 3.24所示。

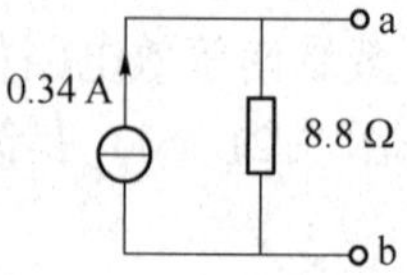

如果把例 3.7 求得的戴维南等效电路，通过电源等效变换的方法，也能得到如图 3.24 所示的诺顿等效电路。

也就是说，戴维南定理和诺顿定理本质上是相同的，只是形式不同而已。

图 3.24 诺顿等效电路

【例 3.12】 试用诺顿定理计算如图 3.25（a）所示电路中的电流 I。

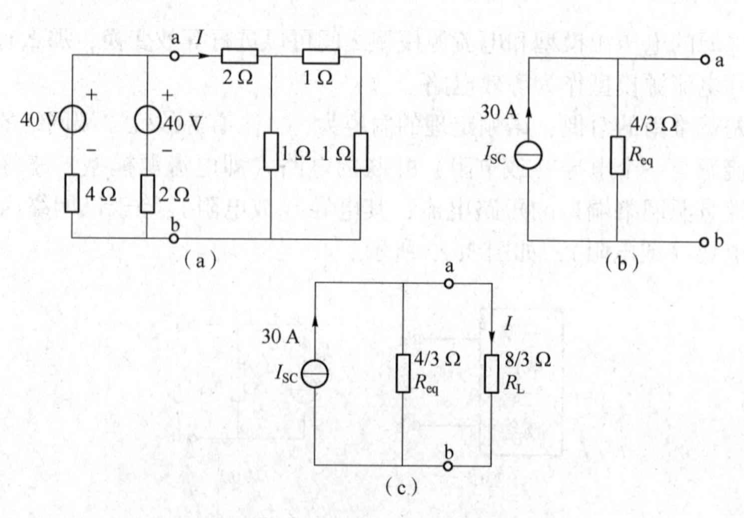

图 3.25 例 3.12 电路图

【解】 图 3.25（a）中 a、b 左侧电路的诺顿等效电路如图 3.25（b）所示。其中，a、b 短路电流为

$$I_{SC}=\frac{40}{4}+\frac{40}{2}=30(\mathrm{A})$$

a、b 左侧电路的等效电阻 R_{eq} 为

$$R_{eq}=4//2=4/3(\Omega)$$

图 3.25（a）中 a、b 右侧的等效电阻 R_L 为

$$R_L=2+1//2=8/3(\Omega)$$

得到如图 3.25（c）所示等效电路，可求得

$$I=\frac{4/3}{4/3+8/3}\times30=10(\mathrm{A})$$

3.4　最大功率传输定理

在电路中，常常遇到负载如何从前级电路获得最大功率的问题。负载要想获得最大功率，就必须同时获得比较大的电压和电流。在图 3.26（a）所示的网络中，含源线性二端网络向负载 R_L 提供能量，由戴维南定理可知该网络可等效为如图 3.26（b）所示的电路。

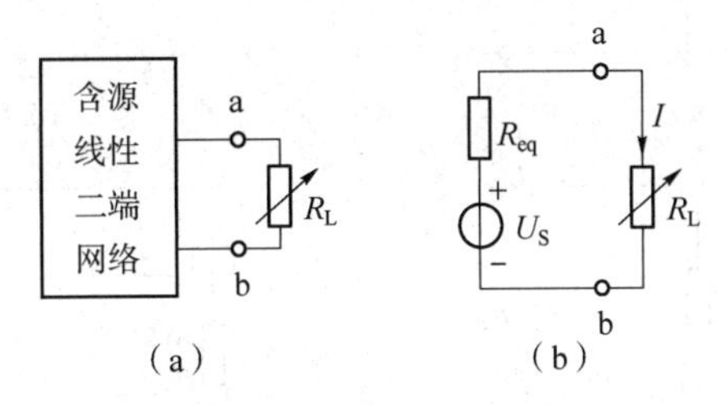

图 3.26　含源二端网络及戴维南等效电路

（a）带载二端网络；（b）戴维南等效电路

显然，负载获得的功率为

$$P=R_LI^2=\frac{R_LU_S^2}{(R_{eq}+R_L)^2} \tag{3-8}$$

由式（3-8）可知，P 不是 R_L 的线性函数。若负载 R_L 过大，则回路电流过小；若负载 R_L 过小，则负载电压过小。此时都不能获得最大功率，那么负载获得最大功率的条件是什么呢?

设 R_L 为变化量，P 相对于 R_L 求一阶导，并令其一阶导为零，可求得 P 的极大值，继而可得负载获得最大功率的条件。

$$\frac{\mathrm{d}P}{\mathrm{d}R_L}=\frac{\mathrm{d}}{\mathrm{d}R_L}\left[\frac{R_LU_S^2}{(R_{eq}+R_L)^2}\right]$$

$$=\frac{(R_{eq}+R_L)^2-2R_L(R_{eq}+R_L)}{(R_{eq}+R_L)^4}U_S^2=0$$

可推得

$$(R_{eq}+R_L)^2-2R_L(R_{eq}+R_L)=0$$

$$R_L = R_{eq} \tag{3-9}$$

也就是说，当负载电阻等于二端网络的等效电阻时，负载电阻可获得最大功率。

其最大功率为

$$P_{max} = \frac{U_S^2}{4R_L} \tag{3-10}$$

一般常把负载获得的最大功率的条件称为最大功率传输定理。在工程上，把满足最大功率传输的条件称为阻抗匹配。

阻抗匹配的概念在实际中很常见，如在有线电视接收系统中，由于同轴电缆的传输阻抗为 75 Ω，为了保证阻抗匹配以获得最大功率传输，就要求电视接收机的输入阻抗也为 75 Ω。

【例 3.13】 电路如图 3.27（a）所示，R_L 取值分别为 5 Ω、10 Ω 和 20 Ω 时，求流过 R_L 的电流 I、电阻 R_L 的功率 P_{R_L}、等效电源的功率 P_S 以及功率传输效率，并分析计算结果。

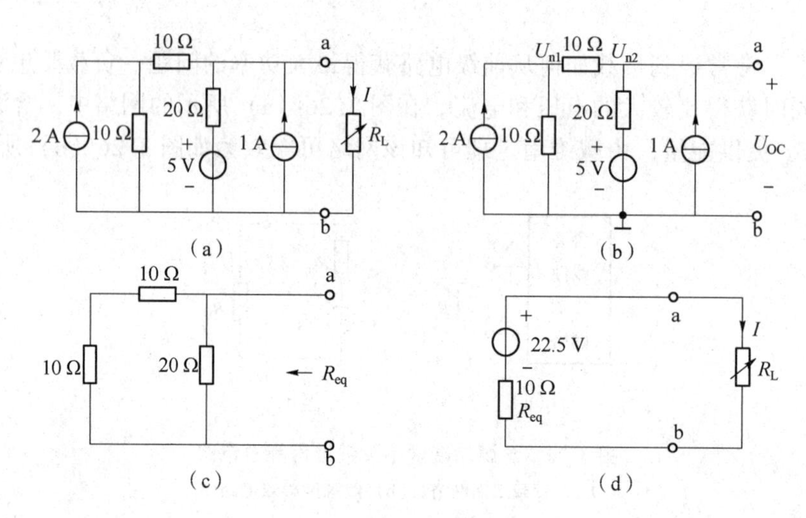

图 3.27 例 3.13 电路图

如果采用一般的分析方法，不同的 R_L 值，就对应一组方程组，求解起来很烦琐。但如果把 R_L 左边的电路用戴维南等效电路代替，求解起来就很容易了。

【解】（1）求 a、b 端口的开路电压

将 R_L 支路断开，如图 3.27（b）所示。

根据所示电路，列写出结点电压方程为

$$\left(\frac{1}{10}+\frac{1}{10}\right)U_{n1}-\frac{1}{10}U_{n2}=2 \tag{3-11}$$

$$-\frac{1}{10}U_{n1}+\left(\frac{1}{10}+\frac{1}{20}\right)U_{n2}=1+\frac{5}{20} \tag{3-12}$$

解得

$$U_{n1}=21.25\ \text{V},\ U_{n2}=22.5\ \text{V},$$

由电路得

$$U_{OC}=U_{n2}=22.5\ \text{V}$$

（2）求端口等效电阻

将电路内部电源置零，得如图3.27（c）所示电路图，求得等效电阻为

$$R_{eq}=(10+10)//20=10(\Omega)$$

（3）求电流 I

将图3.27（a）中a、b左端的戴维南等效电路与 R_L 相接，如图3.27（d）所示。

$R_L=5\ \Omega$ 时，有

$$I=\frac{U_{OC}}{R_{eq}+R}=\frac{22.5}{10+5}=1.5(A)$$

$$P_R=RI^2=5\times1.5^2=11.25(W) \quad \text{（吸收功率）}$$

$$P_S=-U_{OC}\times I=-22.5\times1.5=-33.75(W) \quad \text{（发出功率）}$$

$$\eta=\left|\frac{P_R}{P_S}\right|=\frac{11.25}{33.75}=33.3\%$$

$R_L=10\ \Omega$ 时，有

$$I=\frac{22.5}{10+10}=1.125(A)$$

$$P_R=10\times1.125^2=12.66(W) \quad \text{（吸收功率）}$$

$$P_S=-22.5\times1.125=-25.3125(W) \quad \text{（发出功率）}$$

$$\eta=\frac{12.66}{25.3125}\approx50\%$$

$R_L=15\ \Omega$ 时，有

$$I=\frac{22.5}{10+15}=0.9(A)$$

$$P_R=15\times0.9^2=12.15(W) \quad \text{（吸收功率）}$$

$$P_S=-22.5\times0.9=-20.25(W) \quad \text{（发出功率）}$$

$$\eta=\frac{12.15}{20.25}=60\%$$

比较上面三种情况，进一步验证最大功率的传输条件。同时发现，当负载获得功率最大时，电源的功率传输效率并不是最大而是只有50%，也就是说电源产生的功率有一半在电源的内部损耗掉。在电力系统中要求尽可能提高电源的效率，以便充分的利用能源，因而不要求阻抗匹配。但是在电子技术中常常注重将微弱信号进行放大，而不注重效率的高低。

3.5　定理应用举例

3.5.1　叠加定理的应用

反相加法器电路图如图3.28所示。

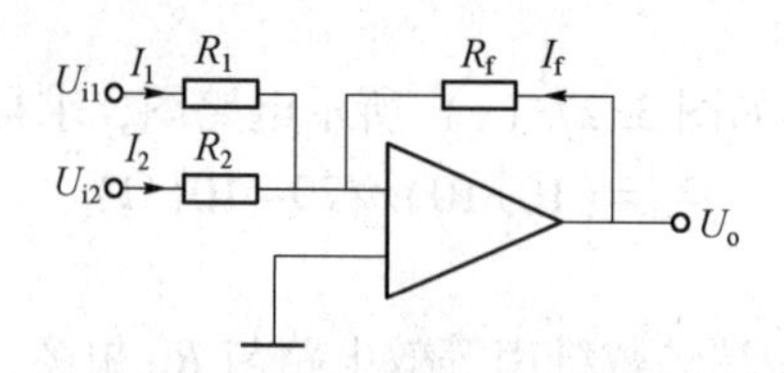

图 3.28　反相加法器电路图

根据运算放大器输入端虚短和虚断的特点，可得出输出 U_o 与 U_{i1}、U_{i2}的关系式。

$$U_o = -\frac{R_f}{R_1}U_{i1} - \frac{R_f}{R_2}U_{i2} \tag{3-13}$$

利用叠加定理，将原电路拆分为 U_{i1}、U_{i2}单独作用的分电路，如图 3.29（a）和图 3.29（b）所示。

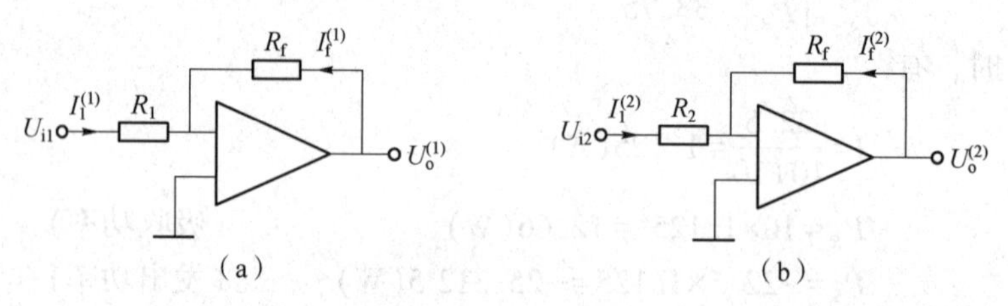

图 3.29　U_{i1}、U_{i2}单独作用分电路图

（a）U_{i1}单独作用分电路；（b）U_{i2}单独作用分电路

由图 3.29 可得

$$U_o^{(1)} = -\frac{R_f}{R_1}U_{i1}, \quad U_o^{(2)} = -\frac{R_f}{R_2}U_{i2} \tag{3-14}$$

显然有

$$U_o = U_o^{(1)} + U_o^{(2)} \tag{3-15}$$

3.5.2　最大功率传输定理的应用

高频丙类谐振功率放大电路如图 3.30 所示。

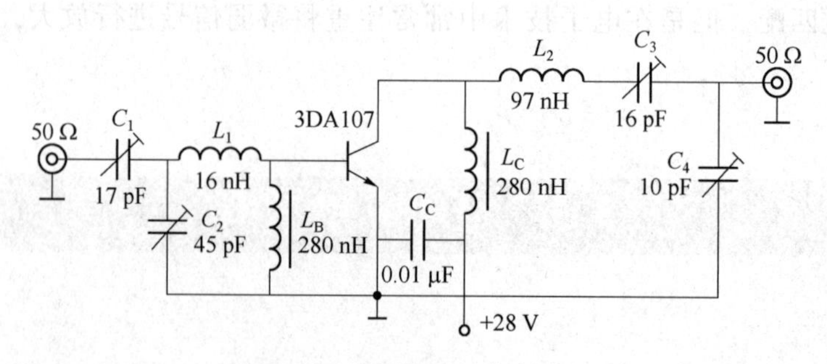

图 3.30　谐振功率放大电路图

谐振功放输入端、输出端的同轴电缆的特性阻抗均为 50 Ω，为了使功率放大器获得最大的输入功率、输出最大的功率，通常要在其输入端和输出端增加阻抗匹配网络。

图3.30中，C_1、C_2和L_1构成了T形输入匹配滤波网络，可将功率放大器的输入电阻在谐振频率上调整到50 Ω。L_2、C_3和C_4构成了倒L形输出匹配滤波网络，可将功率放大器的输出电阻在谐振频率上调整到50 Ω。

3.6 电路仿真

3.6.1 叠加定理的仿真

构建如图3.28所示的反相加法器仿真电路，设输入均为直流，电路如图3.31所示。

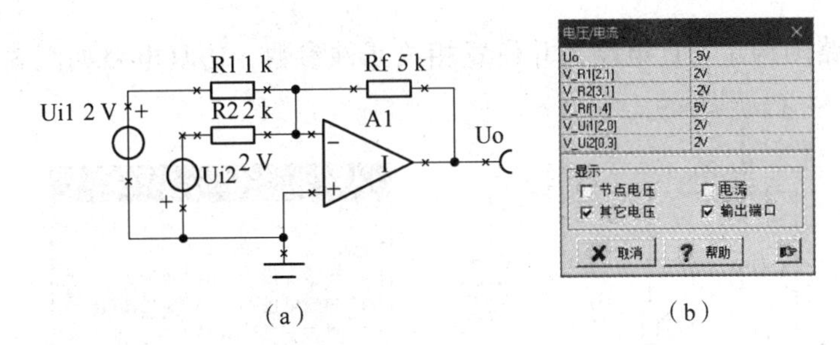

（a）　（b）

图3.31　叠加定理应用仿真

（a）反相加法器仿真电路；（b）仿真结果

由图3.31（a）可见，$R_1=1\ \text{k}\Omega$，$R_2=2\ \text{k}\Omega$，$R_f=5\ \text{k}\Omega$，$U_{i1}=2\ \text{V}$，$U_{i2}=-2\ \text{V}$。可计算出

$$U_o=-\left[\frac{5}{1}\times2+\frac{5}{2}\times(-2)\right]=-(10-5)=-5(\text{V})$$

由图3.31（b）的仿真结果可知，与人工分析结果完全一致。

再构建U_{i1}、U_{i2}单独作用的分电路，分别进行仿真，如图3.32和图3.33所示。

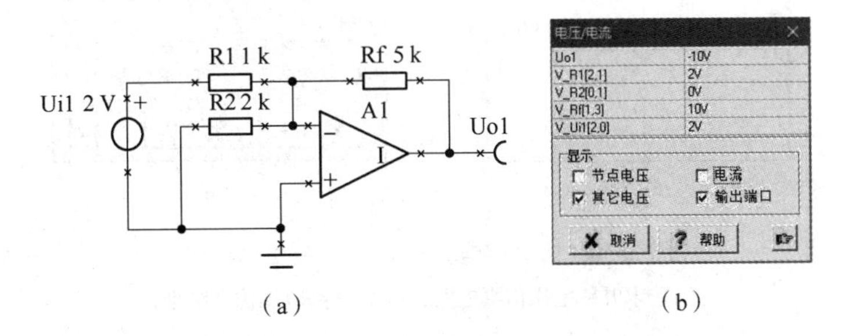

（a）　（b）

图3.32　U_{i1}单独作用仿真电路及仿真结果

（a）U_{i1}单独作用仿真电路；（b）仿真结果

比较以上3图的仿真结果，显然有：

$$U_o=U_{o1}+U_{o2}$$

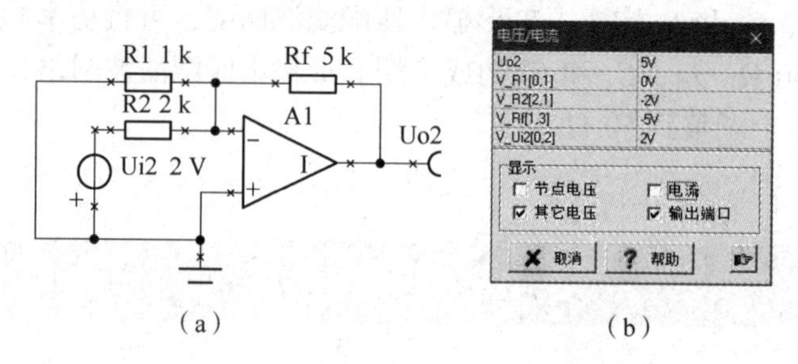

（a）　　（b）

图 3.33　U_{i2}单独作用仿真电路及仿真结果

（a）U_{i2}单独作用仿真电路；（b）仿真结果

3.6.2　戴维南定理的仿真

按例 3.8 电路图构建仿真电路，并设置相关元件参数，仿真电路如图 3.34（a）所示，仿真结果如图 3.34（b）所示。

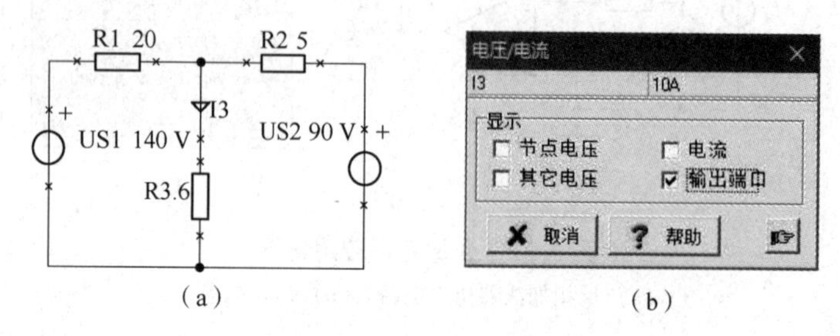

（a）　　（b）

图 3.34　例 3.6 仿真电路及仿真结果

（a）仿真电路；（b）仿真结果

将 R_3 断开后求断开处的开路电压，仿真电路如图 3.35（a）所示，仿真结果如图 3.35（b）所示。

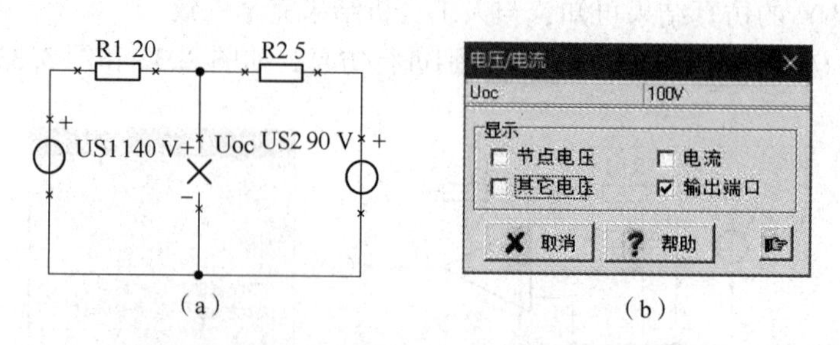

（a）　　（b）

图 3.35　求开路电压仿真电路及仿真结果

（a）求开路电压仿真电路；（b）开路电压仿真结果

将 R_3 短路后求短路电流，仿真电路如图 3.36（a）所示，仿真结果如图 3.36（b）所示。

由图 3.35 和图 3.36 的仿真结果可计算出 R_3 的外部电路的等效电阻 R_{eq} 为

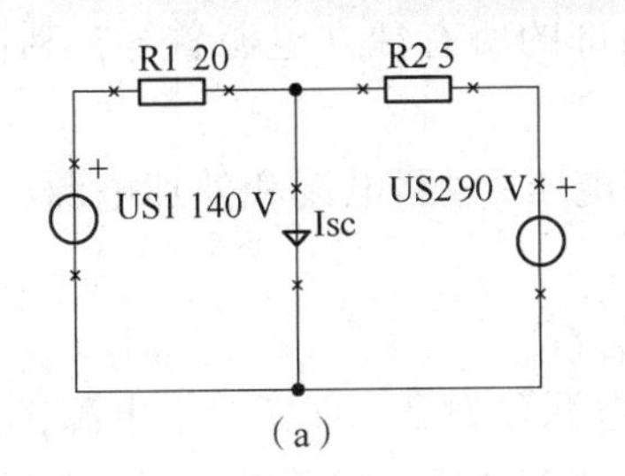

(a)

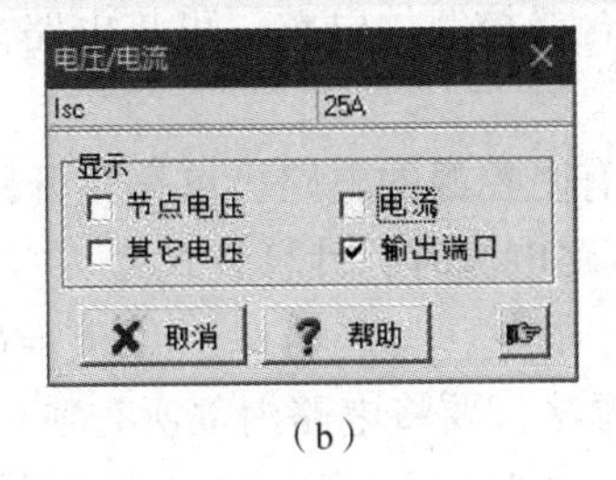

(b)

图 3.36 求短路电流仿真电路及仿真结果

(a) 求短路电流仿真电路；(b) 短路电流仿真结果

$$R_{eq}=\frac{U_{OC}}{I_{SC}}=\frac{100}{25}=4\ (\Omega)$$

戴维南等效电路的仿真电路及仿真结果如图 3.37 所示。

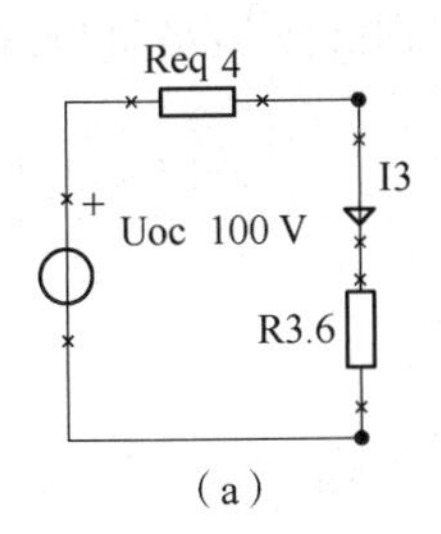

(a)

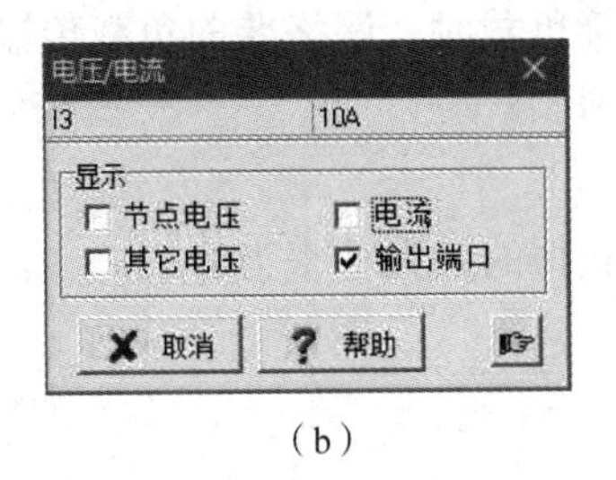

(b)

图 3.37 戴维南等效仿真电路及仿真结果

(a) 戴维南等效仿真电路；(b) 仿真结果

由以上各仿真电路的仿真结果看，仿真结果与例 3.8 的分析结果完全一致。

本章小结

叠加定理：在线性电路中，任何一条支路中的电流，任何一个元件上的电压，都可以看成是由电路中各个独立电源分别单独作用产生的电流、电压的代数和。

使用叠加定理求解电路的步骤：首先画出各个独立电源单独作用时的分电路，不作用的独立电源要置零（电压源用短路线替代，电流源用开路替代）。分电路中，各个变量要标注成分变量形式，注意不要改变变量的方向，受控源在每个分图中都要保留。然后求解分变量值，把分变量值相加，即得到待求变量。

所谓齐次性，就是激励变化多少倍，输出就等比例地变化多少倍。

戴维南定理：一个含有独立电源、线性电阻和受控源的二端网络，对外电路来说，可以用一个电压源和电阻串联组合等效置换，此电压源的电压等于二端网络的开路电压、其电阻等于该二端网络内部全部独立电源置零后的输入电阻或等效电阻。

常用 U_{OC} 表示开路电压，求解 U_{OC} 就是断开待求支路，求开路时端口两端的电压。

R_{eq} 表示等效电阻，分两种情况求解：

（1）对于不含受控源的电路，可将电路内部的所有独立电源置零，利用电阻的等效变换方法求得其值。

（2）对于含有受控源的电路，可采用开路电压-短路电流和外加电源法求其等效电阻。采用开路电压-短路电流时，计算公式为

$$R_{eq}=U_{OC}/I_{SC}$$

采用外加电源法，要将电路内部所有独立电源置为零，保留受控电源，在端口处外加一电压源或电流源（通常加电压源 U），求得端口电流 I 后，求等效电阻的值的公式为

$$R_{eq}=U/I$$

诺顿定理：一个线性有源二端网络的对外作用可以用一个电流源与电导（或电阻）并联的电路（即电流源模型）等效替代。

含源线性二端网络的戴维南等效电路其实就是一个有伴电压源，诺顿等效电路其实就是一个有伴电流源，它们之间可以利用电源等效变换的方法相互转换。

当一个网络接负载时，网络要向负载传输最大功率，则必须满足负载的阻值要等于网络的等效电阻值，即

$$R_L=R_{eq}$$

此时，负载获得的最大功率为

$$P_{max}=\frac{U_S^2}{4R_L}$$

习题 3

3-1 电路如题图 3.1 所示，已知 $U_1=15$ V，$I_S=3$ A，$R_1=5\ \Omega$，$R_2=10\ \Omega$，试用叠加定理求各支路电流及 10 Ω 电阻上的功率。

3-2 电路如题图 3.2 所示，用叠加定理计算电路中 4 V 电源所发出的功率。

3-3 电路如题图 3.3 所示，已知 $U_S=12$ V，$I_S=6$ A，$R_1=2\ \Omega$，$R_2=4\ \Omega$。试用叠加定理求电路的各支路电流，并计算 R_2 上消耗的功率。

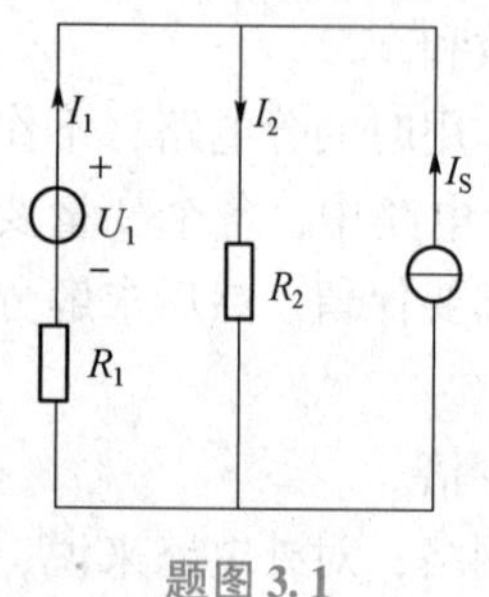

题图 3.1

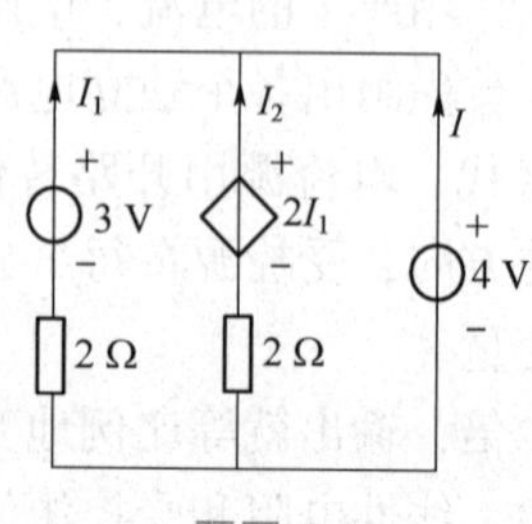

题图 3.2

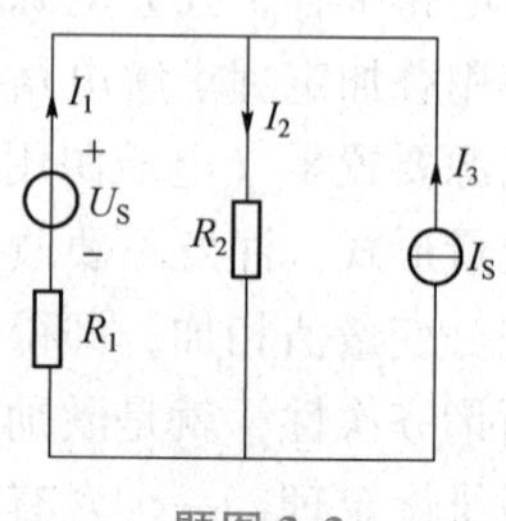

题图 3.3

3-4 电路如题图 3.4 所示，求梯形电路中各支路电流。已知 $U_S=60$ V，$R_1=2\ \Omega$，$R_2=6\ \Omega$，$R_3=3\ \Omega$，$R_4=6\ \Omega$，$R_5=4\ \Omega$，$R_6=2\ \Omega$。

3-5 电路如题图 3.5 所示，求 a、b 端口的戴维南等效电路。

3-6　电路如题图 3.6 所示，求 a、b 端口的戴维南等效电路。

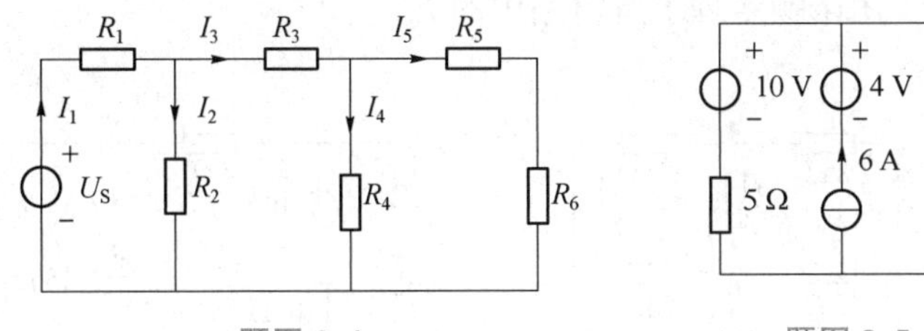

题图 3.4

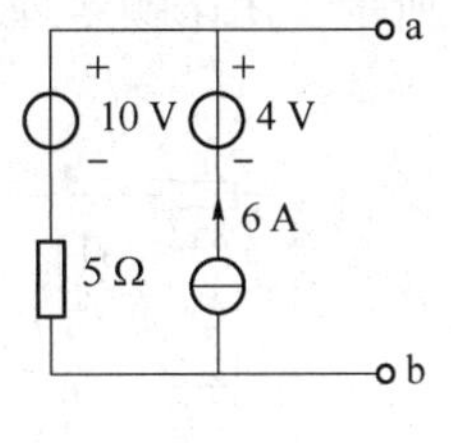

题图 3.5

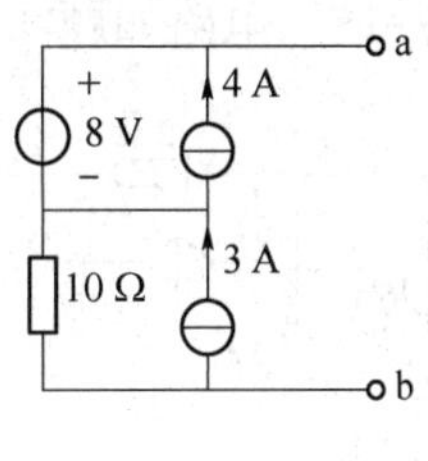

题图 3.6

3-7　电路如题图 3.7 所示，求 a、b 端口的戴维南等效电路。

3-8　电路如题图 3.8 所示，求 a、b 端口的戴维南等效电路。

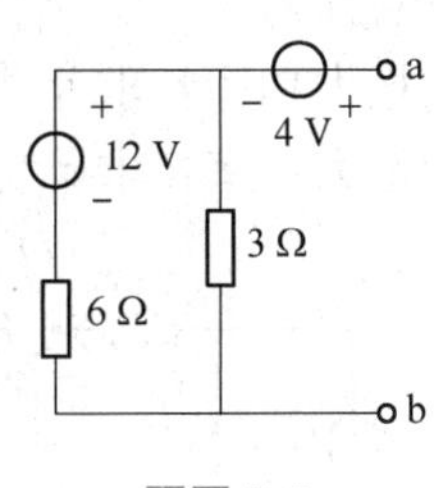

题图 3.7

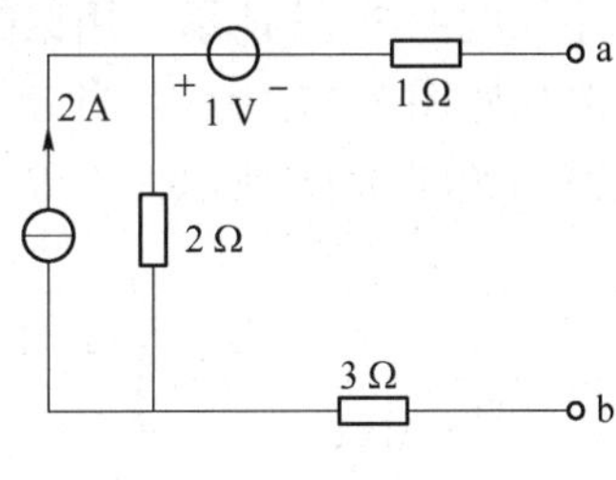

题图 3.8

3-9　电路如题图 3.9 所示，求 a、b 端口的戴维南等效电路。

3-10　电路如题图 3.10 所示，用戴维南定理计算电路中的电流 I_3。已知 $U_1=70$ V，$U_2=45$ V，$R_1=20$ Ω，$R_2=5$ Ω，$R_3=6$ Ω。

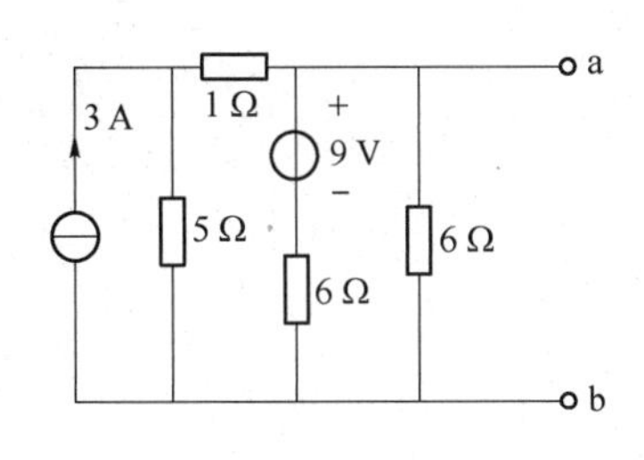

题图 3.9

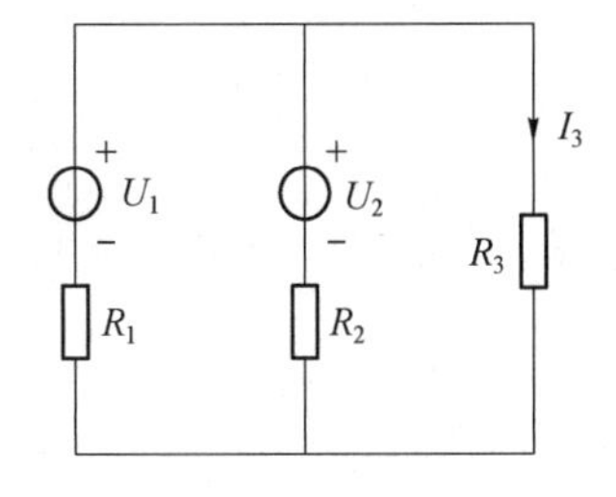

题图 3.10

3-11　电路如题图 3.11 所示，求 a、b 端口的戴维南等效电路和诺顿等效电路。

3-12　电路如题图 3.12 所示，求 a、b 端口的戴维南等效电路和诺顿等效电路。

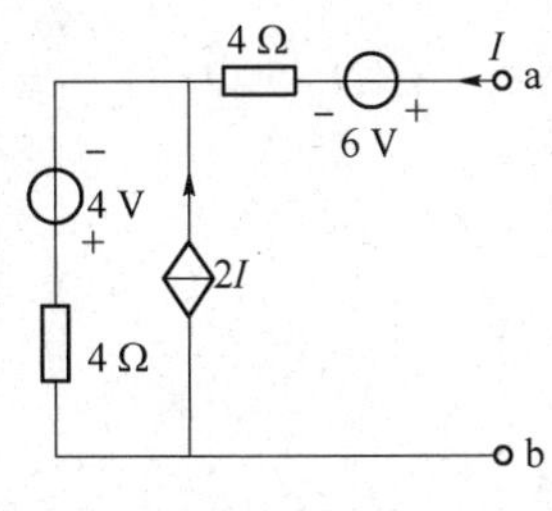

题图 3.11

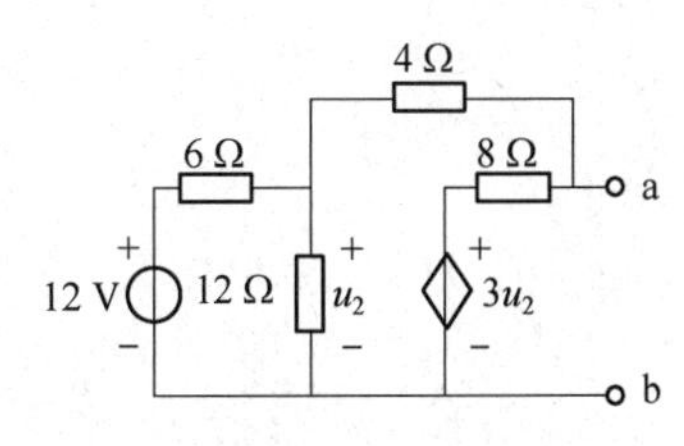

题图 3.12

3-13　电路如题图 3.13 所示，用戴维南定理将电路等效变换为电压源。

3-14 电路如题图 3.14 所示，计算 R_X 分别为 2.4 Ω、6.4 Ω 时的电流 I。

3-15 电路如题图 3.15 所示，用诺顿定理求解电路中的 I。

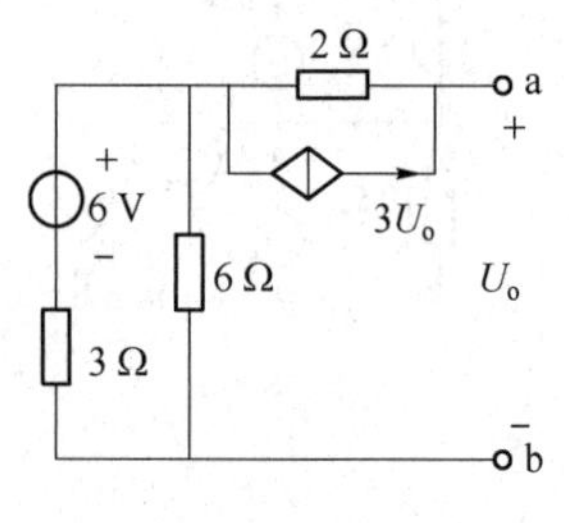

题图 3.13

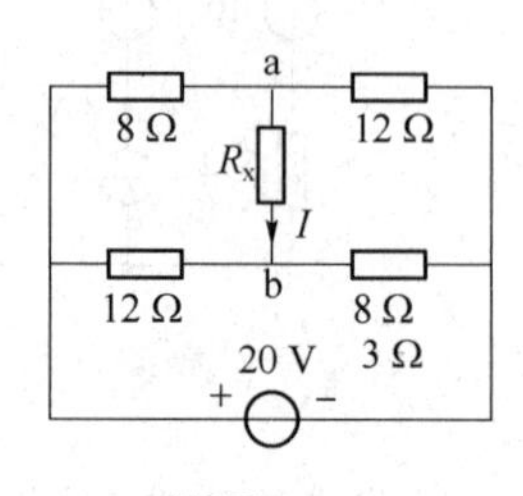

题图 3.14

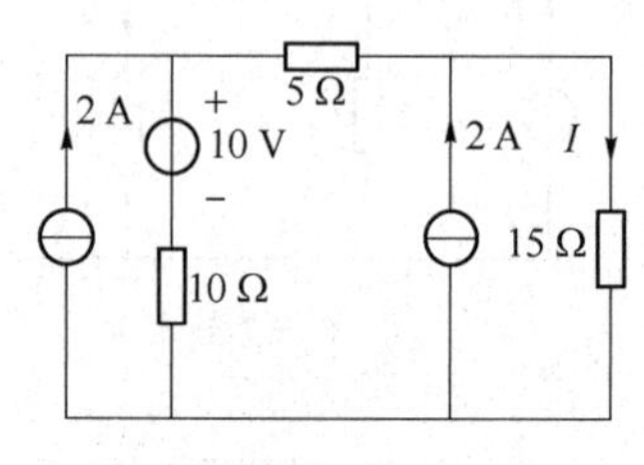

题图 3.15

3-16 电路如题图 3.16 所示，用诺顿定理计算电路中的电流 I。

3-17 电路如题图 3.17 所示，当 R 等于何值时可吸收到最大功率？求此功率。

3-18 电路如题图 3.18 所示，当 R 等于何值时可吸收到最大功率？求此功率。

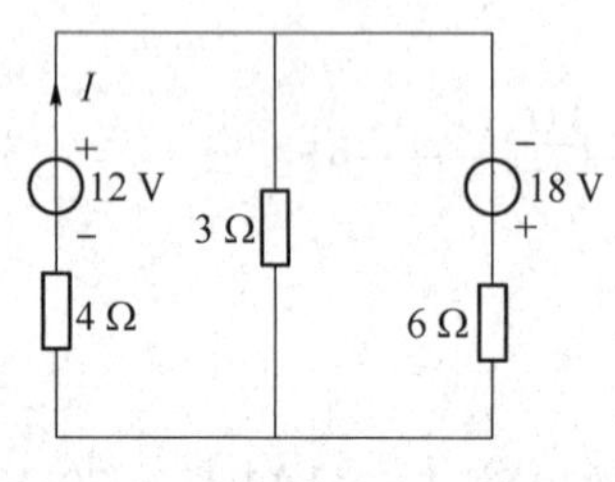

题图 3.16

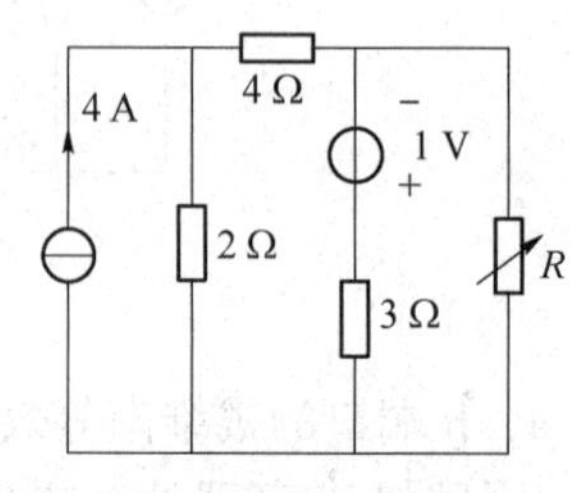

题图 3.17

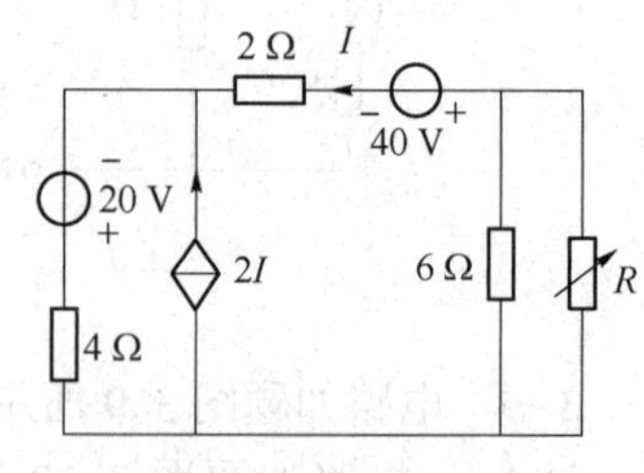

题图 3.18

第4章 动态电路的时域分析

内容提要：本章主要介绍一阶动态电路的时域分析方法，内容包括电容和电感两种储能元件的伏安特性、动态电路与过渡过程、初始状态、换路定律与初始值计算等相关知识，一阶 *RC* 和 *RL* 电路的零输入响应、零状态响应和全响应。在介绍微分方程经典分析方法的基础上，还介绍了三要素法求解一阶电路的零输入响应、零状态响应和全响应的分析方法。

在电阻电路中，由于线性电阻的伏安特性关系是代数关系，因此，描述电阻电路的方程是一组代数方程。由代数方程描述的电路通常被称为静态电路。实际上，许多电气电子产品的实际电路中不仅包含电阻元件，还包含电容元件和电感元件，这两种元件的电压与电流的约束关系为微分或积分关系，通常称这类元件为动态元件，或称为储能元件。含有动态元件的电路，称为动态电路。描述动态电路的方程是以电压或电流为变量的微分方程。

4.1 储能元件

4.1.1 电容元件

1. 电容元件及其电压电流的关系

1）电容元件的构成及基本机理

在实际电气设备应用中，电容器的应用很广泛，它是由绝缘介质隔开的两块金属极板构成的，如图 4.1（a）所示。

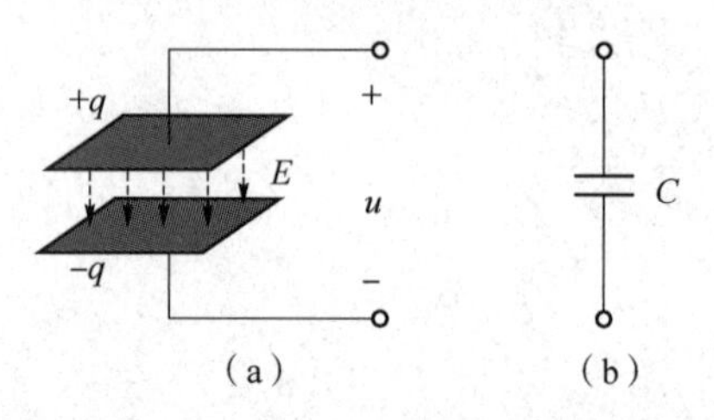

图 4.1　电容器构成及电路符号

（a）电容器构成；（b）电容电路符号

其中的绝缘介质可以是空气、纸、云母、陶瓷等。电容器加上电源后，由于介质是不导电的，所以电容器的两块极板上会分别聚集起等量的异号电荷。此时，在介质中建立起电场，并储存电场能量。带正电荷的极板称为正极板，带负电荷的极板称为负极板。当电源断开后，电荷仍然能在极板上聚集很长一段时间，内部电场继续存在。因此，电容是一种能储存电场能量的元件。

电容器工作时其介质在交变的电场作用下会发热而消耗电能，这一现象称为介质损耗。此外，电容器中的介质不可能做到完全绝缘，在实际使用时总会有少量电荷通过介质而形成漏电流。高品质电容器的损耗和漏电流都是很小的。作为一种理想情况，假定电容器的损耗和漏电流小到可以忽略不计，只考虑具有储存电场能量的特性，就可以抽象出一种理想的电路元件——电容元件，电容元件的电路符号如图 4.1（b）所示。

电容元件简称电容，电容既代表电容元件，也代表电容参数。理想的电容元件只以电场的形式储存电能，它不消耗电能。

对一个电容元件来说，极板间的电压 u 越大，极板上携带的电荷量 q 也越多，则电容元件的电容量可以表示为

$$C=\frac{q}{u} \tag{4-1}$$

式中，C 是元件本身的一个固有参数，是一个与 q、u 及 t 无关的一个正常量，是表征电容元件积聚电荷能力的物理量，其大小取决于极板间的相对面积、距离以及中间的介质材料。电容量简称电容，C 为正常数时，称其为线性电容，否则称为非线性电容。

在国际单位制中，电容的单位为法拉，简称法（F），也可以用微法（μF）、纳法（nF）和皮法（pF）作单位，它们的关系是：

$$1\ \mu\text{F}=10^{-6}\ \text{F},\ 1\ \text{nF}=10^{-9}\ \text{F},\ 1\ \text{pF}=10^{-12}\ \text{F}$$

2）电容元件的电压电流关系

选定电容元件 u 与 i 为关联参考方向，如图 4.2 所示。

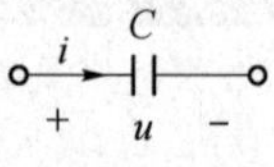

图 4.2　电容元件

电容两端的电压 u 发生变化时，聚集在极板上的电荷 q 也将相应地发生变化。由于两极板之间的介质是不导电的，所以这些变化一定是由电荷通过连接导线在极板与电源之间做定向移动而产生的。也就是说，只要电容两端的电压 u 发生变化，电容所在的电路会形成电流 i。电压变化的过程也就是电容进行充放电的过程。

设在极短时间间隔 dt 内，电容元件的伏安特性关系为

$$i=\frac{\mathrm{d}q}{\mathrm{d}t}=C\frac{\mathrm{d}u}{\mathrm{d}t} \tag{4-2}$$

由此可见，电容元件的电流与其端电压的大小无关，只与电压的变化率有关，只有电压发生变化时才能产生电流。也就是说，即使电容元件两端的电压不为零，若该电压为常数(直流电压)，流过电容的电流也为零。这种特性表明电容是一种动态元件。在直流稳定状态电路中，电容相当于开路，所以电容元件有“隔直”的作用。

【例 4.1】　图 4.2 所示电路中，电容 $C=2$ F，电容电压 u 的波形如图 4.3 所示，试计算电容电流 i，并画出波形。

【解】　由图 4.3 可得到 u 的表达式。

$$u=\begin{cases}0 & t<0\\ 5t\ \mathrm{V} & 0\leqslant t<1\ \mathrm{s}\\ 5\ \mathrm{V} & 1\ \mathrm{s}\leqslant t<2\ \mathrm{s}\\ (-10t+25)\ \mathrm{V} & 2\ \mathrm{s}\leqslant t<2.5\ \mathrm{s}\\ 0 & t\geqslant 2.5\ \mathrm{s}\end{cases}$$

由式（4-2）可求得

$$i=C\frac{\mathrm{d}u}{\mathrm{d}t}=\begin{cases}0 & t<0\\ 10\ \mathrm{A} & 0\leqslant t<1\ \mathrm{s}\\ 0 & 1\ \mathrm{s}\leqslant t<2\ \mathrm{s}\\ -20\ \mathrm{A} & 2\ \mathrm{s}\leqslant t<2.5\ \mathrm{s}\\ 0 & t\geqslant 2.5\ \mathrm{s}\end{cases}$$

其波形如图 4.4 所示。

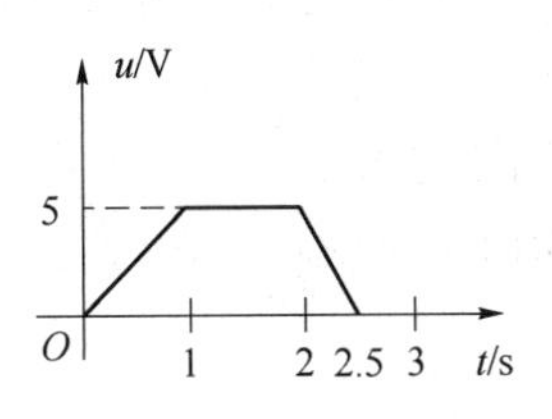

图 4.3　电容电压波形

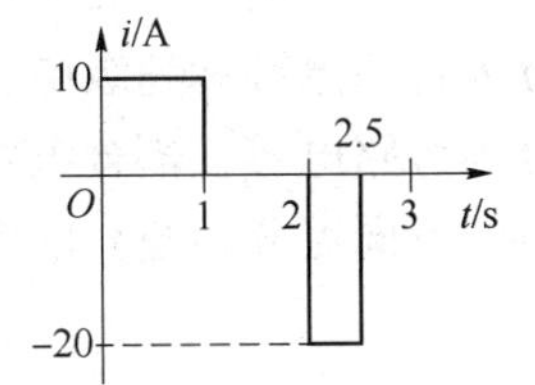

图 4.4　电容电流波形

把式（4-2）两边定积分，积分区间为 $[-\infty,t]$，则有

$$\begin{aligned}u&=\frac{1}{C}\int_{-\infty}^{t}i\mathrm{d}\xi=\frac{1}{C}\int_{-\infty}^{t_0}i\mathrm{d}\xi+\frac{1}{C}\int_{t_0}^{t}i\mathrm{d}\xi\\&=u(t_0)+\frac{1}{C}\int_{t_0}^{t}i\mathrm{d}\xi\end{aligned} \tag{4-3}$$

式中，t_0 是电容电路通电的起始时刻，通常取 $t_0=0$。$u(t_0)$ 称为电容电压的初始电压。

由式（4-3）可知，电容的电压不仅与当前流过电容的电流的积分有关，还与积分起始时刻之前的初始电压有关。这说明，电容对电压具有记忆效应。

3）电容吸收的能量

在电压与电流为关联参考方向时，电容元件吸收的功率为

$$p=ui=Cu\frac{\mathrm{d}u}{\mathrm{d}t} \tag{4-4}$$

假设电容的初始电压为零，在 0 到 t 的时间内，电容吸收的能量为

$$W_C(t)=\int_0^t p\mathrm{d}\xi=\int_0^t Cu\frac{\mathrm{d}u}{\mathrm{d}\xi}\mathrm{d}\xi$$

$$=\int_0^{u(t)} Cu\mathrm{d}u=\frac{1}{2}Cu^2(t) \tag{4-5}$$

从时刻 t_1 到 t_2，电容元件吸收的能量为

$$W_C=\int_{u(t_1)}^{u(t_2)} Cu\mathrm{d}u=\frac{1}{2}Cu^2(t_2)-\frac{1}{2}Cu^2(t_1)$$

$$=W_C(t_2)-W_C(t_1) \tag{4-6}$$

由式（4-6）可知，电容存储的能量只与起始和终止时刻的能量有关。

当电压 $|u|$ 增加时，$W_C>0$，电容元件吸收能量；当电压 $|u|$ 减小时，$W_C<0$，电容元件释放能量。理想电容元件不消耗能量，所能释放的能量等于所吸收的能量。电容元件也不会释放出多于它吸收或存储的能量，所以它是一种无源元件。

2. 常用电容器的基本知识

电容器是电子电路中最常用的元件，它可以独立构成功能电路，也可以与其他元件构成功能复杂的电路。

1）电容的种类

电容器种类繁多，分类复杂，下面介绍几种分类方法。

按结构可分为固定电容、可变电容、微调电容。

按介质材料可分为气体介质电容、液体介质电容、无机固体介质电容、有机固体介质电容、电解电容。

按极性可分为有极性电容和无极性电容。常见的有极性电容有铝电解电容、钽电容。

按容量可分为普通电容和超级电容。

按用途可分为旁路电容、耦合电容、滤波电容和调谐电容。

按制造材料的不同可分为瓷介电容、涤纶电容、铝电解电容、钽电容，还有先进的聚丙烯电容等。

2）电容的标注方法

（1）数字标注法。

对于体积较大电容，一般都使用直接标注法。如果标注为“10n”，就是 10 nF；“100p”就是 100 pF。

也可以直接写数字，这种标注方法的默认容量单位为 pF。比如，350 就是 350 pF，3 就是 3 pF，0.5 就是 0.5 pF。

对于贴片极性电容，往往是按 10 的幂次方来标注，默认容量单位为 pF。比如，105 表示 10 的 5 次方 pF，也就是 0.1 μF，225 表示 2.2 μF。

（2）色环表示法。

沿电容引线方向，用不同的颜色表示不同的数字，第一、第二个色环表示电容量，第三个色环表示有效数字后零的个数（单位为 pF）。

3）额定工作电压（耐压）

额定工作电压（耐压）是指电容器在线路中能够长期可靠的工作而不被击穿时所能够承受的最大直流电压。耐压值的大小与电容器介质的种类和厚度有关。在实际交流电路中，

交流电压的最大值（峰值）不能超过电容器的耐压值。

常用的陶瓷电容的耐压为50 V，高压陶瓷电容的耐压有1 000 V、2 000 V等。铝电容的耐压值有6.3 V、10 V、16 V、25 V、100 V、200 V、450 V等。

4.1.2　电感元件

1. 电感元件及其电压电流关系

1）电感元件的构成及基本机理

在实际电路中，经常用到一种由特殊导线（漆包线）绕制而成的称为“电感线圈”或者“电感器”的元件，如图4.5所示。如果线圈通以电流，线圈周围就建立了磁场，或者说线圈储存了磁场能量。绕制线圈的导线是有一定电阻的，作为一种理想的情况，假定电感线圈的电阻小到可以忽略不计而只考虑其具有储存磁场能量的特性，便可抽象出一种理想的电路元件——电感元件，理想的电感元件以磁场的形式储存电能。电感元件的电路图形符号如图4.6所示。

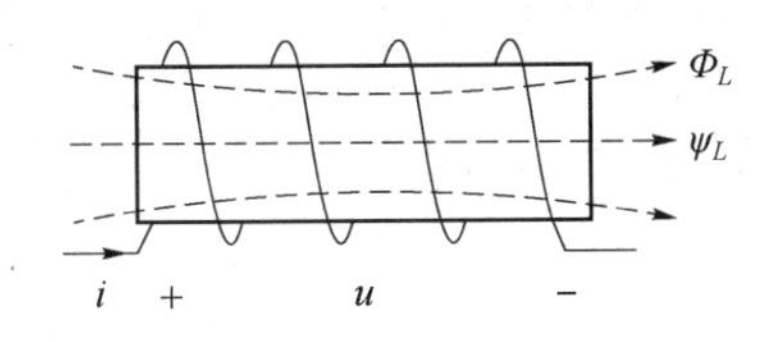

图4.5　电感线圈

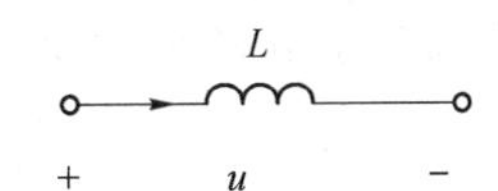

图4.6　电感的电路图形符号

电感元件可简称为电感。“电感”一词既可以指一种元件，也可以指一种元件的参数，在学习中应注意区别。

在图4.5所示电路中，电流i在线圈中将产生磁通Φ_L。Φ_L与N匝线圈相交链，得到磁通链ψ_L，且有

$$\psi_L = N\Phi_L \tag{4-7}$$

根据电流i的方向和线圈的绕行方向，由右手螺旋定则可知，线圈中的磁通和磁通链的方向是向右的。

对于线性电感元件，其元件特性为

$$\psi_L = Li \tag{4-8}$$

式中，L为电感元件的参数，称为自感系数或电感，它是一个正实常数，其大小取决于线圈的几何形状、匝数及其中间的介质材料。

在国际单位制中，电感的单位是亨利（H），在实际应用中常用的电感单位有毫亨（mH）和微亨（μH），它们的换算关系为

$$1\ \text{H} = 1\ 000\ \text{mH},\ 1\ \text{mH} = 1\ 000\ \mu\text{H}$$

当磁通链随时间变化，在线圈两端将产生感应电压，其关系式为

$$u = \frac{\mathrm{d}\psi_L}{\mathrm{d}t} \tag{4-9}$$

2）电感元件的电压电流关系

把式（4-8）代入式（4-9），选定u、i为关联参考方向，可得电感元件的电压电流

关系

$$u = L\frac{\mathrm{d}i}{\mathrm{d}t} \tag{4-10}$$

由式（4-10）可见，电感元件的电压与电流的大小无关，只与电流的变化率有关，只有变化的电流在电感两端才能产生电压。也就是说，即使电感元件上的电流不为零，若该电流为常数（直流电流），感应电压也为零。这种特性表明电感是一种动态元件。在直流稳定状态电路中，电感相当于短路，所以电感元件具有“通直”的作用。

把式（4-10）两边定积分，积分区间为［$-\infty,t$］，则有

$$\begin{aligned} i &= \frac{1}{L}\int_{-\infty}^{t} u\mathrm{d}\xi = \frac{1}{L}\int_{-\infty}^{t_0} u\mathrm{d}\xi + \frac{1}{L}\int_{t_0}^{t} u\mathrm{d}\xi \\ &= i(t_0) + \frac{1}{L}\int_{t_0}^{t} u\mathrm{d}\xi \end{aligned} \tag{4-11}$$

式中，t_0 为电感电路通电的起始时刻，通常取 $t_0=0$。$i(t_0)$ 称为电感电流的初始电流。

由式（4-11）可知，电感的电流不仅与当前电容电压的积分有关，还与积分起始时刻之前的初始电流有关。这说明，电感对电流具有记忆效应。

3）电感吸收的能量

在电压与电流为关联参考方向时，电感元件吸收的功率为

$$p = ui = Li\frac{\mathrm{d}i}{\mathrm{d}t} \tag{4-12}$$

假设电感的初始电流为零，在 0 到 t 的时间内，电感吸收的能量为

$$\begin{aligned} W_L(t) &= \int_0^t p\mathrm{d}\xi = \int_0^t Li\frac{\mathrm{d}i}{\mathrm{d}\xi}\mathrm{d}\xi \\ &= \int_0^{i(t)} Li\mathrm{d}i = \frac{1}{2}Li^2(t) \end{aligned} \tag{4-13}$$

从时刻 t_1 到 t_2，电感元件吸收的能量为

$$\begin{aligned} W_L &= \int_{i(t_1)}^{i(t_2)} Li\mathrm{d}i = \frac{1}{2}Li^2(t_2) - \frac{1}{2}Li^2(t_1) \\ &= W_L(t_2) - W_L(t_1) \end{aligned} \tag{4-14}$$

由式（4-14）可知，电感存储的能量只与起始和终止时刻的能量有关。

当电流 $|i|$ 增加时，$W_L>0$，电感元件吸收能量；当电流 $|i|$ 减小时，$W_L<0$，电感元件释放能量。理想电感不消耗能量，所能释放的能量等于所吸收的能量，是无源元件。

【例 4.2】 设电感 $L=1$ H，作用在电感两端的电压 u 的波形如图 4.7 所示，设 $i(0)=0$，试计算电感电流 i，并画出波形。

【解】 由图 4.7 可得到 u 的表达式。

$$u = \begin{cases} 0 & t<0 \\ 2t\ \text{V} & 0\leqslant t<1\ \text{s} \\ 2\ \text{V} & 1\ \text{s}\leqslant t<2\ \text{s} \\ (-2t+6)\ \text{V} & 2\ \text{s}\leqslant t<3\ \text{s} \\ 0 & t\geqslant 3\ \text{s} \end{cases}$$

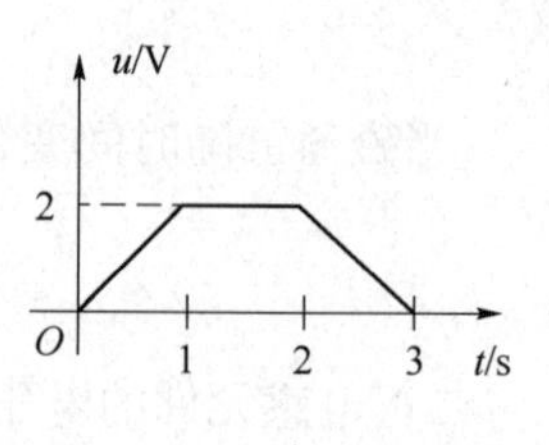

图 4.7 电感电压波形

根据式（4-11），可得

$$i = i(0) + \frac{1}{L}\int_0^t u\mathrm{d}\xi$$

$$= \begin{cases} 0 & t < 0 \\ i(0) + \int_0^t 2\xi\mathrm{d}\xi & 0 \leqslant t < 1\ \mathrm{s} \\ i(1) + \int_1^t 2\mathrm{d}\xi & 1\ \mathrm{s} \leqslant t < 2\ \mathrm{s} \\ i(2) + \int_2^t (-2\xi + 6)\mathrm{d}\xi & 2\ \mathrm{s} \leqslant t < 3\ \mathrm{s} \\ i(3) & t \geqslant 3\ \mathrm{s} \end{cases}$$

$$= \begin{cases} 0 & t < 0 \\ t^2\mathrm{A} & 0 \leqslant t < 1\ \mathrm{s} \\ (2t - 1)\mathrm{A} & 1\ \mathrm{s} \leqslant t < 2\ \mathrm{s} \\ (-t^2 + 6t - 5)\mathrm{A} & 2\ \mathrm{s} \leqslant t < 3\ \mathrm{s} \\ 4\ \mathrm{A} & t \geqslant 3\ \mathrm{s} \end{cases}$$

电感电流波形如图 4.8 所示。

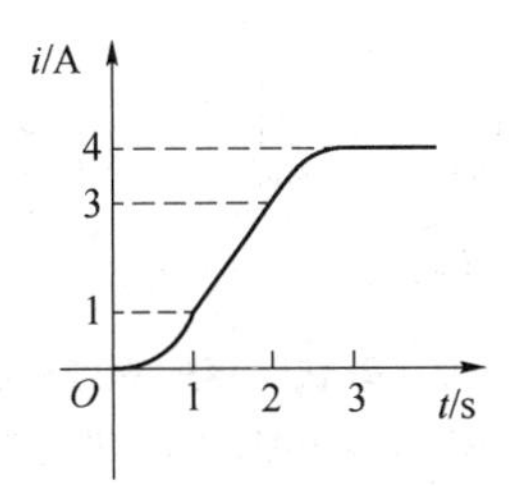

图 4.8　电感电流波形

2. 常用电感器的基本知识

1）电感器的分类

电感器种类及外形很多，但是一般情况下，结构都是基本一致的，由磁芯、骨架和线圈组成。线圈有两个引脚，不分正、负极性，可互换使用。分类方法很多种，下面简要介绍几种方法。

按结构可分为线绕式电感器和非线绕式电感器，还可分为固定式电感器和可调式电感器。

按安装方式可分为贴片式电感器、插件式电感器。同时对电感器有外部屏蔽的称为屏蔽电感器，线圈裸露的一般称为非屏蔽电感器。

按工作频率可分为高频电感器、中频电感器和低频电感器。

按用途可分为振荡电感器、校正电感器、显像管偏转电感器、阻流电感器、滤波电感器、隔离电感器、补偿电感器等。

2）电感的标称

电感器的标称电感量和偏差的常用标志方法有直标法和色标法，标志方式与电阻的标志法相似。

3）额定工作电流

额定工作电流是指电感在工作电路中，在规定的温度下，连续地正常工作时的最大工作电流。额定工作电流是各种扼流圈、电感线圈选用的主要参数之一。

4.1.3 电容、电感元件的串联与并联

电容的串联或并联组合用一个等效电容来替代，电感的串联或并联组合用一个等效电感来替代。

1. 电容元件的串联与并联

1）电容元件的串联

图 4.9（a）所示为 n 个电容的串联，对于每个电容，具有相同的电流，故其 VCR 为

$$u_1 = u_1(t_0) + \frac{1}{C_1}\int_{t_0}^{t} i\mathrm{d}\xi$$

$$u_2 = u_2(t_0) + \frac{1}{C_2}\int_{t_0}^{t} i\mathrm{d}\xi$$

$$\vdots$$

$$u_n = u_n(t_0) + \frac{1}{C_n}\int_{t_0}^{t} i\mathrm{d}\xi$$

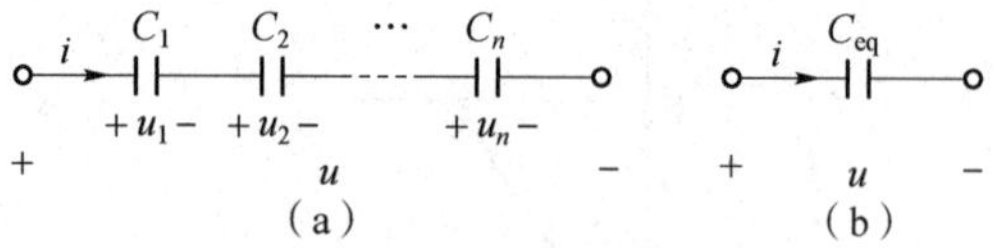

图 4.9　串联电容的等效电容

（a）n 个电容串联电路；（b）等效电容电路

根据 KVL，总电压

$$\begin{aligned} u &= u_1 + u_2 + \cdots + u_n = u_1(t_0) + \frac{1}{C_1}\int_{t_0}^{t} i\mathrm{d}\xi + \cdots + u_n(t_0) + \frac{1}{C_n}\int_{t_0}^{t} i\mathrm{d}\xi \\ &= u_1(t_0) + u_2(t_0) + \cdots + u_n(t_0) + \left(\frac{1}{C_1} + \frac{1}{C_2} + \cdots + \frac{1}{C_n}\right)\int_{t_0}^{t} i\mathrm{d}\xi \\ &= u(t_0) + \frac{1}{C_{eq}}\int_{t_0}^{t} i\mathrm{d}\xi \end{aligned}$$

式中，$u(t_0)$ 为 n 个串联电容的等效初始条件，其值为

$$u(t_0) = u_1(t_0) + u_2(t_0) + \cdots + u_n(t_0) \tag{4-15}$$

积分号之前的系数可用等效电容 C_{eq} 来代替，其表达式为

$$\frac{1}{C_{eq}} = \frac{1}{C_1} + \frac{1}{C_2} + \cdots + \frac{1}{C_n} \tag{4-16}$$

串联等效电容电路如图 4.9（b）所示。

若是 2 个电容串联，其等效电容表达式为

$$C_{eq} = \frac{C_1 C_2}{C_1 + C_2} \tag{4-17}$$

式（4-17）类似于 2 个电阻并联的等效电阻的表达式。

由此可见，电容串联，等效电容值越串越小，小于参与串联的任一电容的值。

2）电容元件的并联

图 4.10（a）所示为 n 个电容并联的情况，并且有 $u_1(t_0)=u_2(t_0)=\cdots=u_n(t_0)=u(t_0)$，由于各电容电压相等，根据 KCL，有如下关系式：

$$i=i_1+i_2+\cdots+i_n=C_1\frac{\mathrm{d}u}{\mathrm{d}t}+C_2\frac{\mathrm{d}u}{\mathrm{d}t}+\cdots+C_n\frac{\mathrm{d}u}{\mathrm{d}t}$$

$$=C_{\mathrm{eq}}\frac{\mathrm{d}u}{\mathrm{d}t}$$

式中，C_{eq} 为并联的等效电容，其值为

$$C_{\mathrm{eq}}=C_1+C_2+\cdots+C_n \tag{4-18}$$

其初始电压为 $u(t_0)$。

由式（4-18）可知，电容并联，等效电容的值越并越大，大于任一参与并联的电容值。并联等效电容电路如图 4.10（b）所示。

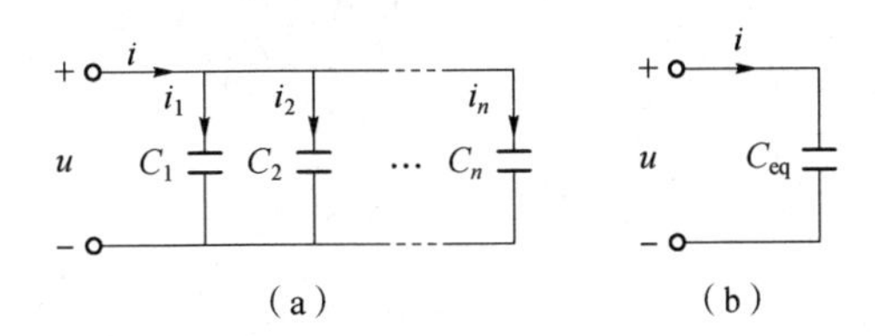

图 4.10　并联电容的等效电容

（a）n 个电容并联电路；（b）等效电容电路

2. 电感元件的串联与并联

1）电感元件的串联

图 4.11（a）所示为 n 个具有相同初始电流，且无互感现象电感的串联，即

$$i_1(t_0)=i_2(t_0)=\cdots=i_n(t_0)=i(t_0)$$

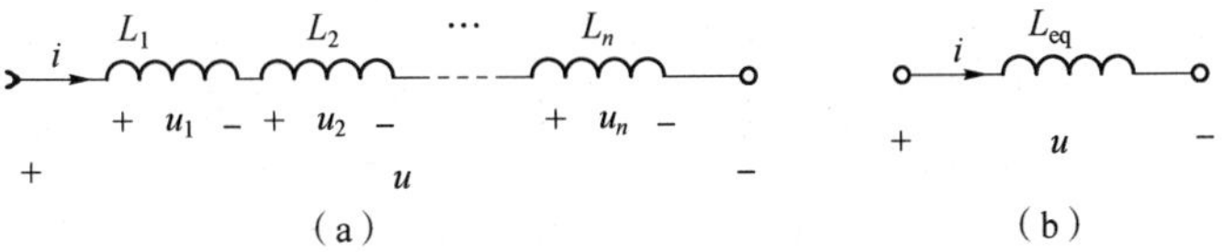

图 4.11　串联电感的等效电感

（a）n 个电感串联电路；（b）等效电感电路

由于各电感中电流相等，根据 KVL，总电压为

$$u=u_1+u_2+\cdots+u_n=L_1\frac{\mathrm{d}i}{\mathrm{d}t}+L_2\frac{\mathrm{d}i}{\mathrm{d}t}+\cdots+L_n\frac{\mathrm{d}i}{\mathrm{d}t}$$

$$=(L_1+L_2+\cdots+L_n)\frac{\mathrm{d}i}{\mathrm{d}t}=L_{\mathrm{eq}}\frac{\mathrm{d}i}{\mathrm{d}t}$$

式中，L_{eq} 为等效电感，其表达式为

$$L_{\mathrm{eq}}=L_1+L_2+\cdots+L_n \tag{4-19}$$

其初始电流为 $i(t_0)$。

由式（4-19）可知，电感串联，等效电感的值越串越大，大于参与串联的任一电感的值。串联等效电感电路如图 4.11（b）所示。

2）电感元件的并联

图 4.12（a）所示为 n 个无互感现象的电感并联，对于每一个电感，具有相同的电压，故 VCR 为

$$i_1 = i_1(t_0) + \frac{1}{L_1}\int_{t_0}^{t} u\mathrm{d}\xi$$

$$i_2 = i_2(t_0) + \frac{1}{L_2}\int_{t_0}^{t} u\mathrm{d}\xi$$

$$\vdots$$

$$i_n = i_n(t_0) + \frac{1}{L_n}\int_{t_0}^{t} u\mathrm{d}\xi$$

根据 KCL，总电流

$$\begin{aligned} i &= i_1 + i_2 + \cdots + i_n = i_1(t_0) + \frac{1}{L_1}\int_{t_0}^{t} u\mathrm{d}\xi + \cdots + i_n(t_0) + \frac{1}{L_n}\int_{t_0}^{t} u\mathrm{d}\xi \\ &= i_1(t_0) + i_2(t_0) + \cdots + i_n(t_0) + \left(\frac{1}{L_1} + \frac{1}{L_2} + \cdots + \frac{1}{L_n}\right)\int_{t_0}^{t} u\mathrm{d}\xi \\ &= i(t_0) + \frac{1}{L_{\mathrm{eq}}}\int_{t_0}^{t} u\mathrm{d}\xi \end{aligned}$$

式中，L_{eq}为等效电感，其等效表达式为

$$\frac{1}{L_{\mathrm{eq}}}=\frac{1}{L_1}+\frac{1}{L_2}+\cdots+\frac{1}{L_n} \tag{4-20}$$

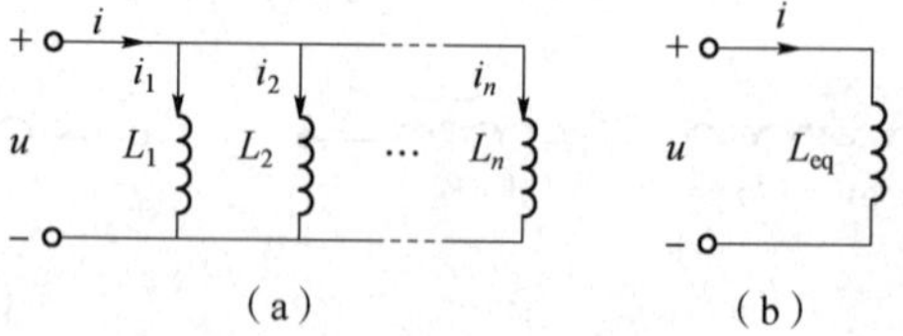

图 4.12　并联电感的等效电感

（a）n 个电感并联电路；（b）等效电感电路

n 个并联电感的等效初始电流记为 $i(t_0)$，其表达式为

$$i(t_0)=i_1(t_0)+i_2(t_0)+\cdots+i_n(t_0) \tag{4-21}$$

若是 2 个电感并联，其表达式为

$$L_{\mathrm{eq}}=\frac{L_1L_2}{L_1+L_2} \tag{4-22}$$

由此可见，电感并联，等效电感的值越并越小，小于参与并联的任一电感的值。并联等效电感电路如图 4.12（b）所示。

4.2　动态电路与换路定律

4.2.1　动态电路与过渡过程

从组成电路的元件来看，电路可以分为电阻电路和动态电路。所谓电阻电路是指由电源、电阻和开关构成的电路；如果电路中除了上述元件外、还含有电容或电感两种储能元件，通常把含有储能元件的电路称为动态电路。

根据前面所学的知识，描述电阻电路的方程是一组线性代数方程，这意味着电路的激励和响应具有线性的代数关系，即激励和响应同时存在并同时消失。因此，电阻电路中各支路电压、电流变量的变化是瞬时完成的。

图 4.13（a）所示为由直流电源、电阻和开关构成的电路。开关 S 闭合前，电路未构成回路，电流 $I=0$，电阻 R_2 上的电压 $U_2=0$。当开关 S 闭合瞬间，电流发生跃变，$I=U_S/(R_1+R_2)$，电阻 R_2 上的电压 U_2 也跃变为 $R_2U_S/(R_1+R_2)$，并不再变化。电路由旧稳态瞬间进入新稳态，没有过渡时间，其波形如图 4.13（b）所示。

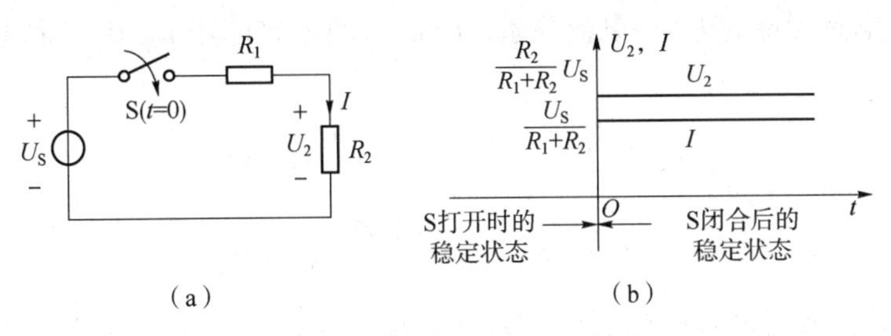

图 4.13　电阻分压电路及波形

（a）电阻分压电路；（b）U_2，I 波形

把图 4.13（a）中的 R_2 换成电容 C，电路如图 4.14（a）所示，并假设在开关闭合前 $u_C=0$。开关 S 闭合前，电路未构成回路，电流 $i_C=0$。当开关 S 闭合瞬间，电容电压不能突变，U_S 全部作用在 R_1 上，电流发生跃变，$i_C=U_S/R_1$，电容处于充电状态。随着充电的进行，u_C 从零逐渐增大到新的稳态值 $u_C=U_S$；i_C 由 U_S/R_1 逐渐减小为零，其波形如图 4.14（b）所示。可以看出，电容的充电过程不能即时完成，而是需要一定的时间，这就是过渡过程，也称为暂态。

如果是由直流电源、电阻和电感组成的电路，电路中的电流、电压也会出现类似的暂态情况。

动态电路，在开关切换后，电路的工作状态将由旧稳态转换到暂态，再经过一段时间会自动进入到新稳态。

动态电路的时域分析就是研究在开关切换后，特别是切换后很短时间内，电路各支路电压和电流的变化规律，暂态持续时间等。

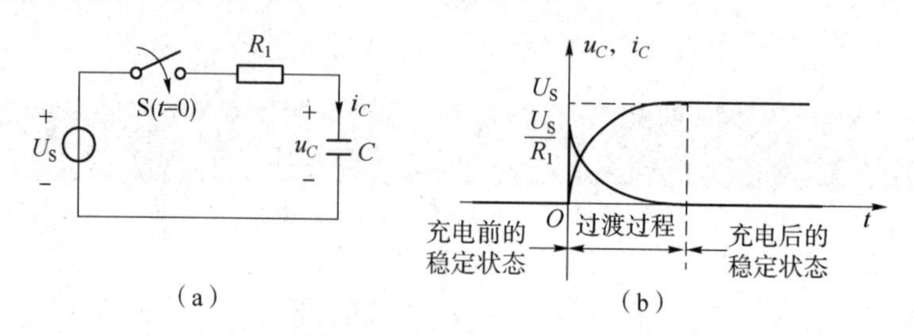

（a）　　　　　　　　　　　（b）

图 4.14　*RC* 电路及波形

（a）*RC* 电路；（b）u_C，i_C 波形

由于电容、电感的电压电流之间的关系，是微分（积分）关系，故描述动态电路的方程是微分方程。由一阶微分方程描述的动态电路称为一阶电路，由 n 阶微分方程描述的动态电路则称为 n 阶电路。本章仅讨论一阶动态电路的分析方法。

4.2.2　换路定律

电路的结构或者元件参数的突然变化统称为换路。

通常认为换路是在 $t=0$ 时刻进行的，且是瞬间完成的。为分析方便起见，把换路前的最终时刻记为 $t=0_-$，且电路处于旧稳态；换路后的最初时刻记为 $t=0_+$，是暂态的起始时刻；换路经历的时间为 0_-到 0_+。

根据电容、电感元件的电压-电流关系，$t=0_+$时的电容电压 $u_C(0_+)$ 和电感电流 $i_L(0_+)$ 分别为

$$u_C(0_+)=u_C(0_-)+\frac{1}{C}\int_{0_-}^{0_+} i_C(t)\,\mathrm{d}t \tag{4-23}$$

$$i_L(0_+)=i_L(0_-)+\frac{1}{L}\int_{0_-}^{0_+} u_L(t)\,\mathrm{d}t \tag{4-24}$$

当 $0_-<t<0_+$时，如果电容电流 $i_C(t)$ 和电感的电压 $u_L(t)$ 为有限值，则式（4-23）和式（4-24）中右边的积分项就为零，从而得出

$$u_C(0_+)=u_C(0_-) \tag{4-25}$$

$$i_L(0_+)=i_L(0_-) \tag{4-26}$$

式（4-25）和式（4-26）表明，虽然换路使得电路的结构和工作状态发生了变化，但是电容的电压 u_C 和电感的电流 i_L 在换路前后瞬间将保持不变，这个规律称为换路定律。

注意：换路定律是有适用条件的，即必须保证换路瞬间电容的电流及电感的电压为有限值。

4.2.3　初始值的计算

为区分 0_-时刻和 0_+时刻电路中电压或电流，约定在换路前的一瞬间电压 $u(0_-)$或电流 $i(0_-)$的值，称为初始条件；换路后的最初一瞬间电压 $u(0_+)$或电流 $i(0_+)$的值，称为初始值。在分析电路的过渡过程时，常用换路定律由初始条件来确定初始值。能由换路定律直接求得的初始值 $u_C(0_+)$和 $i_L(0_+)$称为独立初始值，其他变量的初始值可由独立初始值、基尔

霍夫定律及欧姆定律求出，称为相关初始值。

求解初始值的步骤如下：

（1）画出 $t=0_-$ 时的等效电路，求出初始条件 $u_C(0_-)$ 或 $i_L(0_-)$。

在 $t=0_-$ 时，电路处于旧稳态，故电容可视为开路，电感可视为短路。

（2）根据换路定律求得初始值 $u_C(0_+)$ 或 $i_L(0_+)$。

（3）画出 $t=0_+$ 时的等效电路。

在 $t=0_+$ 时的等效电路中，电容用电压值为 $u_C(0_+)$ 的理想电压源代替，电感用电流值为 $i_L(0_+)$ 的理想电流源代替。

（4）利用基尔霍夫定律和欧姆定律求出其他电压和电流的初始值。

【例 4.3】 电路如图 4.15（a）所示，换路前电路处于旧稳态。$t=0$ 时开关 S 断开，求 $u_C(0_+)$、$i_C(0_+)$、$i_1(0_+)$ 和 $i_2(0_+)$。

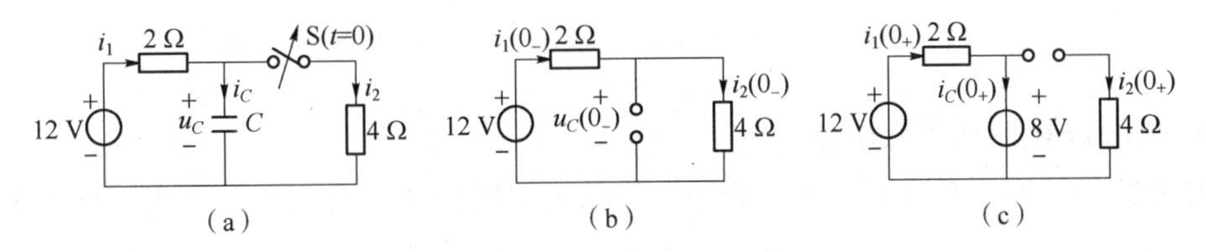

图 4.15　例 4.3 电路图

（a）电路图；（b）$t=0_-$ 时的等效电路；（c）$t=0_+$ 时的等效电路

【解】 在待求解的 4 个初始值中，只有 $u_C(0_+)$ 是独立初始值。因此，应先求出 $u_C(0_-)$，并根据换路定律先求出 $u_C(0_+)$，再在 $t=0_+$ 的等效电路中，求出其他初始值。

（1）画出 $t=0_-$ 时的等效电路

电路在 $t=0_-$ 时处于稳态，电容视为开路，其等效电路如图 4.15（b）所示。根据电阻分压公式可得

$$u_C(0_-)=\frac{4}{2+4}\times 12=8(\text{V})$$

（2）由换路定律求独立初始值

$$u_C(0_+)=u_C(0_-)=8\ \text{V}$$

（3）画出 $t=0_+$ 时的等效电路

此时电容用一个电压为 8 V 的理想电压源代替，如图 4.15（c）所示。

（4）求解其他初始值

由图 4.15（c）求得

$$i_1(0_+)=\frac{12-8}{2}=2(\text{A})$$

$$i_C(0_+)=i_1(0_+)=\frac{12-8}{2}=2(\text{A})$$

$$i_2(0_+)=0$$

【例 4.4】 电路如图 4.16（a）所示，换路前电路已处于稳态，$t=0$ 时将开关从 1 拨到 2，求 $i_1(0_+)$、$i_2(0_+)$、$i_L(0_+)$ 和 $u_L(0_+)$。

【解】 在待求解的4个初始值中，只有 $i_L(0_+)$ 是独立初始值。因此，应先求出 $i_L(0_-)$，并应根据换路定律先求出 $i_L(0_+)$，再求出其他初始值。

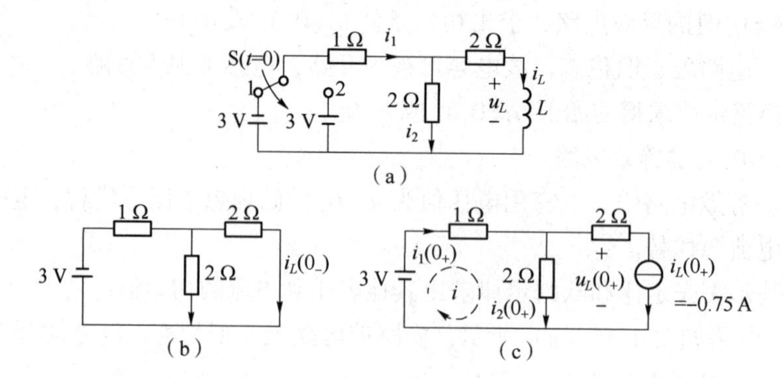

图 4.16 例 4.4 电路图

(a) 电路原图；(b) $t=0_-$时的等效电路；(c) $t=0_+$时的等效电路

(1) 画出 $t=0_-$时的等效电路

此时电路处于旧稳态，电感视为短路，等效电路图如图 4.16 (b) 所示，由图可得

$$i_L(0_-)=-1.5/2=-0.75(\mathrm{A})$$

(2) 由换路定律求独立初始值

$$i_L(0_+)=i_L(0_-)=-0.75\ \mathrm{A}$$

(3) 画出 $t=0_+$时的等效电路

此时，电感用-0.75 A 的电流源代替，如图 4.16 (c) 所示。

(4) 求解其他初始值。

根据图 4.16 (c)，用网孔电流法得方程组

$$\begin{cases}3i-2i_L(0_+)=3\\ i_L(0_+)=-0.75\end{cases}$$

解得

$$\begin{aligned}3i&=3+2i_L(0_+)\\&=3-1.5\\&=1.5(\mathrm{A})\end{aligned}$$

$$i=0.5\ \mathrm{A}$$

$$i_1(0_+)=i=0.5\ \mathrm{A}$$

$$\begin{aligned}i_2(0_+)&=i_1(0_+)-i_L(0_+)\\&=0.5+0.75\\&=1.25(\mathrm{A})\end{aligned}$$

$$\begin{aligned}u_L(0_+)&=2i_2(0_+)-2i_L(0_+)\\&=2\times1.25+2\times0.75\\&=2.5+1.5\\&=4(\mathrm{V})\end{aligned}$$

4.3　一阶 RC 电路的零输入与零状态响应

4.3.1　一阶 RC 电路的零输入响应

当电路中只包含一个独立的动态元件，或经过变换可等效为一个动态元件，则描述电路的方程为一阶线性微分方程，这种电路称为一阶电路。一阶电路的零输入响应指的就是外加激励为零，仅由动态元件初始储能所产生的响应。

RC 电路的零输入响应，实质上就是指具有一定初始储能的电容元件在放电过程中，电路中电压和电流的变化规律。

图 4.17（a）所示的一阶 *RC* 电路，$t<0$ 时开关 S 置于 1 的位置很久，电源 U_0 经电阻 R_0 对电容 C 充电已完成，电路处于旧稳态。

$t=0$ 时将开关 S 从位置 1 拨向位置 2，电路发生了换路。

换路后的电路如图 4.17（b）所示，根据换路定律，$u_C(0_+)=u_C(0_-)=U_0$，从 $t=0_+$ 开始，电容 C 通过电阻 R 放电，电路中形成放电电流 i。随着 t 的增加，电容储能逐渐被电阻所消耗，电容电压和放电电流逐渐减小，最终趋于零。由上述分析可知，当 $t\geqslant 0$ 时，电路中的响应仅由电容的初始储能所产生，故为零输入响应。

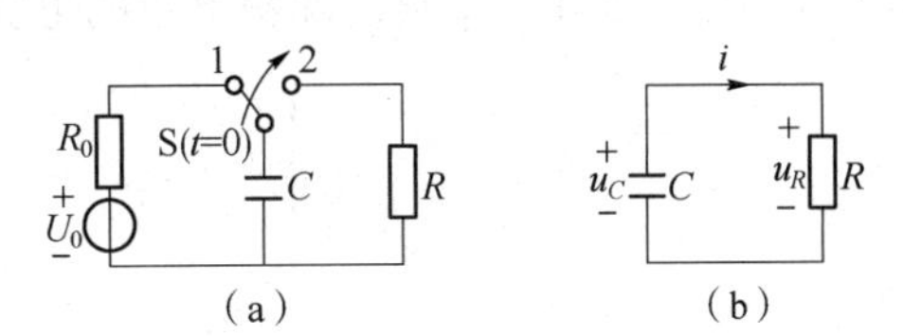

图 4.17　一阶 RC 电路的零输入响应电路图

（a）原电路图；（b）换路后等效电路

$t\geqslant 0$ 时，回路的 KVL 方程为

$$-u_R+u_C=0$$

元件的电压、电流关系为

$$u_R=Ri$$

$$i=-C\frac{\mathrm{d}u_C}{\mathrm{d}t}$$

代入 KVL 方程得

$$\begin{cases} RC\dfrac{\mathrm{d}u_C}{\mathrm{d}t}+u_C=0 \\ u_C(0_+)=U_0 \end{cases}$$

上式为一阶线性齐次微分方程及 u_C 的初始值，微分方程的通解为

$$u_C(t)=A\mathrm{e}^{pt}$$

式中，p 为特征根；A 为待定系数。

将上式代入微分方程得

$$RCpA\mathrm{e}^{pt}+A\mathrm{e}^{pt}=0$$

对应的特征方程为

$$RCp+1=0$$

特征根为

$$p=-\frac{1}{RC}$$

故一阶微分方程的通解为

$$u_C=A\mathrm{e}^{-\frac{t}{RC}} \qquad t\geqslant 0$$

将初始条件 $u_C(0_+)=U_0$ 代入上式得

$$A=U_0$$

故满足初始值的微分方程的解为

$$u_C=U_0\mathrm{e}^{-\frac{t}{RC}} \qquad t\geqslant 0 \tag{4-27}$$

电路中放电电流为

$$i=-C\frac{\mathrm{d}u_C}{\mathrm{d}t}=\frac{U_0}{R}\mathrm{e}^{-\frac{t}{RC}} \qquad t\geqslant 0 \tag{4-28}$$

u_C 和 i 的波形如图 4.18 所示，由图可知，u_C 和 i 随着时间 t 的增加按指数规律衰减，当 $t\to\infty$ 时，u_C 和 i 衰减为零。

注意：发生换路时，$i(0_-)=0$，$i(0_+)=U_0/R$，说明电容的电流在换路瞬间发生了跃变。

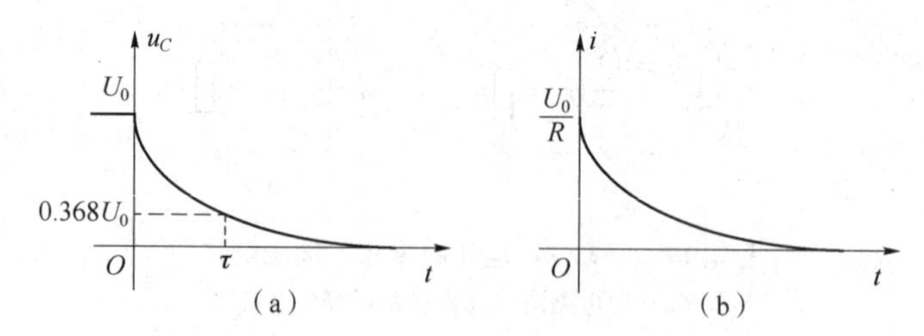

图 4.18　u_C 和 i 随时间变化的曲线

（a）u_C 随时间变化的曲线；（b）i 随时间变化的曲线

由式（4-27）、式（4-28）可知，一阶 RC 电路的零输入响应为随时间衰减的指数函数，其衰减的速率取决于指数中 $1/RC$ 的大小。令 $\tau=RC$，τ 的单位为秒（s）。因此，τ 又被称之为一阶 RC 电路的时间常数。

引入 τ 后，u_C 和 i 又可表示为

$$u_C=U_0\mathrm{e}^{-\frac{t}{\tau}} \qquad t\geqslant 0 \tag{4-29}$$

$$i=\frac{U_0}{R}\mathrm{e}^{-\frac{t}{\tau}} \qquad t\geqslant 0 \tag{4-30}$$

时间常数 τ 的大小反映了电路暂态的持续时间长短。τ 越小，暂态越短；τ 越大，暂态就越长。

根据式（4-29）和式（4-30），可计算出 u_C、i 随时间增加的衰减趋势，如表 4.1 所示。

表 4.1　u_C、i 的衰减趋势

t	0	1τ	2τ	3τ	4τ	5τ
u_C	U_0	$0.368U_0$	$0.135U_0$	$0.05U_0$	$0.018U_0$	$0.007U_0$
i	U_0/R	$0.368U_0/R$	$0.135U_0/R$	$0.05U_0/R$	$0.018U_0/R$	$0.007U_0/R$

从理论上来讲，需要经过无限长的时间，电容电压 u_C 和电流 i 才能衰减到零，电路才达到新稳态。但从表 4.1 中可见，当 $t=3\tau$ 时，u_C 和 i 已经衰减了 95%，这时可近似认为电路已达到稳定状态。工程上一般认为换路后，经过 $3\tau\sim5\tau$ 的时间，电路的暂态过程结束，电路状态进入到新稳态。

在 $t=0_+$时，电容的储能为

$$W_C=\frac{1}{2}CU_0^2$$

在整个放电过程中电阻所消耗的能量为

$$W_R=\int_0^{\infty}i^2R\mathrm{d}t=\int_0^{\infty}\left(-\frac{U_0}{R}\mathrm{e}^{-\frac{t}{RC}}\right)^2R\mathrm{d}t=\frac{1}{2}CU_0^2$$

由此可见，电阻所消耗的能量刚好等于电容的初始储能，符合能量守恒定律。

由式（4-29）和式（4-30）可归纳出，若零输入响应用 $f_{zi}(t)$ 表示，其初始值为 $f(0_+)$，则一阶 RC 电路的零输入响应可表示为

$$f_{zi}(t)=f(0_+)\mathrm{e}^{-\frac{t}{\tau}}\qquad t\geqslant0\tag{4-31}$$

式中，$\tau=RC$，R 为换路后电容 C 两端外电路的等效电阻。

【例 4.5】　如图 4.19 所示，电路在 $t=0_-$时处于旧稳态，$t=0$ 时开关 S 动作，从位置 1 拨向位置 2，试求换路后的 u_C 及 i_C 的零输入响应。

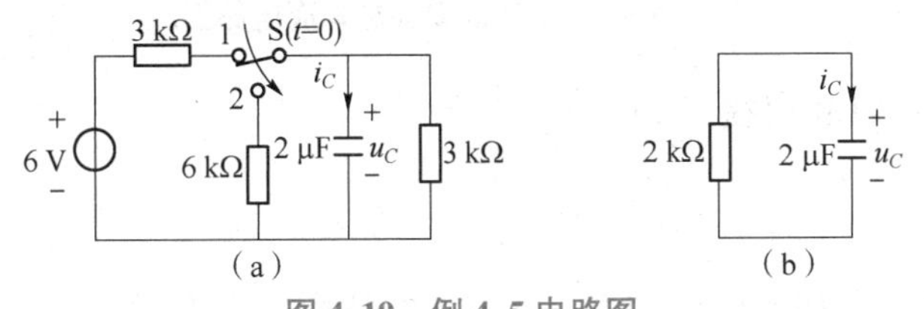

图 4.19　例 4.5 电路图

（a）电路原图；（b）换路后等效电路

【解】　（1）计算电容电压的初始值 $u_C(0_+)$

由于换路前电路处于直流稳态，电容相当于开路，则

$$u_C(0_-)=\frac{3}{3+3}\times6=3(\mathrm{V})$$

由换路定律可得

$$u_C(0_+)=u_C(0_-)=3\ \mathrm{V}$$

即

$$U_0=3\ \mathrm{V}$$

（2）计算电路的时间常数 τ

画出换路后的等效电路如图 4.19（b）所示，图中电阻为 3 kΩ 与 6 kΩ，两电阻并联的

等效电阻 $R=\frac{3\times6}{3+6}=2(\mathrm{k\Omega})$，故电路的时间常数为

$$\tau=RC=2\times10^{3}\times2\times10^{-6}=4(\mathrm{ms})$$

（3）计算电容电压和电流

$$\begin{aligned}u_C&=U_0\mathrm{e}^{-\frac{t}{\tau}}\\&=3\mathrm{e}^{-250t}\ \mathrm{V}\qquad t\geqslant0\\i_C&=C\frac{\mathrm{d}u_C}{\mathrm{d}t}\\&=2\times10^{-6}\times\frac{\mathrm{d}}{\mathrm{d}t}(3\mathrm{e}^{-250t})\\&=-1.5\mathrm{e}^{-250t}\ \mathrm{mA}\qquad t\geqslant0\end{aligned}$$

4.3.2　一阶 *RC* 电路的零状态响应

零状态响应指的是动态元件的初始储能为零，即 $u_C(0_-)=0$ 仅由外加激励引起的响应。

在图 4.20 所示电路中，设开关 S 闭合前电容电压为零，即电容无初始储能，$t=0$ 时闭合开关 S，此时电压源通过电阻 R 向电容充电，随着充电的进行，电容电压逐渐增大直至稳定。

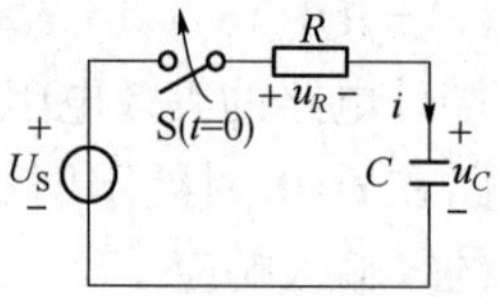

图 4.20　一阶 *RC* 零状态响应电路图

根据 KVL 及元件 VCR 可得

$$RC\frac{\mathrm{d}u_C}{\mathrm{d}t}+u_C=U_S \tag{4-32}$$

此方程为一阶线性非齐次微分方程。该方程的解由非齐次微分方程的特解 $u_{C\mathrm{p}}$ 和对应的齐次微分方程的通解 $u_{C\mathrm{h}}$ 两部分组成，即

$$u_C=u_{C\mathrm{p}}+u_{C\mathrm{h}}$$

由上一节的分析可知，通解为

$$u_{C\mathrm{h}}=A\mathrm{e}^{-\frac{t}{RC}}$$

通解是一个随时间衰减的指数函数，其变化规律与激励无关，是由电路的结构和参数决定的，故称为自由分量。

特解 $u_{C\mathrm{p}}$ 是电源强制建立起来的，它的变化规律由电源的形式决定，故称为强制分量。在本例中激励为直流电源 U_S，因此设 $u_{C\mathrm{p}}=K$（常量），代入式（4-32）中，可得

$$RC\frac{\mathrm{d}K}{\mathrm{d}t}+K=U_S$$

于是

$$K=U_S$$

特解为

$$u_{Cp}=U_S$$

因此，电容电压的解为

$$u_C=U_S+A\mathrm{e}^{-\frac{t}{RC}}$$

代入初始值 $u_C(0_+)=u_C(0_-)=0$，可得

$$A=-U_S$$

因此，一阶 RC 电路的零状态响应为

$$u_C=U_S-U_S\mathrm{e}^{-\frac{t}{RC}}=U_S\left(1-\mathrm{e}^{-\frac{t}{RC}}\right)\qquad t\geqslant 0 \tag{4-33}$$

令 $\tau=RC$，则

$$u_C=U_S\left(1-\mathrm{e}^{-\frac{t}{\tau}}\right)\qquad t\geqslant 0 \tag{4-34}$$

电路中电流为

$$i=C\frac{\mathrm{d}u_C}{\mathrm{d}t}=\frac{U_S}{R}\mathrm{e}^{-\frac{t}{\tau}}\qquad t\geqslant 0 \tag{4-35}$$

电容电压与电流的波形如图 4.21 所示。

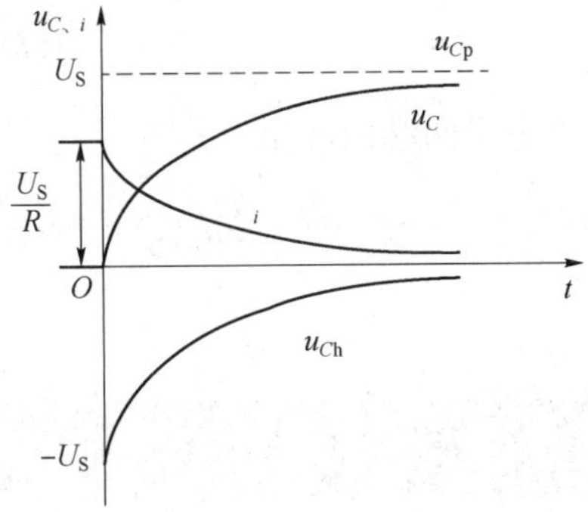

由图 4.21 可知，电容电压由零随时间按指数规律增长，最终趋于稳态值 U_S，而充电电流在换路瞬间由零跃变到 U_S/R，$t>0$ 后再逐渐衰减到零。在此过程中，电容不断充电，最终储存的电场能为

$$W_C=\frac{1}{2}CU_S^2$$

而电阻则不断地消耗能量，其消耗的能量为

$$W_R=\int_0^{\infty}i^2(t)R\mathrm{d}t=\int_0^{\infty}\left(\frac{U_S}{R}\mathrm{e}^{-\frac{t}{RC}}\right)^2R\mathrm{d}t=\frac{1}{2}CU_S^2=W_C$$

图 4.21　u_C、i 的波形图

由上式可见，不论电容 C 和电阻 R 的数值为多少，充电过程中电源提供的能量只有一半转变为电场能量储存在电容中，另一半则被电阻消耗了，也就是说，充电效率只有 50%。

由式（4-34）和式（4-35）可归纳出，零状态响应若用 $f_{zs}(t)$ 表示，其稳态值为 $f(\infty)$，则一阶 RC 电路的零状态响应可表示为

$$f_{zs}(t)=f(\infty)\left(1-\mathrm{e}^{-\frac{t}{\tau}}\right)\qquad t\geqslant 0 \tag{4-36}$$

式中，$\tau=RC$，R 为换路后电容 C 两端外电路的等效电阻。

【例 4.6】　如图 4.22 所示，电路在换路前处于旧稳态，$t=0$ 时开关 S 闭合，求 $t>0$ 时电压 u_R 和电流 i。

【解】　(1) 计算电容的稳态值 $u_C(\infty)$

开关闭合前，电容无初始储能，即 $u_C(0_-)=0$，因此是一阶 RC 电路的零状态响应问题。换路后电路处于新稳态时，电容相当于开路，此时电容两端的电压即为稳态解，即求得

$$u_C(\infty)=\frac{R_3}{R_1+R_3}U_S=\frac{6}{3+6}\times 15=10(\mathrm{V})$$

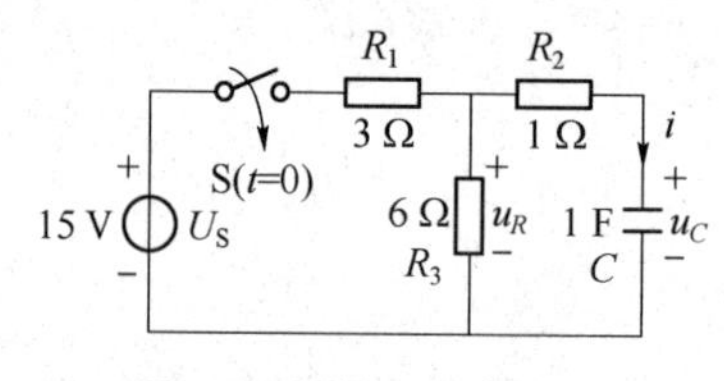

图 4.22　例 4.6 电路图

（2）计算电路的时间常数 τ

电容 C 的外电路等效电阻为

$$R=1+3//6=3(\Omega)$$

时间常数为

$$\tau=RC=3\times1=3(\mathrm{s})$$

（3）计算电容的电压电流值

由式（4-36）可知，换路后的电容电压为

$$u_C(t)=10\left(1-\mathrm{e}^{-\frac{t}{3}}\right)\mathrm{V}\qquad t\geqslant0$$

电流为

$$i(t)=C\frac{\mathrm{d}u_C}{\mathrm{d}t}=\frac{10}{3}\mathrm{e}^{-\frac{t}{3}}\mathrm{A}\qquad t\geqslant0$$

电阻两端的电压

$$u_R(t)=1\times i(t)+u_C(t)=\left(10-\frac{20}{3}\mathrm{e}^{-\frac{t}{3}}\right)\mathrm{V}\qquad t\geqslant0$$

4.4　一阶 *RL* 电路的零输入与零状态响应

4.4.1　一阶 *RL* 电路的零输入响应

一阶 *RL* 电路如图 4.23（a）所示，$t<0$ 时开关 S 在位置 1 处。

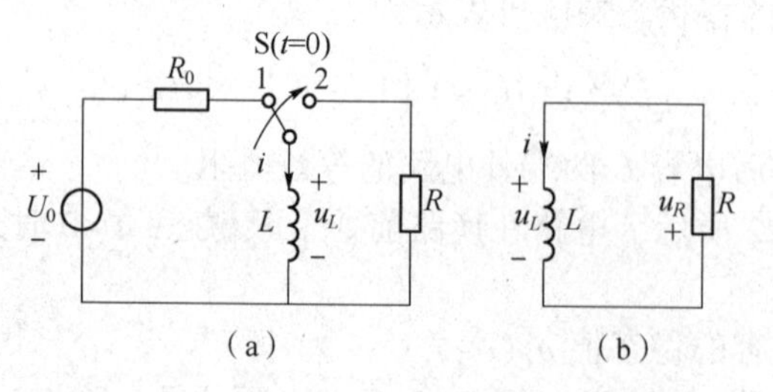

图 4.23　一阶 *RL* 电路及换路后等效电路

（a）一阶 *RL* 电路；（b）换路后等效电路

在 $t=0_-$ 时，电路处于旧稳态，电感电压为零，流过电感的电流为 $I_0=U_0/R=i(0_-)$。

当 $t=0$ 时，开关 S 由位置 1 拨向位置 2，具有初始电流 I_0 的电感 L 和电阻 R 相连接，构成一个闭合回路，如图 4. 23（b）所示。

根据换路定律，$i(0_+)=i(0_-)=I_0$，这样从 $t=0_+$开始，电感通过电阻放电。随着时间 t 的增加，电感存储的磁场能量逐渐被电阻所消耗，最终趋向于零。由此可知，电路中的响应是由电感 L 的初始储能所产生的，无外加激励作用，故称为零输入响应。

$t \geqslant 0$ 时，回路的 KVL 方程为

$$u_R+u_L=0$$

将 $u_R=Ri$，$u_L=L\dfrac{\mathrm{d}i}{\mathrm{d}t}$代入上式，得

$$L\frac{\mathrm{d}i}{\mathrm{d}t}+Ri=0$$

这是一个一阶线性齐次微分方程，其通解为 $i=A\mathrm{e}^{pt}$，可以得到其对应的特征方程为

$$Lp+R=0$$

其特征根为

$$p=-\frac{R}{L}$$

因此，流过电感的电流为

$$i=A\mathrm{e}^{-\frac{R}{L}t}$$

根据 $i(0_+)=i(0_-)=I_0$，代入上式可求得 $A=i(0_+)=I_0$，解得电感的零输入响应电流为

$$i=I_0\mathrm{e}^{-\frac{R}{L}t}=I_0\mathrm{e}^{-\frac{t}{\tau}} \qquad t \geqslant 0 \tag{4-37}$$

式中，$\tau=L/R$，为一阶 RL 电路的时间常数，单位为秒（s）。

电感的电压为

$$u_L=L\frac{\mathrm{d}i}{\mathrm{d}t}=-RI_0\mathrm{e}^{-\frac{t}{\tau}} \qquad t \geqslant 0 \tag{4-38}$$

电感的电流 i 和电压 u_L 的波形如图 4. 24 所示，它们都是随时间衰减的指数函数。

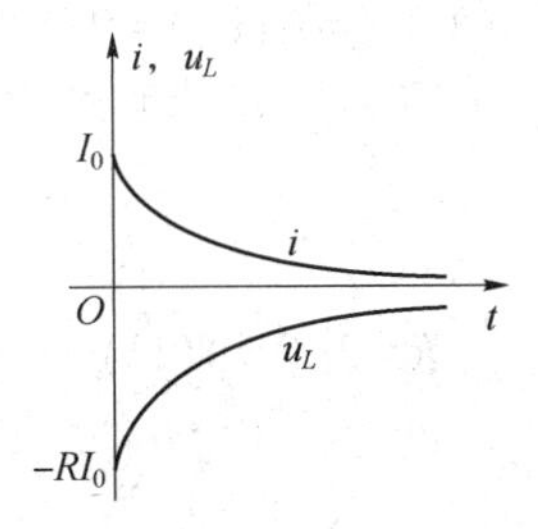

图 4. 24　电感电流 i 和电压 u_L 随时间变化的曲线

在 $t=0_+$时刻，电感的初始储能为

$$W_L=\frac{1}{2}LI_0^2$$

RL 电路的零输入响应实质上就是电感中磁场能量的释放过程，在整个过程中电阻所消耗的能量为

$$W_R=\int_0^{\infty}i^2(t)R\mathrm{d}t=\int_0^{\infty}\left(I_0\mathrm{e}^{-\frac{t}{\tau}}\right)^2R\mathrm{d}t=\frac{1}{2}LI_0^2$$

电阻所消耗的能量刚好等于电感的初始储能，表明电感存储的磁场能量全部被电阻所消耗。

零输入响应若用 $f_{zi}(t)$ 表示，其初始值为 $f(0_+)$，则一阶 RL 电路的零输入响应可表示为

$$f_{zi}(t)=f(0_+)\mathrm{e}^{-\frac{t}{\tau}}\qquad t\geqslant 0\tag{4-39}$$

式中，$\tau=L/R$，R 为换路后从电感 L 两端外电路的等效电阻。

【例 4.7】 电路如图 4.25（a）所示，开关 S 闭合已久，$t=0$ 时开关 S 打开，求 $t\geqslant 0$ 时的电流 i_L 和电压 u_R、u_L。

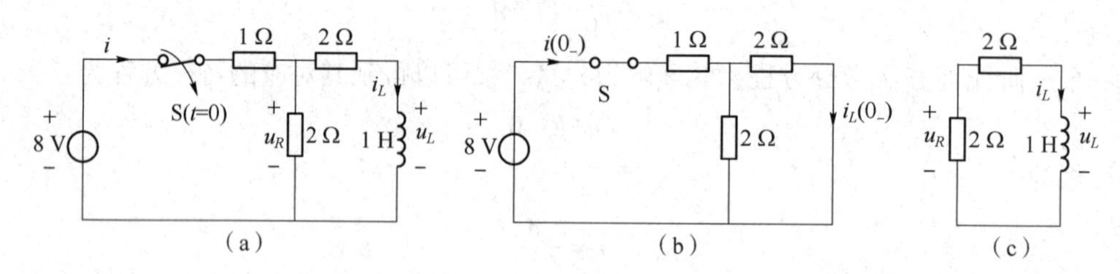

图 4.25 例 4.7 电路图

（a）原电路；（b）0_时刻等效电路；（c）换路等效电路

【解】 （1）计算电感电流的初始值 $i_L(0_+)$

开关 S 闭合已久，说明换路前电路已达到旧稳态，电感相当于短路。换路前的等效电路如图 4.25（b）所示，可得

$$i(0_-)=\frac{8}{1+2//2}=4(\mathrm{A})$$

$$i_L(0_-)=\frac{1}{2}i(0_-)=2\ \mathrm{A}$$

由换路定律得

$$i_L(0_+)=i_L(0_-)=2\ \mathrm{A}$$

换路后的等效电路如图 4.25（c）所示，显然所求响应为零输入响应。

（2）计算电路的时间常数 τ

电感两端外电路的等效电阻为

$$R=2+2=4(\Omega)$$

时间常数为

$$\tau=\frac{L}{R}=0.25\ \mathrm{s}$$

（3）计算电感的电流和电压

由式（4-39）可得流过电感的电流为

$$i_L(t)=2\mathrm{e}^{-4t}\mathrm{A}\qquad t\geqslant 0$$

电感两端的电压为

$$u_L(t)=L\frac{\mathrm{d}i_L}{\mathrm{d}t}=-8\mathrm{e}^{-4t}\ \mathrm{V}\qquad t\geqslant 0$$

电阻两端的电压为

$$u_R(t)=-2i_L(t)=-4\mathrm{e}^{-4t}\ \mathrm{V}\qquad t\geqslant 0$$

4.4.2　一阶 *RL* 电路的零状态响应

动态元件电感 L 的初始储能为零，仅由外加激励引起的响应，称为零状态响应。一阶 RL 零状态电路如图 4.26 所示，开关在 $t=0$ 时接通。

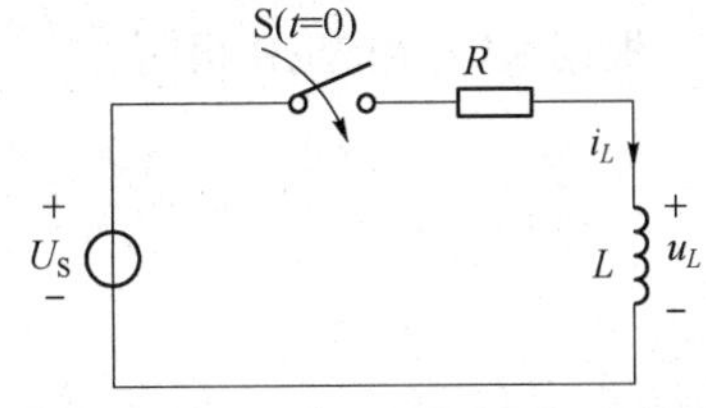

图 4.26　一阶零状态 *RL* 电路图

根据 KVL 可得 $t\geqslant 0$ 时电路的方程为

$$L\frac{\mathrm{d}i_L}{\mathrm{d}t}+Ri_L=U_\mathrm{S}$$

该方程的解为特解与相应齐次微分方程的通解之和，即

$$i_L=i_{L\mathrm{p}}+i_{L\mathrm{h}}$$

式中，$i_{L\mathrm{h}}=A\mathrm{e}^{-\frac{R}{L}t}$为相应的齐次微分方程的通解；$i_{L\mathrm{p}}$为非齐次微分方程的特解。

最后可得电路的零状态响应为

$$i_L=\frac{U_\mathrm{S}}{R}\left(1-\mathrm{e}^{-\frac{t}{\tau}}\right)\qquad t\geqslant 0\tag{4-40}$$

零状态响应若用 $f_{\mathrm{zs}}(t)$ 表示，其稳态值为 $f(\infty)$，则一阶 RL 电路的零状态响应可表示为

$$f_{\mathrm{zs}}(t)=f(\infty)\left(1-\mathrm{e}^{-\frac{t}{\tau}}\right)\qquad t\geqslant 0\tag{4-41}$$

式中，$\tau=L/R$，R 为换路后电感 L 两端外电路的等效电阻。

【例 4.8】 电路如图 4.27 所示，换路前电路处于旧稳态，$t=0$ 时开关 S 闭合，求换路后的 i_L、u_L 和 i_2。

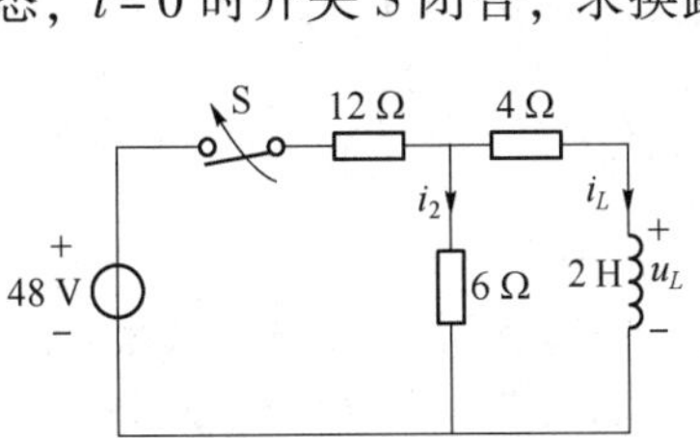

图 4.27　例 4.8 电路图

【解】 由图 4.27 可见，在旧稳态时电路右边回路中没有电源，因此，电感的电流为零，故 $i_L(0_-)=0$，由换路定律得电感的初始值为

$$i_L(0_+)=i_L(0_-)=0$$

当 $t\geqslant 0$ 时，有外加电压源作用于电路，因此是一阶 RL 电路的零状态响应。

（1）计算电感的稳态值 $i_L(\infty)$

$t\to\infty$时，电路处于新稳态，电感相当于短路。

$$i_L(\infty)=\frac{48}{12+4//6}\times\frac{6}{6+4}=2(\mathrm{A})$$

（2）求时间常数 τ

换路后电感两端外电路的等效电阻为

$$R=12//6+4=8(\Omega)$$

故时间常数为

$$\tau=\frac{L}{R}=\frac{2}{8}=0.25(\mathrm{s})$$

（3）计算电感的电流和电压值

由式（4-41）计算零状态响应，得

$$i_L(t)=i_L(\infty)\left(1-e^{-\frac{t}{\tau}}\right)=2(1-e^{-4t})\ \text{A}\qquad t\geqslant 0$$

再根据电感的电压与电流的关系式，得

$$u_L(t)=L\frac{di_L}{dt}=16e^{-4t}\ \text{V}\qquad t\geqslant 0$$

根据 KVL 和 VCR 可得

$$i_2=\frac{4i_L+u_L}{6}=\frac{4}{3}(1+e^{-4t})\ \text{A}\qquad t\geqslant 0$$

4.5　一阶电路的全响应

4.5.1　一阶电路全响应的一般分析

由外加激励和动态元件的初始储能共同作用产生的电路各支路电压和电流的响应称为全响应。显然，零输入响应和零状态响应都是全响应的特例。

现以一阶 *RC* 电路为例来介绍全响应的分析方法。

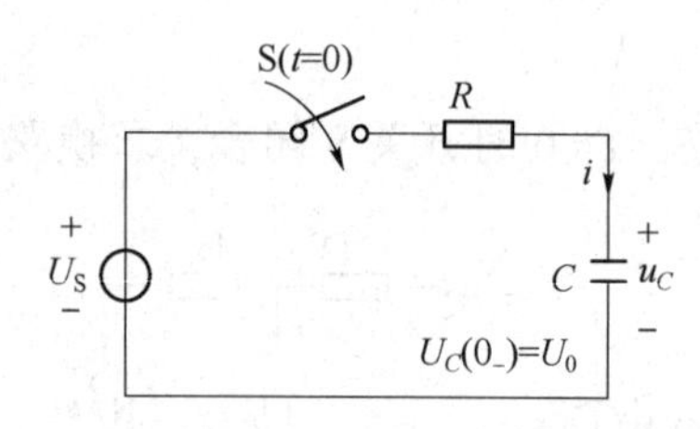

图 4.28　外部激励与初始状态共同作用的一阶 *RC* 电路图

如图 4.28 所示电路中，开关 S 闭合前电容已充电至 U_0，即 $u_C(0_-)=U_0$，开关 S 闭合后，根据 KVL 及元件的 VCR 可得

$$RC\frac{du_C}{dt}+u_C=U_S$$

由前面章节的分析可知

$$u_C=U_S+Ae^{-\frac{t}{\tau}}$$

式中，$\tau=RC$ 为电路的时间常数。

代入初始值 $u_C(0_+)=u_C(0_-)=U_0$，可得

$$A=U_0-U_S$$

因此，电容电压为

$$u_C=U_S+(U_0-U_S)e^{-\frac{t}{\tau}}\qquad t\geqslant 0\tag{4-42}$$

式（4-42）中右边的第一项是由外加电源强制建立起来的，称之为响应的强制分量，右边第二项是由电路本身的结构和参数决定的，称之为响应的自由分量，所以全响应可以表示为

$$全响应=(强制分量)+(自由分量)$$

在直流激励或正弦交流激励下，强制分量就是电路最终达到稳态时的量，故又称为稳态分量。自由分量将随着时间的推移而最终消失，故又称为暂态分量或瞬态分量，所以全响应

又可表示为

$$全响应=(稳态分量)+(暂态分量)$$

式（4-42）所示的电容电压还可以改写成

$$u_C=U_0\mathrm{e}^{-\frac{t}{\tau}}+U_S\left(1-\mathrm{e}^{-\frac{t}{\tau}}\right) \tag{4-43}$$

式中，右边的第一项是电路的零输入响应，右边的第二项是电路的零状态响应，所以全响应又可表示为

$$全响应=(零输入响应)+(零状态响应)$$

一阶 *RL* 电路的全响应也能得到类似的结果。

4.5.2　一阶电路全响应的三要素分析法

根据上一节求解一阶电路全响应的分析中可知，在外加直流电源的非零初始状态的一阶电路中，各处的电压和电流都是从其初始值开始，按指数规律 $\mathrm{e}^{-\frac{t}{\tau}}$ 衰减或增长到稳态值的，而且在同一电路中各处的电压和电流的时间常数都是相同的。

若用 $f(t)$ 表示一阶电路的全响应（电压或电流），$f(0_+)$ 表示其初始值，$f(\infty)$ 表示其稳态值，τ 表示电路的时间常数，$f_{zi}(t)$ 表示零输入响应，$f_{zs}(t)$ 表示零状态响应。而全响应为零输入响应 $f_{zi}(t)$ 和零状态响应 $f_{zs}(t)$ 之和，则一阶动态电路全响应的通式为

$$\begin{aligned}f(t)&=f_{zi}(t)+f_{zs}(t)\\&=f(0_+)\mathrm{e}^{-\frac{t}{\tau}}+f(\infty)\left(1-\mathrm{e}^{-\frac{t}{\tau}}\right)\\&=f(\infty)+[f(0_+)-f(\infty)]\mathrm{e}^{-\frac{t}{\tau}}\qquad t\geqslant 0\end{aligned} \tag{4-44}$$

式中，$f(0_+)$、$f(\infty)$ 和 τ 称为一阶电路的三要素，利用这三个要素可以直接求出直流电源激励下的一阶电路任意支路电压或电流的全响应，而不需要求解微分方程，这种方法就称为分析一阶电路全响应的三要素法。

三要素法求解直流激励下一阶电路全响应的步骤为

（1）求初始值 $f(0_+)$。

画出 $t=0_-$ 时旧稳态的等效电路（电容用开路代替，电感用短路代替），求出 $u_C(0_-)$ 或 $i_L(0_-)$，根据换路定律确定 $u_C(0_+)$ 或 $i_L(0_+)$，再画出 $t=0_+$ 时的等效电路，求解初始值 $f(0_+)$。

（2）求稳态值 $f(\infty)$。

画出 $t=\infty$ 时新稳态的等效电路（电容用开路代替，电感用短路代替），求解稳态值 $f(\infty)$。

（3）求时间常数 τ。

对 *RC* 电路，$\tau=RC$；对 *RL* 电路，$\tau=L/R$，其中 R 是换路后电容或电感两端外电路的等效电阻。

（4）求全响应的表达式。

将求出的三个要素代入式（4-44），可求得一阶动态电路的全响应解。

【例 4.9】　电路如图 4.29（a）所示，$t=0$ 时开关 S 闭合，开关闭合前电路已经稳定。

试求 $t>0$ 时的响应 i，并画出其波形。

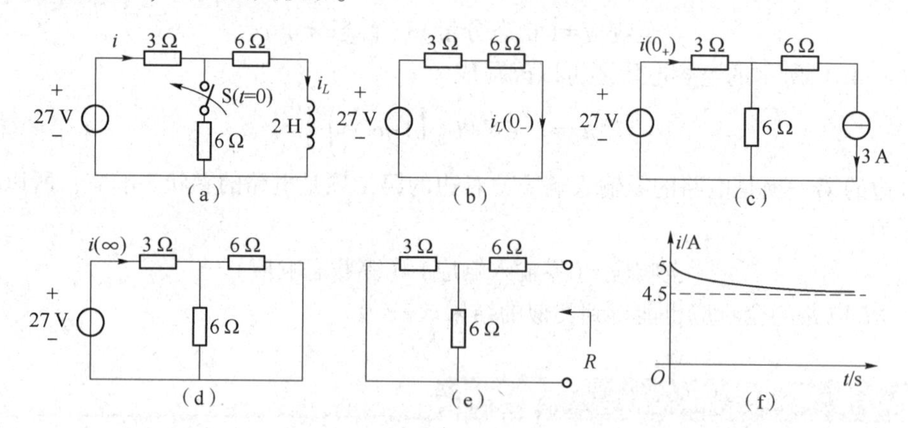

图 4.29　例 4.9 电路图及波形图

(a) 一阶 RL 电路；(b) $t=0_-$时刻等效电路；(c) $t=0_+$时刻等效电路；

(d) $t\to\infty$时等效电路；(e) 求等效电阻 R 的电路；(f) i 的波形

【解】 $i(0_+)$ 不是独立初始值，因此，必须先求得 $i_L(0_-)$ 和 $i_L(0_+)$，再根据电路结构及欧姆定律求得 $i(0_+)$。

(1) 求解相关初始值 $i(0_+)$。

首先求取 $i_L(0_-)$。已知开关 S 闭合前电路已稳定，则电感相当于短路，画出 $t=0_-$时等效电路，如图 4.29 (b) 所示，则

$$i_L(0_-)=\frac{27}{3+6}=3(\mathrm{A})$$

根据换路定律，得

$$i_L(0_+)=i_L(0_-)=3\ \mathrm{A}$$

画出换路后 $t=0_+$时等效电路，如图 4.29 (c) 所示，由 KCL 和 KVL 得

$$3i(0_+)+6[i(0_+)-3]=27$$

$$i(0_+)=5\ \mathrm{A}$$

(2) 求解稳态值 $i(\infty)$

$t\to\infty$时，电路达到新的稳态，电感相当于短路，其等效电路如图 4.29 (d) 所示，则

$$i(\infty)=\frac{27}{3+6//6}=4.5(\mathrm{A})$$

(3) 求解时间常数 τ

先求电感两端外电路的等效电阻 R，电路如图 4.29 (e) 所示，得

$$R=6+6//3=8(\Omega)$$

求得时间常数为

$$\tau=\frac{L}{R}=\frac{1}{4}\ \mathrm{s}$$

(4) 求 i 的表达式

将已求得的三要素代入式 (4-42)，可得

$$i=4.5+(5-4.5)\mathrm{e}^{-4t}$$

$$=(4.5+0.5e^{-4t})\ \text{A} \qquad t\geqslant 0$$

（5）画 i 的波形图

i 的波形图如图 4.29（f）所示。

【例 4.10】 图 4.30（a）所示电路原处于稳态，$t=0$ 时开关 S 动作，从位置 1 拨向位置 2，试求换路后的 u_C、i_C、i_1 和 i_2。

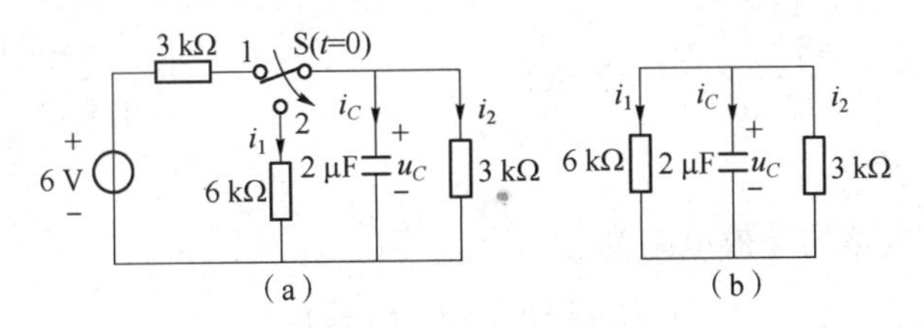

图 4.30　例 4.10 电路图

（a）原电路图；（b）开关闭合后等效电路图

【解】（1）求解独立初始值 $u_C(0_+)$

开关 S 闭合前电路已稳定，则电容相当于开路，由换路定律求得

$$u_C(0_+)=u_C(0_-)=\frac{3}{3+3}\times 6=3(\text{V})$$

（2）求解稳态值 $u_C(\infty)$

换路后等效电路如图 4.30（b）所示，无外加电源，所以 $u_C(\infty)=0$。

（3）求解时间常数 τ。

先求电容两端外电路的等效电阻为

$$R=\frac{3\times 6}{3+6}=2(\text{k}\Omega)$$

继而求得时间常数为

$$\tau=RC=2\times 10^3\times 2\times 10^{-6}=4(\text{ms})$$

（4）由三要素法得电容的电压

$$\begin{aligned} u_C &= u_C(\infty)+[u_C(0_+)-u_C(\infty)]e^{-\frac{t}{\tau}} \\ &= 3e^{-250t}\ \text{V} \qquad t\geqslant 0 \end{aligned}$$

（5）求其他待求量

$$\begin{aligned} i_C &= C\frac{\mathrm{d}u_C}{\mathrm{d}t}=2\times 10^{-6}\times\frac{\mathrm{d}}{\mathrm{d}t}(3e^{-250t}) \\ &= -1.5e^{-250t}\text{mA} \qquad t>0 \end{aligned}$$

$$i_1=-\frac{1}{3}i_C=0.5e^{-250t}\text{mA} \qquad t\geqslant 0$$

$$i_2=-\frac{2}{3}i_C=e^{-250t}\text{mA} \qquad t\geqslant 0$$

从分析过程看，该题是求电路的零输入响应。

【例 4.11】 电路如图 4.31 所示，电感的初始电流为零，$t=0$ 时开关 S 闭合，求换路后的 i_L、u_L 和 i_2。

【解】（1）求解独立初始值 $i_L(0_+)$

开关闭合前，电路处于旧稳态，电感电流 $i_L(0_-)=0$。根据换路定律得 $i_L(0_+)=0$。

图 4.31　例 4.11 电路图

（2）求解稳态值 $i_L(\infty)$

$t\to\infty$时，电路达到新的稳态，电感相当于短路，则

$$i_L(\infty)=\frac{48}{12+4//6}\times\frac{6}{6+4}=2(\mathrm{A})$$

（3）求解时间常数 τ

先求电感两端外电路的等效电阻为

$$R=4+6//12=8(\Omega)$$

继而求得时间常数为

$$\tau=\frac{L}{R_{\mathrm{eq}}}=\frac{1}{4}\ \mathrm{s}$$

（4）由三要素法求得电感的电流

$$i_L=i_L(\infty)+[i_L(0_+)-i_L(\infty)]\mathrm{e}^{-\frac{t}{\tau}}=(2-2\mathrm{e}^{-4t})\ \mathrm{A}\qquad t\geqslant 0$$

（5）求其他待求量。

$$u_L=L\frac{\mathrm{d}i_L}{\mathrm{d}t}=16\mathrm{e}^{-4t}\ \mathrm{V}\qquad t\geqslant 0$$

$$i_2=\frac{4i_L+u_L}{6}=\frac{4}{3}(1+\mathrm{e}^{-4t})\ \mathrm{A}\qquad t\geqslant 0$$

【例 4.12】　电路如图 4.32 所示，开关合在位置 1 时已达稳定状态，$t=0$ 时开关由位置 1 合向位置 2，求 $t\geqslant 0$ 时的电压 u_L。

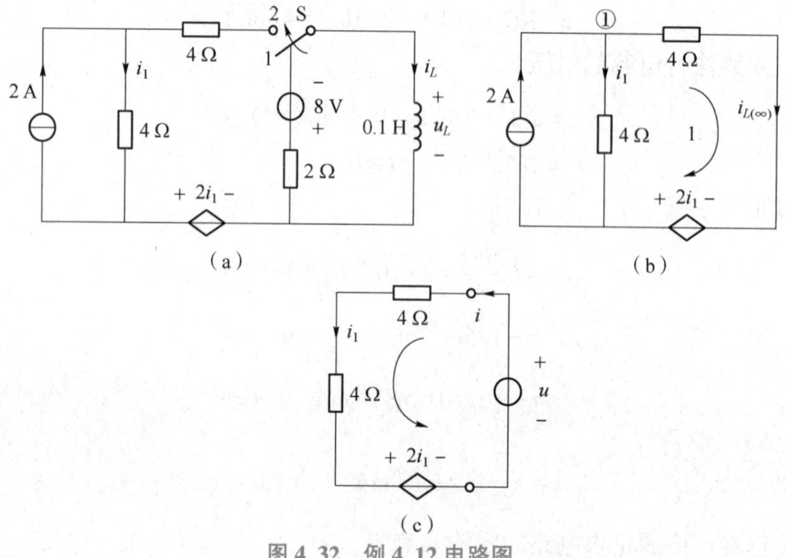

图 4.32　例 4.12 电路图

(a) 原电路图；(b) $t\to\infty$时等效电路；(c) 求等效电阻 R 的电路

【解】（1）求解独立初始值 $i_L(0_+)$

开关换路前，电路处于旧稳态，电感电流 $i_L(0_-)=-\dfrac{8}{2}=-4(\text{A})$。根据换路定律得$i_L(0_+)=-4\ \text{A}$。

（2）求解稳态值 $i_L(\infty)$

$t\to\infty$时，电路达到新的稳态，电感相当于短路。

对回路 1 列 KVL 方程得

$$4\,i_L(\infty)-2i_1-4i_1=0$$

对结点①列 KCL 方程得

$$i_L(\infty)+i_1=2$$

解得

$$i_L(\infty)=1.2\ \text{A}$$

（3）求解时间常数 τ

先求电感两端外电路的等效电阻 R，由于含有受控源，采用“加压求流”的方式求等效电阻，画出其电路如图 4.32（c）所示。外加电压为 u，假设端口电流为 i。

由回路可见

$$i=i_1$$

对回路列 KVL 方程得

$$4i+4i+2i=u$$

等效电阻为

$$R_{\text{eq}}=\frac{u}{i}=10\ \Omega$$

时间常数为

$$\tau=\frac{L}{R}=\frac{0.1}{10}=0.01(\text{s})$$

（4）由三要素法求得电感的电流

$$i_L=i_L(\infty)+[i_L(0_+)-i_L(\infty)]\text{e}^{-\frac{t}{\tau}}=(1.2-5.2\text{e}^{-100t})\text{A}\qquad t\geqslant 0$$

（5）求其他待求量。

$$u_L=L\frac{\text{d}i_L}{\text{d}t}=52\text{e}^{-100t}\text{V}\qquad t\geqslant 0$$

4.6　一阶电路的阶跃与冲激响应

4.6.1　一阶电路的阶跃响应

在动态电路的分析中，应用单位阶跃函数可以比较方便地描述电路的换路过程以及电路的激励和响应。

1. 单位阶跃函数

单位阶跃函数用 $\varepsilon(t)$ 表示，定义为

$$\varepsilon(t)=\begin{cases}0 & t<0\\1 & t>0\end{cases} \tag{4-45}$$

波形图如图 4.33（a）所示，在不连续点 $t=0$ 处函数的值一般不定义。

阶跃函数的延时称为延时阶跃函数，其数学表达式为

$$\varepsilon(t-t_0)=\begin{cases}0 & t<t_0\\1 & t>t_0\end{cases} \tag{4-46}$$

波形图如图 4.33（b）所示。

幅度为 A 的阶跃函数表示为

$$A\varepsilon(t)=\begin{cases}0 & t<0\\A & t>0\end{cases} \tag{4-47}$$

利用阶跃函数和延时的阶跃函数可以表示各种信号，如图 4.34 所示。

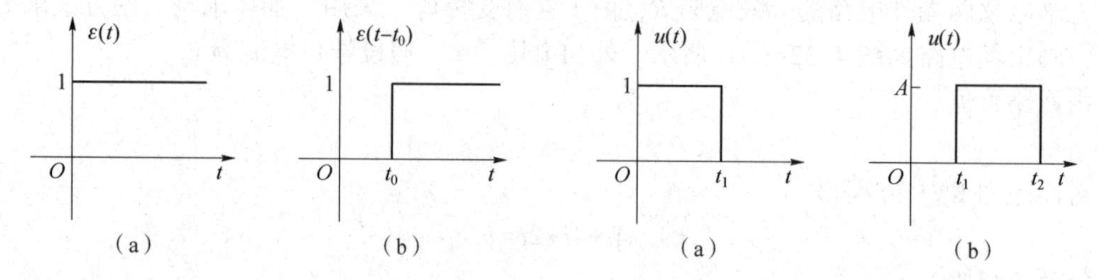

图 4.33　阶跃函数

（a）单位阶跃函数；（b）延时阶跃函数

图 4.34　用阶跃函数表示矩形脉冲

（a）单矩形脉冲；（b）延时单矩形脉冲

图 4.34（a）所示的单矩形脉冲波形，可表示为

$$u(t)=\varepsilon(t)-\varepsilon(t-t_1) \tag{4-48}$$

图 4.34（b）所示的延时单矩形脉冲波形，可表示为

$$u(t)=A\varepsilon(t-t_1)-A\varepsilon(t-t_2) \tag{4-49}$$

2. 阶跃响应

阶跃响应是指电路在阶跃函数激励作用下的零状态响应。

当电路的激励为 $\varepsilon(t)$V 或 $\varepsilon(t)$A 时，等效于在 $t=0$ 时电路接通电压值为 1 V 或电流值为 1 A 的直流电源，因此单位阶跃响应与直流激励下的零状态响应相同，常用 $g(t)$ 表示单位阶跃响应。

在 $t=0$ 时，电压源 U_S 作用于 RC 电路中，只要将电源记为 $U_S\varepsilon(t)$，则 RC 电路的阶跃响应为

$$u_C=U_S\left(1-e^{-\frac{t}{RC}}\right)\varepsilon(t) \tag{4-50}$$

4.6.2　一阶电路的冲激响应

前面所分析的动态电路的外加激励均为幅值有限的电源，此时，在电容电流为有限值的前提下，电容电压满足换路定律，$u_C(0_+)=u_C(0_-)$；在电感电压为有限值的前提下，电感电

流满足换路定律 $i_L(0_+)=i_L(0_-)$。

然而，当外加激励的幅值不为有限值时，如何求解动态电路的响应，本小节就这方面内容做简单介绍。

1. 单位冲激函数

单位冲激函数又称为 $\delta(t)$ 函数，是一种奇异函数，定义为

$$\delta(t)=\begin{cases}0 & t\neq 0\\ \infty & t=0\end{cases} \tag{4-51}$$

$$\int_{-\infty}^{\infty}\delta(t)\,\mathrm{d}t = 1$$

单位冲激函数 $\delta(t)$ 可以看作是单位矩形脉冲函数 $p_\Delta(t)$ 的极限情况。图 4.35（a）所示为单位矩形函数的波形，它的宽度为 Δ，高度为 $1/\Delta$，面积为 1。当脉冲宽度越来越窄时，则高度越来越大，当脉冲宽度 $\Delta\to 0$ 时，脉冲高度 $1/\Delta\to\infty$。在此极限情况可得到一个宽度趋近于零，幅度趋于无限大且面积为 1 的脉冲，即单位冲激函数 $\delta(t)$。单位冲激函数的波形如图 4.35（b）所示，冲激函数所包含的面积称为脉冲函数的强度。如果冲激函数的强度为 k，则在冲激函数的箭头旁应注明“k”，如图 4.35（c）所示。

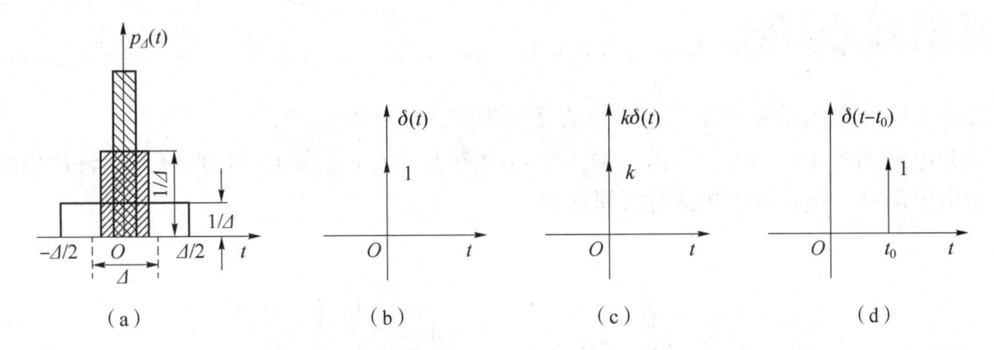

图 4.35　冲激函数

（a）矩形脉冲；（b）单位冲激函数；（c）强度为 k 的冲激函数；（d）延时单位冲激函数

单位冲激函数延时后称为延时单位冲激函数，延时单位冲激函数的波形如图 4.35（d）所示。

$\delta(t)$ 函数具有筛选性质，即可将函数在某时刻的值筛选出来，根据 $\delta(t)$ 函数定义

$$f(t)\delta(t) = f(0)\delta(t) \tag{4-52}$$

因此，有

$$\int_{-\infty}^{\infty}f(t)\delta(t)\,\mathrm{d}t = f(0)\int_{-\infty}^{\infty}\delta(t)\,\mathrm{d}t = f(0)\int_{0_-}^{0_+}\delta(t)\,\mathrm{d}t = f(0)$$

同理，得

$$\int_{-\infty}^{\infty}f(t)\delta(t-\tau)\,\mathrm{d}t = f(\tau)\int_{-\infty}^{\infty}\delta(t-\tau)\,\mathrm{d}(t-\tau) = f(\tau)$$

单位冲激函数 $\delta(t)$ 是单位阶跃函数 $\varepsilon(t)$ 的导数，即

$$\delta(t) = \frac{\mathrm{d}\varepsilon(t)}{\mathrm{d}t} \quad 或 \quad \int_{-\infty}^{t}\delta(\tau)\,\mathrm{d}\tau = \varepsilon(t) \tag{4-53}$$

2. 单位冲激响应

电路在单位冲激电源作用下的零状态响应称为单位冲激响应，简称冲激响应，用 $h(t)$

表示。

单位冲激输入 $\delta(t)$ 可以看作是在 $t=0$ 时一个幅值无限大且持续时间趋于零的信号作用在动态电路中，冲激响应分为两个时间段来考虑。

第一时间段为 $(0_-\sim0_+)$，电路在单位冲激作用下建立起初始值，使电容电压或电感电流发生跃变，动态元件获得初始能量。

第二时间段为 $t>0_+$ 时，冲激函数为零，但是 $u_C(0_+)$ 或 $i_L(0_+)$ 不为零，电路相当于零输入响应。所以，一阶电路的冲激响应求解方法是：先求解由 $\delta(t)$ 产生的初始值 $u_C(0_+)$ 或 $i_L(0_+)$；然后，再求解 $t>0_+$ 时由初始值产生的零输入响应。显然，求解冲激响应的关键在于计算初始值是 $u_C(0_+)$ 或 $i_L(0_+)$。

4.7 一阶电路的应用

4.7.1 微分电路与应用

微分电路的作用是将方波信号转换成宽度很窄的尖脉冲信号。

微分电路如图 4.36（a）所示，输入信号为图 4.36（b）所示的矩形脉冲，输出电压 u_o 取自于电阻两端。假设 RC 电路的时间常数 $\tau\ll t_{p1}$，t_{p2}。

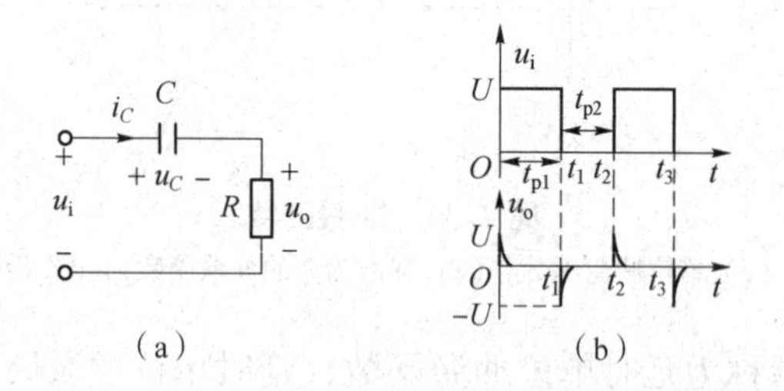

图 4.36 微分电路及波形图

（a）微分电路；（b）微分波形图

由电路可得

$$u_o=Ri_C=RC\frac{\mathrm{d}u_C}{\mathrm{d}t}=RC\frac{\mathrm{d}(u_i-u_o)}{\mathrm{d}t} \tag{4-54}$$

由于电路的时间常数很小，电容能很快地完成充放电。因此，在大部分时间内有 $u_i\gg u_o$，因此有

$$u_o\approx RC\frac{\mathrm{d}u_i}{\mathrm{d}t} \tag{4-55}$$

电路的输出正比于电路输入的微分，故称之为微分电路。

设图 4.36（a）所示的 RC 电路处于零状态，$t=0$ 时，u_i 从 0 突然上升到 U，电容开始充电，由于电容的电压不能突变，所以 $u_C(0_+)=0$，此时 $u_o(0_+)=U$。

电路输出 u_o 的表达式为

$$u_o(t)=U\mathrm{e}^{-\frac{t}{\tau}} \qquad t\geqslant 0 \tag{4-56}$$

由于 $\tau \ll t_{p1}$，所以电容充电很快，电容电压迅速上升至 U，使得 u_o 快速衰减为 0，这样在输出端产生一个正的尖脉冲。

当 $t=t_{p1}$ 时，u_i 突然降为 0，而电容电压不能突变，仍为 U，所以输出电压 $u_o=-U$。然后电容快速放电，u_o 很快衰减为 0，这样在输出端产生一个负的尖脉冲，如图 4.36（b）所示，电路把输入的方波变成了尖脉冲波。

方波信号可用一系列的阶跃信号 $\varepsilon(t)$ 来表示。图 4.36（b）中的 u_i 可表示为

$$u_i(t)=U\varepsilon(t)-U\varepsilon(t-t_1)+U\varepsilon(t-t_2)-U\varepsilon(t-t_3) \tag{4-57}$$

阶跃信号的微分就是冲激信号。对上式进入微分得

$$\frac{\mathrm{d}u_i(t)}{\mathrm{d}t}=U\delta(t)-U\delta(t-t_1)+U\delta(t-t_2)-U\delta(t-t_3) \tag{4-58}$$

其波形如图 4.37 所示。

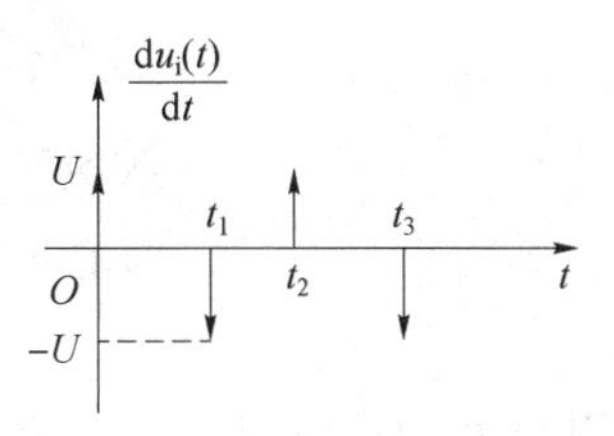

图 4.37　冲激序列图

从图 4.37 可见，方波信号的微分波形与图 4.36（b）所示微分电路的输出波形极为相似，稍加整形后即可形成窄脉冲波形。

微分电路的应用比较广泛。例如，在数字电路中，系统时钟往往是宽度较宽的方波信号，但有很多模块电路需要窄脉冲作为触发信号，所以经常应用微分电路把方波信号转换成宽度很窄的触发脉冲信号。

4.7.2　积分电路与应用

如图 4.14（a）所示 RC 电路中，可将开关和电压源等效为阶跃电压源，得如图 4.38（a）所示电路。

当电路时间常数 τ 很大时，电容的充放电时间很长，电压变化很慢且线性增加。假设在电容开始充电前，$u_o(0_-)=0$。

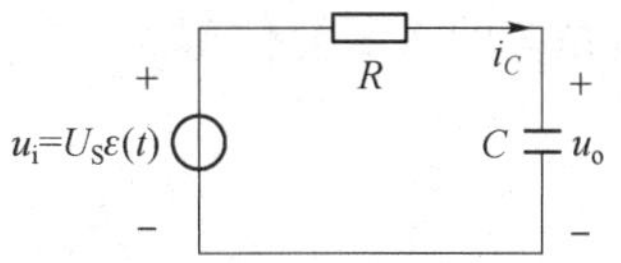

由电路得

$$u_o=\frac{1}{C}\int i_C \mathrm{d}t=\frac{1}{RC}\int(u_i-u_C)\mathrm{d}t$$

图 4.38　RC 电路

当 $t=0$ 时，电容开始充电，在开始充电阶段有 $u_i \gg u_C$，因此有

$$u_o \approx \frac{1}{RC}\int u_i \mathrm{d}t \tag{4-59}$$

电路的输出正比于电路输入的积分，故称之为积分电路。

但随着时间的增加，u_o 由原来的近似线性增加，逐渐变缓，电路的输出波形如图 4.39 所示。

单片机在现代小型电子设备中的应用越来越广泛，比如，工业控制、智能仪器、家用电器、汽车电子等。

单片机在上电时，片内各模块需要初始化，称为上电复位。若单片机出现死机时，需要人工重新启动，称为人工复位。为保证系统的正确复位，上电复位和人工复位都需要保持一定的复位时间，复位时间的长短是由单片机外部复位电路来决定的。

STM32 系列单片机外部复位电路如图 4.40 所示，可以看出单片机外部复位电路其实就是一个 RC 积分电路。

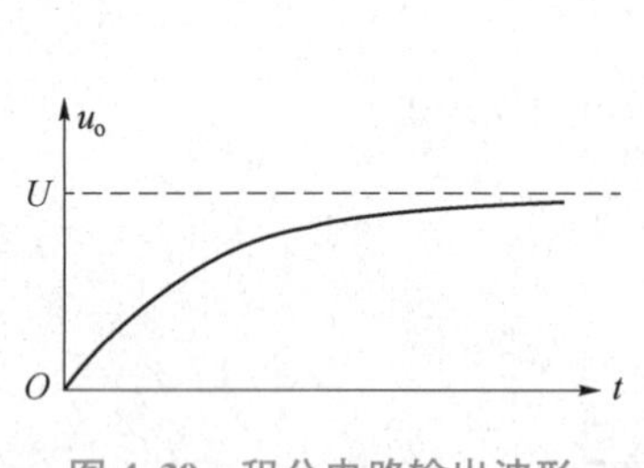

图 4.39　积分电路输出波形

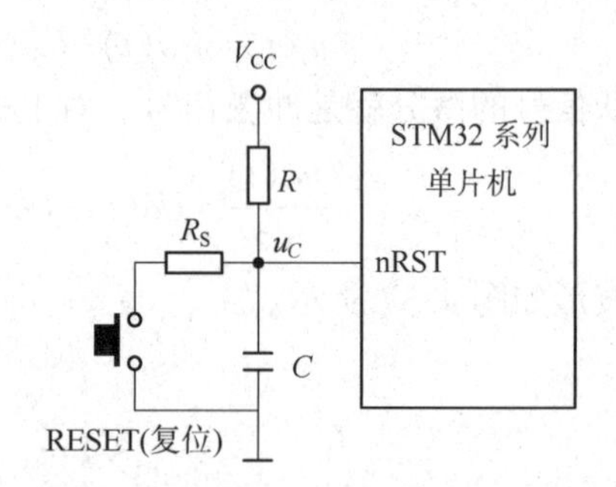

图 4.40　STM32 单片机复位电路图

假设在单片机上电前，电容电压 $u_C(0_-)=0$。在上电瞬间，复位按键不接通，由于电容电压不能突变，则 $u_C(0_+)=0$，V_{CC} 全部作用到电阻 R 上。V_{CC} 通过电阻 R 对电容 C 充电，电容充电时间常数 $\tau=RC$，经过 $(3\sim5)\tau$，电容充电完毕，$u_C=V_{CC}$，单片机上电复位完成。

按下复位按键，电容 C 通过 R_S 快速放电，为了保证放电时间短，要求 $R_S \ll R$。R_S 用于限制电容放电时，电流不至于过大对电容造成损伤，但由于人工复位不是经常使用，所以也可以不加 R_S，而是把按键直接与电容并接。

按下复位按键后，电容电压很快降为 0，单片机开始复位。松开复位按键，电容 C 重新被充电，充电完毕后，单片机又重新运行。

上电复位和人工复位的 u_C 波形图如图 4.41 所示。

STC 单片机开发板如图 4.42 所示，电路板的下部标有“RESET”字样的按键就是单片机系统的人工复位键。

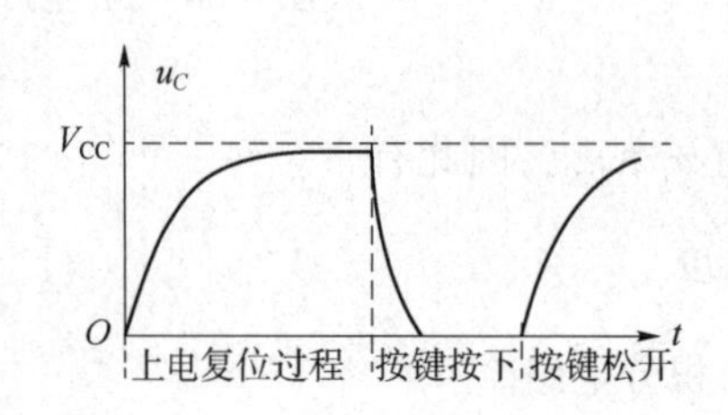

图 4.41　STM32 单片机复位引脚波形

图 4.42　STM32 单片机核心板

4.8　动态电路仿真

4.8.1　*RC* 电路的零输入响应仿真

例 4.5 的图 4.19 的仿真电路如图 4.43（a）所示，图中，电容的初始电压为 3 V，用延时开关 SW1 和 SW2 模拟了一个单刀双掷开关，在 $t=0$ 时刻 SW1 断开，SW2 接通。

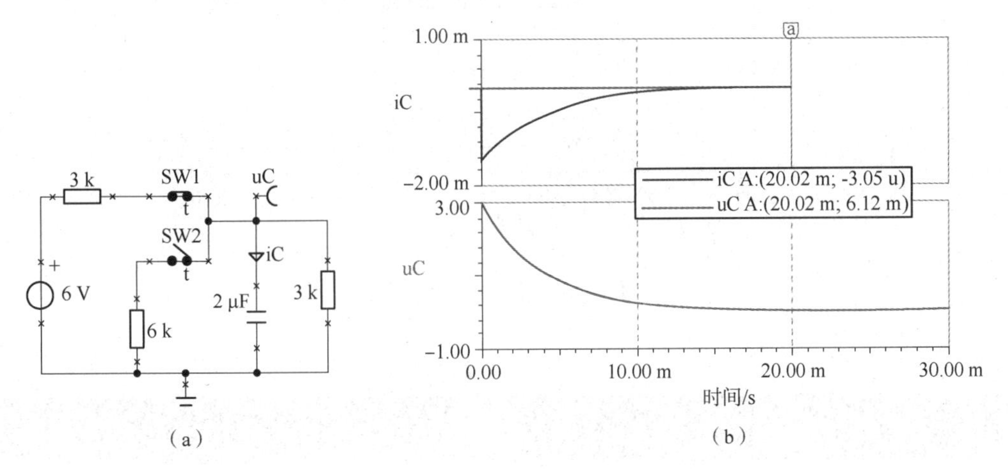

图 4.43　例 4.5*RC* 零输入响应仿真电路及仿真波形

（a）仿真电路；（b）仿真波形

对电路进行瞬时分析，得到如图 4.43（b）所示仿真波形。

由仿真结果可见，$i_C(0_+)=-1.5$ A，$u_C(0_+)=3$ V；在经过了 5 个时间常数（$\tau=5$ ms）后，i_C、u_C 近似为零，与例 4.5 理论分析吻合。

4.8.2　*RL* 电路的全响应仿真

例 4.9 电路图的仿真电路如图 4.44（a）所示，其中电感是储能电感。

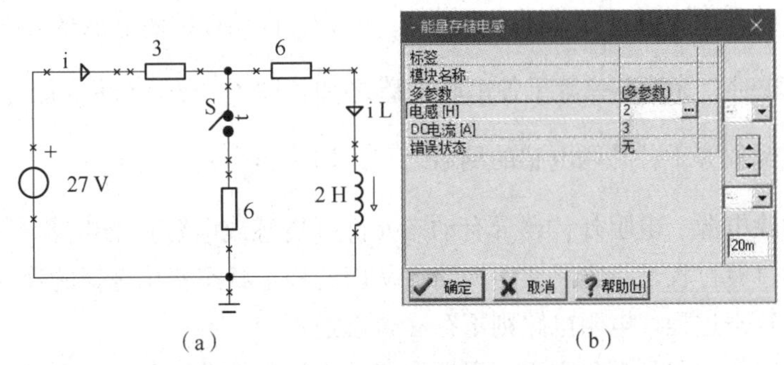

图 4.44　例 4.9*RL* 电路的全响应及仿真波形

（a）例 4.9 仿真电路；（b）电感参数设置及初始电流设置

如图4.44（b）所示，设置储能电感初始电流为 $i_L(0_-)=3$ A，且时间开关S在0 s接通。

在仿真波形图中添加“指针a”到 t=5 s处，再如添加“图例”到图中，得到如图4.45所示仿真图。由图4.45可见，电流 $i(0_+)=5$ A，$i_L(0_+)=3$ A，$i(1.5)=4.5$ A，$i_L(1.5)=2.25$ A，与例4.9理论分析结果一致。

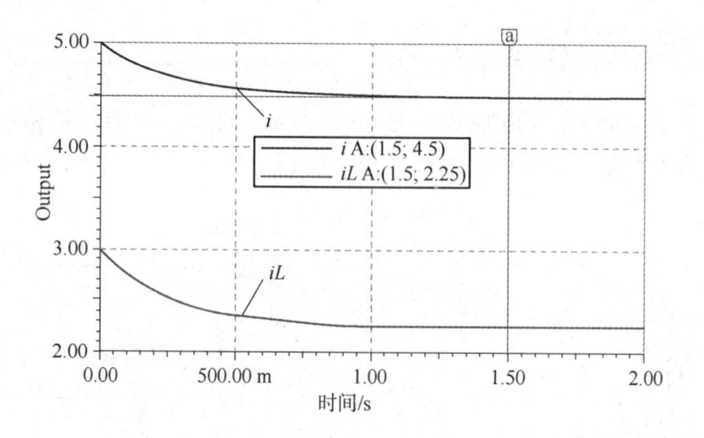

图4.45　例4.9仿真波形

本章小结

电容为常量的电容元件称为线性电容元件，在电压和电流为关联参考方向时，电容元件的电压与电流的关系为 $i=C\dfrac{\mathrm{d}u}{\mathrm{d}t}$；在任一时刻 t，电容元件储存的电场能量为 $W_C=\dfrac{1}{2}Cu^2(t)$。

n 个电容并联时，等效电容等于各并联电容之和，即 $C_{\mathrm{eq}}=C_1+C_2+\cdots+C_n$；$n$ 个电容串联时，等效电容的倒数等于各串联电容的倒数之和，即 $\dfrac{1}{C_{\mathrm{eq}}}=\dfrac{1}{C_1}+\dfrac{1}{C_2}+\cdots+\dfrac{1}{C_n}$。

电感为常量的电感元件称为线性电感元件，在电压和电流为关联参考方向时，电感元件的电压和电流的关系为 $u=L\dfrac{\mathrm{d}i}{\mathrm{d}t}$；在任一时刻 t，电感元件储存的磁场能量为 $W_L=\dfrac{1}{2}Li^2(t)$。

n 个电感串联时，等效电感等于各串联电感之和，即 $L_{\mathrm{eq}}=L_1+L_2+\cdots+L_n$；$n$ 个电感并联时，等效电感的倒数等于各并联电感的倒数之和，即 $\dfrac{1}{L_{\mathrm{eq}}}=\dfrac{1}{L_1}+\dfrac{1}{L_2}+\cdots+\dfrac{1}{L_n}$。

动态电路指除电源、电阻外，还含有动态元件（电感或电容）的电路。

动态电路的过渡过程是指电路发生换路后从旧的稳定状态变化至新的稳定状态中间所经历的过程，又称暂态过程。电阻电路则不存在暂态过程。

描述动态电路的方程是微分方程。根据电路的初始条件求解微分方程即可得电路的暂态响应，这种分析方法称为时域分析法。

电路的结构发生了变化或元件参数发生了突变，称为换路。换路时要关注和区分 3 个时刻，即：0_-、0 和 0_+。在 $t=0_-$ 时刻，电路处于旧稳态。在 $t=0$ 时刻，电路完成换路。在 $t=0_+$ 时刻，电路处于暂态过程的初始状态。

电容元件的电流为有限值时，其电压不能突变；电感元件的电压为有限值时，其电流不能突变，即为换路定理

$$u_C(0_+)=u_C(0_-)\ ,\ i_L(0_+)=i_L(0_-)$$

初始值的计算：独立初始值 $u_C(0_+)$ 和 $i_L(0_+)$ 根据换路定律确定，其他相关初始值可以将电容用电压为 $u_C(0_+)$ 的独立电压源代替，电感用电流为 $i_L(0_+)$ 的独立电流源代替，画出 $t=0_+$ 时的等效电路，以进行计算。

可以用一阶微分方程描述的电路称为一阶电路。

外加激励为零，仅由动态元件初始储能引起的响应称为零输入响应。动态元件初始储能为零，仅由外加激励引起的响应称为零状态响应。由外加激励和动态元件的初始储能共同作用产生的响应称为全响应。

直流激励下一阶电路任一响应都可以按照以下公式计算：

$$f(t)=f(\infty)+[f(0_+)-f(\infty)]e^{-\frac{t}{\tau}}\qquad t\geqslant 0$$

只要求出初始值 $f(0_+)$、稳态值 $f(\infty)$ 和时间常数 τ 这三个要素，就可按照上述公式直接得到全响应，这种方法称为三要素法。

习题 4

4-1　如题图 4.1（a）所示，电容值 $C=2\ \text{F}$，$u(0)=0$，电容电流波形图如题图 4.1（b）所示，试求电容在 $t=1\ \text{s}$，$t=2\ \text{s}$，$t=5\ \text{s}$ 时的电容电压 u。

4-2　如题图 4.2（a）所示，电感值 $L=4\ \text{H}$，$i(0)=0$，电压波形图如题图 4.2（b）所示，试求电感在 $t=1\ \text{s}$，$t=2\ \text{s}$，$t=4\ \text{s}$ 时的电感电流 i。

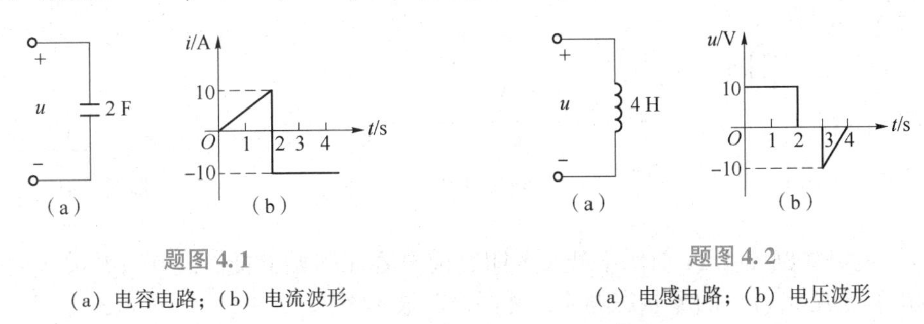

题图 4.1
（a）电容电路；（b）电流波形

题图 4.2
（a）电感电路；（b）电压波形

4-3　求题图 4.3 所示电路中 a、b 端的等效电容与等效电感。

4-4　电路如题图 4.4 所示，在换路前电路原已处于稳态。$t=0$ 时 S 断开，试求电路在 $t=0_+$ 时刻的电压 $u_C(0_+)$ 和电流 $i_C(0_+)$、$i_1(0_+)$、$i_2(0_+)$。

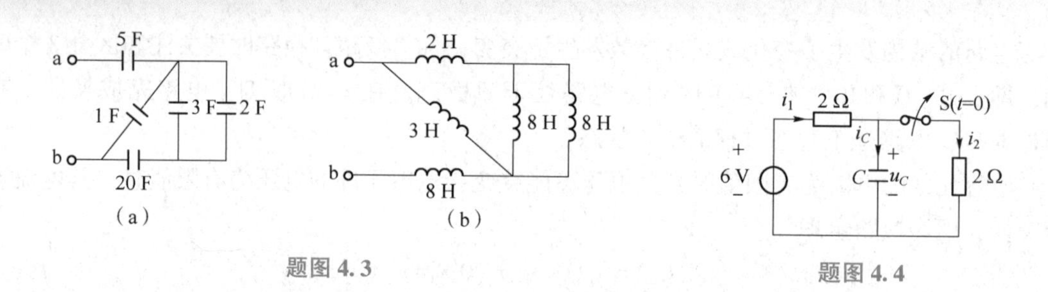

题图 4.3

题图 4.4

4-5 电路如题图 4.5 所示，在换路前开关动片置于位置 1，电路原已处于稳态。$t=0$ 时开关 S 动片置于位置 2，试求电路 $t=0_+$时刻的电感电流 $i_L(0_+)$ 和电阻电压 $u_R(0_+)$。

4-6 电路如题图 4.6 所示，在换路前开关动片置于位置 1，电路原已处于稳态。$t=0$ 时开关 S 动片置于位置 2，试求换路后的零输入响应 $u_C(t)$。

4-7 电路如题图 4.7 所示，在换路前开关动片置于位置 1，电路原已处于稳态。$t=0$ 时开关 S 动片置于位置 2，求换路后的零输入响应 $i_L(t)$ 和 $u_L(t)$。

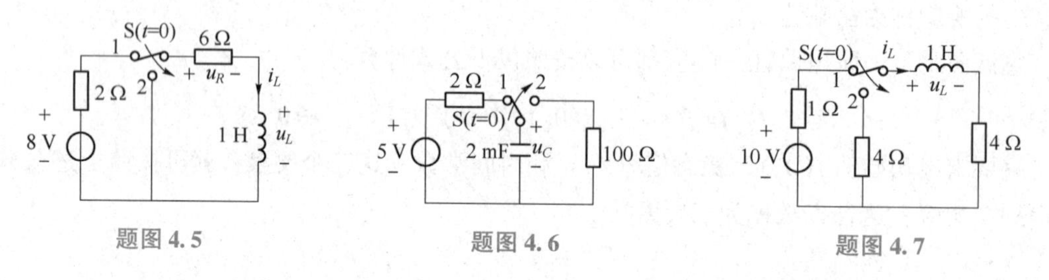

题图 4.5

题图 4.6

题图 4.7

4-8 电路如题图 4.8 所示，在换路前开关动片置于位置 1，电路原已处于稳态。$t=0$ 时开关 S 动片置于位置 2，求换路后的零输入响应 $u_C(t)$。

4-9 电路如题图 4.9 所示，开关 S 闭合已经很久，$t=0$ 时断开开关，求换路后的电流 $i(t)$的零输入响应。

4-10 电路如题图 4.10 所示，开关 S 断开已久，$t=0$ 时闭合开关，求 $t \geqslant 0$ 时的电容电压 $u_C(t)$ 的零状态响应。

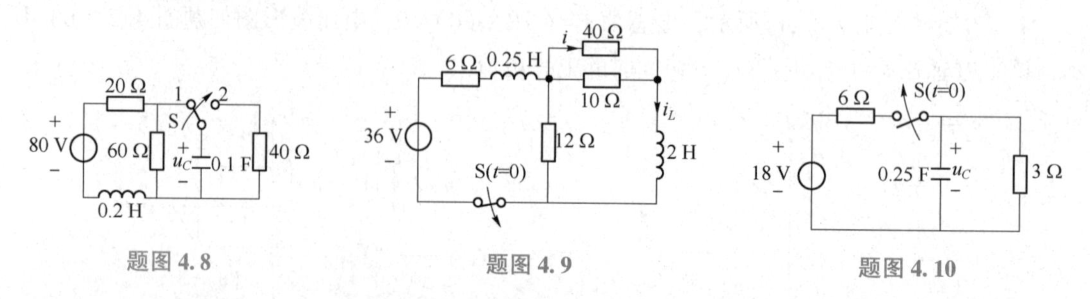

题图 4.8

题图 4.9

题图 4.10

4-11 电路如题图 4.11 所示，开关 S 闭合前电容无初始储能，$t=0$ 时开关 S 闭合，求 $t \geqslant 0$时的电容电压 $u_C(t)$ 的零状态响应，并画出其波形图。

4-12 电路如题图 4.12 所示，在 $t=0$ 时开关 S 闭合，且开关 S 闭合前电路已达到稳态，求 $t \geqslant 0$ 时电流 $i_L(t)$、$i(t)$ 和电压 $u_L(t)$ 的零状态响应，并画出其波形图。

4-13 电路如题图 4.13 所示，开关断开已经很久，$t=0$ 时开关 S 闭合，求 $t \geqslant 0$ 时的电感电流 $i_L(t)$ 的零状态响应，并画出其波形图。

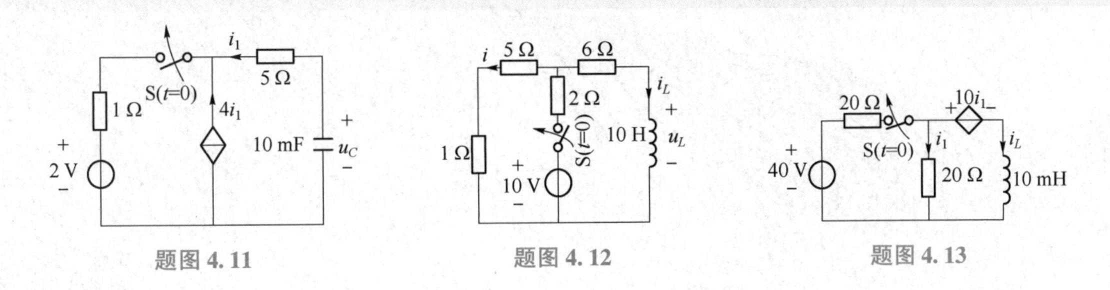

题图 4.11　　题图 4.12　　题图 4.13

4-14　电路如题图 4.14 所示，开关 S 打开前电路已处于稳定状态，$t=0$ 时开关 S 打开，求 $t \geqslant 0$ 时的 $u_L(t)$ 和电压源发出的功率。

4-15　电路如题图 4.15 所示，已知 $u_C(0_-)=12$ V，$t=0$ 时闭合开关，求 $t \geqslant 0$ 时的电容电压 $u_C(t)$ 的全响应，并画出其波形图。

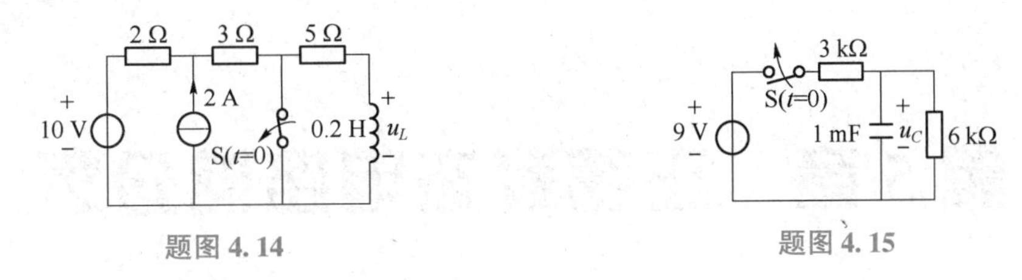

题图 4.14　　题图 4.15

4-16　电路如题图 4.16 所示，开关断开已经很久，$t=0$ 时闭合开关，求 $t \geqslant 0$ 时的电感电流 $i_L(t)$ 的全响应，并画出其波形图。

4-17　如题图 4.17 所示，开关 S 闭合前电路处于旧稳态，$t=0$ 时开关 S 闭合，求 $t \geqslant 0$ 时的电容电压 $u_C(t)$ 和电流 $i(t)$，并画出其波形图。

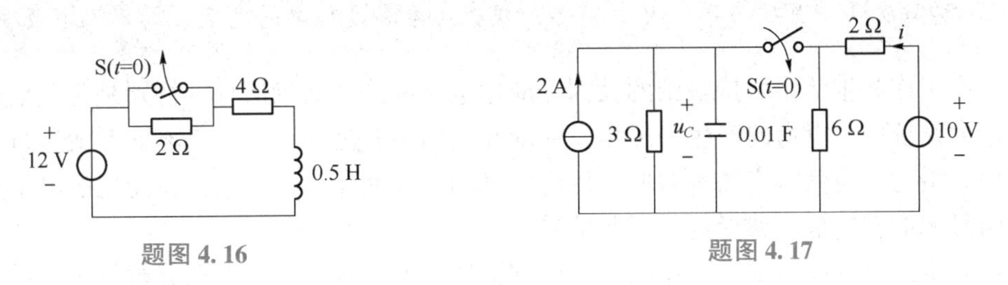

题图 4.16　　题图 4.17

第 5 章　正弦稳态电路的分析

内容提要： 本章主要介绍正弦稳态电路的分析方法，内容包括正弦信号的时域表达式、相量表达式，欧姆定律、KCL 和 KVL 的相量形式，电阻元件、电容元件和电感元件的 VCR 相量形式，二端网络的复阻抗、复导纳和网络特性；还介绍了电路的相量分析方法、电路中的瞬时功率、有功功率、无功功率、视在功率和复功率的定义、计算及相互关系。

人们在工作和生活中所接触到的大部分应用电路都涉及交流信号，特别是正弦信号。

在电力系统中，电力的产生、传输、分配和使用主要是以正弦交流电的形式进行；在电子系统中，雷达、通信、广播等领域，传送信息的载波就是正弦信号；在高校的电子类实验室里，信号源的常用输出波形也是正弦信号。

前面几章讨论的电路都是直流电路，详细讲授了电路的基本理论和分析方法。虽然本章研究的是正弦交流电路，但直流电路的基本理论和分析方法仍然适用，不同的是这些理论和分析方法通常是以相量的形式表现出来的。

在研究正弦交流电路时，不涉及暂态过程，只讨论线性电路在正弦信号激励下，达到稳定后电路中任一支路电压、电流的响应。因此，这样的电路又称为正弦稳态电路。

5.1　正弦交流电路的基本知识

电路中随时间按正弦规律变化的电压、电流等物理量，统称为正弦信号。对正弦信号的数学描述，既可以采用正弦函数，也可以采用余弦函数，但两者不能同时混用。本书采用余弦函数来描述正弦信号。

在正弦交流电路中用小写字母 u、i 和 p 分别表示交流电压、交流电流和交流瞬时功率；用 u_S 和 i_S 表示交流电压源和交流电流源；用大写字母 U、I 分别表示正弦交流信号电压、电流的有效值，P 表示有功功率。

5.1.1　正弦信号的三个要素

正弦电压信号的数学表达式为

$$u=U_m\cos(2\pi ft+\theta_u) \tag{5-1}$$

正弦电流信号的数学表达式为

$$i=I_m\cos(2\pi ft+\theta_i) \tag{5-2}$$

由式（5-1）和式（5-2）可见，u 和 i 都是时间的函数，理应用 $u(t)$ 和 $i(t)$ 来表示，但为了书写和表述简便起见，简写为 u 和 i。

在表达式中，U_m 和 I_m 表示电压幅值和电流幅值，f 表示频率，θ_u 和 θ_i 表示电压初始相位和电流初始相位。

幅值、频率和初始相位一旦确定，这个正弦信号也就随之而定。因此，幅值、频率和初始相位称之为正弦信号的三个要素。

图 5.1 所示为一个幅值为 U_m、周期为 T、初始相位为 θ_u 的正弦交流电压 u 的波形图。

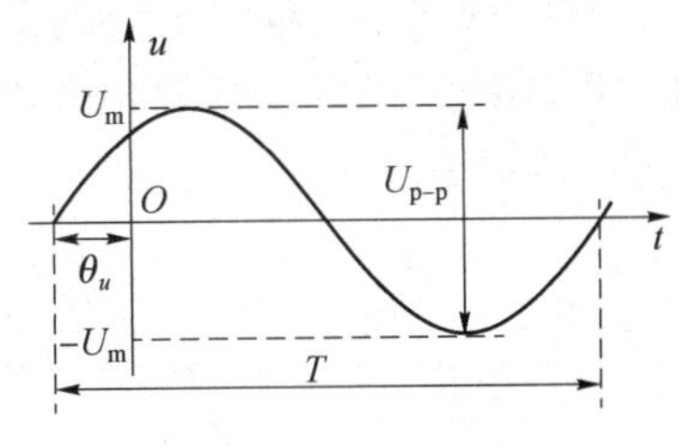

图 5.1　正弦电压波形图

1. 幅值

幅值又称为峰值，是正弦信号能达到的最大值，用 U_m 表示，单位为伏（V）。

在图 5.1 中，从 U_m 到 $-U_m$ 是正弦电压信号 u 的电压最大变化范围，称为正弦电压的峰-峰值，用 U_{p-p} 表示，且有

$$U_{p-p}=2U_m \tag{5-3}$$

2. 频率

正弦信号是周期性信号，完成一次循环所需的时间称为周期，记为 T，单位为秒（s）。当周期时间较短时，常采用毫秒（ms）、微秒（μs）和纳秒（ns）等单位。

正弦信号每秒所完成的循环次数称为频率，记为 f，单位为赫兹（Hz）。当频率较高时，常采用千赫兹（kHz）、兆赫兹（MHz）和吉赫兹（GHz）等单位。

周期与频率互为倒数，即

$$f=\frac{1}{T} \tag{5-4}$$

正弦信号变化的快慢程度除了用周期和频率表示外，还可用角频率 ω 表示，角频率表

示正弦信号在单位时间内变化的弧度数，单位为弧度/秒（rad/s）。

角频率 ω 与频率 f 的关系式如下

$$\omega=2\pi f \tag{5-5}$$

因此，式（5-1）和式（5-2）又可分别写为

$$u=U_m\cos(\omega t+\theta_u) \tag{5-6}$$

$$i=I_m\cos(\omega t+\theta_i) \tag{5-7}$$

在不同的工程领域，正弦信号的频率是不同的。

在电力系统，我国的电力工业标准频率（简称为工频）是 50 Hz，东南亚和欧洲各国的工频也是 50 Hz，美国、日本、韩国和南美各国的工频是 60 Hz。

在某些特殊的交流用电设备，要求电源的频率是 400 Hz。

在手机通信领域，我国工信部正式宣布规划 3 300~3 600 MHz、4 800~5 000 MHz 频段作为中国 5G 系统的工作频段，其中 3 300~3 400 MHz 频段原则上限室内使用。

无线鼠标和手机蓝牙通信采用的是 2. 4G 无线技术，使用的频率是 2. 4~2. 485 GHz ISM 无线频段，该频段在全球大多数国家均属于免授权免费使用。

实验室的信号源通常提供 0~20 MHz 的正弦电压信号。

3. 初始相位

正弦信号在 $t=0$ 时刻的相位，称为正弦信号的初始相位，简称初相。式（5-1）的正弦信号电压的初始相位为 θ_u，式（5-2）的正弦信号电流的初始相位为 θ_i。

初相的大小与计时起点有关，在波形图中，如果波形的正半周零值起点在时间轴的负半区，则初相为正值；如果起点在时间轴的正半区，则初相为负值；如果起始点与坐标原点相重合，则初相为 0，初相的主值范围为±180°。

5.1.2 相位和相位差

1. 相位

在正弦信号的瞬时表达式中，$\omega t+\theta$ 是随时间变化的相位。正弦信号在不同时刻的相位是不同的，因而瞬时值也不同。因此，相位反映了正弦信号变化的进程。

图 5.2 所示为某正弦电压和正弦电流的波形，图中电压的初相 θ_u 为正值，电流的初相 θ_i 为负值。

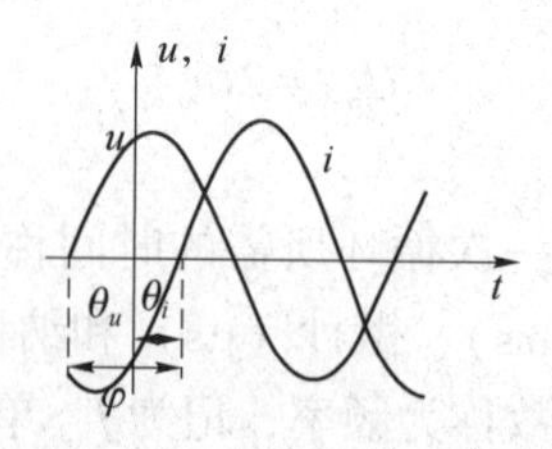

图 5.2 两个同频正弦信号

2. 相位差

对于正弦信号，初相是可以任意设定的，但对于一个电路中的许多同频的正弦信号，它们只能相对于一个共同的计时起点确定各自的相位。因此，在一个正弦稳态电路的计算中，

可以先任意指定其中某一个正弦信号的初相为零，称该正弦信号为参考信号，再根据其他正弦信号与参考信号之间的相位关系确定它们的初相。

注意：不同频率的正弦信号是不能确定相位差的。

在正弦稳态电路分析中，经常要比较两个同频正弦信号的相位关系。两个同频正弦信号的相位之差称为相位差，用 φ 表示，其主值范围为±180°。

设正弦电压 u 的相位为

$$\theta_u(t)=\omega_1 t+\theta_u \tag{5-8}$$

设正弦电流 i 的相位为

$$\theta_i(t)=\omega_1 t+\theta_i \tag{5-9}$$

则 u 与 i 的相位差为

$$\varphi=\theta_u(t)-\theta_i(t)=(\omega_1 t+\theta_u)-(\omega_1 t+\theta_i)=\theta_u-\theta_i \tag{5-10}$$

由式（5-10）可见，两个同频正弦信号的相位差等于两者初相之差，与时间 t 无关。

如果上式的相位差 $\varphi>0$，则电压 u 超前电流 i；如果相位差 $\varphi<0$，则电压 u 滞后电流 i；如果相位差 $\varphi=0$，则电压 u 与电流 i 同相。由图5.2中 u、i 的波形可看出，电压 u 超前电流 i 相位 φ，或电流滞后电压相位 φ。

在电子技术中，同相、反相和正交是经常用到的三种特殊相位关系。比如，模拟电子技术中的同相放大器、反相放大器；通信电路中的信号正交处理。

设交流电压 $i=i_m\cos(\omega_1 t+\theta_i)$，若电流 u 与 i 同相，则

$$u=u_m\cos(\omega_1 t+\theta_i)$$

若电流 u 与 i 反相，则

$$u=u_m\cos(\omega_1 t+\theta_i\pm\pi)=-u_m\cos(\omega_1 t+\theta_i)$$

若电流 u 与 i 正交，则

$$u=u_m\cos(\omega_1 t+\theta_i\pm\pi/2)=\mp u_m\sin(\omega_1 t+\theta_i)$$

图5.3所示为同频正弦信号电压 u 与电流 i 的同相、反相和正交三种特殊相位关系。

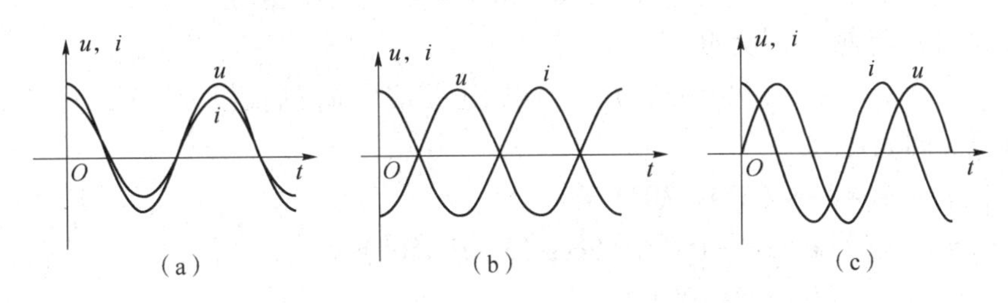

图5.3　三种特殊相位关系

(a) u 与 i 同相；(b) u 与 i 反相；(c) u 与 i 正交

由图5.3（a）波形可见，两个同频正弦信号同相意味着两者同为正半周、同为负半周、同时过零、同时达到最大值和最小值，相位差为0°。

由图5.3（b）波形可见，两个同频正弦信号反相就是两者的正负半周完全相对称，u 的正半周对应 i 的负半周，u 的负半周对应 i 的正半周，相位差为180°。

由图5.3（c）波形可见，u 的过零点对应 i 的最大值或最小值，i 的过零点对应 u 的最大值或最小值，这就是两个同频正弦信号正交的波形特点，相位差为90°。

【例5.1】 已知正弦电压信号 $u_1=10\cos(314t+30°)$ V、$u_2=-15\cos(314t-135°)$ V，试

求 u_1 与 u_2 的相位差，并说明它们的相位关系。

【解】 同频正弦信号的相位关系必须在同极性的相同函数形式下进行初相相减得出结果。虽然 u_1 与 u_2 都是 cos 函数，但 u_2 表达式幅值前有一个负号，负号就意味着反相，故要把该负号转换成相位 180°，则

$$\begin{aligned} u_2 &= -15\cos(314t - 135°) \\ &= 15\cos(314t - 135° + 180°) \\ &= 15\cos(314t + 45°)\ \text{V} \end{aligned}$$

u_1 与 u_2 的相位差为

$$\varphi = \theta_1 - \theta_2 = 30° - 45° = -15°$$

该结果表明 u_1 滞后 u_2 相位 15°。

【例 5.2】 已知正弦电流信号 $i_1 = -15\cos(314t+30°)$ A、$i_2 = 20\sin(314t-100°)$ A，试求 i_1 与 i_2 的相位差，并说明它们的相位关系。

【解】 把 i_1 和 i_2 转换成同符号、同函数的正弦信号，再进行初相相减。

$$\begin{aligned} i_1 &= -15\cos(314t + 30°) \\ &= 15\cos(314t + 30° - 180°) \\ &= 15\cos(314t - 150°)\ \text{A} \\ i_2 &= 20\sin(314t - 100°) \\ &= 20\sin(314t - 10° - 90°) \\ &= -20\cos(314t - 10°) \\ &= 20\cos(314t + 170°)\ \text{A} \end{aligned}$$

i_1 与 i_2 的相位差为

$$\varphi = -150° - 170° = -320°$$

因为 φ 的主值范围为±180°，故有

$$\varphi = 360° - 320° = 40°$$

该结果表明 i_1 超前 i_2 相位 40°。

【例 5.3】 设 $u_1 = 6\cos(314t+30°)$ V，同频正弦信号 u_2 的幅值为 8 V，写出 u_2 与 u_1 同相、反相和正交的表达式。

【解】 同相：$u_2 = 8\cos(314t+30°)$ V

反相：$u_2 = 8\cos(314t+30°\pm180°) = 8\cos(314t-150°)$ V

正交：$u_2 = 8\cos(314t+30°\pm90°)$ V

如果 u_2 超前 u_1 相位 90°，则有

$$u_2 = 8\cos(314t + 120°)\ \text{V}$$

如果 u_2 滞后 u_1 相位 90°，则有

$$u_2 = 8\cos(314t - 60°)\ \text{V}$$

5.1.3 正弦信号的有效值

周期性正弦信号瞬时值是随时间变化的，幅值也是某个时刻的值，都不能反映信号在一个周期内的整体特性。平均值也反映不出正弦信号在一个周期内的整体特性。比如，正弦交

流电流在一个周期内的平均值为零，但所做的功却不为零。这就需要用一个更能客观反映正弦交流信号整体特性的变量来描述正弦交流信号，这个变量就是有效值。

正弦交流信号的有效值是从能量等效的角度来定义的。在两个阻值相同的电阻两端分别加上直流电压 U 和交流电压 u，电阻中将分别有直流电流 I 和交流电流 i 流过。如果在交流信号的一个周期内，两个电阻消耗的能量相等，那么就把此直流电压 U、电流 I 的值作为此交流电压 u、电流 i 的有效值。正弦交流电压和电流有效值单位分别为伏（V）和安（A）。

交流电流 i 通过电阻 R，在一个周期 T 内消耗的能量为

$$W_{AC} = \int_0^T Ri^2 dt = R\int_0^T i^2 dt \tag{5-11}$$

直流电流 I 通过电阻 R，在相同时间内消耗的能量为

$$W_{DC} = \int_0^T RI^2 dt = RI^2 T \tag{5-12}$$

根据有效值的定义，有 $W_{AC} = W_{DC}$，可得

$$R\int_0^T i^2 dt = RI^2 T \tag{5-13}$$

则电流有效值 I 为

$$I = \sqrt{\frac{1}{T}\int_0^T i^2 dt} \tag{5-14}$$

由式（5-14）可知，交流电流 i 的平方在一个周期内平均，然后再开平方是其有效值 I，因此，又称有效值是交流信号的方均根值。

设 $i=I_m\cos(\omega t+\theta_i)$ 代入式（5-14），即可得其有效值与最大值之间的关系式

$$\begin{aligned} I &= \sqrt{\frac{1}{2\pi}\int_0^{2\pi}[I_m\cos(\omega t + \theta_i)]^2 dt} \\ &= \sqrt{\frac{I_m^2}{2\pi}\int_0^{2\pi}\frac{1 + \cos(2\omega t + 2\theta_i)}{2}dt} \\ &= \sqrt{\frac{I_m^2}{4\pi}\left[\int_0^{2\pi} dt + \int_0^{2\pi}\cos(2\omega t + 2\theta_i)dt\right]} \end{aligned}$$

经推导，得

$$I = \frac{I_m}{\sqrt{2}} \approx 0.707 I_m \tag{5-15}$$

或

$$I_m = \sqrt{2} I \tag{5-16}$$

同理，正弦电压 u 的有效值 U 与最大值 U_m 之间也有类似的关系

$$U = \frac{U_m}{\sqrt{2}} \approx 0.707 U_m \tag{5-17}$$

或

$$U_m = \sqrt{2} U \tag{5-18}$$

注意：只有正弦信号的最大值与有效值之间才有 $\sqrt{2}$ 倍的关系，非正弦交变信号不存在此关系。

在电力系统中所说的交流电压、电流的大小值均指有效值，比如常用的电源转接板的标称值 220 V/10 A。万用表测量的交流电的读数也是有效值。

【例 5.4】 u_1 和 u_2 的表达式如下，试写出其有效值 U_1 和 U_2。

$$u_1=311\cos(314t+30°)\ \mathrm{V},\ u_2=10\sqrt{2}\cos(314t)\ \mathrm{V}$$

【解】 正弦信号的通用表达式为

$$u=U_{\mathrm{m}}\cos(\omega t+\theta_u)$$

经对比，得

$$U_{1\mathrm{m}}=311\ \mathrm{V},\ U_{2\mathrm{m}}=10\sqrt{2}\ \mathrm{V}$$

其有效值分别为

$$U_1=0.707\times311\approx220(\mathrm{V}),\ U_2=10\sqrt{2}/\sqrt{2}=10(\mathrm{V})$$

【例 5.5】 已知某航空交流电源正弦电压的有效值 $U=115$ V，频率 $f=400$ Hz，初相 $\theta_u=60°$，试写出该正弦电压时域表达式。

解：由最大值与有效值之间的关系式（5-16），可得

$$U_{\mathrm{m}}=\sqrt{2}U=115\sqrt{2}\approx162.6(\mathrm{V})$$

则

$$\begin{aligned}u&=U_{\mathrm{m}}\cos(2\pi ft+\theta_u)\\&=115\sqrt{2}\cos(800\pi t+60°)\\&=162.6\cos(800\pi t+60°)\ \mathrm{V}\end{aligned}$$

5.2 正弦信号的相量表示及运算

由第 4 章可知，在对时域电路分析时，当交流信号作用于电容时，流过电容的电流是电压的微分，电压是电流的积分。当交流信号作用于电感时，电感的电压是电流的微分，电流是电压的积分。在对含有电容元件和电感元件电路进行时域分析时，描述电路的方程是非齐次微分方程，往往还是高阶非齐次微分方程。

在正弦稳态电路中，求解激励为正弦信号的高阶微分方程非常难。读者若把主要精力用于求解微分方程，将导致轻视物理现象，从而本末倒置。

当把正弦信号用相量这种特殊的复数表示后，就可以将求解正弦信号高阶微分方程的问题转化为求解相量代数方程的问题，从而极大地简化了正弦稳态电路的分析与运算。

5.2.1 复数及其运算

1. 复数的定义

复数 F 由实部和虚部组成，其代数式为

$$F=a+\mathrm{j}b \tag{5-19}$$

式中，a，b 均为实数。a 称为复数的实部，b 称为复数的虚部，记作

$$a=\mathrm{Re}[F],\ b=\mathrm{Im}[F] \tag{5-20}$$

j为虚数单位，且有

$$j=\sqrt{-1},\ j^2=-1 \tag{5-21}$$

注意：在复变函数中，虚数单位用i表示。在电路中，i已用于表示电流，所以虚数单位用j表示。

当$a\neq 0$，$b=0$时，$F=a$为实数，既实数是虚数的特殊情况。

当$a=0$，$b\neq 0$时，$F=\mathrm{j}b$为纯虚数。

复数不能比较大小，但能比较是否相等。

复数$F_1=a_1+\mathrm{j}b_1$，$F_2=a_2+\mathrm{j}b_2$，若$F_1=F_2$，则有$a_1=a_2$，$b_1=b_2$，既实部等于实部，虚部等于虚部。

2. 复数的表示方法

任一复数F都可以用表5.1中左列4种形式来表示。

表5.1　复数的表达式

名称	表达式	名称	表达式
代数式	$F=a+\mathrm{j}b$	模$\|F\|$	$\|F\|=\sqrt{a^2+b^2}$
三角函数式	$F=\|F\|(\cos\theta+\mathrm{j}\sin\theta)$	辐角	$\theta=\arctan\dfrac{b}{a}$
指数式	$F=\|F\|\mathrm{e}^{\mathrm{j}\theta}$	实部	$a=\|F\|\cos\theta$
极坐标式	$F=\|F\|\angle\theta$	虚部	$b=\|F\|\sin\theta$

表5.1中，$|F|$是复数F的模，θ是复数F的辐角，并规定θ的主值范围为±180°。

复数的上述4种形式可以互相转换，它们之间的转换算法如表5.1右列所示。

【例5.6】　复数$F=6+\mathrm{j}8$，求其模$|F|$和辐角θ，并写出对应的其他三种形式的表达式。

【解】

$$|F|=\sqrt{6^2+8^2}=10,\ \theta=\arctan\frac{8}{6}=53.1°$$

三角函数式：$F=10\cos 53.1°+\mathrm{j}10\sin 53.1°$；

指数式：$F=10\mathrm{e}^{\mathrm{j}53.1°}$；

极坐标式：$F=10\angle 53.1°$。

【例5.7】　复数$F=8\angle -30°$，写出对应的其他三种形式的表达式。

【解】

$$a=|F|\cos\theta=8\cos(-30°)=8\times 0.866\approx 6.9$$

$$b=|F|\sin\theta=8\sin(-30°)=-8\times 0.5=-4$$

代数式：$F=6.9-\mathrm{j}4$；

三角函数式：$F=8\cos 30°-\mathrm{j}8\sin 30°$；

指数式：$F=8\mathrm{e}^{-\mathrm{j}30°}$。

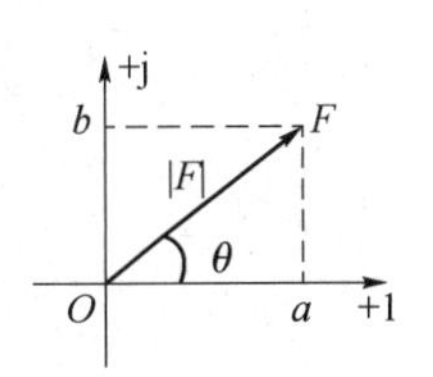

图5.4　复数F示意图

复数除了可以用数学表达式表示外，也可以在复平面上用图形的形式表示。复平面的横轴为实轴，用+1表示；纵轴为虚轴，用+j表示。复数F在复平面上可用有方向的线段（箭头）来表示，如图5.4所

示，有向线段的长度是复数的模$|F|$，有向线段与正实轴的夹角是复数的辐角θ。有向线段在实轴的投影是复数的实部a，在虚轴的投影是复数的虚部b。

3. 复数的算术运算

复数常用的算术运算有加、减、乘、除运算，在进行加、减运算时用代数式最为方便；在进行乘、除运算时用极坐标式最为方便。

设有2个复数$F_1=a_1+\mathrm{j}b_1=|F_1|\angle\theta_1$，$F_2=a_2+\mathrm{j}b_2=|F_2|\angle\theta_2$，则其算术运算关系式如表5.2所示。

表5.2　相量运算

运算种类	表达式
加减法运算	$F_1 \pm F_2=(a_1 \pm a_2)+\mathrm{j}(b_1 \pm b_2)$
乘法运算	$F_1 \cdot F_2=|F_1| \cdot |F_2| \angle(\theta_1+\theta_2)$
除法运算	$\dfrac{F_1}{F_2}=\dfrac{|F_1|}{|F_2|}\angle(\theta_1-\theta_2)$

复数的加减运算是实部和虚部分别加减运算。复数的乘法运算是模相乘，辐角相加。复数的除法运算是模相除，辐角是被除数的辐角减去除数的辐角。

【例5.8】　已知$F_1=3+\mathrm{j}4$、$F_2=6-\mathrm{j}8$，求$F_1 \pm F_2$。

【解】　根据复数加减运算规则，可得

$$F_1+F_2=3+6+\mathrm{j}4-\mathrm{j}8=9-\mathrm{j}4$$

$$F_1-F_2=3-6+\mathrm{j}4+\mathrm{j}8=-3+\mathrm{j}12$$

【例5.9】　已知$F_1=6\mathrm{e}^{\mathrm{j}45°}$、$F_2=-4\mathrm{e}^{-\mathrm{j}15°}$，求$F_1 \cdot F_2$和$F_1/F_2$。

【解】

$$F_1=6\mathrm{e}^{\mathrm{j}45°}=6\angle 45°$$

$$F_2=-4\mathrm{e}^{-\mathrm{j}15°}=-4\angle -15°$$

根据复数乘除运算规则，可得

$$F_1 \cdot F_2=-6\angle 45° \cdot 4\angle -15°=-24\angle(45°-15°)=-24\angle 30°$$

$$F_1/F_2=-6/4\angle(45°+15°)=-1.5\angle 60°$$

【例5.10】　已知复数$F=10\angle 60°+\dfrac{(5+\mathrm{j}5)(-\mathrm{j}10)}{5+\mathrm{j}5-\mathrm{j}10}$，将其转换为极坐标式。

【解】　根据复数运算规则，可得

$$\begin{aligned}F&=10\angle 60°+\frac{(5+\mathrm{j}5)(-\mathrm{j}10)}{5+\mathrm{j}5-\mathrm{j}10}\\&=10(\cos 60°+\mathrm{j}\sin 60°)+\frac{50(1-\mathrm{j})}{5-\mathrm{j}5}\\&=5+\mathrm{j}8.66+10=15+\mathrm{j}8.66\\&=\sqrt{15^2+8.66^2}\arctan\frac{8.66}{15}\\&\approx 17.32\angle 30°\end{aligned}$$

5.2.2　正弦信号的相量表示及相量运算

1. 相量与正弦信号的关系

如果复数 F 的辐角为 $\theta(t)=\omega t+\theta$，则 F 就可以写成复指数函数形式，它的辐角以 ω 为角速度随时间变化，其表达式为

$$F=|F|e^{j\theta(t)} \tag{5-22}$$

利用欧拉公式，这个复指数函数可以展开为

$$F=|F|\cos(\omega t+\theta)+j|F|\sin(\omega t+\theta)$$

则复数 F 的实部

$$\mathrm{Re}[F]=|F|\cos(\omega t+\theta) \tag{5-23}$$

由此可见，正弦信号可以用复指数函数来描述。

设正弦电流 $i=\sqrt{2}I\cos(\omega t+\theta_i)$，则它可以用复指数函数表示为

$$i=\sqrt{2}I\cos(\omega t+\theta_i)=\mathrm{Re}[\sqrt{2}Ie^{j(\omega t+\theta_i)}]=\mathrm{Re}[\sqrt{2}Ie^{j\omega t}e^{j\theta_i}] \tag{5-24}$$

在正弦稳态电路中，当外加正弦激励源时，各支路电压、电流均为与激励同频率的正弦信号。所以只要确定了各正弦信号的有效值和初相这两个要素，就能完全确定相应的正弦信号。

$Ie^{j\theta_i}$是以正弦信号 i 的有效值 I 为模，初相 θ_i 为辐角的复数，将这个复数定义为正弦信号 i 的有效值相量，记为 $\dot{I}$，即

$$\dot{I}=Ie^{j\theta_i}=I\angle\theta_i \tag{5-25}$$

有效值相量 $\dot{I}$ 是在大写字母 I 的上方加个小圆点，这既可以区别于有效值 I，也表明它不是一般的复数，它是与正弦信号一一对应的相量。

相量的单位与相对应的时域变量的单位相同。

当然，也可以用正弦信号的幅值来定义相量，称为幅值相量或最大值相量，用 $\dot{I}_m$ 表示，则有

$$\dot{I}_m=\sqrt{2}\dot{I}=\sqrt{2}I\angle\theta_i \tag{5-26}$$

但用得最多的还是有效值相量，所以只要不做特别说明，本书中的相量就是指有效值相量。

参照电流的有效值相量定义，正弦电压 $u=\sqrt{2}U\cos(\omega t+\theta_u)$ 的有效值相量可表示为

$$\dot{U}=Ue^{j\theta_u}=U\angle\theta_u \tag{5-27}$$

定义了相量后，式（5-24）的正弦信号 i 的复指数形式可以写成

$$i=\mathrm{Re}[\sqrt{2}\dot{I}e^{j\omega t}] \tag{5-28}$$

但不能写成

$$i=\sqrt{2}I\cos(\omega t+\theta_i)=\dot{I}=Ie^{j\theta_i}$$

因为 i 是时域变量，而 $\dot{I}$j 是相量域变量，两者是对应关系，不是相争关系。

【例 5.11】　已知正弦电流 $i_1=6\cos(314t+45°)$ A，$i_2=8\sqrt{2}\sin(314t+30°)$ A，试分别写出它们的相量表达式。

【解】　i_1 的有效值和初相分别为

$$I_1 = 6/\sqrt{2} = 3\sqrt{2}(\text{A}),\ \theta_1 = 45°$$

其相量表达式为

$$\dot{I}_1 = 3\sqrt{2}\,\text{e}^{\text{j}45°}\ \text{A}$$

先把 i_2 转换成标准正弦信号形式。

$$\begin{aligned} i_2 &= 8\sqrt{2}\sin(314t+30°) \\ &= 8\sqrt{2}\cos(314t+30°-90°) \\ &= 8\sqrt{2}\cos(314t-60°)\ \text{A} \end{aligned}$$

则 i_2 的有效值和初相分别为

$$I_2 = 8\sqrt{2}/\sqrt{2} = 8(\text{A}),\ \theta_2 = -60°$$

其相量表达式为

$$\dot{I}_2 = 8\text{e}^{-\text{j}60°}\ \text{A}$$

【例 5.12】 已知正弦电压 u_1 和 u_2 的相量表达式分别为 $\dot{U}_1 = 30\angle -45°\ \text{V}$，$\dot{U}_2 = -10\sqrt{2}\angle 30°\ \text{V}$，频率 $f_1 = 50\ \text{Hz}$，$f_2 = 100\ \text{Hz}$，试写出 u_1 和 u_2 时域表达式。

【解】 根据相量的表达式，可得 U_1、U_2 的有效值和初相

$$U_1 = 30\ \text{V},\ \theta_1 = -45°$$

$$U_2 = 10\sqrt{2}\ \text{V},\ \theta_2 = 30°$$

相应的最大值为

$$U_{1\text{m}} = \sqrt{2}U_1 = 30\sqrt{2}\ \text{V},\ U_{2\text{m}} = \sqrt{2}U_2 = 10\sqrt{2}\cdot\sqrt{2} = 20(\text{V})$$

由此可写出相应的 u_1 和 u_2 时域表达式

$$\begin{aligned} u_1 &= 30\sqrt{2}\cos(314t-45°)\ \text{V} \\ u_2 &= -20\cos(628t+30°) \\ &= 20\cos(628t-150°)\ \text{V} \end{aligned}$$

2. 相量的图形表示

既然相量是复数，那么就可以在复平面上用有向线段来表示，有向线段的长度就是相量的模，即正弦信号的有效值；有向线段与正实轴的夹角就是相量的辐角，即正弦信号的初相，这种在复平面上表示相量的矢量图称为相量图。显然，根据相量的极坐标形式能方便地作出相量图。

注意：只有同频率的相量才能画在同一个复平面内。

在相量图上能够直观地看出各个正弦信号的大小和相互之间的相位关系，所以相量图在正弦稳态电路的分析中有着很重要的作用，尤其适用于分析相位差的关系。利用相量图还可以进行同频正弦信号所对应相量的加、减运算。

设有两电压相量，$\dot{U}_1 = U_1\angle\theta_1$，$\dot{U}_2 = U_2\angle\theta_2$，且 $\dot{U}_1$ 超前于 $\dot{U}_2$。它们的相量图如图 5.5 所示。

1）相量加法运算

如图 5.5（a）所示，$\dot{U}_1$ 和 $\dot{U}_2$ 构成了平行四边形的两边，$\dot{U}$ 则是平行四边形的对角线，且 $\dot{U} = \dot{U}_1 + \dot{U}_2$，因此，称之为平行四边形法则。

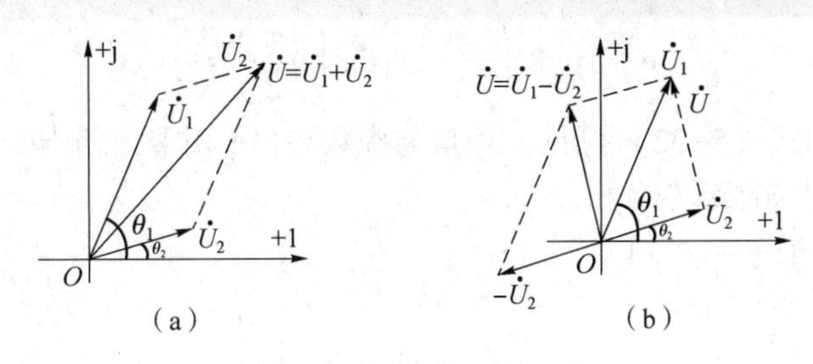

图 5.5　相量加减平行四边形法则

(a) 相量相加；(b) 相量相减

2）相量减法运算

实际上，$\dot{U}_1-\dot{U}_2$ 即是 $\dot{U}_1+(-\dot{U}_2)$，首先将相量 $\dot{U}_2$ 反相得到 $-\dot{U}_2$，然后依据加法的平行四边形法则进行相量加法即可，求出的相量 $\dot{U}=\dot{U}_1-\dot{U}_2$，如图 5.5（b）所示。

相量的减法也可以利用三角形法则，相量 $\dot{U}$ 可以直接从相量 $\dot{U}_2$ 的终点指向 $\dot{U}_1$ 的终端画有向线段，如图 5.5（b）中的虚线表示的 $\dot{U}$ 所示。

可以看出实线表示的 $\dot{U}$ 与虚线表示的 $\dot{U}$ 是相同的相量，只是位置发生了平移。

3）相量的旋转

$$e^{j\theta}=\cos\theta+j\sin\theta=1\angle\theta \tag{5-29}$$

复数 $F=|F|e^{j\theta_1}$ 乘以 $e^{j\theta}$，得

$$F_1=|F|e^{j\theta_1}\cdot e^{j\theta}=|F|e^{j(\theta_1+\theta)} \tag{5-30}$$

其相量图如图 5.6 所示。

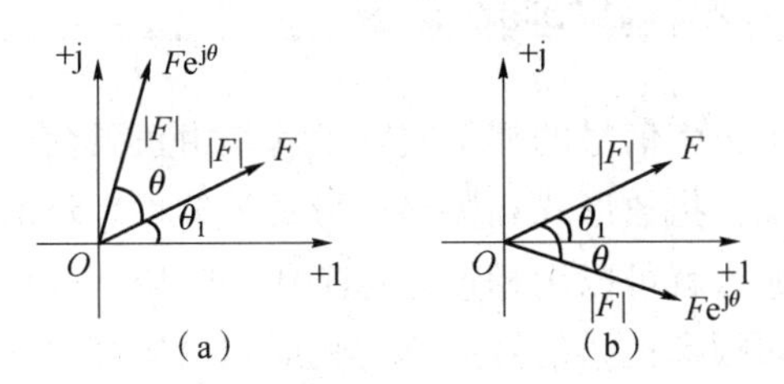

图 5.6　复数 F 与 $e^{j\theta}$ 相乘相量图

(a) $\theta>0$；(b) $\theta<0$

由图 5.6 可见，复数 $F=|F|e^{j\theta_1}$ 与 $e^{j\theta}$ 相乘，模不变，但在相位上旋转了 θ 角。当 θ 为正时，逆时针旋转 θ 角；当 θ 为负时，顺时针旋转 θ 角。因此，将 $e^{j\theta}$ 称为旋转因子。

在 5.1.2 节中介绍了 2 个同频正弦信号的三种特殊相位关系。其中，正交、反相对应的旋转因子分别为“j”和“-1”。

(1) 90°旋转因子——“j”。

当 $\theta=\pi/2$ 时，有

$$e^{j\frac{\pi}{2}}=\cos\frac{\pi}{2}+j\sin\frac{\pi}{2}=+j \tag{5-31}$$

当 $\theta=-\pi/2$ 时，有

$$e^{-j\frac{\pi}{2}}=\cos\left(-\frac{\pi}{2}\right)+j\sin\left(-\frac{\pi}{2}\right)=-j \tag{5-32}$$

由式（5-31）和式（5-32）可见，相量与虚数单位 j 相乘，相当于相量旋转 90°，也就是说虚数单位“j”是 90°旋转因子。

（2）180°旋转因子——“-1”。

当 $\theta=\pi$ 时，有

$$e^{j\pi}=\cos\pi+j\sin\pi=-1 \tag{5-33}$$

当 $\theta=-\pi$ 时，有

$$e^{-j\pi}=\cos\pi-j\sin\pi=-1 \tag{5-34}$$

由式（5-33）和式（5-34）可见，相量乘以“-1”，相当于相量旋转 180°，也就是说“-1”是 180°旋转因子。

特殊旋转因子示意图如图 5.7 所示。

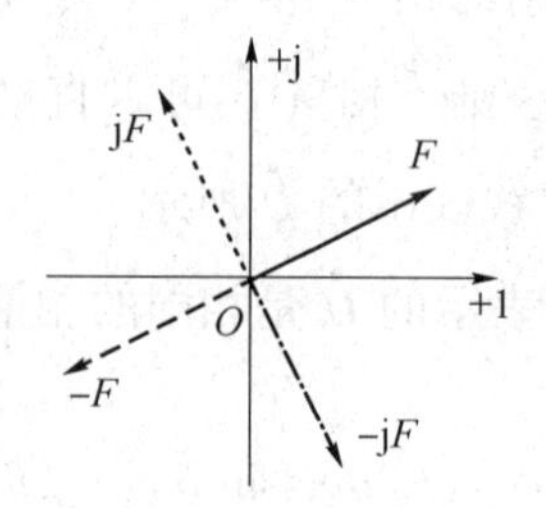

图 5.7　特殊旋转因子示意图

5.2.3　时域运算与相量运算的对应关系

由以上所述可知，时域正弦信号的相量实际上就是由正弦信号的有效值和初相构成的复数，因此相量也有代数形式、指数形式和极坐标形式等多种表示形式。既然相量和时域正弦信号是一一对应的关系，那么就可以用相量运算来代替时域正弦信号运算。

下面列出几种常用的同频率正弦信号运算与相应相量运算之间的对应关系。

1. 加、减运算

同频率正弦信号的加、减运算仍为同频率正弦信号，对应着相应相量的加、减运算，即

$$x_1\pm x_2\Leftrightarrow\dot{X}_1\pm\dot{X}_2 \tag{5-35}$$

2. 求导运算

对正弦信号求导，得到的是同频率正弦信号。时域的微分算子对应相量域的乘积因子 $j\omega$，即

$$\frac{d(\cdot)}{dt}\Leftrightarrow j\omega \tag{5-36}$$

设正弦信号为 $u=U\sqrt{2}\cos(\omega t+\theta)$，对应的电压相量为 $\dot{U}=U\angle\theta$。

对 u 在时域求导，得

$$\frac{du}{dt}=-\omega\sqrt{2}U\sin(\omega t+\theta)$$

$$=\sqrt{2}\omega U\sin\ (\omega t+\theta+180°)$$
$$=\sqrt{2}\omega U\sin\ (\omega t+\theta+90°+90°)$$
$$=\sqrt{2}\omega U\cos\ (\omega t+\theta+90°)$$

对应的有效值相量为

$$\omega U\angle(\theta+90°)=\mathrm{j}\omega U\angle\theta$$

3. 积分运算

对正弦信号积分，得到的是同频率正弦信号。时域的积分算子对应相量域的乘积因子 $1/\mathrm{j}\omega$，即

$$\int(\cdot)\mathrm{d}t\Leftrightarrow\frac{1}{\mathrm{j}\omega} \tag{5-37}$$

设正弦信号为 $u=U\sqrt{2}\cos\ (\omega t+\theta)$，对应的电压相量为 $\dot{U}=U\angle\theta$。

对 u 在时域进行积分，得

$$\int u\mathrm{d}t=\frac{\sqrt{2}U}{\omega}\sin\ (\omega t+\theta)$$
$$=\frac{\sqrt{2}U}{\omega}\cos\ (\omega t+\theta-90°)$$

对应的有效值相量为　$\frac{U}{\omega}\angle(\theta-90°)=\frac{U}{\mathrm{j}\omega}\angle\theta$

利用正弦信号相量的运算性质，就可以将时域的正弦信号加、减、微分及积分等运算转换为复数域的代数运算，从而大大简化了计算。在求得相量的解答后，再利用相量和正弦信号之间的一一对应关系，写出正弦信号时域表达式。

注意：正弦信号的乘除法运算通常会产生新的频率分成，故不能用相量运算来实现。

5.2.4　电路基本定律的相量形式

1. 电压、电流的参考方向

在正弦稳态电路中，交流电压和电流的参考方向沿用了直流电路的关联参考方向的标注方法，如图 5.8 所示。但要注意的是，图 5.8 中的箭头方向是交流电压、电流在某个时刻的瞬时方向。

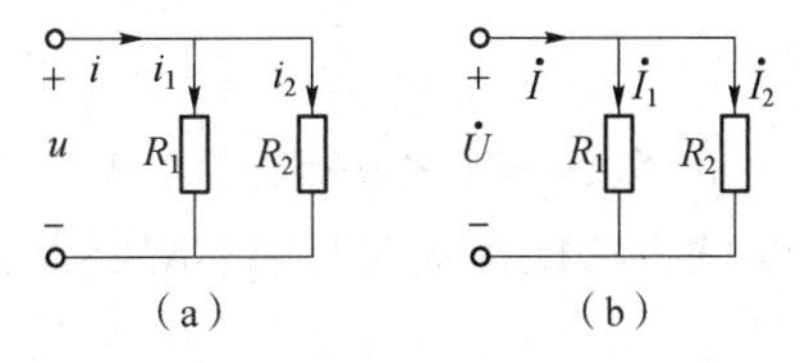

图 5.8　电压、电流的参考方向
(a) 时域模型；(b) 相量模型

图 5.8 (a) 所示为时域模型电路，图 5.8 (b) 所示为对应的相量模型电路。

2. 欧姆定律的相量形式

由图 5.8 (a) 可得出时域形式的欧姆定律

$$u=R_1 i_1$$

由图 5.8（b）可得出相量形式的欧姆定律

$$\dot{U}=R_1 \dot{I}_1 \tag{5-38}$$

3. KCL 的相量形式

对正弦交流电路中的任一节点，所有支路电流相量的代数和为零，即

$$\sum_{k=1}^{n} \dot{I}_k = 0 \tag{5-39}$$

【例 5.13】 一阶 *RL* 并联电路如图 5.9 所示，已知 $i_R=3\sqrt{2}\cos(314t)$ A，$i_L=4\sqrt{2}\sin(314t)$ A，写出端口电流 i 的时域表达式。

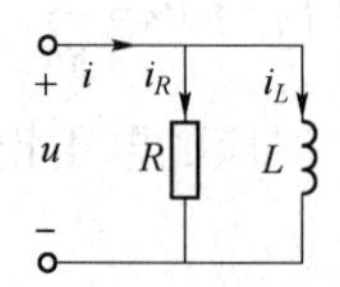

图 5.9 例 5.13 电路图

【解 1】 直接在时域求解。

$$i=i_R+i_L=3\sqrt{2}\cos(314t)+4\sqrt{2}\sin(314t)$$

$$=\sqrt{(3\sqrt{2})^2+(4\sqrt{2})^2}\left[\frac{3\sqrt{2}}{\sqrt{(3\sqrt{2})^2+(4\sqrt{2})^2}}\cos(314t)+\frac{4\sqrt{2}}{\sqrt{(3\sqrt{2})^2+(4\sqrt{2})^2}}\sin(314t)\right]$$

$$=5\sqrt{2}\left[\frac{3}{5}\cos(314t)+\frac{4}{5}\sin(314t)\right]$$

$$=5\sqrt{2}[\cos 53.1°\cos(314t)+\sin 53.1°\sin(314t)]$$

$$=5\sqrt{2}\cos(314t-53.1°)\ \text{A}$$

【解 2】 利用相量求解。

（1）写出两个正弦信号的对应相量表达式

$$\dot{I}_R=3\angle 0°\ \text{A},\ \dot{I}_L=4\angle -90°\ \text{A}$$

（2）计算两相量之和

$$\dot{I}=\dot{I}_R+\dot{I}_L=3\angle 0°+4\angle -90°$$

$$=3-\text{j}4=5\angle -53.1°\ (\text{A})$$

（3）写出正弦信号表达式

$$i=5\sqrt{2}\cos(314t-53.1°)\ \text{A}$$

由解 1 和解 2 可见，用相量的方法比直接在时域求解要容易得多，在更多个同频正弦信号相加减时，这个优势就更为明显。

4. KVL 的相量形式

对正弦交流电路中的任一回路，所有支路电压相量的代数和为零，即

$$\sum_{k=1}^{n} \dot{U}_k = 0 \tag{5-40}$$

【例 5.14】 电路如图 5.10 所示。已知 $u_1=10\sqrt{2}\cos(314t+30°)$ V，$u_2=4\cos(314t+45°)$ V，

$u_3=5\sqrt{2}\sin(314t+60°)$ V，求端口电压 u 的时域表达式。

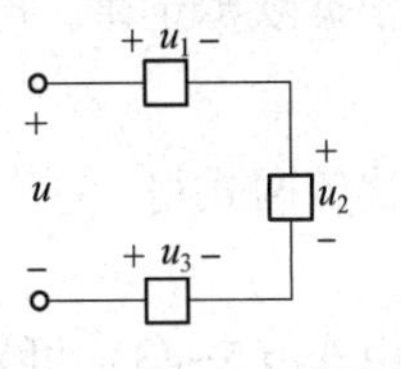

图 5.10　例 5.14 电路图

【解】　由电路可列出 KVL 方程

$$u=u_1+u_2-u_3$$

（1）写出相量表达式

$$\dot{U}_1=10\angle 30°\ \text{V},\ \dot{U}_2=2\sqrt{2}\angle 45°\ \text{V}$$

$$\begin{aligned}u_3&=5\sqrt{2}\sin(314t+60°)\\&=5\sqrt{2}\cos(314t+60°-90°)\\&=5\sqrt{2}\cos(314t-30°)\ \text{V}\end{aligned}$$

$$\dot{U}_3=5\angle -30°\ \text{V}$$

（2）计算相量的代数和

$$\begin{aligned}\dot{U}&=\dot{U}_1+\dot{U}_2-\dot{U}_3=10\angle 30°+2\sqrt{2}\angle 45°-5\angle -30°\\&=10(\cos 30°+\text{j}\sin 30°)+2\sqrt{2}(\cos 45°+\text{j}\sin 45°)-5(\cos 30°-\text{j}\sin 30°)\\&=10(0.866+\text{j}0.5)+2\sqrt{2}\left(\frac{1}{\sqrt{2}}+\text{j}\frac{1}{\sqrt{2}}\right)-5(0.866-\text{j}0.5)\\&=(8.66+2-4.33)+\text{j}(5+2+2.5)\\&=6.33+\text{j}9.5=11.4\angle 56.3°(\text{V})\end{aligned}$$

（3）写出正弦信号表达式

$$u=11.4\sqrt{2}\cos(314t+56.3°)\ \text{V}$$

注意：通常情况下，电压、电流的有效值不满足 KCL 和 KVL。

5.3　理想电路元件的 VCR 的相量形式

5.3.1　电阻元件的 VCR 的相量形式

图 5.11 所示为交流电路中的电阻元件的时域模型、电压电流波形、相量模型和相量图。

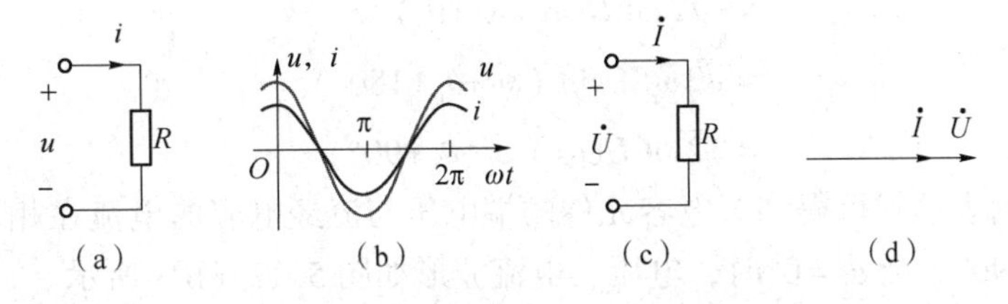

图 5.11　交流电路中的电阻元件

（a）时域模型；（b）电压电流波形；（c）相量模型；（d）相量图

在时域模型中，设流过电阻 R 的交流电流 i 为

$$i=\sqrt{2}I\cos(\omega t+\theta_i) \tag{5-41}$$

根据欧姆定律，电阻的端电压 u 为

$$u=\sqrt{2}RI\cos(\omega t+\theta_i)=\sqrt{2}U\cos(\omega t+\theta_u) \tag{5-42}$$

比较两式得

$$U=RI,\ \theta_u=\theta_i \tag{5-43}$$

由式（5-43）可知，电阻的端电压与流过电阻的电流是同相的。当 $\theta_i=0°$时，波形如图 5.11（b）所示。

在相量域模型中，电流的相量为

$$\dot{I}=I\angle\varphi_i \tag{5-44}$$

则电阻端电压的相量为

$$\dot{U}=R\dot{I}=RI\angle\varphi_i \tag{5-45}$$

式（5-45）是电阻元件的 VCR 的相量形式，其相量图如图 5.11（d）所示。

5.3.2 电容元件的 VCR 的相量形式

图 5.12 所示为交流电路中的电容元件的时域模型、电压电流波形、相量域模型和相量图。

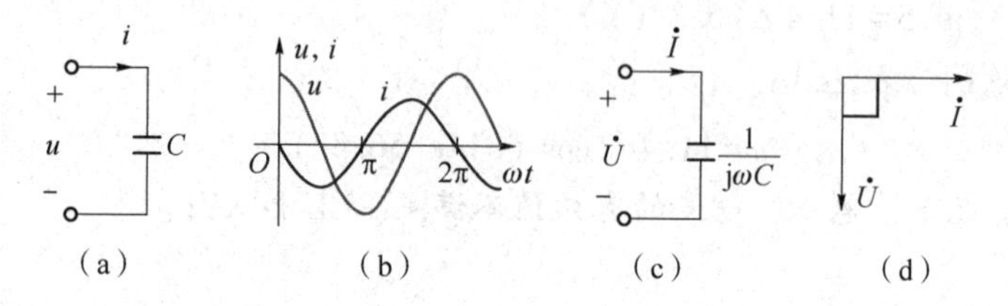

图 5.12 交流电路中的电容元件

（a）时域模型；（b）电压电流波形；（c）相量模型；（d）相量图

在图 5.12（a）的时域模型中，假设电容 C 的端电压 u 为

$$u=\sqrt{2}U\cos(\omega t+\theta_u)$$

根据电容元件的时域 VCR，流经电容元件的电流 i 为

$$\begin{aligned}i&=C\frac{\mathrm{d}u}{\mathrm{d}t}=C\frac{\mathrm{d}}{\mathrm{d}t}[\sqrt{2}U\cos(\omega t+\theta_u)]\\&=-\sqrt{2}\omega CU\sin(\omega t+\theta_u)\\&=\sqrt{2}\omega CU\sin(\omega t+\theta_u+180°)\\&=\sqrt{2}\omega CU\cos(\omega t+\theta_u+90°)\end{aligned}$$

比较 u 和 i 的表达式可得知，电容元件的端电压与流经电容的电流在相位上正交，且电流超前电压相位 90°。当 $\theta_u=0°$时，电压、电流波形如图 5.12（b）所示。

在相量模型中，电容端电压的相量为

$$\dot{U}=U\angle(-90°+\theta_u)$$

流过电容元件的电流为

$$\dot{I}=\mathrm{j}\omega C\dot{U}=\omega CU\angle(90°-90°+\theta_u)=\omega CU\angle\theta_u \tag{5-46}$$

式（5-46）是电容元件的 VCR 的相量形式，相量图如图 5.12（d）所示。式中，$j\omega C$ 称为电容的导纳，记为 Y_C，单位为西门子（S）。

$$Y_C = j\omega C \tag{5-47}$$

电容的阻抗记为 Z_C，单位为欧姆（Ω）。

$$Z_C = 1/j\omega C = -j/\omega C \tag{5-48}$$

参数 $1/\omega C$ 称为电容的容抗，记为 X_C，单位为欧姆（Ω）。

$$X_C = 1/\omega C \tag{5-49}$$

容抗反映了电容元件对交流电流的阻碍作用，它与电流频率 f 成反比，交流电流的频率越高，电容对交流电流的阻碍作用就越小。对直流电流而言，由于频率 $f=0$，$X_C=\infty$，故电容元件对直流相当于开路。也就是说，电容具有"隔直通交"的作用。电子信号放大电路的信号耦合电容和旁路电容就是利用了这个特性。

采用容抗表达式后，电容元件的 VCR 的相量式可写成

$$\dot{U} = -jX_C\dot{I} \tag{5-50}$$

【例 5.16】 在调幅波产生电路中，需要通过电容 C_1 和 C_2 分别耦合低频调制信号（f_S = 1 kHz）和高频载波信号（f_C = 10 MHz）。若要求在工作频率上电容的容抗小于 10 Ω，各自需要的耦合电容至少取多大的值。

【解】（1）耦合低频调制信号

$$X_{C_1} = 1/\omega_S C_1 = 1/2\pi f_S C_1 = 1/(6\ 280C_1) < 10\ \Omega$$

$$C_1 > 1/62\ 800 \approx 15.9(\mu F)$$

（2）耦合高频载波信号

$$X_{C_2} = 1/\omega_C C_2 = 1/2\pi f_C C_2 = 1/(6.28\times10^7 C_2) < 10\ \Omega$$

$$C_2 > 1/(628\times10^6) \approx 1.59(nF)$$

5.3.3 电感元件的 VCR 的相量形式

图 5.13 所示为交流电路中的电感元件的时域模型、电压电流波形、相量域模型和相量图。

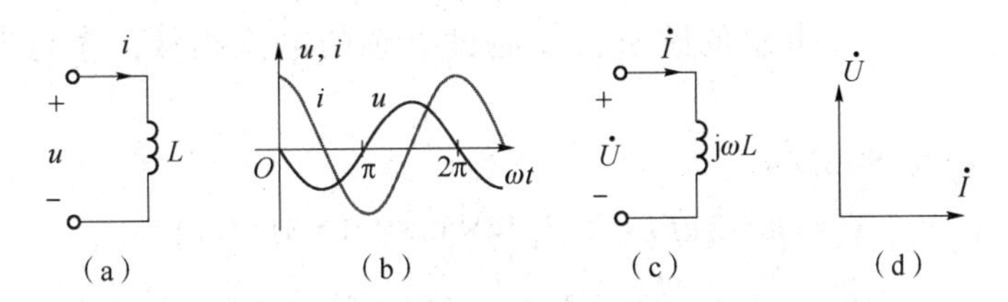

图 5.13　交流电路中的电感元件

（a）时域模型；（b）电压电流波形；（c）相量模型；（d）相量图

在图 5.13（a）时域模型中，设流过电感元件 L 的交流电流为

$$i = \sqrt{2}I\cos(\omega t + \theta_i)$$

根据电感元件的端电压与流经电流的 VCR，电感元件的端电压为

$$u = L\frac{\mathrm{d}i}{\mathrm{d}t} = L\frac{\mathrm{d}}{\mathrm{d}t}[\sqrt{2}I\cos(\omega t+\theta_i)]$$

$$= -\sqrt{2}\omega LI\sin(\omega t+\theta_i)$$

$$= \sqrt{2}\omega LI\sin(\omega t+\theta_i+180°)$$

$$= \sqrt{2}\omega LI\cos(\omega t+\theta_i+90°)$$

由上式可知，电感元件的端电压与流经的电流在相位上正交，且电压超前电流相位90°。当 $\theta_i = 0°$时，电压、电流波形如图 5.13（b）所示。

在相量模型中，电流的相量为

$$\dot{I} = I\angle\theta_i$$

电感元件端电压为

$$\dot{U} = \mathrm{j}\,\omega L\dot{I} = \mathrm{j}\omega LI\angle\theta_i = \omega LI\angle(\theta_i+90°) \tag{5-51}$$

式（5-51）是电感元件端电压与流经电流的 VCR 相量形式，相量图如图 5.13（d）所示。

电感的阻抗记为 Z_L，单位为欧姆（Ω）。

$$Z_L = \mathrm{j}\omega L \tag{5-52}$$

参数 ωL 称为电感的感抗，记为 X_L，单位为欧姆（Ω）。

$$X_L = \omega L \tag{5-53}$$

感抗反映了电感元件对交流电流的阻碍作用，它与电流频率 f 成正比，交流电流的频率越高，电感对电流的阻碍作用就越大。对直流电流而言，由于频率 $f=0$，$X_L=0$，故电感元件对直流相当于短路。也就是说电感具有“通直隔交”的作用，高频电路中用于直流电源滤波的高频扼流线圈就是利用了这个特性。

注意：对于电容元件和电感元件，容抗和感抗随电源频率变化，而电阻元件的阻值始终恒定，这是它们的不同之处。

采用感抗表达式后，电感元件的 VCR 相量式可写成

$$\dot{U} = \mathrm{j}X_L\dot{I} \tag{5-54}$$

【例 5.15】 某电感元件的电感量 $L=0.1$ H，端电压 $u=220\sqrt{2}\cos\omega t$ V，当 f 分别为 50 Hz和 400 Hz 时，求：①电感的感抗；②通过电感的电流相量；③写出电流的时域表达式。

【解】（1）当 f 为 50 Hz 时

① $$X_L = \omega L = 2\pi f L = 2\times3.14\times50\times0.1 = 31.4(\Omega)$$

② $$\dot{I} = \dot{U}/\mathrm{j}\omega L = 220/31.4\angle-90° = 7\angle-90°(\mathrm{A})$$

③ $$i = 7\sqrt{2}\cos(314t-90°)\ \mathrm{A}$$

（2）当 f 为 400 Hz 时

① $$X_L = \omega L = 2\pi f L = 2\times3.14\times400\times0.1 = 251.2(\Omega)$$

② $$\dot{I} = \dot{U}/\mathrm{j}\omega L = 220/251.2\angle-90° = 0.875\angle-90°(\mathrm{A})$$

③ $$i = 0.875\sqrt{2}\cos(2\,512t-90°)\ \mathrm{A}$$

5.4　阻抗和导纳

5.4.1　复阻抗

一个含有线性电阻、电容和电感的无源二端网络如图 5.14（a）所示。

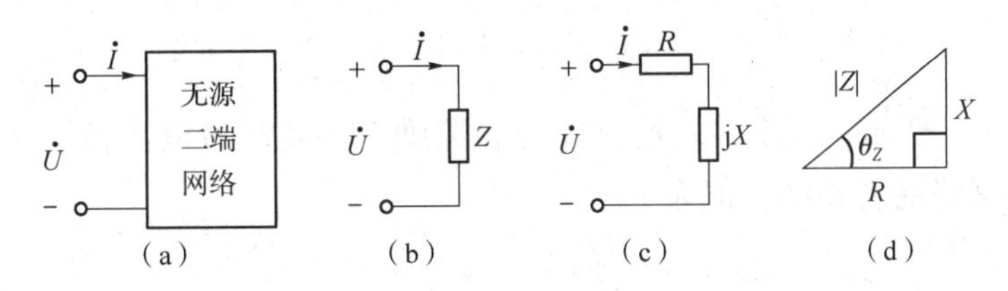

图 5.14　等效复阻抗及阻抗三角形

（a）无源二端网络；（b）等效复阻抗；（c）等效串联；（d）阻抗三角形

在正弦激励下，其端口电压相量 $\dot{U}$ 与电流相量 $\dot{I}$ 之比定义为二端网络的复阻抗，记为 Z，即

$$Z \overset{\text{def}}{=} \frac{\dot{U}}{\dot{I}} \tag{5-55}$$

复阻抗 Z 的极坐标表达式为

$$Z = |Z| \angle \theta_Z \tag{5-56}$$

式中，$|Z|$是复阻抗的模；θ_Z 称为复阻抗角。

根据端口电压和端口电流的定义，复阻抗又可以表示为

$$Z = \frac{U\angle\theta_u}{I\angle\theta_i} = \frac{U}{I}\angle(\theta_u - \theta_i) = \frac{U}{I}\angle\varphi \tag{5-57}$$

由式（5-56）和式（5-57）可得

$$|Z| = \frac{U}{I} \tag{5-58}$$

$$\theta_Z = \varphi \tag{5-59}$$

由式（5-59）可知，无源二端网络的复阻抗角就等于端口电压与电流的相位差。

复阻抗是正弦稳态电路的一个重要参数，它通常是一个复数，但又不是正弦信号，所以其变量 Z 上不加圆点。复阻抗的电路符号借用电阻的电路符号，电路如图 5.14（b）所示。

复阻抗 Z 还可以表示为

$$Z = |Z|(\cos\theta_Z + \mathrm{j}\sin\theta_Z) = R + \mathrm{j}X \tag{5-60}$$

式中，$R = |Z|\cos\theta_Z$，称为复阻抗的电阻分量；$X = |Z|\sin\theta_Z$，称为复阻抗的电抗分量，Z、R 和 X 的单位均为 Ω，其等效电路如图 5.14（c）所示。

复阻抗模$|Z|$、复阻抗角θ_Z与电阻分量、电抗分量的关系如下：

$$|Z|=\sqrt{R^2+X^2} \tag{5-61}$$

$$\theta_Z=\arctan\frac{X}{R} \tag{5-62}$$

复阻抗Z的模$|Z|$、电阻分量R和电抗分量X可构成一个直角三角形，称为阻抗三角形，如图 5.14（d）所示。

5.4.2 复导纳

如图 5.15（a）所示，无源二端网络在正弦激励下，其端口电流相量$\dot{I}$与电压相量$\dot{U}$之比定义为二端网络的复导纳，记为Y。

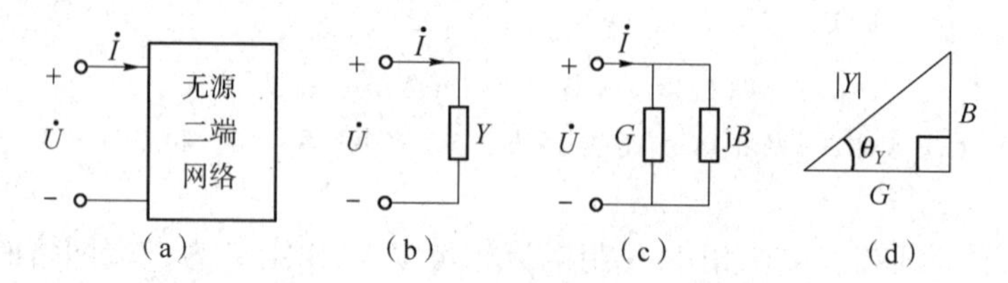

图 5.15 等效复导纳及导纳三角形

（a）无源二端网络；（b）等效复导纳；（c）等效并联；（d）导纳三角形

即

$$Y\overset{\text{def}}{=}\frac{\dot{I}}{\dot{U}}=\frac{I\angle\theta_i}{U\angle\theta_u}=\frac{I}{U}\angle(\theta_i-\theta_u)=|Y|\angle\theta_Y \tag{5-63}$$

式中，$|Y|$是复导纳的模，θ_Y称为复导纳角，它等于端口电流与电压的相位差。

复导纳Y可表示为

$$Y=|Y|(\cos\theta_Y+\mathrm{j}\sin\theta_Y)=G+\mathrm{j}B \tag{5-64}$$

式中，$G=|Y|\cos\theta_Y$，称为复导纳的电导分量；$B=|Y|\sin\theta_Y$，称为复导纳的电纳分量；Y、G和B的单位均为西门子（S）。

复导纳模$|Y|$、复导纳角θ_Y与电导分量、电纳分量的关系如下：

$$|Y|=\sqrt{G^2+B^2} \tag{5-65}$$

$$\theta_Y=\arctan\frac{B}{G} \tag{5-66}$$

等效电路如图 5.15（b）和图 5.15（c）所示。

复导纳Y的模$|Y|$、复导纳分量G和电纳分量B可构成一个直角三角形，称为导纳三角形，如图 5.15（d）所示。

复导纳与复阻抗呈互为倒数关系，即

$$Z=1/Y \tag{5-67}$$

5.4.3　阻抗的串联和并联

1. 阻抗的串联

两个阻抗串联电路如图 5.16（a）所示。

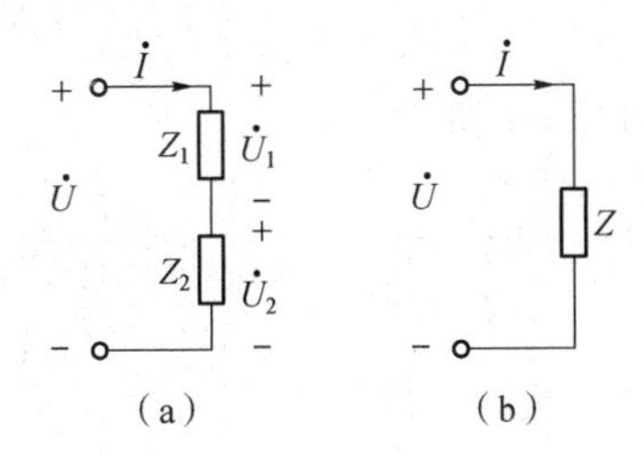

图 5.16　阻抗串联及分压

（a）串联电路；（b）等效阻抗

根据 KVL 和欧姆定律的相量形式可得

$$\dot{U}=\dot{U}_1+\dot{U}_2=Z_1\dot{I}+Z_2\dot{I}=(Z_1+Z_2)\dot{I} \tag{5-68}$$

设二端网络的阻抗为 Z，如图 5.16（b）所示。

根据端口电压和电流的参考方向可得

$$Z=\frac{\dot{U}}{\dot{I}}=Z_1+Z_2 \tag{5-69}$$

两个阻抗上各自的电压分别为

$$\dot{U}_1=\frac{Z_1}{Z_1+Z_2}\dot{U} \tag{5-70}$$

$$\dot{U}_2=\frac{Z_2}{Z_1+Z_2}\dot{U} \tag{5-71}$$

若有 n 个阻抗串联，等效阻抗为

$$Z=\sum_{k=1}^{n}Z_k \tag{5-72}$$

各个阻抗上的电压为

$$\dot{U}_k=\frac{Z_k}{Z}\dot{U}=\frac{Z_k}{\sum\limits_{k=1}^{n}Z_k}\dot{U} \tag{5-73}$$

由式（5-69）和式（5-73）可知，阻抗的串联等效计算公式和阻抗的分压公式与电阻的串联等效计算公式和电阻的分压公式在形式上是相同的。

【例 5.16】　相量模型电路如图 5.17 所示，写出 Z_1、Z_2、Z_3 和 Z_4 的阻抗表达式。

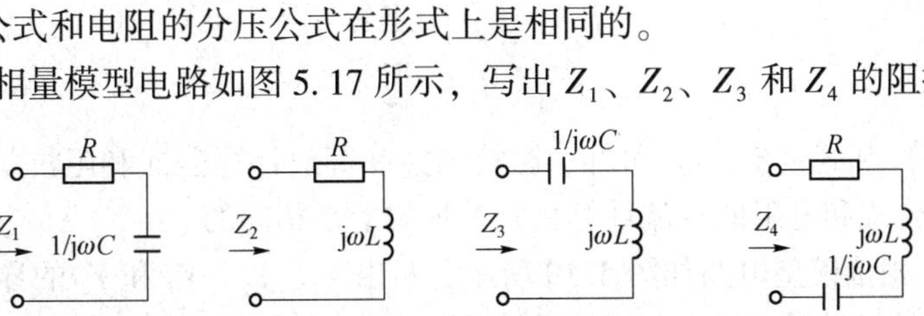

图 5.17　例 5.16 相量模型电路图

【解】 电容的阻抗为 $1/\mathrm{j}\omega C$，电感的阻抗为 $\mathrm{j}\omega L$。

$$Z_1=R+1/\mathrm{j}\omega C$$
$$Z_2=R+\mathrm{j}\omega L$$
$$Z_3=\mathrm{j}\omega L+1/\mathrm{j}\omega C=\mathrm{j}(\omega L-1/\omega C)$$
$$Z_4=R+\mathrm{j}(\omega L-1/\omega C)$$

2. 阻抗的并联

两个阻抗并联电路如图 5. 18（a）所示。

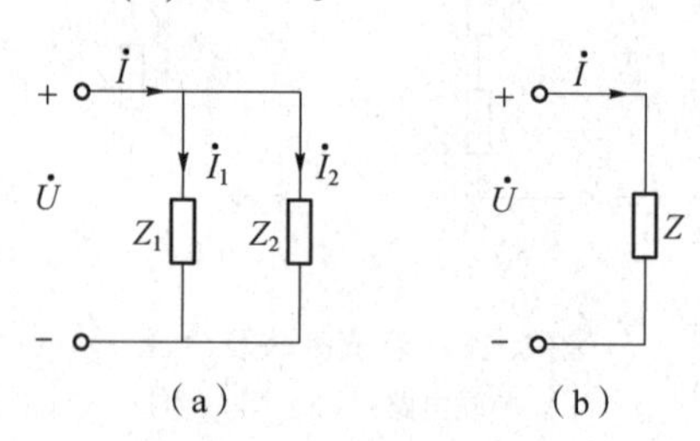

图 5. 18　阻抗并联及分流

（a）并联电路；（b）等效阻抗

根据 KCL 和欧姆定律的相量形式可得

$$\dot{I}=\dot{I}_1+\dot{I}_2=\frac{\dot{U}}{Z_1}+\frac{\dot{U}}{Z_2}=\left(\frac{1}{Z_1}+\frac{1}{Z_2}\right)\dot{U} \tag{5-74}$$

设二端网络的阻抗为 Z，如图 5. 17（b）所示，根据端口电压和电流的参考方向可得

$$Z=\frac{\dot{U}}{\dot{I}}=\frac{1}{\dfrac{1}{Z_1}+\dfrac{1}{Z_2}}=\frac{Z_1Z_2}{Z_1+Z_2} \tag{5-75}$$

两个阻抗上各自的电流分别为

$$\dot{I}_1=\frac{Z_2}{Z_1+Z_2}\dot{I} \tag{5-76}$$

$$\dot{I}_2=\frac{Z_1}{Z_1+Z_2}\dot{I} \tag{5-77}$$

在并联电路中，用导纳进行分析更为方便。

n 个导纳相并联，其等效导纳 Y 为

$$Y=\sum_{k=1}^{n}Y_k \tag{5-78}$$

分流公式为

$$\dot{I}_k=\frac{Y_k}{Y}\dot{I}=\frac{Y_k}{\sum\limits_{k=1}^{n}Y_k}\dot{I} \tag{5-79}$$

由式（5-75）和式（5-79）可知，阻抗的并联等效计算公式和阻抗的分流公式与电阻的并联等效计算公式和电阻的分流计算公式在形式上是相同的。

【例 5. 17】 相量模型电路如图 5. 19 所示，写出 Y_1、Y_2、Y_3 和 Y_4 的导纳表达式。

【解】 电容的导纳是 $\mathrm{j}\omega C$，电感的导纳是 $1/\mathrm{j}\omega L$。

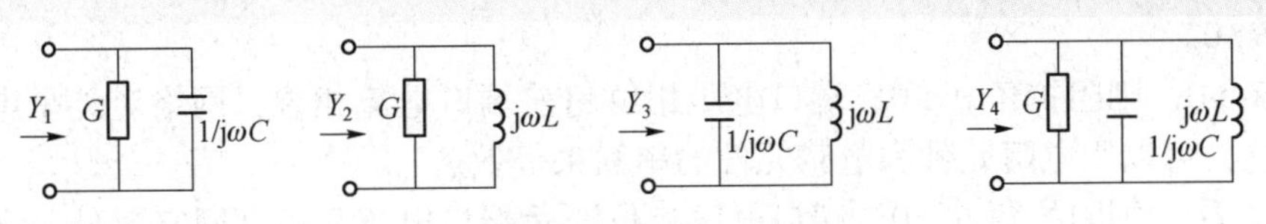

图 5.19　例 5.17 相量模型电路图

$$Y_1 = G+\mathrm{j}\omega C$$

$$Y_2 = G+1/\mathrm{j}\omega L$$

$$Y_3 = \mathrm{j}\omega C+1/\mathrm{j}\omega L = \mathrm{j}(\omega C-1/\omega L)$$

$$Y_4 = G+\mathrm{j}(\omega C-1/\omega L)$$

【例 5.18】　相量模型电路如图 5.20 所示，试求电路端口的等效阻抗。

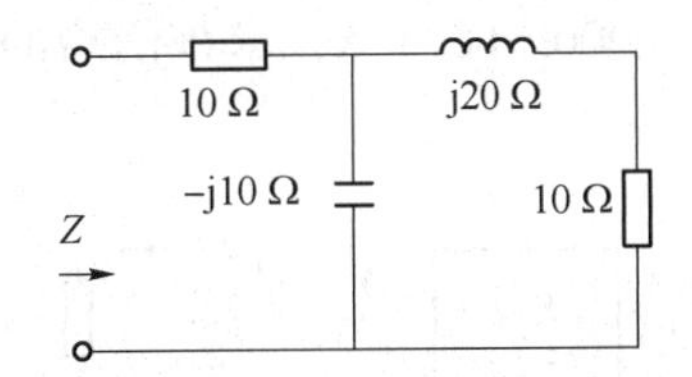

图 5.20　例 5.18 相量模型电路图

【解】　该相量模型电路是 R、L、C 混联电路，根据阻抗的串联和并联公式，可得总阻抗 Z 的表达式为

$$\begin{aligned} Z &= 10+\frac{(10+\mathrm{j}20)(-\mathrm{j}10)}{10+\mathrm{j}20-\mathrm{j}10} \\ &= 10+\frac{20-\mathrm{j}10}{1+\mathrm{j}} \\ &= 10+\frac{(20-\mathrm{j}10)(1-\mathrm{j})}{(1+\mathrm{j})(1-\mathrm{j})} \\ &= 10+\frac{10-\mathrm{j}30}{2} \\ &= 15-\mathrm{j}15(\Omega) \end{aligned}$$

5.4.4　二端网络的特性

已知二端网络阻抗 Z 为

$$Z = R+\mathrm{j}X$$

阻抗角 θ_z 为

$$\theta_z = \arctan\frac{X}{R}$$

下面按 R 的取值分 2 种情况讨论。

(1) $R=0$。

当 $R=0$ 时，$Z=\mathrm{j}X$，网络呈纯电抗特性。

如果 $X>0$，则阻抗角 $\theta_Z=90°$，端口电压超前电流相位 90°，网络等效为一个电感。

如果 $X<0$，则阻抗角 $\theta_Z=-90°$，端口电流超前电压相位 90°，网络等效为一个电容。

（2）$R>0$。

如果 $X>0$，则阻抗角 $\theta_Z>0$，端口电压相位超前端口电流相位，网络对外呈电感性，称为感性阻抗，可以用电阻元件和电感元件的串联来等效。

如果 $X<0$，则阻抗角 $\theta_Z<0$，端口电压相位滞后端口电流相位，网络对外呈电容性，称为容性阻抗，可以用电阻元件和电容元件的串联来等效。

如果 $X=0$，则阻抗角 $\theta_Z=0$，端口电压和电流同相，网络对外纯电阻性，可以用电阻元件来等效。

由于二端网络的阻抗和导纳与频率有关，所以网络的端口性质（如电感性、电容性、电阻性）以及等效电路的参数会随着频率的变化而变化。

【例 5.19】 如图 5.21（a）所示，无源二端网络的端口电压和端口电流分别为 $u=20\sqrt{2}\cos(1\,000t)$ V，$i=2\sqrt{2}\cos(1\,000t-60°)$ A，求该网络的等效阻抗及两个元件串联等效电路的元件参数。

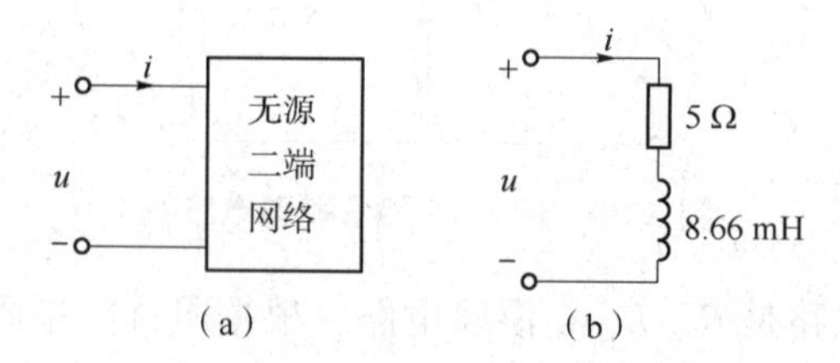

图 5.21 例 5.19 图

（a）无源二端网络；（b）等效电路

【解】 由已知条件得

$$\dot{U}=20\angle 0°\ \text{V},\ \dot{I}=2\angle -60°\ \text{A}$$

则网络等效阻抗为

$$Z=\frac{\dot{U}}{\dot{I}}=\frac{20\angle 0°}{2\angle -60°}=10\angle 60°$$

$$=5+\text{j}8.66(\Omega)$$

网络等效阻抗呈感性，可用一个电阻和电感串联等效。

$$Z=R+\text{j}\omega L$$

因此求得

$$R=5\ \Omega,\ L=8.66/\omega=8.66\ \text{mH}$$

等效电路如图 5.21（b）所示。

5.5 正弦稳态电路相量法分析

5.5.1 正弦稳态电路的相量模型

通常所见的电路都是时域模型，要利用相量法对正弦稳态电路进行分析，就要先将其转换成相量模型，继而再用直流电路中所讨论的各种分析方法进行相量分析。求解后，再将相量分析结果转换成时域表达式。

转换方法如下：

（1）保持电路结构不变，用阻抗表示电路中所有元件：

$$R \to R,\ L \to \mathrm{j}\omega L,\ C \to 1/\mathrm{j}\omega C$$

（2）电压的极性、电流的方向不变，电压、电流用相量表示：

$$u \to \dot{U},\ i \to \dot{I}$$

（3）电源 u_S、i_S 用 $\dot{U}_S$、$\dot{I}_S$ 表示，受控源也用相应的相量表示。

【例 5.20】 RLC 串联电路如图 5.22（a）所示，试将其转换成相量模型电路。

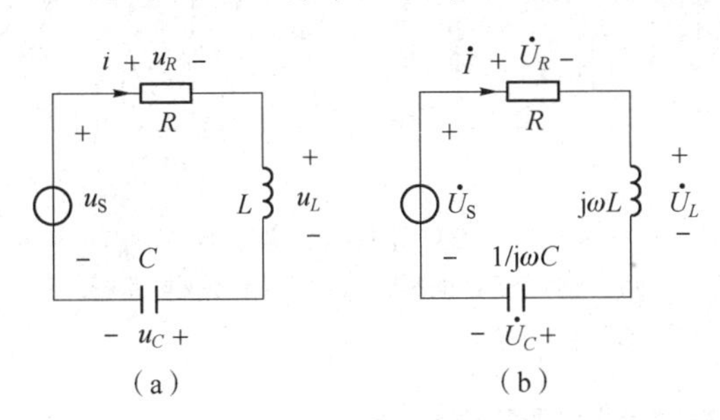

图 5.22　例 5.20 电路图

（a）时域模型；（b）相量模型

【解】（1）保持电路结构不变，把元件参数改成相量模型：

$$R \to R,\ L \to \mathrm{j}\omega L,\ C \to 1/\mathrm{j}\omega C$$

（2）将电压、电流改成相量形式：

$$u_S \to \dot{U}_S,\ u_R \to \dot{U}_R,\ u_L \to \dot{U}_L,\ u_C \to \dot{U}_C,\ i \to \dot{I}$$

相量模型电路如图 5.22（b）所示。

【例 5.21】 电路如图 5.23（a）所示，试将其转换成相量模型电路。

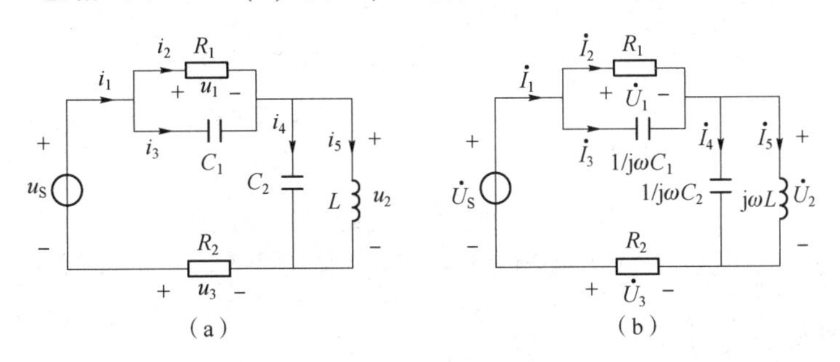

图 5.23　例 5.21 电路图

（a）时域模型电路；（b）相量模型电路

【解】（1）保持电路结构不变，把元件参数改成相量模型：

$$R_1 \to R_1,\ R_2 \to R_2,\ L \to \mathrm{j}\omega L,\ C_1 \to 1/\mathrm{j}\omega C_1,\ C_2 \to 1/\mathrm{j}\omega C_2$$

（2）将电压、电流改成相量形式：

$$u_S \to \dot{U}_S,\ u_1 \to \dot{U}_1,\ u_2 \to \dot{U}_2,\ u_3 \to \dot{U}_3,$$

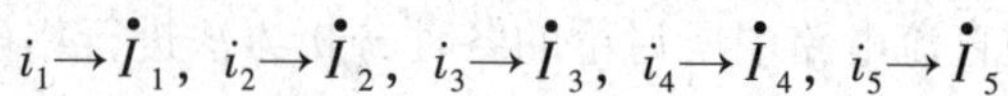

$$i_1\rightarrow\dot{I}_1,\ i_2\rightarrow\dot{I}_2,\ i_3\rightarrow\dot{I}_3,\ i_4\rightarrow\dot{I}_4,\ i_5\rightarrow\dot{I}_5$$

相量模型电路如图 5.23（b）所示。

【例 5.22】 电路如图 5.24（a）所示，$u_S=10\cos(10t)$，$R=5\ \Omega$，$C=0.2\ \text{F}$，$L=0.2\ \text{H}$，$\beta=10$，试将电路转换成相量模型电路。

【解】 由 u_S 的表达式可知，正弦信号的幅度 $U_m=10\ \text{V}$，角频率 $\omega=10\ \text{rad/s}$，则

$$\dot{U}_S=5\sqrt{2}\angle 0°\ \text{V},\ 1/\text{j}\omega C=-0.5\ \Omega,\ \text{j}\omega L=\text{j}2\ \Omega$$

相量模型电路如图 5.24（b）所示。

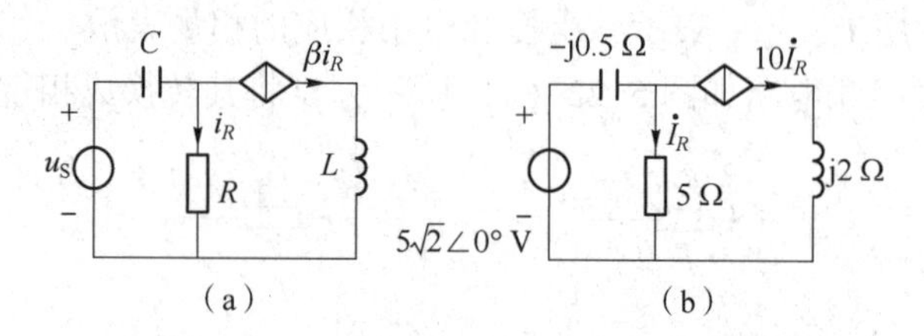

图 5.24 例 5.22 电路图

（a）时域模型电路图；（b）相量模型电路图

5.5.2 简单串并联正弦稳态电路的分析

简单串并联正弦稳态电路的分析，可借助于作相量图的方法完成。作相量图时，各相量的长度一定要按实际比例来画。

【例 5.23】 串联正弦稳态电路如图 5.25（a）所示，已知 $U_R=3\ \text{V}$，$U_L=8\ \text{V}$，$U_C=4\ \text{V}$，试求电源电压 U_S。

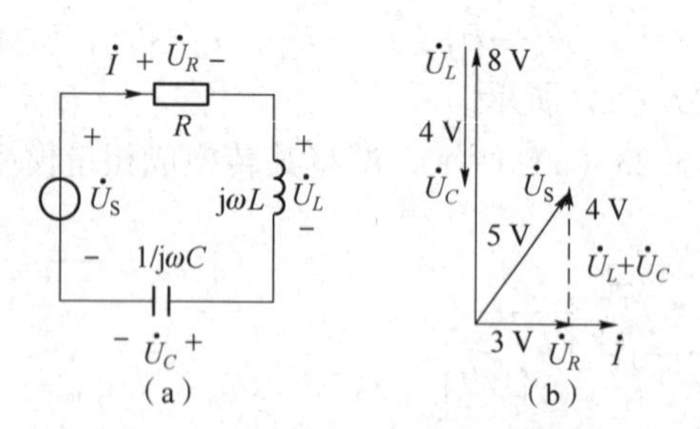

图 5.25 例 5.23 电路图及相量图

（a）*RLC* 串联电路；（b）相量法求解图

【解】 由图 5.25（a）得

$$\dot{U}_S=\dot{U}_R+\dot{U}_L+\dot{U}_C$$

在串联回路中，流过所有元件的电流为同一电流。设电流 $\dot{I}=I\angle 0°$ A，根据电阻、电感和电容的电压、电流相位关系，可知 $\dot{U}_R$ 与 $\dot{I}$ 同相，$\dot{U}_L$ 超前 $\dot{I}$ 相位 90°，$\dot{U}_C$ 滞后 $\dot{I}$ 相位 90°，即 $\dot{U}_L$ 超前 $\dot{U}_C$ 相位 180°。

以 $\dot{I}$ 为参考相量，分别作 $\dot{U}_R$、$\dot{U}_L$ 和 $\dot{U}_C$ 的相量图，如图 5.25（b）所示。

在相量图中求得

$$U_S=\sqrt{(U_L-U_C)^2+U_R^2}$$
$$=\sqrt{(8-4)^2+3^2}$$
$$=5(\mathrm{V})$$

【例5.24】 RLC 并联正弦稳态电路如图5.26所示，$U=100$ V，$X_L=X_C=R=10\ \Omega$，求理想电流表 A_1、A_2、A_3 的读数。

【解】 设3个电流表的电流方向均向右，3个电路元件的电流方程均向下。补充各支路电流方向后的相量模型电路如图5.27所示。

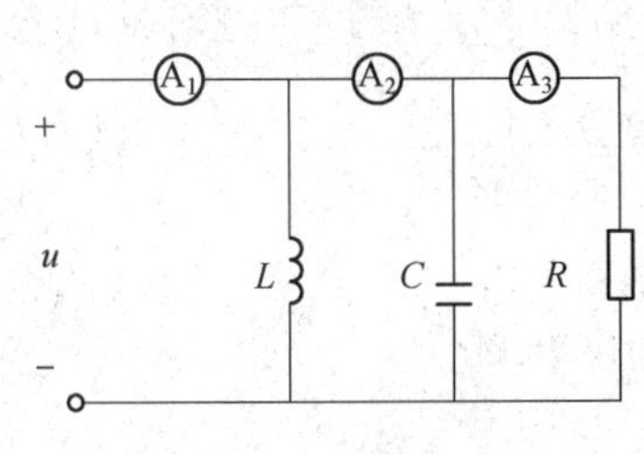

图5.26　例5.24电路图

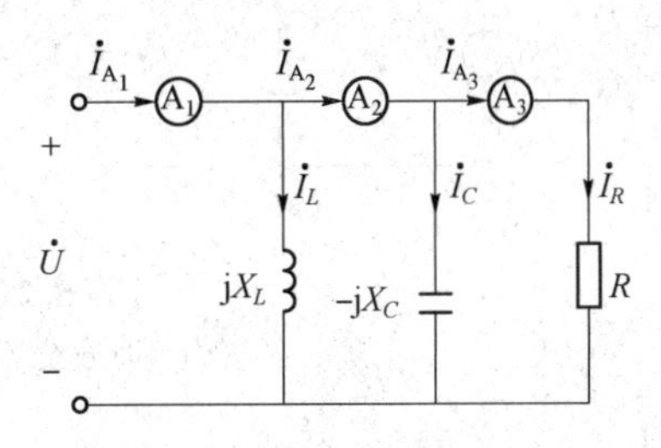

图5.27　例5.24相量电路图

根据已知条件可求得

$$I_R=U/R=10\ \mathrm{A},\ I_L=U/X_L=10\ \mathrm{A},\ I_C=U/X_C=10\ \mathrm{A}$$

设端口电压 $\dot{U}=100\angle 0°$ V，再根据电阻、电感和电容的电压电流相位关系，可知 $\dot{I}_R$ 与 $\dot{U}$ 同相，$\dot{I}_L$ 滞后 $\dot{U}$ 相位90°，$\dot{I}_C$ 超前 $\dot{U}$ 相位90°，则 $\dot{I}_C$ 超前 $\dot{I}_L$ 相位180°，即 $\dot{I}_C$ 与 $\dot{I}_L$ 反相。相量图如图5.28所示。

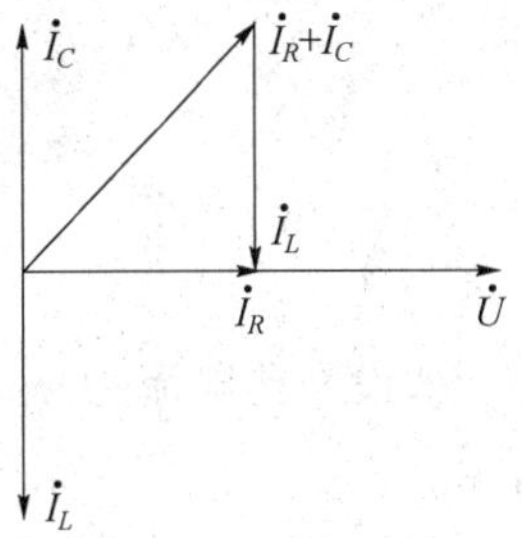

图5.28　例5.24相量图

由电路连接关系可知

$$\dot{I}_{A_3}=\dot{I}_R,\quad \dot{I}_{A_2}=\dot{I}_C+\dot{I}_R,\quad \dot{I}_{A_1}=\dot{I}_L+\dot{I}_{A_2}=\dot{I}_L+\dot{I}_R+\dot{I}_C$$

求得

$$I_{A_3}=I_R=10\ \mathrm{A},\ I_{A_2}=\sqrt{I_C^2+I_{A_3}^2}=10\sqrt{2}\ \mathrm{A}$$

由于 $\dot{I}_C$ 与 $\dot{I}_L$ 反相，因此有

$$I_{A_1}=\sqrt{(I_C-I_L)^2+I_R^2}=10\ \mathrm{A}$$

5.5.3　一般正弦稳态电路的相量方法分析

在直流电路的分析方法中，介绍过等效分析法、支路电流法、网孔电流法、结点电压法、叠加定理、戴维南定理、诺顿定理等，这些直流电路的分析方法和电路定理都完全适用于正弦稳态电路的相量法分析。

运用相量法分析正弦稳态电路的一般步骤如下：

(1) 画出电路的相量模型。保持电路结构不变，将元件用阻抗表示，电压、电流用相量表示。

（2）将直流电阻电路中的电路定律、定理及各种分析方法推广到正弦稳态电路中，建立相量形式的代数方程，求出相量值。

（3）将相量变换为时域正弦信号。

下面通过几个典型实例来说明。

【例 5.25】 正弦稳态电路如图 5.29（a）所示，$R=1\ \Omega$，$L=0.1\ \text{H}$，$C_1=C_2=0.2\ \text{F}$，$u_1=6\sqrt{2}\cos(10t)\ \text{V}$，$u_2=4\sqrt{2}\cos(10t+60^\circ)\ \text{V}$。试用网孔电流相量法求支路电流 i_1、i_2 和 i_3。

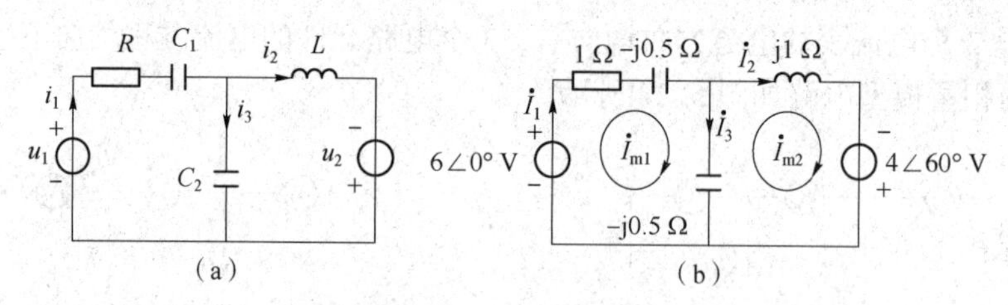

图 5.29 例 5.25 电路图

（a）时域模型电路；（b）相量模型电路

【解】（1）将电路转换成相量模型

由 u_1、u_2 的表达式可知正弦信号的角频率 $\omega=10\ \text{rad/s}$，则可计算得

$$\dot{U}_{S1}=6\angle 0^\circ\ \text{V}$$

$$\dot{U}_{S2}=4\angle 60^\circ\ \text{V}$$

$$Z_{C_1}=Z_{C_2}=1/\text{j}\omega C$$

$$=1/(\text{j}10\times 0.2)=-\text{j}0.5(\Omega)$$

$$Z_L=\text{j}\omega L=\text{j}10\times 0.1=\text{j}1(\Omega)$$

假设网孔电流为 $\dot{I}_{m1}$ 和 $\dot{I}_{m2}$，且为顺时针方向绕行。转换后相量模型电路如图 5.28（b）所示。

（2）列网孔电流方程并求解

$$\begin{cases}(1-\text{j}0.5-\text{j}0.5)\dot{I}_{m1}+\text{j}0.5\dot{I}_{m2}=6\\ \text{j}0.5\dot{I}_{m1}+(\text{j}-\text{j}0.5)\dot{I}_{m2}=4\angle 60^\circ\end{cases}$$

由以上两式得

$$\begin{cases}\dot{I}_{m1}+\text{j}0.5\dot{I}_{m2}=6\\ \text{j}0.5\dot{I}_{m1}+\text{j}0.5\dot{I}_{m2}=4\angle 60^\circ\end{cases}$$

把上两式相减，得

$$(1-\text{j}0.5)\dot{I}_{m1}=6-4\angle 60^\circ$$

$$\dot{I}_{m1}=\frac{4-\text{j}3.46}{1-\text{j}0.5}=\frac{(4-\text{j}3.46)(1+\text{j}0.5)}{(1-\text{j}0.5)(1+\text{j}0.5)}$$

$$=\frac{5.73-\text{j}2.98}{1.25}=4.58-\text{j}2.37$$

$$\approx 5.16\angle -27.4^\circ(\text{A})$$

$$\dot{I}_{m2}=\frac{6-\dot{I}_{m1}}{j0.5}=\frac{6-4.58+j2.37}{j0.5}$$

$$=4.72-j2.84\approx 5.5\angle -31°(A)$$

$$\dot{I}_1=\dot{I}_{m1},\ \dot{I}_2=\dot{I}_{m2}$$

$$\dot{I}_3=\dot{I}_{m1}-\dot{I}_{m2}=(4.58-j2.37)-(4.72-j2.84)$$

$$=-0.14+j0.47=0.49\angle(180-73.4)°$$

$$\approx 0.49\angle 106.6°(A)$$

（3）写出时域表达式

$$i_1=5.16\sqrt{2}\cos(10t-27.4°)\ A$$

$$i_2=5.5\sqrt{2}\cos(10t-31°)\ A$$

$$i_3=0.49\sqrt{2}\cos(10t+106.6°)\ A$$

【例 5.25】 电路的相量模型如图 5.30 所示，列写结点电压相量方程。

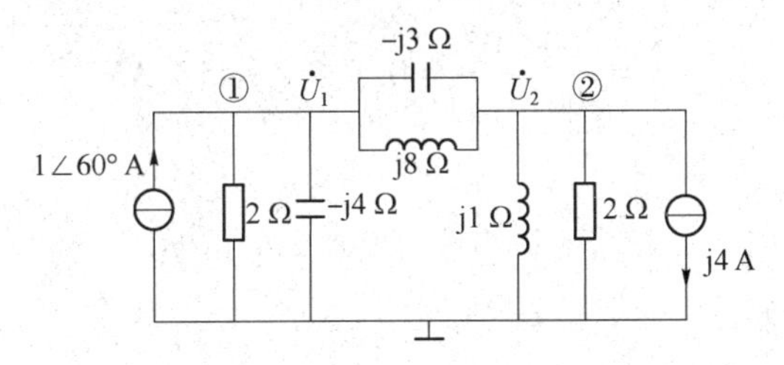

图 5.30　例 5.25 相量模型电路

【解】 分析结点的自导纳和互导纳。

结点 1 的自导纳为

$$Y_{11}=\frac{1}{2}+\frac{1}{-j4}+\frac{1}{j8}+\frac{1}{-j3}=\frac{1}{2}+j\frac{11}{24}\ (S)$$

结点 2 的自导纳为

$$Y_{22}=\frac{1}{2}+\frac{1}{j}+\frac{1}{j8}+\frac{1}{-j3}=\frac{1}{2}-j\frac{19}{24}\ (S)$$

结点 1 与结点 2 之间的互导纳为

$$Y_{12}=Y_{21}=\frac{1}{j8}+\frac{1}{-j3}=j\frac{5}{24}(S)$$

流入结点 1 的电流源为 $1\angle 60°$A，流出结点 2 的电流源为 j4 A。

由此得结点电压方程为

$$\begin{cases}\left(\frac{1}{2}+j\frac{11}{24}\right)\dot{U}_1-j\frac{5}{24}\dot{U}_2=1\angle 60° \\ -j\frac{5}{24}\dot{U}_1+\left(\frac{1}{2}-j\frac{19}{24}\right)\dot{U}_2=-j4\end{cases}$$

【例 5.26】 求图 5.31（a）所示电路的戴维南等效电路。

【解】（1）利用电源的等效变换将有伴受控电流源转换为有伴受控电压源。等效电路

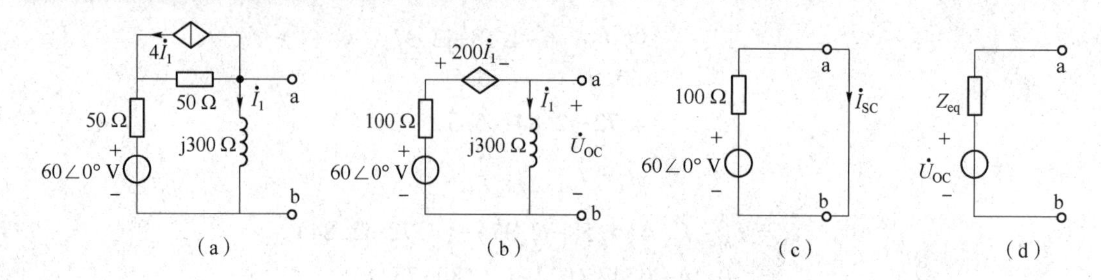

图 5.31　例 5.26 相量模型电路

(a) 原电路；(b) 求 $\dot{U}_{OC}$ 电路；(c) 求 $\dot{I}_{SC}$ 电路；(d) 戴维南等效电路

如图 5.31（b）所示，求端口开路电压 $\dot{U}_{OC}$。

由 KVL 可得

$$100\dot{I}_1+200\dot{I}_1+\mathrm{j}300\dot{I}_1=60\angle 0^\circ$$

$$300(1+\mathrm{j})\dot{I}_1=60\angle 0^\circ$$

$$\dot{I}_1=\frac{60\angle 0^\circ}{300(1+\mathrm{j})}=0.1\sqrt{2}\angle -45^\circ(\mathrm{A})$$

求得

$$\dot{U}_{OC}=\mathrm{j}300\dot{I}_1=30\sqrt{2}\angle 45^\circ(\mathrm{V})$$

（2）求端口短路电流 $\dot{I}_{SC}$

将端口短路，端口短路后，$\dot{I}_1=0$，电感支路视为开路，受控电压源视为短路，电路如图 5.31（c）所示，可得

$$\dot{I}_{SC}=60/100=0.6\angle 0^\circ(\mathrm{A})$$

（3）求等效阻抗

$$Z_{eq}=\frac{\dot{U}_{OC}}{\dot{I}_{SC}}=\frac{30\sqrt{2}\angle 45^\circ}{0.6\angle 0^\circ}=50\sqrt{2}\angle 45^\circ(\Omega)$$

用外加电源法也可求得此结果。

（4）画出戴维南等效电路

戴维南等效电路如图 5.31（d）所示。

5.6　稳态电路的功率

在正弦稳态电路中，由于储能元件的存在，使得能量在电源和电路之间有往返交换现象，这是在电阻电路中没有的情况。因此，正弦稳态电路中功率的分析比直流电阻电路中功率的分析要复杂得多，需要引入一些新的概念。

本节将分别介绍正弦稳态电路的瞬时功率、平均功率（有功功率）、无功功率和视在功

率的概念及其计算方法，最后讨论正弦稳态电路中的最大有功功率传输问题。

5.6.1 瞬时功率

无源二端网络如图 5.32 所示。

设端口电压和电流分别为

$$u=\sqrt{2}U\cos(\omega t+\theta_u)$$

$$i=\sqrt{2}I\cos(\omega t+\theta_i)$$

则该网络吸收的瞬时功率，单位为瓦特（W），表达式为

$$\begin{aligned} p &= ui=\sqrt{2}U\cos(\omega t+\theta_u)\cdot\sqrt{2}I\cos(\omega t+\theta_i) \\ &= 2UI\cos(\omega t+\theta_u)\cos(\omega t+\theta_i) \\ &= UI[\cos(\theta_u-\theta_i)+\cos(2\omega t+\theta_u+\theta_i)] \\ &= UI\cos\varphi+UI\cos(2\omega t+\theta_u+\theta_i) \end{aligned} \tag{5-80}$$

式中，$\varphi=\theta_u-\theta_i$ 是端口电压与电流的相位差。如果是无源网络，它还是网络的阻抗角。

由式（5-80）可知，无源二端网络的瞬时功率由一个恒定分量和一个正弦分量构成。恒定分量 $UI\cos\varphi$ 与频率无关，只与端口电压、电流的有效值及相位差有关。正弦分量 $UI\cos(2\omega t+\theta_u+\theta_i)$ 的角频率是电压、电流角频率的 2 倍。

无源二端网络端口电压、电流和功率的波形如图 5.33 所示。

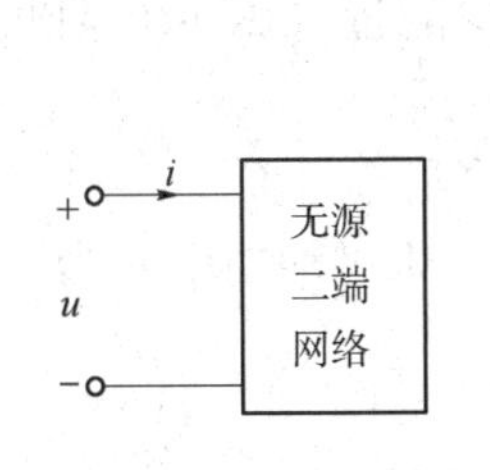

图 5.32　无源二端网络

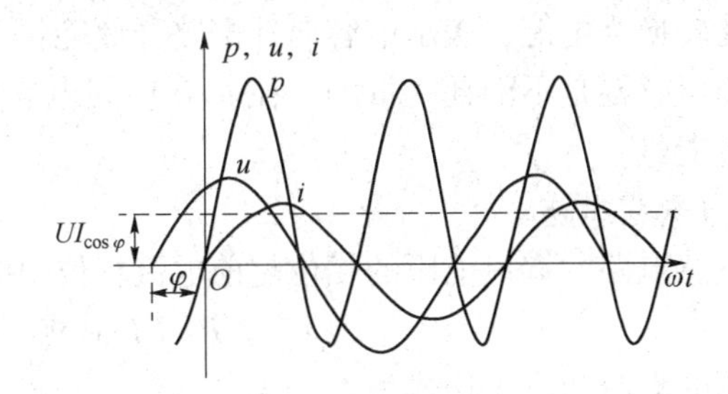

图 5.33　无源二端网络端口电压、电流和功率的波形

由图 5.33 可见，当 u、i 为同极性时，$p>0$，表示网络从外部电路吸收能量；当 u、i 为异极性时，$p<0$，表示网络向外部电路释放能量。

功率表达式还可以写成下列形式：

$$p=UI\cos\varphi[1+\cos(2\omega t+2\theta_i)]-UI\sin\varphi\sin(2\omega t+2\theta_i) \tag{5-81}$$

式中，第一项恒大于等于零，是不可逆分量，也是网络消耗的功率；第二项可为正值或负值，是可逆分量，是网络中储能元件与外部电路互相交换的功率。

5.6.2 平均功率和功率因数

平均功率又称为有功功率，单位为瓦特（W），是二端网络实际消耗的功率，它是瞬时功率在正弦信号一个周期内的平均值，用大写字母 P 表示，即

$$
\begin{aligned}
P &\overset{\text{def}}{=} \frac{1}{T}\int_0^T p\mathrm{d}t \\
&= \frac{1}{T}\int_0^T [UI\cos\varphi + UI\cos(2\omega t + \theta_u + \theta_i)]\mathrm{d}t \\
&= UI\cos\varphi
\end{aligned}
\tag{5-82}
$$

由式（5-82）可见，二端网络在电压、电流为定值时，网络消耗的平均功率 P 随 $\cos\varphi$ 的变化而变化，因此称 $\cos\varphi$ 为功率因数，并用 λ 表示，即

$$\lambda=\cos\varphi \tag{5-83}$$

φ 被称之为功率因数角。对于一个无源二端网络，有 $-90°\leqslant\varphi\leqslant 90°$，所以 $0\leqslant\lambda\leqslant 1$。

下面就二端无源网络进行讨论。

1. 纯电阻电路

纯电阻电路的端口电压与电流同相，即 $\varphi=0$，设网络等效电阻为 R，则平均功率 P 为

$$P=UI\cos 0°=UI=I^2R=U^2/R \tag{5-84}$$

由式（5-84）可见，总有 $P\geqslant 0$，即电阻在交流电路中总是消耗功率的。

2. 纯电容电路

纯电容电路的端口电压的相位滞后电流相位 90°，即 $\varphi=-90°$，则平均功率 P 为

$$P=UI\cos(-90°)=0$$

电容的瞬时功率表达式为

$$p=UI\cos(2\omega t+\theta_u+\theta_i)=UI\cos(2\omega t+2\theta_u-90°) \tag{5-85}$$

当 $p>0$ 时，表示电容从外电路吸收能量，并以电场的形式存储起来；当 $p<0$ 时，电感把电场能转换为电能，表示电容向外电路释放能量。

理想电感器是不消耗能量的，在 $p>0$ 期间电容吸收进来多少能量，在 $p<0$ 期间就回送出去多少能量。

3. 纯电感电路

纯电感电路的端口电压的相位超前电流相位 90°，即 $\varphi=90°$，则平均功率 P 为

$$P=UI\cos 90°=0$$

电压的瞬时功率表达式为

$$p=UI\cos(2\omega t+\theta_u+\theta_i)=UI\cos(2\omega t+2\theta_u+90°) \tag{5-86}$$

当 $p>0$ 时，表示电感从外电路吸收能量，并以磁场的形式存储起来；当 $p<0$ 时，电感把磁能转换为电能，并向外电路释放能量。

理想电感器是不消耗能量的，在 $p>0$ 期间电感吸收进来多少能量，在 $p<0$ 期间就回送出去多少能量。

将式（5-85）与式（5-86）相比较可知，电容的瞬时功率与电感的瞬时功率是反相的。也就是说，如果在正弦稳态电路中存在电容和电感，当电容向外电路释放能量时，电感正好在从外电路吸收能量，反之亦然。

平均功率满足功率守恒定律，即无源二端网络从外电路吸收的功率等于网络内部各电阻元件消耗的平均功率之和，即

$$P=\sum P_R \tag{5-87}$$

4. 无源复阻抗电路

设无源复阻抗电路的等效阻抗为

$$Z=|Z|\angle\varphi=R+\mathrm{j}X$$

则平均功率可写为

$$P=UI\cos\varphi=|Z|I^2\cos\varphi \tag{5-88}$$

根据图 5.14（d）阻抗三角形可得

$$P=|Z|I^2\cos\varphi=\sqrt{R^2+X^2}I^2\frac{R}{\sqrt{R^2+X^2}}=RI^2 \tag{5-89}$$

由（5-89）可知，无源复阻抗的有功功率是电阻部分消耗的功率。

5.6.3　无功功率

由上节可知，理想电容、电感不消耗能量，但与外部电路有能量交换，这种能量交换的速率可用无功功率来衡量。无功功率用大写字母 Q 表示，定义为

$$Q\overset{\text{def}}{=}UI\sin\varphi \tag{5-90}$$

为了区分有功功率和无功功率，除了在字母上有区别之外，在功率单位上也有区别，无功功率的单位用乏（var）表示。

1. 纯电阻电路

纯电阻电路的端口电压与电流同相，即 $\varphi=0$，则无功功率 $Q=0$，说明电阻与外部电路没有互相交换能量，只会消耗外部电路提供的电能量。

2. 纯电容电路

纯电容电路的端口电压滞后电流 90°，即 $\varphi=-90°$，则无功功率为

$$Q=-UI\sin 90°=-UI=-I^2/\omega C=-X_CI^2=-U^2/X_C \tag{5-91}$$

式（5-91）表明电容的无功功率不为零，表示电容与外电路有能量互换。

3. 纯电感电路

纯电感电路的端口电压超前电流 90°，即 $\varphi=90°$，则无功功率为

$$Q=UI\sin 90°=UI=\omega LI^2=X_LI^2=U^2/X_L \tag{5-92}$$

式（5-92）表明电感的无功功率不为零，表示电感与外电路有能量互换。

纯电感电路与纯电容电路的无功功率的表达式相差一个负号，这说明电感和电容在与外电路互相交换能量时，过程正好相反，即电感在吸收能量时，电容在释放能量；电感在释放能量时，电容在吸收能量。

4. 无源复阻抗电路

无源复阻抗的无功功率为

$$Q=UI\sin\varphi=|Z|I^2\sin\varphi=\sqrt{R^2+X^2}I^2\frac{X}{\sqrt{R^2+X^2}}=XI^2 \tag{5-93}$$

由式（5-93）可知，无源复阻抗的无功功率是电抗部分的功率。

无功功率也满足功率守恒定律，即无源二端网络从外电路吸收的无功功率等于网络中各电抗元件所吸收的无功功率之和。

5.6.4　视在功率

在正弦交流电路中，二端网络的端口电压有效值 U 和端口电流有效值 I 的乘积定义为该

网络的视在功率，用大写字母 S 表示，即

$$S \overset{\text{def}}{=} UI \tag{5-94}$$

视在功率的单位为伏安（V·A）。

视在功率虽然一般不等于电路实际消耗的功率，但这个概念在电气工程中却有着实际意义，通常用视在功率表示电力设备的功率容量。因为一般的用电设备都有其安全运行的额定电压、额定电流及额定功率的限制。对于像电烙铁这样的电阻性用电设备，它们的功率因数为1，可以根据其额定电压和额定电流确定其额定功率；但对于像发电机、变压器等电力设备，它们在运行时其功率因数是由外电路来决定的。因此，在未指定其运行时功率因数的情况下，是无法标明其额定有功功率的。所以，通常以其额定视在功率作为该电力设备的额定功率容量。

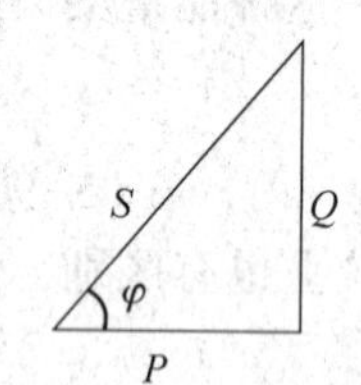

图5.34　功率三角形

根据正弦交流电路的有功功率、无功功率和视在功率的定义，三者之间的关系为

$$P = UI\cos\varphi = S\cos\varphi \tag{5-95}$$

$$Q = UI\sin\varphi = S\sin\varphi \tag{5-96}$$

$$S = \sqrt{P^2 + Q^2} \tag{5-97}$$

式（5-97）可构成一个直角三角形，称为功率三角形，如图5.34所示。功率三角形与阻抗三角形是相似三角形。

【例5.23】 电路如图5.35（a）所示，已知 $u_S = 220\sqrt{2}\cos(314t)$ V，$R = 60\ \Omega$，$L = 254.8$ mH，$C = 20\ \mu$F。求：①电路的等效阻抗；②电流瞬时值表达式；③电压源提供的瞬时功率、有功功率、无功功率和视在功率；④电路的有功功率、无功功率和视在功率。

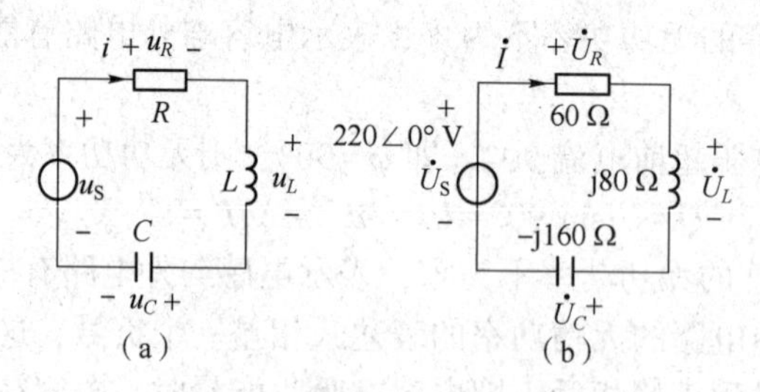

图5.35　例5.23电路图

（a）时域模型；（b）相量模型

【解】 ①将时域电路转换成相量模型，并求等效阻抗

相量模型电路如图5.35（b）所示，求得

$$Z_L = j\omega L = j314 \times 254.8 \times 10^{-3} = j80(\Omega)$$

$$Z_C = \frac{1}{j\omega_C} = -\frac{j}{314 \times 20 \times 10^{-6}} = -j160(\Omega)$$

$$Z = R + Z_L + Z_C = 60 + j80 - j160 = 60 - j80 = 100\angle -53.1^\circ(\Omega)$$

电路呈容性。

②根据欧姆定理求电流相量

$$\dot{I} = \frac{\dot{U}_S}{Z} = \frac{220\angle 0^\circ}{100\angle -53.1^\circ} = 2.2\angle 53.1^\circ(\text{A})$$

电流的瞬时表达式为

$$i=2.2\sqrt{2}\cos\ (314t+53.1°)\ \mathrm{A}$$

③电压源向电路提供的功率

瞬时功率为

$$\begin{aligned} p_S &= -u_S i = -220\sqrt{2}\cos 314t\times 2.2\sqrt{2}\cos\ (314t+53.1°) \\ &= -484\cos 53.1°-484\cos\ (628t+53.1°) \\ &= -484\cos 53.1°(1+\cos 628t)+484\sin 53.1°\sin 628t(\mathrm{W}) \end{aligned}$$

式中，第一项括号前的系数就是电源提供的有功功率 P_S，第二项 sin 628t 前的系数就是电源提供的无功功率 Q_S。

有功功率：$P_S=-484\cos 53.1°=-290.4(\mathrm{W})$

无功功率：$Q_S=484\sin 53.1°=387.2(\mathrm{var})$

视在功率：$S=\sqrt{P^2+Q^2}$

$=\sqrt{290.4^2+387.2^2}$

$=484(\mathrm{V\cdot A})$

④电路的功率

功率因数：$\lambda=\cos 53.1°=0.6$

有功功率：$P=RI^2=60\times 2.2^2=290.4(\mathrm{W})$

电容无功功率：$Q_C=-X_C I^2=-160\times 2.2^2=-774.4(\mathrm{var})$

电感无功功率：$Q_L=X_L I^2=80\times 2.2^2=387.2(\mathrm{var})$

总无功功率：$Q=Q_L+Q_C=387.2-774.4=-387.2(\mathrm{var})$

根据③和④的计算结果可得

$$P_S+P=0 \tag{5-98}$$

$$Q_S+Q=0 \tag{5-99}$$

以上两式表明，整个电路的有功功率和无功功率是守恒的。

【例 5.24】 图 5.36 所示为三表法测量感性负载等效阻抗的电路。现已知电压表、电流表、功率表读数分别为 36 V、10 A 和 288 W，各表均为理想仪表。求感性负载的等效阻抗 Z；若电路角频率 $\omega=314$ rad/s，求负载的等效电阻和等效电感。

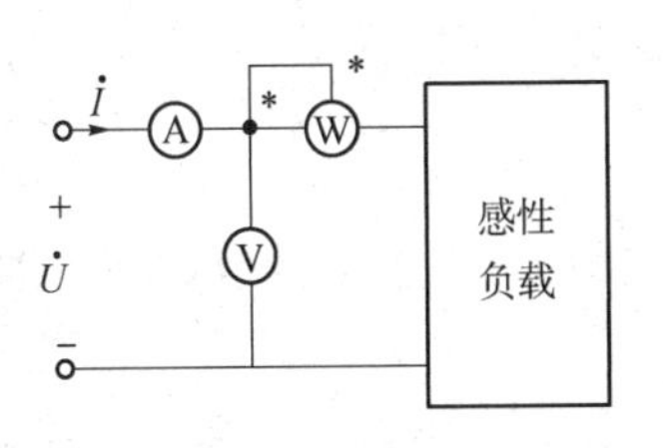

图 5.36　例 5.24 电路图

【解】 电压表和电流表的读数都是有效值，功率表的读数是有功功率，即得

$$U=36\ \mathrm{V},\ I=10\ \mathrm{A},\ P=288\ \mathrm{W}$$

解法 1：根据各种功率的物理意义来计算。

$$S=UI=35\times 10=360(\mathrm{V\cdot A})$$

$$Q=\sqrt{S^2-P^2}=\sqrt{360^2-288^2}=216(\mathrm{var})$$

再根据

$$P=RI^2,\ Q=X_L I^2$$

求得

$$R=P/I^2=288/100=2.88(\Omega)$$

$$X_L=Q/I^2=216/100=2.16(\Omega)$$

$$L=X_L/\omega=2.16/314=6.88(\text{mH})$$

$$Z=2.88+\text{j}2.16\ \Omega$$

解法 2：根据各种功率的定义来计算。

$$P=UI\cos\varphi$$

$$\cos\varphi=P/UI=0.8$$

$$\varphi=\arccos 0.8=36.9°$$

$$U=|Z|I$$

$$|Z|=U/I=36/10=3.6(\Omega)$$

$$R=|Z|\cos\varphi=3.6\times0.8=2.88(\Omega)$$

$$X_L=|Z|\sin\varphi=3.6\times0.6=2.16(\Omega)$$

$$L=2.16/314=6.88(\text{mH})$$

$$Z=2.88+\text{j}2.16\ \Omega$$

解法 3：根据阻抗关系来计算。

$$R=P/I^2=288/100=2.88(\Omega)$$

$$|Z|=U/I=36/10=3.6(\Omega)$$

$$|Z|=\sqrt{R^2+X_L^2}$$

$$X_L=\sqrt{Z^2-R^2}=\sqrt{3.6^2-2.88^2}=2.16(\Omega)$$

$$L=2.16/314=6.88(\text{mH})$$

$$Z=2.88+\text{j}2.16\ \Omega$$

5.6.5 复功率

复功率不是物理功率，是为了联系正弦信号众多功率而引入的一个复数。

对于一个二端网络，设端口电压为 $\dot{U}=U\angle\varphi_u$，端口电流 $\dot{I}=I\angle\varphi_i$，网络的复功率定义为

$$\overline{S}\overset{\text{def}}{=}\dot{U}\dot{I}^* \tag{5-100}$$

式中，$\dot{I}^*$是 $\dot{I}$ 的复共轭，即

$$\dot{I}^*=I\angle-\varphi_i \tag{5-101}$$

根据端口电压和电流的表达式，得

$$\begin{aligned}\overline{S}&=\dot{U}\dot{I}^*=UI\angle(\varphi_u-\varphi_i)=UI\angle\varphi\\&=S\angle\varphi=S(\cos\varphi+\text{j}\sin\varphi)\\&=P+\text{j}Q\end{aligned} \tag{5-102}$$

若二端网络为无源网络，其等效阻抗 $Z=R+\text{j}X$ 或等效导纳 $Y=G-\text{j}B$、$Y^*=G-\text{j}B$，则网络吸收的复功率表达式为

$$\overline{S}=\dot{U}\dot{I}^*=\dot{I}Z\dot{I}^*=ZI^2 \tag{5-103}$$

$$\overline{S}=\dot{U}\dot{I}^*=\dot{U}(\dot{U}Y)^*=Y^*U^2 \tag{5-104}$$

可以证明对一个完整电路，复功率是守恒的，即

$$\sum_i \overline{S_i} = 0 \tag{5-105}$$

从而可推导出：

$$\sum_i P_i = 0 \tag{5-106}$$

$$\sum_i Q_i = 0 \tag{5-107}$$

5.6.6　最大有功功率传输

在直流电阻电路中，讨论过负载电阻取何值时能够从有源二端网络获得最大功率的问题，即最大功率传输定理。

在正弦交流电路中，要讨论的最大功率传输问题是指有功功率的最大传输问题。

带载有源二端网络如图 5.37（a）所示，外接负载为可变复阻抗 Z。根据戴维南定理，有源二端网络可以等效为图 5.37（b）。其中，$\dot{U}_{OC}$ 和 Z_{eq} 分别是有源二端网络的开路电压有效值相量和等效阻抗。

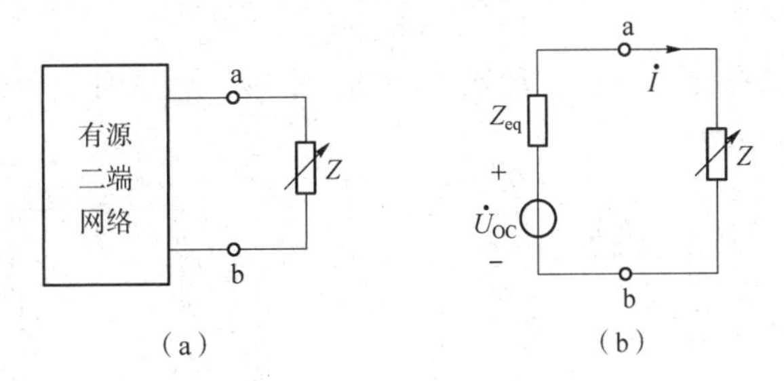

图 5.37　有源二端网络及戴维南等效电路

（a）带载二端网络；（b）戴维南等效电路

设 $Z_{eq}=R_{eq}+jX_{eq}$，$Z=R+jX$，则电路中的电流为

$$\dot{I}=\frac{\dot{U}_{OC}}{Z_{eq}+Z}=\frac{\dot{U}_{OC}}{(R_{eq}+R)+j(X_{eq}+X)}$$

负载 Z 吸收的有功功率为

$$P=RI^2=R\cdot\left(\frac{U_{OC}}{Z_{eq}+Z}\right)^2=\frac{RU_{OC}^2}{(R_{eq}+R)^2+(X_{eq}+X)^2} \tag{5-108}$$

设负载阻抗 Z 的实部 R 和虚部 X 可以独立变化，负载若要获得最大有功功率，必须满足网络的等效电抗与负载的电抗之和为零，即

$$X_{eq}+X=0$$

由此得

$$X=-X_{eq} \tag{5-109}$$

由式（5-109）可知，如果二端网络等效阻抗呈容性，负载若要获得最大功率就应呈感性，反之亦然。

当满足式（5-109）时，负载获得的功率为

$$P=\frac{RU_{OC}^2}{(R_{eq}+R)^2} \tag{5-110}$$

当 R 为变量时，有功功率 P 取得最大值就必须满足 P 相对于 R 的一阶导数为零，即

$$\frac{\mathrm{d}P}{\mathrm{d}R}=\frac{(R_{\mathrm{eq}}+R)^2-2R(R_{\mathrm{eq}}+R)}{(R_{\mathrm{eq}}+R)^4}U_{\mathrm{OC}}^2$$

$$=\frac{(R_{\mathrm{eq}}+R)-2R}{(R_{\mathrm{eq}}+R)^3}U_{\mathrm{OC}}^2=0$$

求得

$$R=R_{\mathrm{eq}} \tag{5-111}$$

由式（5-109）和式（5-111）可得复阻抗负载获得最大有功功率的条件为

$$Z=R+\mathrm{j}X=R_{\mathrm{eq}}-\mathrm{j}X_{\mathrm{eq}}=Z_{\mathrm{eq}}^* \tag{5-112}$$

式中，Z_{eq}^*称为 Z_{eq}的复共轭。

这一条件又称为共轭匹配，在高频电路中，往往要求电路实现共轭匹配，以实现最大有功功率传输。

此时，负载获得的最大有功功率为

$$P=RI^2=R\cdot\left(\frac{U_{\mathrm{OC}}}{Z_{\mathrm{eq}}+Z}\right)^2=\frac{U_{\mathrm{OC}}^2}{4R_{\mathrm{eq}}} \tag{5-113}$$

【例 5.25】 正弦稳态交流电路如图 5.38（a）所示，试求可变负载 Z 为何值时可获得最大有功功率？最大有功功率为多少？

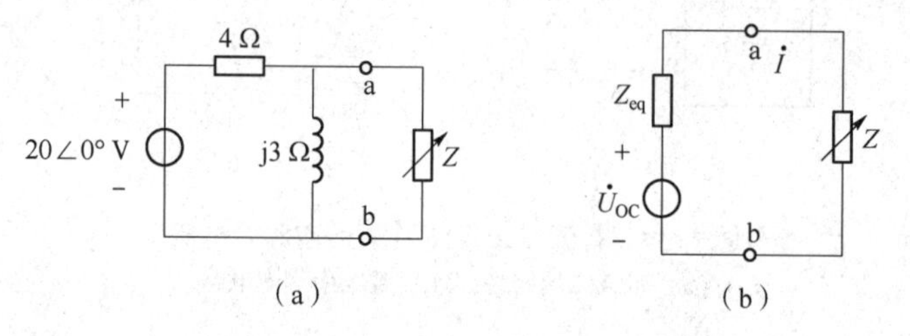

图 5.38 例 5.25 电路图及戴维南等效电路

（a）例 5. 25 电路；（b）戴维南等效电路

【解】 （1）求负载 Z 外电路的戴维南等效电路

从图 5.38（a）的 a、b 端向左看进去的有源二端网络的戴维南等效电路，由开路电压 $\dot{U}_{\mathrm{OC}}$和等效阻抗 Z_{eq}串联而成，其中

$$\dot{U}_{\mathrm{OC}}=\frac{\mathrm{j}3}{4+\mathrm{j}3}\times 20\angle 0°=12\angle 53.1°(\mathrm{V})$$

$$Z_{\mathrm{eq}}=\frac{\mathrm{j}12}{4+\mathrm{j}3}=1.44+\mathrm{j}1.92(\Omega)$$

（2）求传输的最大有功功率

等效电路如图 5.38（b）所示。

当 $Z=Z_{\mathrm{eq}}^*$时，即 $Z=1.44-\mathrm{j}1.92\ \Omega$ 时，负载可获得最大有功功率。

最大有功功率为

$$P_{\max}=\frac{U_{\mathrm{OC}}^2}{4R_{\mathrm{eq}}}=\frac{12^2}{4\times 1.44}=25(\mathrm{W})$$

5.7　电路相量仿真

5.7.1　电容电压电流的相位关系

电容仿真电路如图 5.39（a）所示，信号源参数设置如图 5.39（b）所示，对电路进行相量分析所得结果如图 5.39（c）所示。Tina Pro 仿真软件采用的相量是最大值相量。

由相量仿真图可见，电压箭头长度为 5，水平方向，与所设置的幅度 5 V、初相位 0°相吻合。向上的电流箭头与电压箭头相垂直，与电容的端电压超前电流 90°的结论相吻合。

根据元件参数和信号源频率得

$$Z_C=1/\mathrm{j}\omega C=1/\mathrm{j}(2\pi\times10^3\times100\times10^{-6})\ \Omega$$

$$\dot{I}_C=\dot{U}_C/Z_C=5\times\mathrm{j}(2\pi\times10^3\times100\times10^{-6})$$

$$=\mathrm{j}3.14(\mathrm{A})$$

从图 5.50（c）可见，仿真结果与理论计算结果吻合。

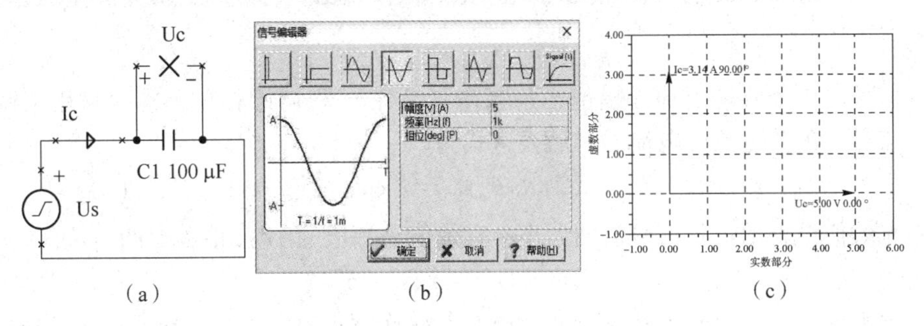

（a）　　（b）　　（c）

图 5.39　电容电压电流相量仿真

（a）仿真电路图；（b）信号源参数设置；（c）相量分析结果

5.7.2　*RLC* 串联电路的电压相位关系

RLC 串联仿真电路如图 5.40（a）所示，信号源参数设置与上相同。对电路进行相量分析所得结果如图 5.40（b）所示。

由仿真结果可看出，电感电压与电容电压是反相的，通过相量关系可得

$$U_\mathrm{S}=\sqrt{(U_L-U_C)^2+U_R^2}$$

$$=\sqrt{(5.13-2.36)^2+4.16^2}$$

$$=\sqrt{2.77^2+4.16^2}$$

$$=\sqrt{24.98}\approx5(\mathrm{V})$$

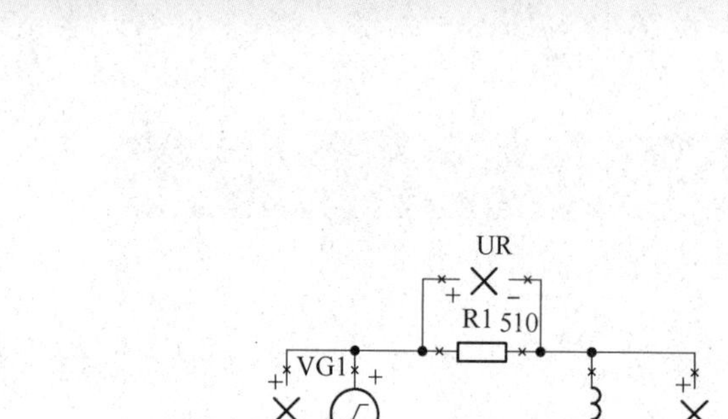

(a)

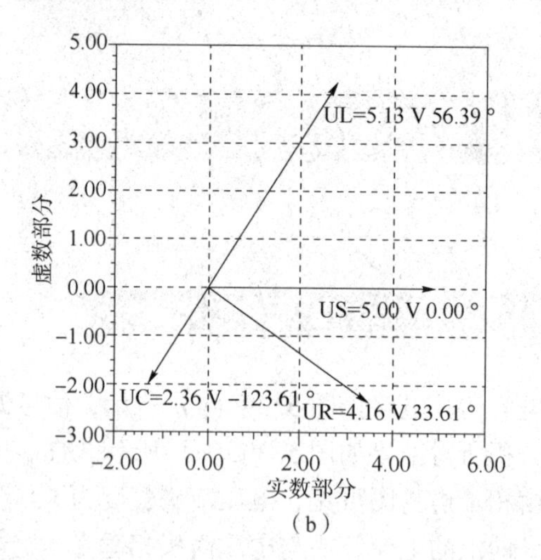

(b)

图 5.40 *RLC* 串联电路相量仿真

(a) 仿真电路图；(b) 相量分析结果

本章小结

正弦信号的 3 个要素分别是幅值、角频率（频率）和初始相位，本教材用余弦函数来表示正弦信号。正弦电压、电流的时域表达式为

$$u=U_m\cos(2\pi ft+\theta_u),\ i=I_m\cos(2\pi ft+\theta_i)$$

常用有效值来表示正弦信号值的大小，有效值是幅值的 $1/\sqrt{2}$倍，比如：

$$U=U_m/\sqrt{2},\ I=I_m/\sqrt{2}$$

两个同极性、同频率的正弦信号的相位差也就是初始相位之差。初始相位和相位差的主值范围为±180°。特殊相位差有同相、反相和正交。

用来表示正弦信号的复数称为相量，常用的是有效值相量，有效值相量仅与正弦信号的有效值和初始相位有关，比如：

$$\dot{U}=U\angle\theta_u,\ \dot{I}=I\angle\theta_i$$

把相量用图形的形式表示出来，称为相量图。

时域中的虚数单位 j 对应 90°的角度变化，−1 对应 180°的角度变化。时域中的微分运算对应相量域中的 jω 乘积因子，时域中的积分运算对应相量域中的 1/jω 乘积因子。

电阻电路中讨论的电路基本元件、基本定律和定理都有对应的相量形式。

一个含有电阻、电容和电感的无源二端网络可以等效成一个阻抗 Z，阻抗定义为端口电压相量与端口相量之比。

$$Z\overset{\text{def}}{=}\dot{U}/\dot{I}$$

电感的阻抗为：$Z_L=\text{j}\omega L$，且电感电压超前电流相位 90°。

电容的阻抗为：$Z_C=1/\text{j}\omega C$，且电容电流超前电压相位 90°。

一个二端复阻抗网络，当阻抗角大于零，网络呈感性；当阻抗角小于零，网络呈容性；当阻抗角等于零，网络呈电阻性。

用相量法分析时域模型电路步骤为：

（1）保持电路结构不变，用阻抗表示电路中所有元件；

（2）电压的极性、电流的方向不变，电压、电流用相量表示；

（3）电压源、电流源和受控源也用相应的相量表示；

（4）用电阻电路的分析方法对电路进行相量分析；

（5）写出分析结果的时域表达式。

设无源二端正弦稳态网络的端口电压为 u，端口电流为 i，电压与电流的相位差为 φ。网络的瞬时功率 $p=ui$，有功功率（平均功率）$P=UI\cos\varphi$，无功功率 $Q=UI\sin\varphi$，视在功率 $S=UI$，复功率 $\bar{S}=\dot{U}\dot{I}^*$，功率因数 $\lambda=\cos\varphi$。

瞬时功率和有功功率的单位为瓦（W），无功功率的单位为乏（var），视在功率的单位为伏安（V·A）。有功功率、无功功率和复功率是守恒的，视在功率不守恒。

视在功率与有功功率、无功功率的关系为 $S=\sqrt{P^2+Q^2}$。

复功率与有功功率、无功功率的关系为 $\bar{S}=P+\mathrm{j}Q$。

当复阻抗与电源内复阻抗达到共轭匹配时，负载能获得最大有功功率。

习题 5

5-1　求下列正弦信号的幅值、有效值、频率、角频率、周期和初始相位。

（1）$u=16\cos(10\pi t+45°)$ V；（2）$i=5\sqrt{2}\sin(314t-30°)$ A；

（3）$u=-20\sin(1\,000t+60°)$ V；（4）$i=-10\cos(2\times10^5\pi t)$ mA。

5-2　（1）已知一正弦电压的幅值 $U_\mathrm{m}=10$ V、周期 $T=50$ ms、初相 $\theta_u=30°$，试写出该电压的函数表达式。

（2）已知一正弦电流的有效值 $I=2$ A、频率 $f=50$ Hz、初相 $\theta_i=180°$，试写出该电流的函数表达式。

5-3　试求下列各组正弦信号的相位差，并指出是电压超前电流，还是电流超前电压。

（1）$i=10\cos(100\pi t+30°)$ A，$u=20\cos(100\pi t+45°)$ V；

（2）$i=5\sin(100\pi t+30°)$ A，$u=-20\cos(100\pi t+45°)$ V；

（3）$i=-5\sin(314t-60°)$ A，$u=10\cos(314t+30°)$ V；

（4）$i=-5\cos(314t-60°)$ A，$u=10\sin(314t+30°)$ V。

5-4　将下列复数的代数式转化为极坐标形式。

（1）$3+\mathrm{j}4$；（2）$-3+\mathrm{j}4$；（3）$3-\mathrm{j}4$；（4）$-3-\mathrm{j}4$。

5-5　将下列复数的极坐标形式转化为代数式。

（1）$5\angle-30°$；（2）$10\angle120°$；（3）$5\angle90°$；（4）$3\angle-180°$。

5-6　已知两复数分别为 $F_1=6-\mathrm{j}8$，$F_2=5\angle-30°$，试计算：

（1）F_1+F_2；（2）F_1-F_2；（3）F_1*F_2；（4）F_1/F_2。

5-7 写出题 5-1 各式的相量形式。

5-8 某二端元件的电压、电流取关联参考方向，根据如下表达式求元件的阻抗、判断是哪种元件，元件参数是多少？

（1）$u=10\sin(100t)$ V，$i=2\cos(100t-90°)$ A；

（2）$u=-10\cos(100t)$ V，$i=-\sin(100t)$ A；

（3）$u=10\sin(100t+45°)$ V，$i=5\cos(100t+45°)$ A。

5-9 求题图 5.1 的端口的等效阻抗 Z。

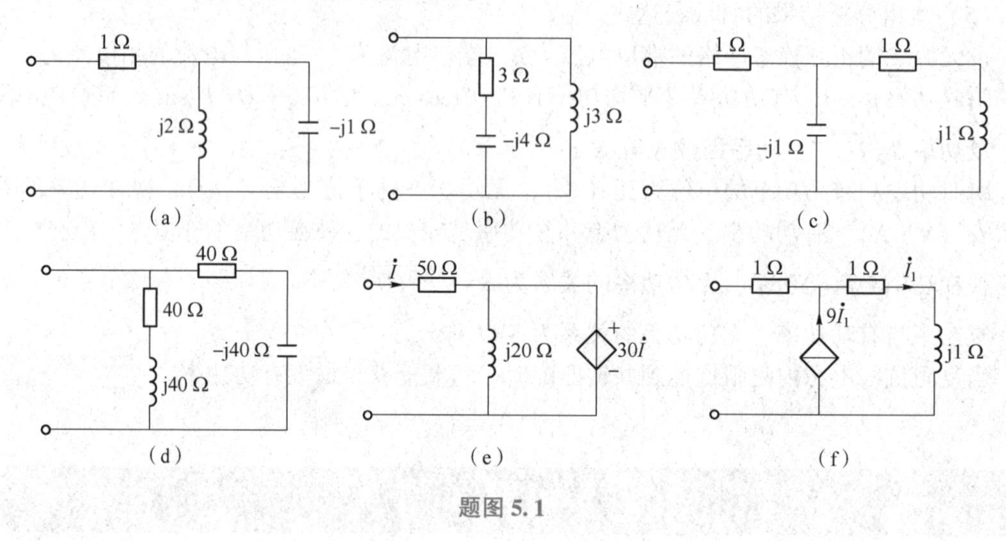

题图 5.1

5-10 电桥相量模型电路如题图 5.2 所示，激励为正弦信号，$L=1$ mH，$R_0=1$ kΩ，$Z_0=(3+\mathrm{j}5)\Omega$，试分析（1）当 $I_0=0$ 时，C 值是多少？（2）当条件（1）满足时，电路的输入阻抗 Z_{in} 是多少？

5-11 带有补偿电容的电阻分压电路如图 5.3 所示，试证明当满足 $R_1C_1=R_2C_2$ 时，R_2 的端电压为 $\dot{U}_2=\frac{R_2}{R_1+R_2}\dot{U}_1=\frac{C_1}{C_1+C_2}\dot{U}_1$。

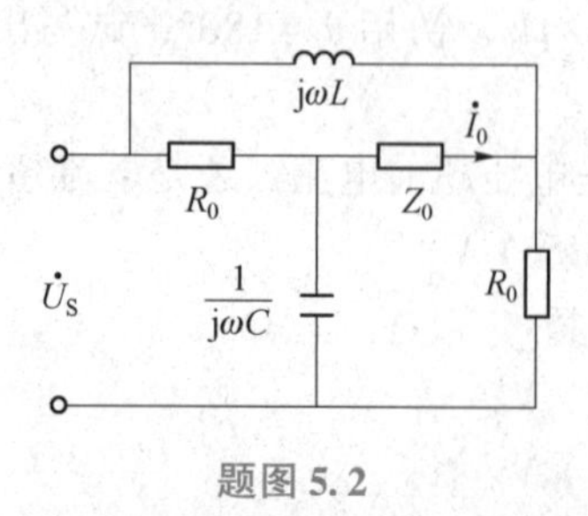

题图 5.2

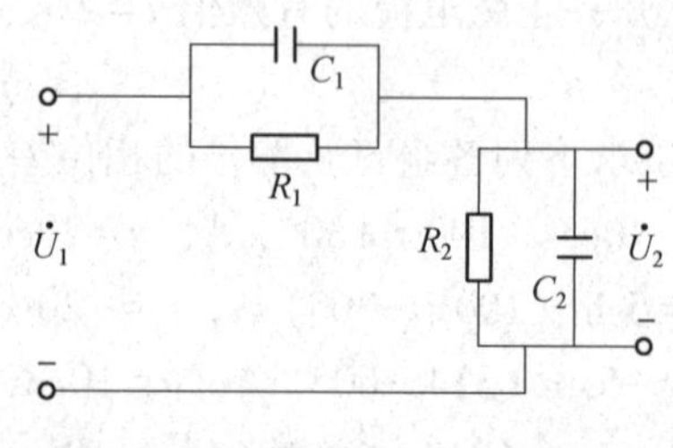

题图 5.3

5-12 电路如题图 5.4 所示，图中电压表、电流表的读数均为有效值，根据已知表的读数，求未知表的读数，画出相量图。

5-13 电路如题图 5.5 所示，求电流 $\dot{I}$。

5-14 电路如题图 5.6 所示，已知 $\dot{U}_C=1\angle0°$ V，求电压 $\dot{U}$。

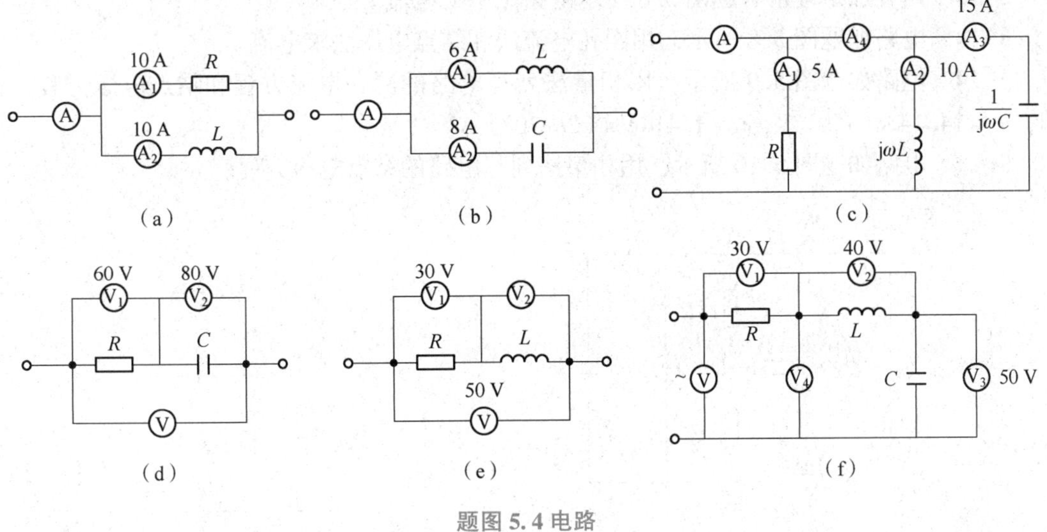

题图 5.4 电路

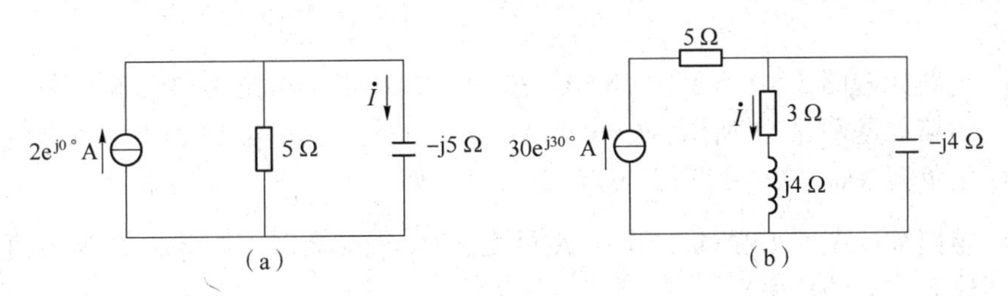

题图 5.5

5−15　电路如题图 5.7 所示，(1) 列写相量形式的网孔电流方程；(2) 列写相量形式的结点电压方程。

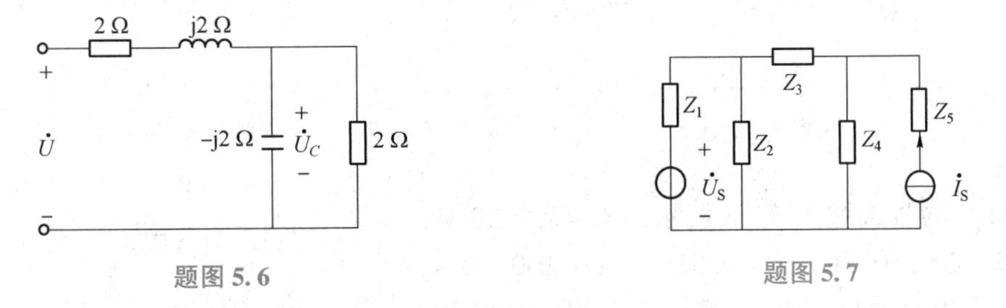

题图 5.6　　　　题图 5.7

5−16　时域模型电路如题图 5.8 所示，将其转换成相量域模型电路。图中，$u_S = 10.39\sqrt{2}\sin(2t+60°)$ V，$i_S = 3\sqrt{2}\cos(2t-30°)$ A。

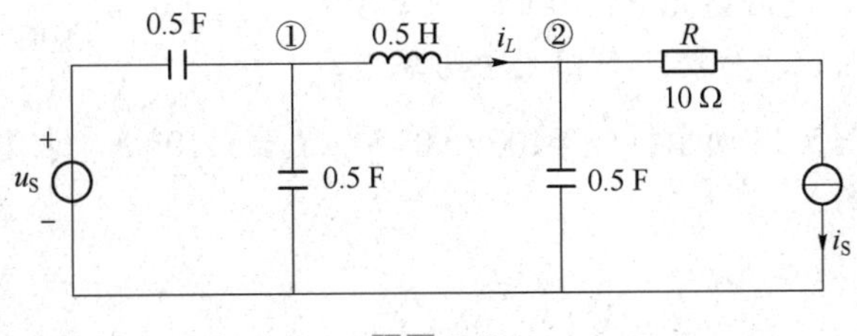

题图 5.8

5-17 用叠加定理求解题图 5.8 所示电路图中的电流 i_L。

5-18 电路如题图 5.8 所示，用网孔电流法和结点电压法求电流 i_L。

5-19 电路如题图 5.9 所示，用相量法列写电路的网孔电流方程和结点电压方程。已知，$u_S = 14.14\cos(2t)$ V，$i_S = 1.414\cos(2t+30°)$ A。

5-20 电路如题图 5.10 所示，用相量法列写电路的结点电压方程。

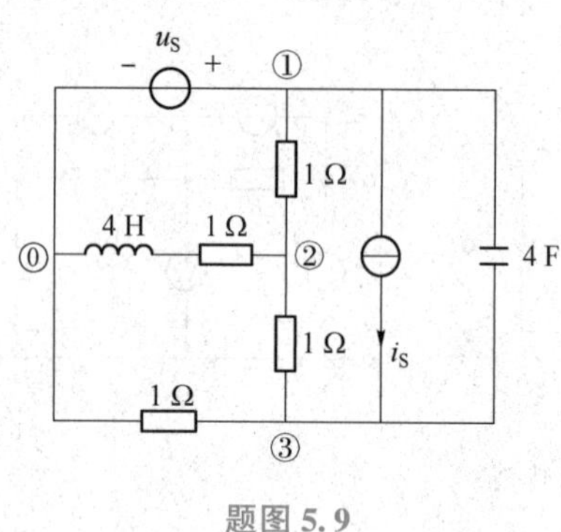

题图 5.9

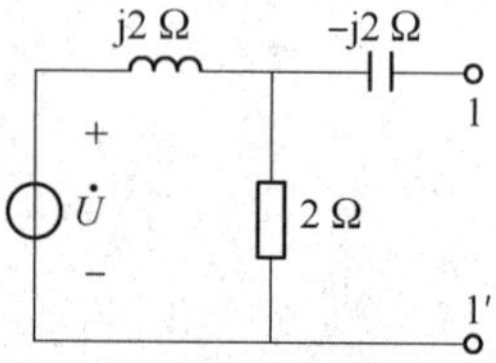

题图 5.10

5-21 电路如题图 5.10 所示，$\dot{U} = 50\angle 30°$ V，求电路的戴维南和诺顿等效电路。

5-22 电路如题图 5.11 所示，$I_S = 0.6$ A，$R = 1$ kΩ，$C = 1$ μF，如果电流源的角频率可变，问在什么角频率时，RC 串联部分获得最大功率？

5-23 电路如题图 5.12 所示，图中 R 可变，$\dot{U}_S = 200\angle 0°$ V。试求 R 为何值时，电源发出的功率最大（有功功率）？

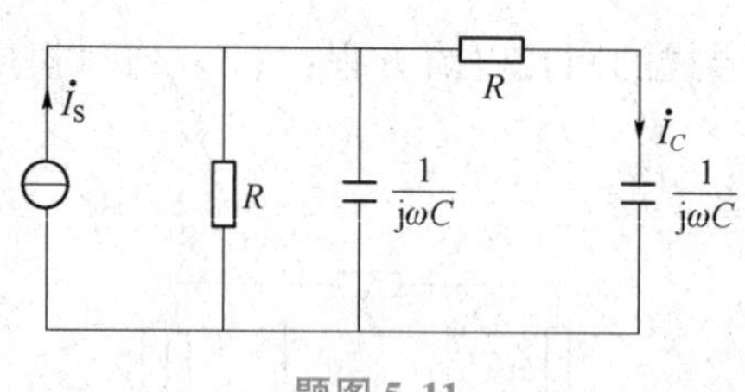

题图 5.11

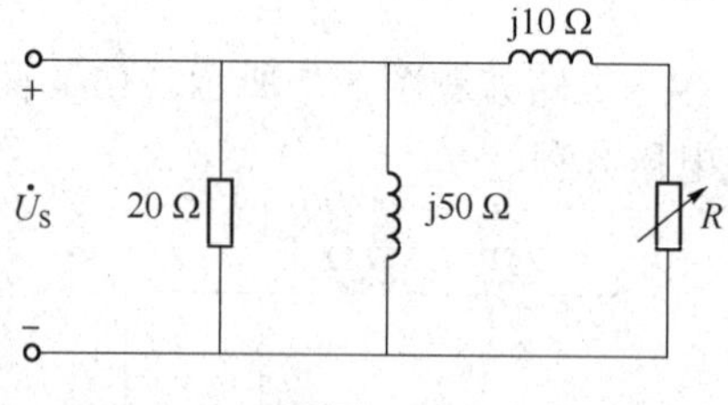

题图 5.12

5-24 电路如题图 5.13 所示，$R_1 = R_2 = 20$ Ω，$R_3 = 10$ Ω，$C = 250$ μF，$g_m = 0.025$ S，$\omega = 100$ rad/s，$U_S = 20$ V。求负载 Z_L 为多少时，可获得最佳匹配，并计算所获得的最大功率。

5-25 某感性负载 $Z = 2.9 + j3.87$ Ω，端电压 $U = 220$ V，频率 $f = 50$ Hz，电源容量 $S = 10$ kV · A。求：电路中的电流、功率因数、有功功率和无功功率。

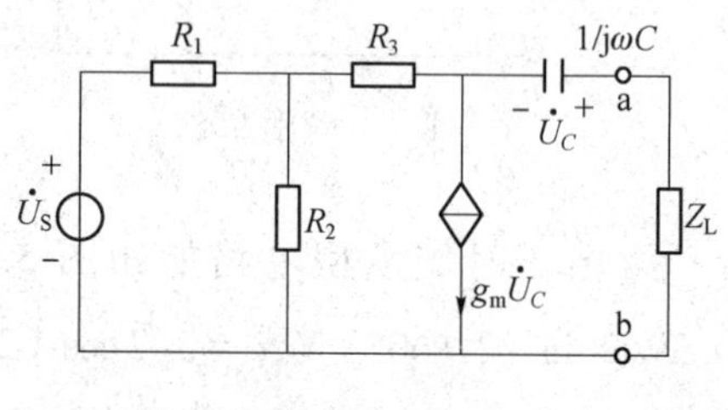

题图 5.13 电路

5-26 电路如题图 5.13 所示，$\dot{U}_S = 100\angle 90°$ V，$\dot{I}_S = 5\angle 0°$ A。求当 Z_L 获得最大功率时，独立电源发出的复功率。

第 6 章　三相交流电路的分析

内容提要：本章主要介绍三相交流电路的分析方法，内容包括对称三相交流电源及连接形式，三相负载电路及连接形式，线电压、相电压、线电流、相电流的概念及计算方法，三相电路功率计算及功率因数提高的方法，安全用电常识。

6.1　对称三相交流电源

在电力系统中，发电设备输出的是三相交流电，传输设备输送的是三相交流电，工业用电负载大都是三相负载，人们日常生活中用的电虽然是单相电，但却是三相电中的某一相电。

6.1.1　三相电动势的产生及电压表达式

1. 三相电动势的产生

图 6.1 所示为三相交流发电机的结构原理图，它的主要组成部分是电枢和磁极。

电枢是固定的，亦称定子。定子铁芯的内圆周表面有冲槽，用以放置三相电枢绕组（电感线圈）。每相绕组是同样的，如图 6.2 所示。它们的首端标以 U_1、V_1 和 W_1，尾端标以 U_2、V_2 和 W_2。每个绕组的两边放置在相应的定子铁芯槽内，但要求绕组的首端之间或尾端之间在空间上都彼此相隔 120°。

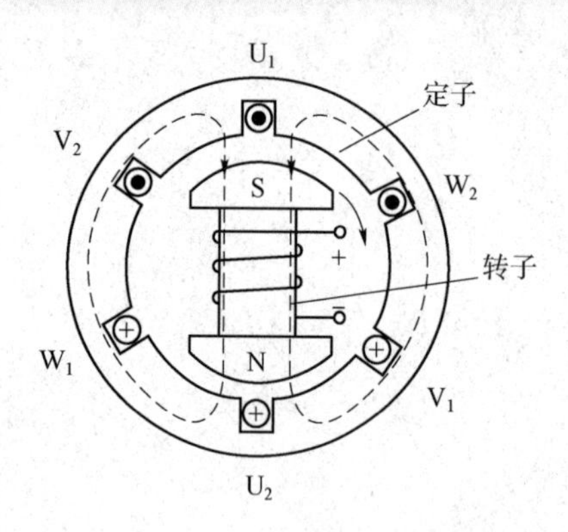

图 6.1　三相交流发电机的结构原理图

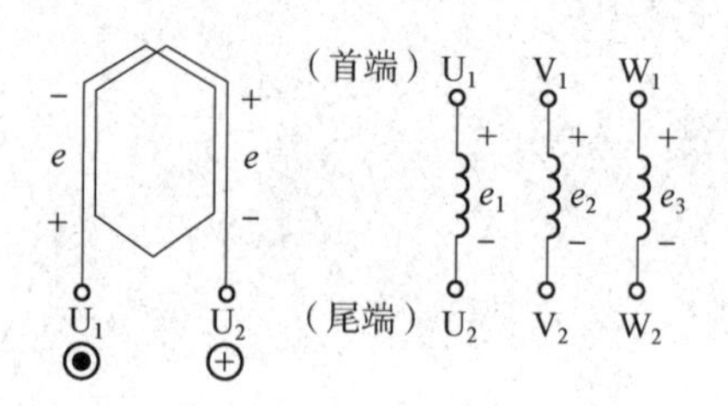

图 6.2　电枢绕组

磁极是转动的，亦称转子。转子铁芯上绕有励磁绕组，用直流励磁。选择合适的极面形状和励磁绕组的布置情况，可使空气隙中的磁感应强度按正弦规律分布。

当转子被外力带动，并以匀速按顺时针方向转动时，则每相绕组依次切割磁通，产生感应电动势，因而在 U_1U_2、V_1V_2、W_1W_2 三相绕组上得到频率相同、幅值相等、相位互差120°的三相对称正弦电压。这三相电压分别称为 A 相电压、B 相电压和 C 相电压，分别记为 u_A、u_B、u_C，并以 u_A 为相位参考。

2. 三相电压的表达式

三相电压时域表达式为

$$\left.\begin{aligned} u_A &= U_m\cos(\omega t) = \sqrt{2}U\cos(\omega t) \\ u_B &= U_m\cos(\omega t-120°) = \sqrt{2}U\cos(\omega t-120°) \\ u_C &= U_m\cos(\omega t-240°) = \sqrt{2}U\cos(\omega t+120°) \end{aligned}\right\} \tag{6-1}$$

并有

$$u_A+u_B+u_C=0 \tag{6-2}$$

三相交流电压波形图如图 6.3（a）所示。

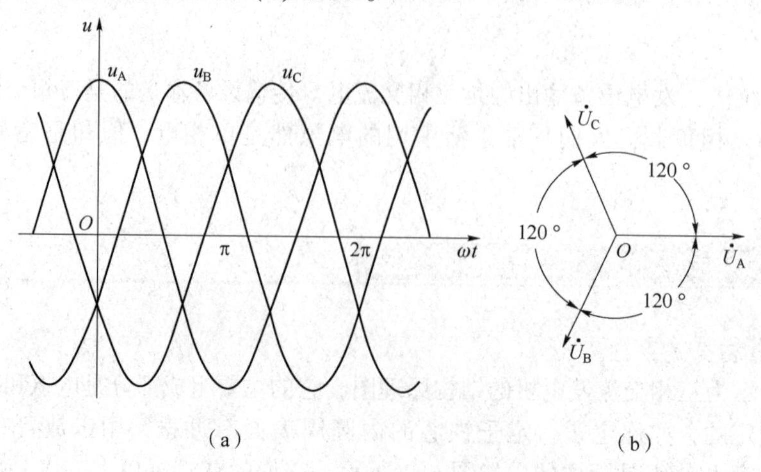

图 6.3　三相交流电压波形图和相量图

（a）三相交流电压波形图；（b）三相交流电相量图

三相交流电压相量表示为

$$\left.\begin{aligned}\dot{U}_A&=U\angle 0°\\\dot{U}_B&=U\angle -120°\\\dot{U}_C&=U\angle 120°\end{aligned}\right\}\tag{6-3}$$

并有

$$\dot{U}_A+\dot{U}_B+\dot{U}_C=0\tag{6-4}$$

三相交流电压的相量图如图 6.3（b）所示。

三相交流电路是特殊的正弦稳态电路，在正弦稳态电路所讲授的分析方法也适用于三相交流电的电路分析。

6.1.2　三相电源的连接形式

三相绕组有Y形（星形）连接和△形（三角形）连接两种连接方式，如图 6.4 所示。

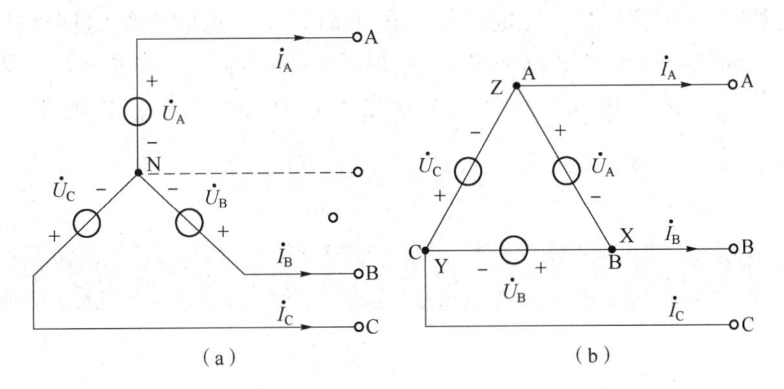

图 6.4　三相绕组的两种接法

（a）Y连接；（b）△连接

Y形连接是将三个绕组的尾端接在一起，形成公共端，记为 N。从三个首端 A、B、C 引出三根导线，称为相线，俗称火线。从 N 点引出的导线称为中性线，中性线通常是接大地的，因此也称为零线。

在电力输电系统中，高压供电只接出三根相线，称为三相三线制；低压供电还要接出零线到用户，称为三相四线制。

相线与零线之间的电压称为相电压，相线两两之间的电压称为线电压，分别用 $\dot{U}_{AB}$、$\dot{U}_{BC}$和 $\dot{U}_{CA}$表示。输电线的电流称为线电流，分别为 $\dot{I}_A$、$\dot{I}_B$ 和 $\dot{I}_C$。

线电压与相电压有如下关系

$$\begin{aligned}\dot{U}_{AB}&=\dot{U}_A-\dot{U}_B\\&=U\angle 0°-U\angle -120°\\&=U\left[1-\left(-\frac{1}{2}-\mathrm{j}\frac{\sqrt{3}}{2}\right)\right]\end{aligned}$$

$$=U\left(\frac{3}{2}+\mathrm{j}\frac{\sqrt{3}}{2}\right)$$

$$=\sqrt{3}U\left(\frac{\sqrt{3}}{2}+\mathrm{j}\frac{1}{2}\right)$$

$$=\sqrt{3}U\angle 30^\circ$$

$$=\sqrt{3}\dot{U}_{\mathrm{A}}\angle 30^\circ \tag{6-5}$$

从式（6-5）可知，线电压 $\dot{U}_{\mathrm{AB}}$的有效值是相电压 $\dot{U}_{\mathrm{A}}$ 的$\sqrt{3}$倍，且超前 $\dot{U}_{\mathrm{A}}$ 相位 30°。同理，可求得

$$\dot{U}_{\mathrm{BC}}=\dot{U}_{\mathrm{B}}-\dot{U}_{\mathrm{C}}=\sqrt{3}\dot{U}_{\mathrm{B}}\angle 30^\circ \tag{6-6}$$

$$\dot{U}_{\mathrm{CA}}=\dot{U}_{\mathrm{C}}-\dot{U}_{\mathrm{A}}=\sqrt{3}\dot{U}_{\mathrm{C}}\angle 30^\circ \tag{6-7}$$

家用的单相交流电压是 220 V，指的是相电压。大楼供电的三相交流电压是 380 V，指的是线电压，线电压也可用 U_{L} 表示。

△形连接是将三个绕组首尾相连，形成三角形，从三角形的三个顶点引出三根导线向负载输出电能。在△形连接中，三个绕组形成了回路，如果三个绕组的电压值略有不同，则三者电压之和将不为零。由于发电机绕组的电阻很小，这时在绕组回路中将产生较大的环路电流，形成绕组线损（又称铜损），增加了绕组的温度，对发电机不利。因此，发电机的三相绕组通常都不接成三角形。本章也不介绍△形连接三相电源与负载相接的情况。

6.2 三相电路的连接形式

6.2.1 三相负载连接形式

三相负载的连接形式也有两种，Y形连接和△形连接，如图 6.5 所示。

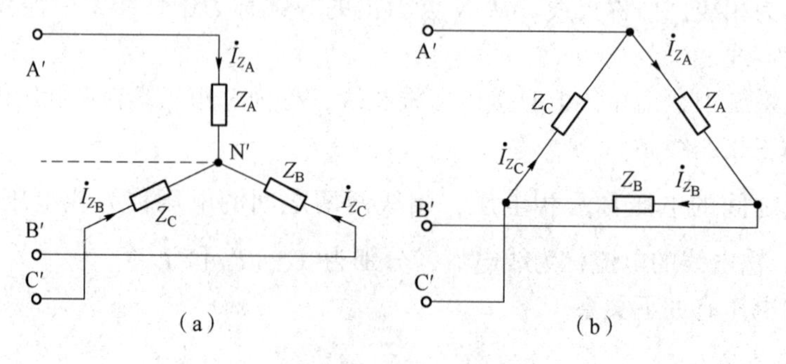

图 6.5　三相负载的两种接法

(a) Y连接；(b) △连接

图 6.5 中，三相负载分别为 Z_{A}、Z_{B} 和 Z_{C}。在Y形连接中，三相负载的一端接在一起，

作为中性点；另一端单独引出，作为外电源的接入端，分别标为 A′、B′和 C′。三相负载电流分别用 $\dot{I}_{Z_A}$、$\dot{I}_{Z_B}$和 $\dot{I}_{Z_C}$。在△形连接中，三相负载组成了三角形，从三角形的三个顶端分别引出三端，作为外电源的接入端。

当Y形三相交流电源与三相负载连接时，构成了Y-Y形连接和Y-△形连接两种电路连接形式。

6.2.2　Y-Y形连接

三相Y-Y形连接电路如图 6.6 所示。

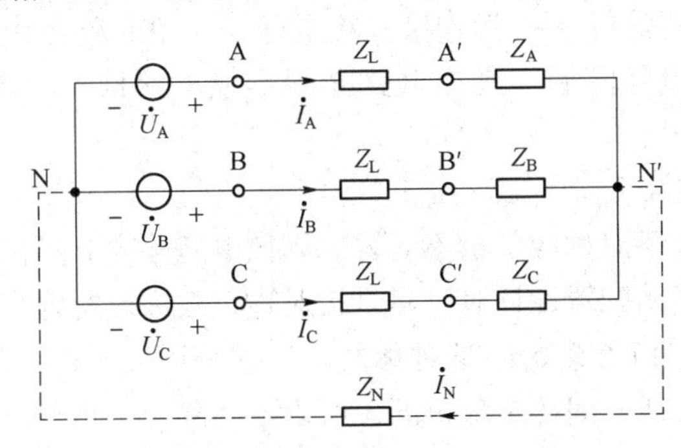

图 6.6　三相电Y-Y形连接电路

图 6.6 中，$\dot{U}_A$、$\dot{U}_B$ 和 $\dot{U}_C$ 为三相电压源，$\dot{I}_A$、$\dot{I}_B$ 和 $\dot{I}_C$ 是三相电流，$\dot{I}_N$ 是零线电流。Z_L 是考虑输电线路线损情况下的等效阻抗，称为端线阻抗，Z_A、Z_B 和 Z_C 是三相负载阻抗，Z_N 是零线阻抗。

由图 6.6 可知，三相负载上的相电压就是输电线的相电压，负载上的相电流就是输电线的线电流。

下面分对称三相电路和非对称三相电路进行分析。

1. 对称Y-Y形连接三相电路

对称三相电路就是由对称三相电压源和对称三相负载连接起来所组成的电路。

对称三相电源指的是三相电压的有效值相同，相位差依次相差 120°的三相正弦波电源，即满足式（6-4）的三相电源。

$$|\dot{U}_A|=|\dot{U}_B|=|\dot{U}_C|=U$$

对称三相负载是指三相负载阻抗相同：

$$Z_A=Z_B=Z_C=Z$$

根据 KVL 列出回路电压方程：

$$\begin{cases}(Z_L+Z)\dot{I}_A+Z_N\dot{I}_N=\dot{U}_A\\(Z_L+Z)\dot{I}_B+Z_N\dot{I}_N=\dot{U}_B\\(Z_L+Z)\dot{I}_C+Z_N\dot{I}_N=\dot{U}_C\end{cases}\tag{6-8}$$

结点电流方程为

$$\dot{I}_A+\dot{I}_B+\dot{I}_C=\dot{I}_N\tag{6-9}$$

把三个回路方程相加得

$$(Z_L+Z)(\dot{I}_A+\dot{I}_B+\dot{I}_C)+3Z_N\dot{I}_N=\dot{U}_A+\dot{U}_B+\dot{U}_C$$

将式（6-9）代入上式，得

$$(Z_L+Z+3Z_N)(\dot{I}_A+\dot{I}_B+\dot{I}_C)=\dot{U}_A+\dot{U}_B+\dot{U}_C$$

因为三相电源对称，所以有

$$\dot{U}_A+\dot{U}_B+\dot{U}_C=0$$

从而得出

$$\dot{I}_A+\dot{I}_B+\dot{I}_C=0 \tag{6-10}$$

式（6-10）表明，对称的Y-Y形连接三相电路，三相电流之和为零，则在理论上是不需要零线，可以移除。但移除后，三相电路必须形成电流回路，因此至少有一相电流为负值。

2. 非对称Y-Y形连接三相电路

如果三相电路中电源不对称或负载不对称，则该电路称为非对称三相电路。

在实际三相电路负载的配置设计时，尽量按对称负载进行配置，但这只是理论设计，实际运行时是不可能保证三相负载始终是对称的。特别是居民用电，各家各户用电设备的数量、功率、开启时间、关闭时间都是随机的，所以绝大部分三相电路都是非对称三相电路。

为分析方便起见，设三相电源是对称的，三相负载不对称，且 $Z_A=Z_B=Z$，$Z_C=Z+\Delta Z$，可得

$$(Z_L+Z+3Z_N)(\dot{I}_A+\dot{I}_B+\dot{I}_C)+\Delta Z\dot{I}_C=\dot{U}_A+\dot{U}_B+\dot{U}_C \tag{6-11}$$

由于三相电源对称的，$\dot{U}_A+\dot{U}_B+\dot{U}_C=0$，可得

$$(Z_L+Z+3Z_N)(\dot{I}_A+\dot{I}_B+\dot{I}_C)=-\Delta Z\dot{I}_C$$

上式表明，由于三相负载不对称，所以得

$$\dot{I}_A+\dot{I}_B+\dot{I}_C\neq 0 \tag{6-12}$$

由式（6-12）可知，对于非对称三相电路，N 点和 N′点不是等电位的，则电路中的零线是不能缺少的。

若忽略输电线路的电阻 Z_L 和零线电阻 Z_N，零线的接入会强使 N 点和 N′点等电位，各相保持独立工作，互不影响，各相负载在相电压下安全工作。

【例 6.1】 三相四线Y-Y形连接电路如图 6.7 所示。按以下 4 种情况计算各负载的相电压、相电流和零线电流。

（1）三相电源对称，$U_A=U_B=U_C=220$ V；三相负载对称，$Z_A=Z_B=Z_C=10\ \Omega$。

（2）三相电源对称，$U_A=U_B=U_C=220$ V；三相负载不对称，$Z_A=5\ \Omega$，$Z_B=10\ \Omega$，$Z_C=10\ \Omega$。

（3）三相电源不对称，$U_A=240$ V，$U_B=220$ V，$U_C=200$V，三相负载对称，$Z_A=Z_B=Z_C=10\ \Omega$。

（4）三相电源不对称，$U_A=240$ V，$U_B=220$ V，$U_C=200$ V，三相负载不对称，$Z_A=5\ \Omega$，$Z_B=10\ \Omega$，$Z_C=10\ \Omega$。

【解】 设 A 相电压为参考电压，按各相独立计算。

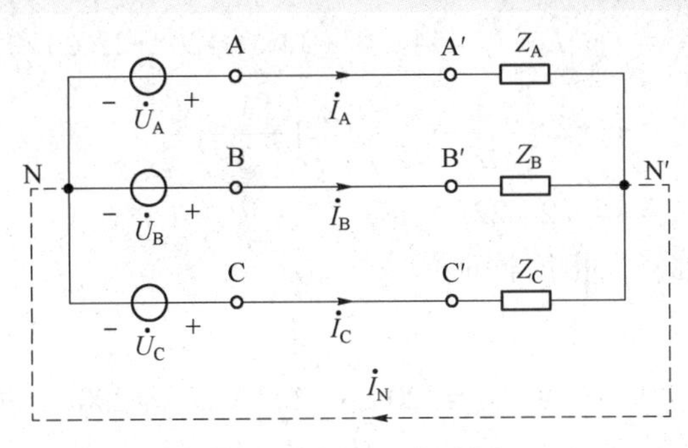

图 6.7　例 6.1 电路图

(1) 三相电源对称，三相负载对称

每相负载的相电压

$$\dot{U}_A = 220\angle 0°\ \text{V},\ \dot{U}_B = 220\angle -120°\ \text{V},\ \dot{U}_C = 220\angle 120°\ \text{V}$$

每相负载的相电流

$$\dot{I}_A = \frac{\dot{U}_A}{Z_A} = \frac{220\angle 0°}{10} = 22\angle 0°(\text{A})$$

$$\dot{I}_B = \frac{\dot{U}_B}{Z_B} = \frac{220\angle -120°}{10} = 22\angle -120°(\text{A})$$

$$\dot{I}_C = \frac{\dot{U}_C}{Z_C} = \frac{220\angle 120°}{10} = 22\angle 120°(\text{A})$$

零线电流

$$\begin{aligned}\dot{I}_N &= \dot{I}_A + \dot{I}_B + \dot{I}_C \\ &= 22\angle 0° + 22\angle -120° + 22\angle 120° \\ &= 22 + 22\left(-\frac{1}{2} - \text{j}\frac{\sqrt{3}}{2}\right) + 22\left(-\frac{1}{2} + \text{j}\frac{\sqrt{3}}{2}\right) \\ &= 22 - 11 - 11 - \text{j}11\sqrt{3} + \text{j}11\sqrt{3} = 0\end{aligned}$$

(2) 三相电源对称，三相负载不对称

每相负载的相电压

$$\dot{U}_A = 220\angle 0°\ \text{V},\ \dot{U}_B = 220\angle -120°\ \text{V},\ \dot{U}_C = 220\angle 120°\ \text{V}$$

每相负载的相电流

$$\dot{I}_A = \frac{\dot{U}_A}{Z_A} = \frac{220\angle 0°}{5} = 44\angle 0°(\text{A})$$

$$\dot{I}_B = \frac{\dot{U}_B}{Z_B} = \frac{220\angle -120°}{10} = 22\angle -120°(\text{A})$$

$$\dot{I}_C = \frac{\dot{U}_C}{Z_C} = \frac{220\angle 120°}{10} = 22\angle 120°(\text{A})$$

零线电流

$$\dot{I}_N=\dot{I}_A+\dot{I}_B+\dot{I}_C=44\angle 0°+22\angle -120°+22\angle 120°$$
$$=44+22\left(-\frac{1}{2}-j\frac{\sqrt{3}}{2}\right)+22\left(-\frac{1}{2}+j\frac{\sqrt{3}}{2}\right)$$
$$=44-22=22(A)$$

(3) 三相电源不对称，三相负载对称

每相负载的相电压

$$\dot{U}_A=240\angle 0°\ V,\dot{U}_B=220\angle -120°\ V,\dot{U}_C=200\angle 120°\ V$$

每相负载的相电流

$$\dot{I}_A=\frac{\dot{U}_A}{Z_A}=\frac{240\angle 0°}{10}=24\angle 0°(A)$$
$$\dot{I}_B=\frac{\dot{U}_B}{Z_B}=\frac{220\angle -120°}{10}=22\angle -120°(A)$$
$$\dot{I}_C=\frac{\dot{U}_C}{Z_C}=\frac{200\angle 120°}{10}=20\angle 120°(A)$$

零线电流

$$\dot{I}_N=\dot{I}_A+\dot{I}_B+\dot{I}_C=24\angle 0°+22\angle -120°+20\angle 120°$$
$$=24+22\left(-\frac{1}{2}-j\frac{\sqrt{3}}{2}\right)+20\left(-\frac{1}{2}+j\frac{\sqrt{3}}{2}\right)$$
$$=24+22(-0.5-j0.866)+20(-0.5+j0.866)$$
$$=3-j1.732$$
$$=3.46\angle -30°(A)$$

(4) 三相电源不对称，三相负载不对称

每相负载的相电压

$$\dot{U}_A=240\angle 0°\ V,\dot{U}_B=220\angle -120°\ V,\dot{U}_C=200\angle 120°\ V$$

每相负载的相电流

$$\dot{I}_A=\frac{\dot{U}_A}{Z_A}=\frac{240\angle 0°}{5}=48\angle 0°(A)$$
$$\dot{I}_B=\frac{\dot{U}_B}{Z_B}=\frac{220\angle -120°}{10}=22\angle -120°(A)$$
$$\dot{I}_C=\frac{\dot{U}_C}{Z_C}=\frac{200\angle 120°}{10}=20\angle 120°(A)$$

零线电流

$$\dot{I}_N=\dot{I}_A+\dot{I}_B+\dot{I}_C=48\angle 0°+22\angle -120°+20\angle 120°$$
$$=48+22\left(-\frac{1}{2}-j\frac{\sqrt{3}}{2}\right)+20\left(-\frac{1}{2}+j\frac{\sqrt{3}}{2}\right)$$
$$=48+22(-0.5-j0.866)+20(-0.5+j0.866)$$

$$=27-j1.732$$
$$=27.06\angle -3.67°(A)$$

对于单相交流电用户，入户的零线断了，用电器不会工作。但如果是给大楼供电的三相电源的零线断了，假若至少有二相负载接通，则接通的单相交流电用电器仍会工作，但三相负载电路的中性点将移位，负载的不对称会导致负载端电压的不对称，从而可能使负载工作不正常，严重时可能导致用电器损坏。

【例 6.2】　三相交流电与三相负载Y-Y形连接，零线断路后电路如图 6.8 所示，设 $U_A=U_B=U_C=220$ V，$Z_A=100\ \Omega$，$Z_B=50\ \Omega$，$Z_C=\infty$，求负载 Z_A 和 Z_B 上的电压 $\dot{U}_{Z_A}$ 和 $\dot{U}_{Z_B}$。

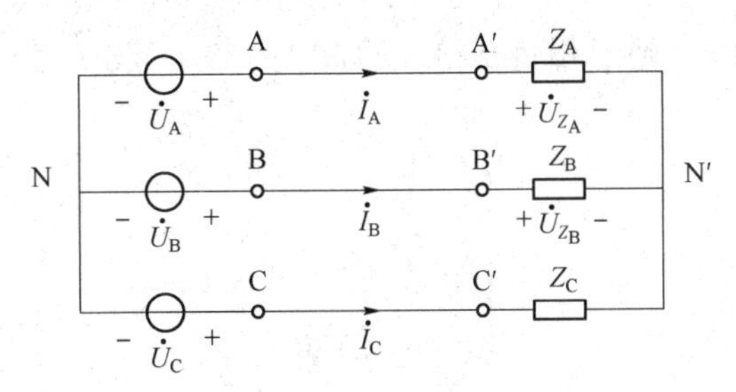

图 6.8　例 6.2 电路图

【解】　由电路图可知，利用电阻分压公式可计算出 $\dot{U}_{Z_A}$ 和 $\dot{U}_{Z_B}$。

$$\dot{U}_{Z_A}=\frac{Z_A}{Z_A+Z_B}(\dot{U}_A-\dot{U}_B)$$
$$=\frac{100}{100+50}220\sqrt{3}\angle 30°$$
$$=\frac{2}{3}220\sqrt{3}\angle 30°$$
$$=254\angle 30°(V)$$
$$\dot{U}_{Z_B}=\frac{-Z_B}{Z_A+Z_B}(\dot{U}_A-\dot{U}_B)$$
$$=\frac{-50}{100+50}220\sqrt{3}\angle 30°$$
$$=-\frac{1}{3}220\sqrt{3}\angle 30°$$
$$=127\angle -150°(V)$$

从计算结果可见，负载 Z_A 上的电压远超过了单相用电器 220 V 的额定工作电压，该用电器可能被烧毁。负载 Z_B 上的电压远低于单相用电器 220 V 的额定工作电压，该用电器不能正常工作。

6.2.3　Y-△形连接

三相电路Y-△形连接如图 6.9 所示。

由图 6.9 可见，△形连接每相负载上的电压是三相电源的线电压，每相负载上的电流不

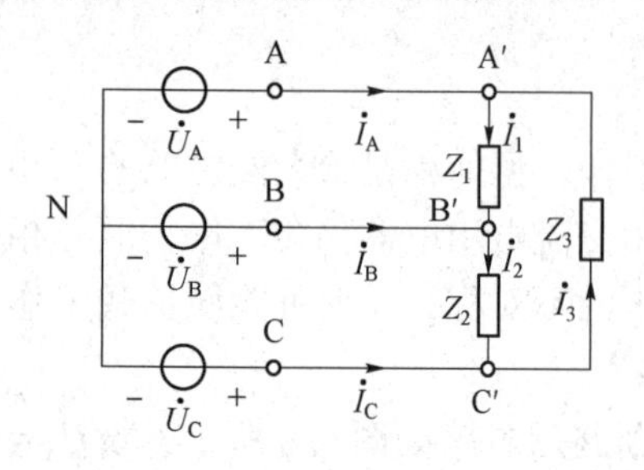

图 6.9　Y−△形连接三相电路

是三相电源的线电流。设三相电源线电流分别为 $\dot{I}_A$、$\dot{I}_B$ 和 $\dot{I}_C$，三相负载相电流分别为 $\dot{I}_1$、$\dot{I}_2$ 和 $\dot{I}_3$。

根据 KCL 列出结点电流方程：

$$\begin{cases}\dot{I}_A=\dot{I}_1-\dot{I}_3\\\dot{I}_B=\dot{I}_2-\dot{I}_1\\\dot{I}_C=\dot{I}_3-\dot{I}_2\end{cases}\tag{6-13}$$

由于三相线电压相位相差 120°，作用在相同的三相负载上（设 $Z_A=Z_B=Z_C=Z$），则三相负载电流也相差 120°。设 $\dot{I}_1$ 为参考电流，初始相位为 0°，则有

$$\begin{cases}\dot{I}_1=I_Z\angle 0°\\\dot{I}_2=I_Z\angle -120°\\\dot{I}_3=I_Z\angle 120°\end{cases}\tag{6-14}$$

可求得 A 相电源线电流 $\dot{I}_A$ 与负载电流的关系如下

$$\begin{aligned}\dot{I}_A&=\dot{I}_1-\dot{I}_3=I_Z(1-\cos 120°-\mathrm{j}\sin 120°)\\&=I_Z(1.5-\mathrm{j}0.866)=\sqrt{3}I_Z\angle -30°=\sqrt{3}\,\dot{I}_1\angle -30°\end{aligned}\tag{6-15}$$

同理可得

$$\dot{I}_B=\sqrt{3}\,\dot{I}_2\angle -30°\tag{6-16}$$

$$\dot{I}_C=\sqrt{3}\,\dot{I}_3\angle -30°\tag{6-17}$$

由以上三式可知，△形连接三相负载的端口线电流是负载相电流的$\sqrt{3}$倍。如果采用这种连接方式，将导致传输线路的线损增加。

6.3　三相电路的功率

6.3.1　对称三相电路功率计算

1. 对称三相电路的瞬时功率

Y−Y形对称三相电路中，设

$$u_A=\sqrt{2}U\cos(\omega t),\ i_A=\sqrt{2}I\cos(\omega t-\varphi)$$

则 A 相负载上的瞬时功率为

$$p_A=u_Ai_A=2UI\cos(\omega t)\cos(\omega t-\varphi)=UI\cos\varphi+UI\cos(2\omega t-\varphi)\tag{6-18}$$

同理，有 B 相、C 相的瞬时功率为

$$p_B=u_Bi_B=UI\cos\varphi+UI\cos[(2\omega t+120°)-\varphi]$$

$$=UI\cos\varphi+UI[\cos(2\omega t-\varphi)\cos 120°-\sin(2\omega t-\varphi)\sin 120°]$$
$$=UI\cos\varphi-0.5UI\cos(2\omega t-\varphi)-0.866UI\sin(2\omega t-\varphi) \tag{6-19}$$
$$p_C=u_Ci_C=UI\cos\varphi+UI\cos[(2\omega t-120°)-\varphi]$$
$$=UI\cos\varphi-0.5UI\cos(2\omega t-\varphi)+0.866UI\sin(2\omega t-\varphi) \tag{6-20}$$

三相电路的瞬时总功率为三相各瞬时功率之和，即

$$p=p_A+p_B+p_C=3UI\cos\varphi \tag{6-21}$$

由式（6-18）~式（6-21）可知，虽然每一相电路的瞬时功率是周期性变化的，但三相电路的总瞬时功率却是恒定的，这也是为什么三相电路总希望三相电源要对称、负载要对称的主要原因。

2. 对称三相电路的有功功率

由于是对称电路，只要计算某任意一相的有功功率，即可得三相的总有功功率。

设 A 相的相电压为 U_P，相电流为 I_P，则 A 相的有功功率为

$$P_A=U_PI_P\cos\varphi$$

三相电路总有功功率为

$$P=P_A+P_B+P_C=3U_PI_P\cos\varphi \tag{6-22}$$

如果是用线电压 U_L 和线电流 I_L 来表示，则有

$$P=\sqrt{3}U_LI_L\cos\varphi \tag{6-23}$$

可以证明，不论负载是Y形连接还是△形连接，式（6-22）和式（6-23）均成立。

3. 对称三相电路的无功功率、视在功率和功率因数

1）总无功功率 Q

总无功功率为各相无功功率之和，即

$$Q=Q_A+Q_B+Q_C=3Q_P=3U_PI_P\sin\varphi \tag{6-24}$$

若用线电压和线电流表示，则有

$$Q=3U_LI_L\sin\varphi \tag{6-25}$$

2）总视在功率 S

对称三相电路的总视在功率可由总有功功率和总无功功率来取，其表达式为

$$S=\sqrt{P^2+Q^2}=3U_PI_P=\sqrt{3}U_LI_L \tag{6-26}$$

3）功率因数 λ

$$\lambda=\cos\varphi=P/S \tag{6-27}$$

【例 6.3】 已知三相电路的负载为对称△形连接，且 $|Z_A|=|Z_B|=|Z_C|=|Z|=50\ \Omega$，功率因数 $\cos\varphi_P=0.8$，线电压 $U_L=380$ V，求三相电路的总有功功率 P、无功功率 Q 和视在功率 S。

【解】 对于△形连接的对称负载，每相负载的相电压就是供电线路的线电压，因此有

$$U_P=U_L=380\text{ V}$$

负载每相电流为

$$I_P=U_P/|Z|=380/50=7.6(\text{A})$$

功率因数角为

$$\varphi_P=\arccos 0.8=36.9°$$

总有功功率为

$$P=3U_PI_P\cos\varphi_P=3\times380\times7.6\times0.8=6\ 931(\mathrm{W})$$

总无功功率为

$$Q=3U_PI_P\sin\varphi_P=3\times380\times7.6\times0.6=5\ 198(\mathrm{var})$$

总视在功率为

$$S=3U_PI_P=3\times380\times7.6=8\ 664(\mathrm{V\cdot A})$$

6.3.2 非对称三相电路功率计算

总有功功率为各相有功功率之和，其表达式为

$$\begin{aligned}P&=P_A+P_B+P_C\\&=U_AI_A\cos\varphi_A+U_BI_B\cos\varphi_B+U_CI_C\cos\varphi_C\end{aligned}\tag{6-28}$$

总无功功率为各相无功功率之和，其表达式为

$$\begin{aligned}Q&=Q_A+Q_B+Q_C\\&=U_AI_A\sin\varphi_A+U_BI_B\sin\varphi_B+U_CI_C\sin\varphi_C\end{aligned}\tag{6-29}$$

总视在功率为

$$S=\sqrt{P^2+Q^2}$$

功率因数为

$$\lambda=\cos\varphi=P/S$$

6.4 提高电路的功率因数

6.4.1 提高功率因数的意义

在电子电路中不怎么去关注功率因数，但在电力电路中功率因数却是一个非常重要技术指标。

设交流电源提供的额定功率容量为 $S=UI$，负载电路的有用功率为 $P=UI\cos\varphi$，无功功率 $Q=UI\sin\varphi$。功率因数角 φ 的变化直接影响到电源输出的有功功率。当功率因数小于 1 时，会出现以下两个问题：

（1）电源设备的容量不能充分利用。

在电源设备额定容量一定时，负载的功率因数大，则电源输出的有功功率也大；负载的功率因数小，则电源输出的有功功率也小。

例如容量为 1 000 kV · A 的电源，如果负载的功率因数 $\cos\varphi=1$，电源可以发出 1 000 kW 的有功功率；而当负载的功率因数 $\cos\varphi=0.6$ 时，电源只能发出 600 kW 的有功功率。这说明当电网供电给功率因数低的负载时，交流电源的功率利用率将降低。

（2）增加了供电线路的功率损耗。

当电源电压 U 和输出功率 P 一定时，线路中的电流 I 为

$$I=\frac{P}{U\cos\varphi} \tag{6-30}$$

显然，功率因数越低，线路电流越大。而传输电能的线路是有电阻的，设单位长度传输线路的电阻为 r，则其功率损耗（简称线损）为

$$\Delta P=rI^2$$

虽然 ΔP 很小，但电力输电线路的长度往往是几千米到几百千米，其线损就很可观了。

综上所述，提高供电系统的功率因数，不仅可以提高交流电源设备的利用率，而且还可以减少电能在传输中的损耗。

6.4.2　提高功率因数的方法

在生产和生活中，大多数交流用电负载都是感性负载，比如，洗衣机中的电动机、电冰箱和空调中的压缩机、工厂用的三相电动机等。

提高功率因数的方法是在不改变感性负载工作条件的前提下，在感性负载两端并联电容，进行功率因数补偿。

1. 功率因数补偿原理

补偿电路图和相量图如图 6.10 所示，图中的 r 是感性负载的直流等效电阻，L 是感性负载的等效电感（理想电感）。

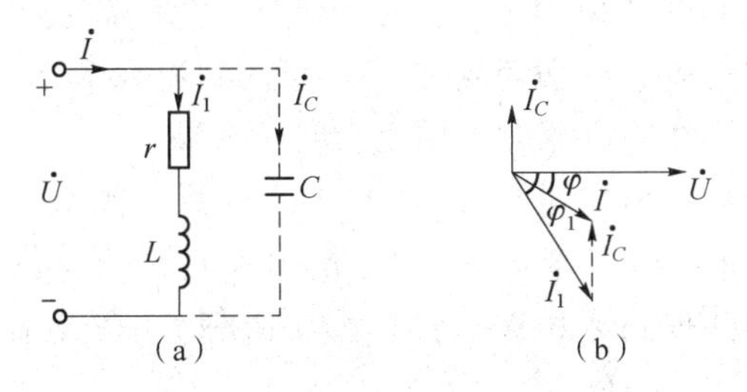

图 6.10　感性负载补偿电路及相量图

（a）补偿电路；（b）相量图

并联电容前，感性负载电流 $\dot{I}_1$ 就是电源电流 $\dot{I}$，负载的功率因数就是感性负载的功率因数 $\cos\varphi_1$。

并联电容后，电路电压和感性负载参数没有变化，感性负载电流和功率因数不变，但增加了电容电流 $\dot{I}_C$。

由于电容的电流 $\dot{I}_C$ 超前电压 $\dot{U}$ 相位 90°，$\dot{I}_C$ 与 $\dot{I}_1$ 合成后的电源电流 $\dot{I}$ 将减小，总负载的功率因数增大了，从而减小了线路上的电能损耗。

2. 补偿电容值的计算方法

并联电容前，设端口电压为 $\dot{U}$，输入电流 $\dot{I}=\dot{I}_1$，$\dot{I}$ 滞后于电压 $\dot{U}$，相位差为 φ_1，功率因数为 $\cos\varphi_1$。

并联电容后，设端口电压 $\dot{U}$ 不变，端口电流 $\dot{I}$ 与端口电压 $\dot{U}$ 的相位差减小到 φ，功率因数为 $\cos\varphi$。因为 $\varphi<\varphi_1$，故 $\cos\varphi>\cos\varphi_1$，即并联电容后，电路的功率因数得到了提高。

下面讨论功率因数从 $\cos\varphi_1$ 提而到 $\cos\varphi$ 所需并联的电容值。

因为电容不消耗有功功率，所以并联电容前后整个电路的有功功率不变，即

$$P=UI_1\cos\varphi_1=UI\cos\varphi \tag{6-31}$$

由此得

$$I_1=\frac{P}{U\cos\varphi_1},\ I=\frac{P}{U\cos\varphi} \tag{6-32}$$

再根据如图 6.10（b）所示相量图，可得

$$\begin{aligned}I_C&=I_1\sin\varphi_1-I\sin\varphi\\&=\frac{P}{U\cos\varphi_1}\sin\varphi_1-\frac{P}{U\cos\varphi}\sin\varphi\\&=\frac{P}{U}(\tan\varphi_1-\tan\varphi)\end{aligned}$$

又因为

$$I_C=\frac{U}{X_C}=\omega CU$$

由此得

$$C=\frac{P}{\omega U^2}(\tan\varphi_1-\tan\varphi) \tag{6-33}$$

值得注意的是，如果并联的电容 C 过大，导致电路呈容性，功率因数反而会下降，成本还增加了，得不偿失。另外，一般不考虑将功率因数补偿到 1，因为功率因数大于 0.95 以后，再增加电容值对减小线路电流的作用也无明显效果。

【例 6.4】 某感性负载，电源电压 $U=220$ V，电源的频率 $f=50$ Hz，电源的容量 $S=10$ kV · A，功率因数 $\cos\varphi=0.6$。求：（1）电路中的电流、有功功率和无功功率；（2）用并联电容的方法将功率因数提高至 0.95，计算无功功率、并联电容的容量值及端口电流。

【解】（1）并联补偿电容前

有功功率 $$P=S\cos\varphi=10\times0.6=6(\text{kW})$$

功率因数角 $$\varphi=\arccos 0.6=53.1^\circ$$

$$\sin 53.1^\circ=0.8$$

无功功率 $$Q=S\sin\varphi=10\times0.8=8(\text{kvar})$$

电源电流 $$I_1=\frac{P}{U\cos\varphi}=\frac{6\,000}{220\times0.6}=45.5(\text{A})$$

(2)并联补偿电容后

功率因数 $$\cos\varphi_1=0.95$$

功率因数角 $$\varphi_1=\arccos 0.95=18.2^\circ$$

无功功率 $$Q=S\sin 18.2^\circ=10\times0.31=3.1(\text{kvar})$$

补偿电容的值为

$$\begin{aligned}C&=\frac{P}{\omega U^2}(\tan\varphi-\tan\varphi_1)\\&=\frac{6\,000}{2\times3.14\times50\times220^2}(\tan 53.1^\circ-\tan 18.2^\circ)\end{aligned}$$

$$= 395(\mu F)$$

电源电流为

$$I=\frac{P}{U\cos\varphi_1}=\frac{6\ 000}{220\times 0.95}=28.7(A)$$

计算结果表明，在保证有功功率不变的情况下，并联了补偿电容后，功率因数得到了提高，无功功率减小了61.3%，端口电流减小了36.9%，线损减小效果明显。

6.4.3　电网功率补偿应用

在实际电路中，补偿电容的选取不仅仅只考虑容值大小，还要考虑电容的体积、耐压等级和能承受的电流大小。耐压等级越高、电容量越大、电流越大，电容的体积就越大。

图6.11所示为一款低压供电的三相电网的无功功率补偿电容，电容的长×宽×高是178 mm×70 mm×250 mm。一块红砖的标准尺寸一般是115 mm×53 mm×240 mm，也就是说该款补偿电容的体积比一块红砖的体积还要大。

电网在进行功率补偿时，不是对单个感性负载进行无功功率补偿，而是采用集中补偿的方式完成无功功率的补偿。比如在配电房、配电柜加装集中补偿电容。

图6.12所示为一款配有无功功率补偿电容的三相低压配电柜，底部就是无功功率补偿电容组，顶部是切换补偿电容的开关组。通过接通或断开开关，来调整与电网连接的补偿电容个数。

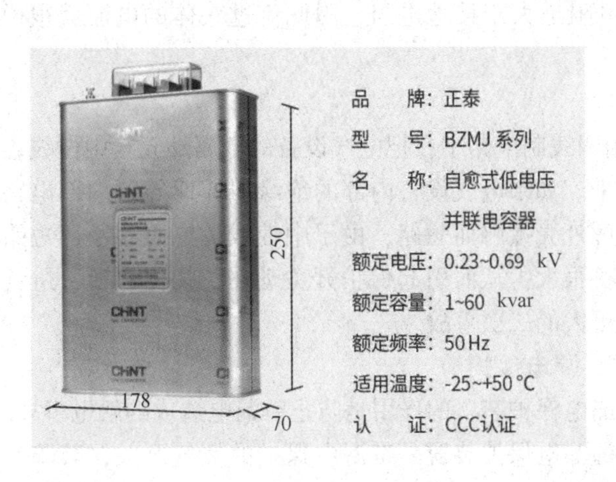

图6.11　感性负载补偿电容

图6.12　无功功率补偿低压配电柜

6.5　安全用电

6.5.1　电流对人体的作用

人体因触及高电压物体而承受过大的电流的现象称为触电，情况严重者将导致局部受伤

甚至死亡。触电对人体的伤害程度与流过人体的电流频率、电流大小、触电时间，电流流过人体的部位以及触电者本人的身体状况有关。

触电事故表明，频率为 50 ~100 Hz 的电流最危险，通过人体的电流超过 50 mA(50 Hz)时，人就会产生呼吸困难、肌肉痉挛、中枢神经遭受损害，从而使心脏停止跳动。电流流过大脑或心脏时，最容易造成死亡事故。

触电伤人的主要因素是电流，但电流值又取决于作用到人体上的电压和人体自身的电阻值大小。通常人体的电阻为 800 Ω~几万 Ω 不等。通常规定 36 V 以下的电压为人体的安全电压，不会对人体构成威胁。

在生活中，常见的触电方式为单相触电。相线、人体、大地构成回路，这时人体就相当于一个用电设备，大电流流过人体，造成触电。

6.5.2 防止触电的技术措施

为防止发生触电事故，在进行线路安装时，开关必须安装在相线上，对用电设备要做保护接地、保护接零、使用漏电保护装置。

1. 保护接地

将电气设备的金属外壳与大地可靠地连接，称为保护接地。它适用于中性点不接地的三相供电系统，电气设备采用保护接地后，即使外壳因绝缘不好带电，这时人体碰到机壳时，就相当于人体和接地电阻并联。而人体电阻远大于接地电阻，因此流过人体的电流就很微弱，不会对人体造成大的伤害。

2. 保护接零

保护接零就是在电源中性接地的三相四线制电路中，把电气设备的金属外壳与中性线连接起来。如果电气设备内部的绝缘损坏而导致内部电路与金属外壳接触而短路，由于中性线的电阻很小，短路电流将很大，从而引起保护开关动作，切断电源，避免出现更大的二次事故。

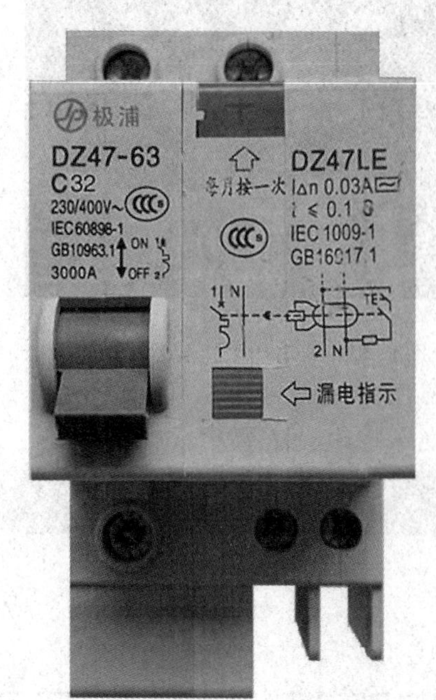

图 6.13　带漏电保护的单相空气开关

3. 漏电保护

漏电保护装置的作用是防止由漏电造成的触电事故。常见的漏电保护装置是带漏电保护的空气开关，其基本原理是检测相线和零线的电流大小是否一致，若不一致，则说明用电器有漏电现象，开关将自动断开。

居民住房的配电箱总电闸就是带漏电保护的单相空气开关，实物如图 6.13 所示。蓝色开关向下表示电路断开，向上表示电路接通。一旦过流或出现漏电现象，开关将自动断开，同时方形蓝色按钮将弹出。

当排除故障后，需要人工将开关合上。具体步骤是先将方形蓝色按钮按下，再将开关合上。若只将开关往上推，开关将自动弹回。

6.6 电路相量仿真

6.6.1 三相交流电线电压与相电压的关系

三相交流电仿真图如图 6. 14（a）所示，图中的三相电源电压分别为

$$u_A = 310\cos(2\pi\times50t)\,\mathrm{V}$$

$$u_B = 310\cos(2\pi\times50t-120°)\,\mathrm{V}$$

$$u_C = 310\cos(2\pi\times50t+120°)\,\mathrm{V}$$

从图 6. 14（b）可见，线电压 u_{AB}、u_{BC} 和 u_{CA} 分别超前 u_A、u_B 和 u_C 相位 30°，幅度是其 $\sqrt{3}$ 倍，与理论分析结果相同。

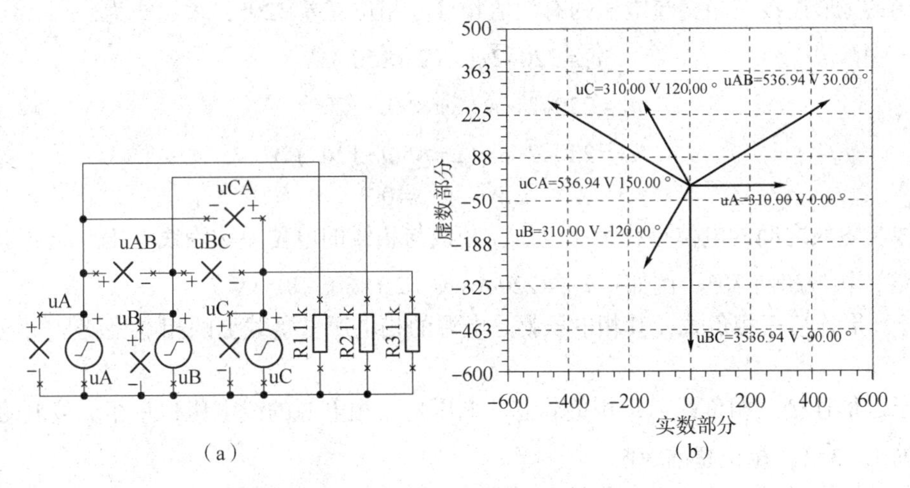

图 6. 14 三相电路相量仿真

（a）仿真电路图；（b）相量分析结果

6.6.2 三相Y-Y形连接零线断路情况仿真

仿真电路如图 6. 15（a）所示，模拟的是对称三相交流电接不对称负载时，零线断开，只接有二相不对称负载时的情况。

图 6. 15 中的三相电的幅值设为 311 V，相当于有效值为 220 V，频率为 50 Hz，相位依次差 120°。

图 6. 15（b）所示为仿真结果。从仿真结果看，与例 6. 2 的理论分析结果相当吻合。只是例 6. 2 给出的是有效值，仿真给出的是最大值。

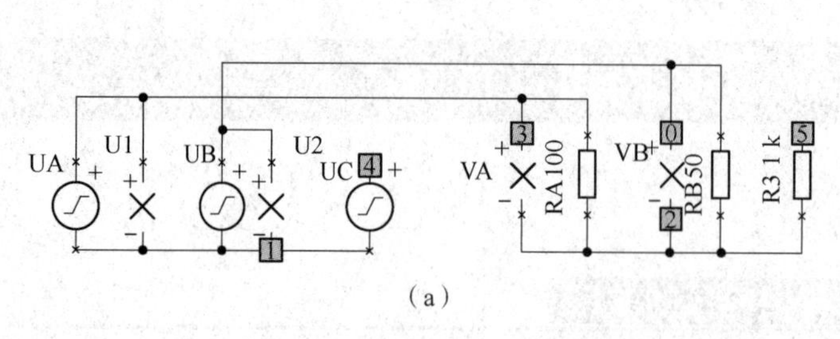

(a)

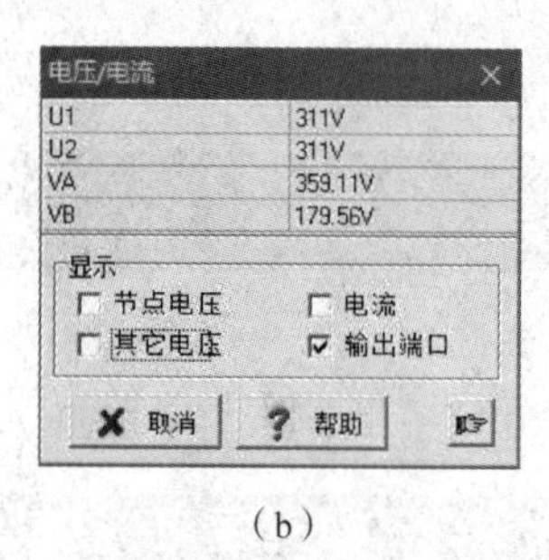

(b)

图 6.15　Y-Y形连接、零线断开仿真

(a) 零线断开仿真电路；(b) 仿真结果

本章小结

常用的Y形连接三相交流电压的有效值相等、相位互差 120°，表达式为

$$u_A=220\sqrt{2}\cos(2\pi\times 50t)\ \text{V}$$

$$u_B=220\sqrt{2}\cos(2\pi\times 50t-120°)\ \text{V}$$

$$u_C=220\sqrt{2}\cos(2\pi\times 50t+120°)\ \text{V}$$

且有

$$u_A+u_B+u_C=0$$

相线与零线之间的电位差称为相电压，相线与相线的电位差称为线电压。线电压是相电压的$\sqrt{3}$倍，相位超前 30°。例如：$u_{AB}=220\sqrt{6}\cos(2\pi\times 50t+30°)$ V。

对于Y形连接三相负载，其相电压就是电源的相电压，负载上的相电流就是输电线的线电流。

对于△形连接三相负载，每相负载上的电压是三相电源的线电压，每相负载上的电流是线电流的 $1/\sqrt{3}$倍，相位超前 30°。

三相交流电的总有功功率是各相有功功率之和，总无功功率是各相无功功率之和。

提高感性负载的功率因数的方法是在不改变感性负载工作条件的前提下，在感性负载两端并联电容进行功率因数补偿。

习题 6

6-1　三相Y-Y形连接电路如图 6.7 所示，相电压 $U_P=220$ V，在下列条件下，求各相负载的电流和零线电流。

(1) 各相负载分别为 $R_A=R_B=R_C=20\ \Omega$；

(2) 各相负载分别为 $R_A=5\ \Omega$，$R_B=22\ \Omega$，$R_C=10\ \Omega$。

6-2　三相Y-Y形连接电路如图 6.7 所示，线电压 $U_L=380$ V，$Z_A=100\ \Omega$，$Z_B=\text{j}100\ \Omega$，

$Z_C=-j100\ \Omega$，试计算电流 $\dot{I}_A$、$\dot{I}_B$、$\dot{I}_C$ 和 $\dot{I}_N$。

6-3　三相Y-Y形连接电路如图 6.8 所示，电源相电压 $U=110$ V，负载 $Z_A=Z_B=Z_C=6+j8\ \Omega$，计算各相电流。

6-4　三相Y-△形连接电路如图 6.9 所示，电路对称，已知 A 相负载的线电流 $\dot{I}_A=10\angle 0°$A,试写出写出线电流 $\dot{I}_B$ 和 $\dot{I}_C$，相电流 $\dot{I}_1$、$\dot{I}_2$ 和 $\dot{I}_3$。

6-5　三相Y-△形连接电路如图 6.9 所示，线电压 $\dot{U}_{AB}=380\angle 30°$ V，$Z_1=Z_2=Z_3=4.5+j14\ \Omega$，端线阻抗 $Z_L=1.5+j2\ \Omega$，求线电流和负载的相电流，并作出相量图。

6-6　有一台三相交流电动机，定子绕组采用Y形连接方式，对称的三线电压 $U_L=380$ V，对应的定子绕组线电流 $I_L=5$ A，每相绕组支路的功率因数为 $\cos\varphi=0.8$，求电动机每相绕组的相电压、相电流及其阻抗。

6-7　题图 6.1 所示为一种三相电相序指示电路，其中，$X_C=-R$。试证明：如果电容所接的电路为 A 相，则 B 相电灯较亮，C 相的电灯较暗。

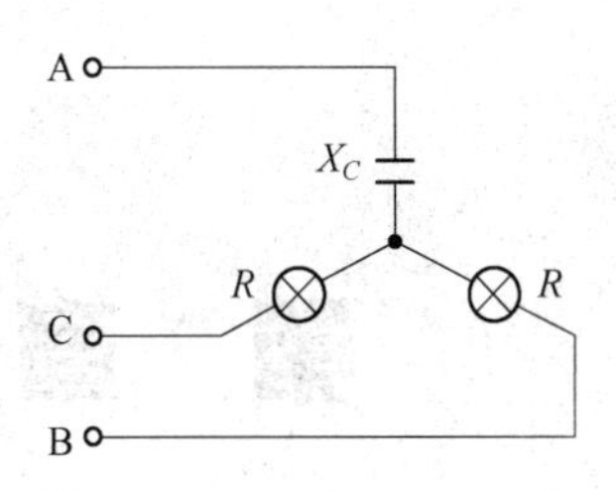

题图 6.1

6-8　三相Y-Y形连接电路如图 6.7 所示，其线电压 $U_L=380$ V，每相负载 $Z=10+j15\ \Omega$，求负载吸收的总功率及功率因数。

6-9　电路如题图 6.2 所示，图中 $Z_\triangle$ 为三相电动机的线圈绕组阻抗，C 为补偿电容。三相电源线电压 $U_L=380$ V，频率 $f=50$ Hz，电动机的三相功率为 10 kW。接补偿电容前，电路的功率因数 $\cos\varphi_L=0.5$。欲将功率因数提高到 0.9，每相连接的补偿电容的值为多少？

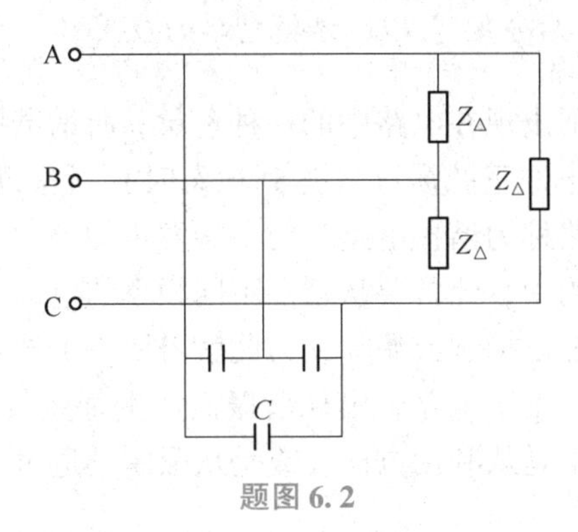

题图 6.2

第7章　RLC 谐振电路的分析

内容提要：本章主要介绍 RLC 谐振电路的分析方法，内容包括 RLC 串联和并联谐振电路的谐振条件、谐振时的电路特征分析及品质因数，谐振电路中电压、电流随频率变化规律、谐振曲线和通频带。最后介绍了 RLC 谐振电路的应用。

电路谐振是指特定条件下出现在电路中的一种现象。所谓谐振是指：含有电容和电感的线性无源二端网络对某一频率的正弦激励（达到稳态时）所呈现的端口电压和端口电流同相的现象。能发生谐振的电路称为谐振电路，使谐振发生的条件称为谐振条件。

在电子和无线电工程应用中，经常要从众多不同频率的电信号中选取出所需频率的电信号，同时把不需要的电信号加以抑制或滤除，为此就需要一个选频电路，即谐振电路。另一方面，在电力工程中，有可能由于电路中出现谐振而产生某些危害，例如过电压或过电流。所以对谐振电路的研究，无论是从利用方面，或是从限制其危害方面来看，都有重要意义。

7.1　RLC 串联谐振电路

7.1.1　RLC 串联谐振的条件

1. 电路组成

由电阻、电感和电容组成串联电路又称为 RLC 串联电路，时域模型电路如图 7.1（a）

所示，相量模型电路如图 7.1（b）所示。

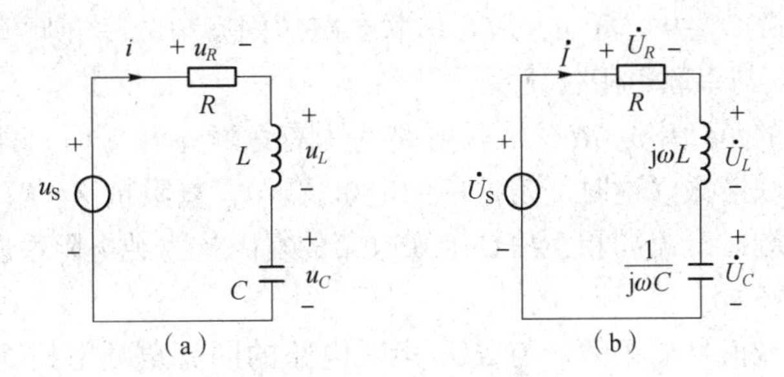

图 7.1　*RLC* 串联电路

（a）时域模型电路；（a）相量模型电路

设其激励 $\dot{U}_S$ 为角频率 ω 可变的正弦电压，则该电路的复阻抗 Z 的代数式为

$$\begin{aligned} Z &= R+\mathrm{j}\left(\omega L-\frac{1}{\omega C}\right) \\ &= R+\mathrm{j}(X_L-X_C) \\ &= R+\mathrm{j}X \end{aligned} \tag{7-1}$$

式中

$$X=X_L-X_C \tag{7-2}$$

由此，端口电压与端口电流的关系可写为

$$\dot{U}_S=Z\dot{I} \tag{7-3}$$

各元件的电压与电流的关系分别为

$$\dot{U}_R=R\dot{I} \tag{7-4}$$

$$\dot{U}_L=\mathrm{j}X_L\dot{I} \tag{7-5}$$

$$\dot{U}_C=-\mathrm{j}X_C\dot{I} \tag{7-6}$$

2. 串联谐振条件

由感抗和容抗的表达式可知，两者都是角频率的函数，但频率特性却相反，感抗正比于 ω，容抗反比于 ω。

由式（7-2）可知，X_L 与 X_C 是相减的关系。可以肯定，一定存在一个角频率 ω_0，使感抗与容抗相互完全抵消，即

$$X(\omega_0)=X_L(\omega_0)-X_C(\omega_0)=0$$

即

$$\omega_0 L=\frac{1}{\omega_0 C} \tag{7-7}$$

$$\omega_0=\frac{1}{\sqrt{LC}} \tag{7-8}$$

称 ω_0 为 *RLC* 电路的固有角频率。

根据频率与角频率的关系，可得

$$f_0=\frac{1}{2\pi\sqrt{LC}} \tag{7-9}$$

称 f_0 为 *RLC* 电路的固有频率。

由式（7-8）和式（7-9）可知，*RLC* 串联电路的固有角频率（频率）只与电路本身的元件参数 *L*、*C* 有关，与串联电阻 *R* 无关。

当外部输入信号的角频率与 *RLC* 串联电路的固有角频率相等时，即 $\omega_i=\omega_0$，称电路发生了谐振，也称为串联谐振。这时复阻抗中的电抗 $X=0$，复阻抗 $Z=R$，阻抗角 $\theta_Z=0°$，串联电路的端口电压与端口电流同相，*RLC* 串联电路的复阻抗为纯电阻性质，电阻上的电压就是端口电压。

因此称，外部输入信号的角频率与 *RLC* 串联电路的固有角频率相等，是 *RLC* 串联电路的串联谐振条件。

对实际运行的 *RLC* 串联电路进行测量时，常把端口电压与端口电流是否同相来作为判断电路是否谐振的依据。

使电路发生谐振的方法有两种：

（1）若谐振电路 *L* 和 *C* 一定时，则可以通过改变激励信号频率，使激励信号频率等于电路的固有频率，从而使电路发生谐振。

比如测量 *RLC* 串联回路的幅频特性，就是在保持信号源输出正弦信号幅度不变的情况下，改变信号源的输出频率，测量 *RLC* 串联回路中 *R* 上的电压。再把测试数据按横坐标为频率，纵坐标为 U_R 标注出来，就是该串联回路的幅频特性图，从图中能观察到电路在什么频率发生了谐振。

（2）若激励信号频率为固定值 f_i 时，可以改变电路中 *L* 或 *C*（常改变 *C*）的大小，改变电路的固有频率，从而使电路对某个输入信号频率发生谐振。这种操作方法称为调谐，例如，收音机选电台就是一种常见的调谐操作。

【例 7-1】 收音机信号接收前端的等效电路如图 7.2 所示，图中 u_{S1} 为中央人民广播电台 2 套的节目，频率为 630 kHz，u_{S2} 为中央国际广播电台的节目，频率为 685 kHz。已知 $L=300\ \mu H$，若要收听中央人民广播电台 2 套的节目，问此时的电容值为多少？

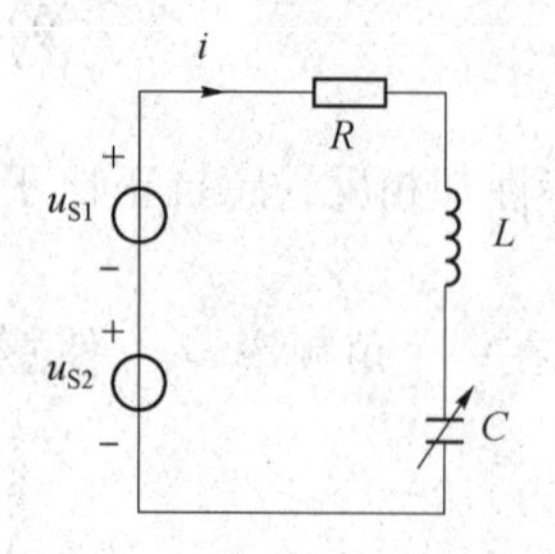

图 7.2 收音机信号接收前端的等效电路

【解】 根据式（7-12）可得

$$C=\frac{1}{4\pi^2Lf_0^2}$$
$$=\frac{1}{4\pi^2\times300\times10^{-6}\times(630\times10^3)^2}$$
$$\approx\frac{1}{4.7\times10^9}$$
$$=212.7(\text{pF})$$

7.1.2 *RLC* 串联谐振电路的分析

1. 谐振阻抗

RLC 串联电路的阻抗特性可分为三种情况。

（1）$\omega=\omega_0$，可得

$$\omega_0L=\frac{1}{\omega_0C}$$

串联电路发生谐振时，复阻抗中的电抗 $X=0$，电路的复阻抗最小且呈电阻特性。谐振阻抗 Z_0 为

$$Z_0=R$$

如果把电路中电感与电容串联部分看作是一个二端网络，谐振时，这个二端网络就相当于一条短路线。

电路的谐振感抗 X_{L0} 等于谐振容抗 X_{C0}，且均不为零。

$$X_{L0}=\omega_0 L=\frac{1}{\sqrt{LC}}L=\sqrt{\frac{L}{C}} \tag{7-10}$$

$$X_{C0}=\frac{1}{\omega_0 C}=\frac{1}{\frac{1}{\sqrt{LC}}C}=\sqrt{\frac{L}{C}} \tag{7-11}$$

（2）$\omega<\omega_0$，可得

$$\omega L<\frac{1}{\omega C}$$

感抗小于容抗，电路呈电容性质。

（3）$\omega>\omega_0$，可得

$$\omega L>\frac{1}{\omega C}$$

感抗大于容抗，电路呈电感性质。

2. 谐振特性阻抗

串联谐振时，电感的感抗等于电容器的容抗，定义为电路的特性阻抗。

$$\omega_0 L=\frac{1}{\omega_0 C}=\rho \tag{7-12}$$

$$\rho=\sqrt{\frac{L}{C}} \tag{7-13}$$

特性阻抗 ρ 的单位为 Ω。特性阻抗是衡量电路特性的一个重要参数。

3. 谐振电流

谐振时复阻抗的模最小，电路中的响应电流最大。又因为谐振时的复阻抗为纯电阻，所以电路中的谐振电流与激励电压同相，谐振电流用 $\dot{I}_0$ 表示，且有如下表达式：

$$\dot{I}_0=\frac{\dot{U}_S}{Z_0}=\frac{\dot{U}_S}{R} \tag{7-14}$$

式中，Z_0 为电路的谐振阻抗。

4. 谐振电压及品质因数

谐振时，L 和 C 上电压分别记作 $\dot{U}_{L0}$ 和 $\dot{U}_{C0}$。

$$\dot{U}_{L0}=\dot{I}_0 X_L=\mathrm{j}\,\frac{\dot{U}_S}{R}\omega_0 L=\mathrm{j}\,\frac{\omega_0 L}{R}\dot{U}_S \tag{7-15}$$

$$\dot{U}_{C0}=\dot{I}_0 X_C=-\mathrm{j}\,\frac{\dot{U}_S}{R}\cdot\frac{1}{\omega_0 C}=-\mathrm{j}\,\frac{\dot{U}_S}{\omega_0 RC} \tag{7-16}$$

在 RLC 串联电路中，用单个电抗元件的电抗值与串联电阻值的比值来表征串联谐振电路频率特性，并将此比值称为串联谐振电路的品质因数，用字母 Q 表示，即

$$Q=\frac{\omega_0 L}{R}=\frac{1}{\omega_0 RC} \tag{7-17}$$

品质因素 Q 是一个重要参数，可定量地反映谐振电路的储能效率，评价 RLC 串联谐振电路的品质。RLC 串联电路在谐振时，电压源供给电路的能量全部转化为电阻损耗产生的热能，因此，要维持谐振电路中的电容与电感之间所进行的周期电磁振荡，电源就必须不断地向电路提供能量，以补偿电阻消耗的能量。如果每振荡一次电路所消耗的能量相对电路储能越小，即需来自电源的能量越小，则电路的品质就越好。

品质因数 Q 是无量纲的数。在实际电路中，Q 的取值范围从十几到上百。在分析电路时未考虑电源的内阻，也未在电路中串入负载电阻，这样定义的 Q 值又称为空载 Q 值。

由上述推导可知，谐振时，电感两端和电容两端的电压大小相等，相位相反，其大小为激励电压的 Q 倍，即

$$U_{L0}=U_{C0}=QU_{\mathrm{S}} \tag{7-18}$$

由上式可知，串联谐振时，电感和电容上的电压是电源电压的 Q 倍。因此，串联谐振又称为电压谐振。实际串联谐振电路中，由于 Q 值比较大，所以应特别注意电感、电容元件的耐压问题，要选取足够的耐压冗余，否则会导致电感、电容被高压击穿。

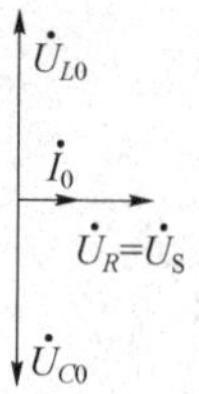

$\dot{U}_{L0}$ $\dot{I}_0$ $\dot{U}_R=\dot{U}_{\mathrm{S}}$ $\dot{U}_{C0}$

图 7.3 串联谐振相量图

谐振时，电阻上的电压为

$$U_R=RI_0=R\frac{U_{\mathrm{S}}}{R}=U_{\mathrm{S}} \tag{7-19}$$

即电阻上电压的大小等于电源电压。

谐振时，端口电压、电阻电压、电感电压和电容电压和电流的相量图如图 7.3 所示。

5. 谐振功率

串联谐振时，因为 $\varphi=0$，所以电路的无功功率 Q 为 0，即

$$Q=Q_L-Q_C=U_{\mathrm{S}}I\sin\varphi=0$$

上式说明，谐振时电感和电容之间进行着能量的相互交换，而与电源之间无能量交换，电源只向电阻提供有功功率 P。

【例 7-2】 已知 RLC 串联电路中 $R=1\ \mathrm{k\Omega}$，$L=1\ \mathrm{mH}$，$C=0.4\ \mathrm{pF}$，求谐振时的频率 f_0、回路的特性阻抗 ρ 和品质因数 Q 各为多少？

【解】 根据式（7-9）可得

$$f_0=\frac{1}{2\pi\sqrt{LC}}=\frac{1}{2\times 3.14\times\sqrt{1\times 10^{-3}\times 0.4\times 10^{-12}}}$$
$$\approx 7.96\times 10^6(\mathrm{Hz})=7.96\ \mathrm{MHz}$$

根据式（7-13）求得

$$\rho=\sqrt{\frac{L}{C}}=\sqrt{\frac{1\times 10^{-3}}{0.4\times 10^{-12}}}=5\times 10^4(\Omega)=50\ \mathrm{k\Omega}$$

根据式（7-17）求得

$$Q=\frac{\omega_0 L}{R}=\frac{2\pi f_0 L}{R}$$

$$=\frac{2\times3.14\times7.96\times10^{6}\times1\times10^{-3}}{1\times10^{3}}$$

$$\approx50$$

【例 7-3】 *RLC* 串联谐振电路,已知输入电压 $U_S=100$ mV,角频率 $\omega=10^5$ rad/s,调节电容 C 使电路谐振,谐振时回路电流 $I_0=10$ mA,$U_{C0}=10$ V,求电路元件参数 R、L、C 的值,以及回路的品质因数 Q 的值。

【解】 根据式(7-19)求得

$$R=\frac{U_S}{I_0}=\frac{100\times10^{-3}}{10\times10^{-3}}=10(\Omega)$$

根据式（7-18）求得

$$Q=\frac{U_{C0}}{U_S}=\frac{10}{100\times10^{-3}}=100$$

根据式（7-17）求得

$$L=\frac{QR}{\omega_0}=\frac{100\times10}{10^5}=10^{-2}(\mathrm{H})=10\ \mathrm{mH}$$

根据式（7-8）求得

$$C=\frac{1}{\omega_0^2L}=\frac{1}{(10^5)^2\times10^{-2}}=10^{-8}(\mathrm{F})=0.01\ \mu\mathrm{F}$$

7.1.3 *RLC* 串联谐振电路的谐振曲线

RLC 串联电路外加信号源的电压幅度不变而频率发生变化时，串联电路的电抗值将随信号源的频率发生变化，从而导致电路中的电流、各元件的电压均发生变化，这种电路参数随信号源频率（角频率）变化的关系，称为频率特性。

1. 阻抗的频率特性

1）阻抗的幅频特性

阻抗的极坐标表达式为

$$Z=|Z|<\theta_Z \tag{7-20}$$

式中，$|Z|$是阻抗模，它与阻抗实部与虚部的关系式为

$$|Z|=\sqrt{R^2+X^2} \tag{7-21}$$

2）阻抗的相频特性

θ_Z 是阻抗角，也是端口电压与端口电流的相位差 φ，它与阻抗实部、虚部的关系式为

$$\theta_Z=\arctan\frac{X}{R} \tag{7-22}$$

阻抗角的变化范围为$\pm\pi/2$。

由式（7-1）可知，当电源频率变化时，串联谐振电路的复阻抗 Z 随频率变化，其中复阻抗的模值随频率的变化称为幅频特性，阻抗角随频率的变化称为相频特性，由前面的分析可画出其幅频特性曲线和相频特性曲线，如图 7.4 所示。

2. 电流的频率特性

由式（7-3）可得电流的表达式为

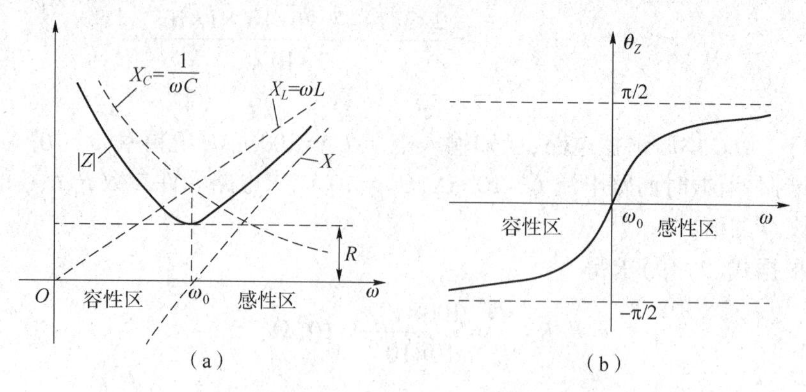

图 7.4　串联谐振电路复阻抗的频率特性曲线

(a) 幅频特性曲线；(b) 相频特性曲线

$$\dot{I}=\frac{\dot{U}_S}{Z}=\frac{\dot{U}_S}{R+j\left(\omega L-\dfrac{1}{\omega C}\right)}=I\angle(\varphi_u-\theta_Z) \tag{7-23}$$

电流的模为

$$I=\frac{U_S}{\sqrt{R^2+\left(\omega L-\dfrac{1}{\omega C}\right)^2}}=\frac{U_S}{|Z|} \tag{7-24}$$

由式（7-24）可知，I 随 ω 变化。在 $\omega=\omega_0$ 时，回路中的电流最大。若 ω 偏离 ω_0，电流将减小，偏离越多，减小越多，即远离 ω_0 的频率，回路产生的电流很小。这说明串联谐振电路具有选择所需频率信号的能力，即选出 ω_0 点附近的信号，同时对远离 ω_0 点的信号进行抑制，所以在实际电路中可以利用串联谐振电路作为选频电路。

谐振电流用下式表示

$$\dot{I}=\frac{\dot{U}_S}{R}=I\angle\varphi_u \tag{7-25}$$

归一化电流定义为 $\dot{I}/\dot{I}_0$，其表达式如下

$$\frac{\dot{I}}{\dot{I}_0}=\frac{\dfrac{\dot{U}_S}{R+j\left(\omega L-\dfrac{1}{\omega C}\right)}}{\dfrac{\dot{U}_S}{R}}$$

$$=\frac{R}{R+j\left(\omega L-\dfrac{1}{\omega C}\right)}$$

$$=\frac{1}{1+j\dfrac{\omega_0 L}{R}\left(\dfrac{\omega}{\omega_0}-\dfrac{\omega_0}{\omega}\right)}$$

$$=\frac{1}{1+\mathrm{j}Q\left(\frac{\omega}{\omega_0}-\frac{\omega_0}{\omega}\right)} \tag{7-26}$$

1）归一化电流的幅频特性

归一化电流的模为

$$\left|\frac{\dot{I}}{\dot{I}_0}\right|=\frac{I}{I_0}=\frac{1}{\sqrt{1+Q^2\left(\frac{\omega}{\omega_0}-\frac{\omega_0}{\omega}\right)^2}} \tag{7-27}$$

在实际的应用中，回路的 Q 值一般满足 $Q\geqslant10$，因此电流的谐振曲线较尖锐，当信号频率 ω 远离 ω_0 时，回路电流已经很小，即远离 ω_0 的信号对电路的影响可以忽略。

对于窄带信号，频谱主要集中在载波频率附近。当用谐振电路处理窄带信号时（假设载波频率 ω_C 等于电路谐振频率 ω_0），只需要考虑 ω 接近 ω_0 时的情况。

这时有如下近似：

$$\omega+\omega_0\approx2\omega_0，\ \omega\omega_0\approx\omega_0^2$$

则式（7-27）可化简为

$$\frac{I}{I_0}\approx\frac{1}{\sqrt{1+\left(Q\frac{2\Delta\omega}{\omega_0}\right)^2}}=\frac{1}{\sqrt{1+\left(Q\frac{2\Delta f}{f_0}\right)^2}} \tag{7-28}$$

式中，$\Delta f=f-f_0$ 是频率离开谐振点的绝对值，称为绝对频偏；$\frac{\Delta f}{f_0}$称为相对频偏。

式（7-26）又称为归一化电流表达式，其最大值为1。

2）归一化电流的相频特性

设归一化电流的相位用 φ_{I0}表示，由式（7-26）可得

$$\varphi_{I0}=-\theta_Z=-\arctan\frac{X}{R} \tag{7-29}$$

按式（7-28）作出的幅频曲线，称为归一化电流曲线，如图7.5（a）所示。按式（7-29）作出的相频曲线，如图7.5（b）所示。

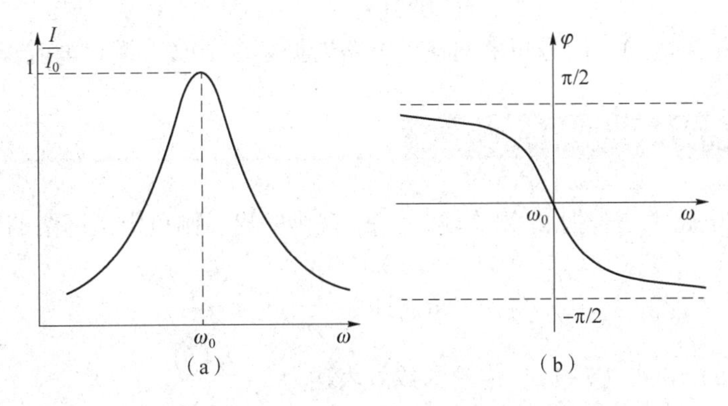

图7.5　归一化电流幅频与相频特性曲线

（a）幅频特性曲线；（b）相频特性曲线

从归一化电流的幅频特性曲线可见，当输入信号角频率偏移谐振角频率，回路电流将衰减。偏离越远，衰减越大。

从相频特性曲线可见，当输入信号角频率低于谐振角频率时，电流的角度是正值，说明端口响应电流超前端口激励电压相位 φ，电路呈电容性。当输入信号角频率高于谐振角频率时，电流的角度是负值，说明端口响应电流滞后端口激励电压相位 φ，电路呈电感性。

【例 7-4】 某 RLC 串联电路，$R=10\ \Omega$，$L=0.06$ H，$C=0.667\ \mu$F，外加电源电压 $U_{\text{S}}=10$ V，频率可调，求 $f=1.2f_0$ 时的电流是多少？

【解】

$$\omega_0=\frac{1}{\sqrt{LC}}=\sqrt{\frac{1}{0.06\times 0.667\times 10^{-6}}}\approx\frac{1}{0.2\times 10^{-3}}(\text{rad/s})=5\times 10^3\ \text{rad/s}$$

$$Q=\frac{\omega_0 L}{R}=\frac{5\times 10^3\times 0.06}{10}=30$$

谐振时

$$I=\frac{U_{\text{S}}}{R}=\frac{10}{10}=1(\text{A})$$

当 $f=1.2f_0$ 时，得

$$\Delta f=0.2f_0$$

可得

$$\begin{aligned}I&=\frac{1}{\sqrt{1+Q^2\left(\dfrac{\omega}{\omega_0}-\dfrac{\omega_0}{\omega}\right)^2}}I_0\\&\approx\frac{I_0}{\sqrt{1+\left(Q\dfrac{2\Delta f}{f_0}\right)^2}}\\&=\frac{1}{\sqrt{1+\left(30\times\dfrac{2\times 0.2f_0}{f_0}\right)^2}}\\&=0.083(\text{A})\end{aligned}$$

由以上计算结果可知，信号频率偏移了电路谐振频率 20%，端口电流衰减了 91.7%。

7.1.4 *RLC* 串联谐振电路的通频带

在 RLC 串联电路中，若把 u_{S} 视为输入，u_R 视为输出，则可定义网络的传输函数为

$$H_R(\text{j}\omega)=\frac{\dot{U}_R}{\dot{U}_{\text{S}}}\tag{7-30}$$

根据式（7-6）和式（7-7），传输函数可表达为

$$H_R(\text{j}\omega)=\frac{R\dot{I}}{Z\dot{I}}=\frac{R}{Z}=\frac{R}{R+\text{j}\left(\omega L-\dfrac{1}{\omega C}\right)}\tag{7-31}$$

经整理，传输函数的模可写为

$$|H_R(\omega)|=\frac{1}{\sqrt{1+Q^2\left(\frac{\omega}{\omega_0}-\frac{\omega_0}{\omega}\right)^2}} \tag{7-32}$$

上式与式（7-24）形式是一样的，只不过把等式左边的归一化电流换成了电阻电压的传输函数，其最大值也为 1。

上式还可以写为

$$|H_R(f)|=\frac{1}{\sqrt{1+Q^2\left(\frac{f}{f_0}-\frac{f_0}{f}\right)^2}} \tag{7-33}$$

由于 *RLC* 串联电路具有频率选择性，在工程上常用通频带带宽来比较和衡量电路的频率选择性。

通频带带宽的定义为：当电阻电压传输函数的值由 1 下降到 $1/\sqrt{2}=0.707$ 时，对应两个频率之差。高端的频率为上截止频率，用 f_2 表示，低端的频率称为下截止频率，用 f_1 表示，并用 $BW_{0.7}$ 来表示谐振电路的带宽。

$$BW_{0.7}=f_2-f_1 \tag{7-34}$$

为便于讨论带宽，电路幅频特性曲线的横坐标用 f 表示，如图 7.6（a）所示。

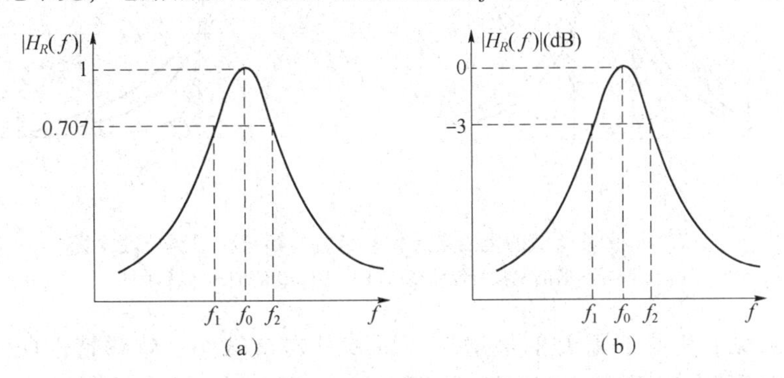

图 7.6　传输特性曲线带宽定义图

（a）0.707 倍带宽图；（b）分贝带宽图

在工程上，常用分贝（dB）为单位来表示电压传输函数的值，并定义为

$$|H_R(f)|(\mathrm{dB})=20\ln[|H_R(f)|] \tag{7-35}$$

当 $|H_R(f)|$ 下降到 0.707 倍时，对应的分贝值约为−3 dB。因此，电路带宽也称为−3 dB 带宽，如图 7.6（b）所示。

根据定义，令电阻电压传输函数的模为 $1/\sqrt{2}$，得

$$|H_R(f)|=\frac{1}{\sqrt{1+Q^2\left(\frac{f}{f_0}-\frac{f_0}{f}\right)^2}}=\frac{1}{\sqrt{2}}$$

可得

$$Q\left(\frac{f}{f_0}-\frac{f_0}{f}\right)=\pm 1$$

由于频率不能为负值，求解上式可得出如下所列上、下截止频率的表达式。

下截止频率表达式为

$$f_1=\left(-\frac{1}{2Q}+\sqrt{1+\frac{1}{4Q^2}}\right)f_0 \tag{7-36}$$

上截止频率表达式为

$$f_2=\left(\frac{1}{2Q}+\sqrt{1+\frac{1}{4Q^2}}\right)f_0 \tag{7-37}$$

由以上两式，带宽又可表示为

$$BW_{0.7}=f_2-f_1=\frac{f_0}{Q} \tag{7-38}$$

式（7-38）表明，当谐振频率一定时，谐振电路的带宽与品质因数成反比。

改变串联电路中 R 的值，将改变电路的品质因数值，相应的幅频率特性曲线的宽度和相频特性角度变化快慢也随之改变。

不同 Q 值的电阻电压传输函数的幅频特性曲线和相频特性曲线如图 7.7 所示。

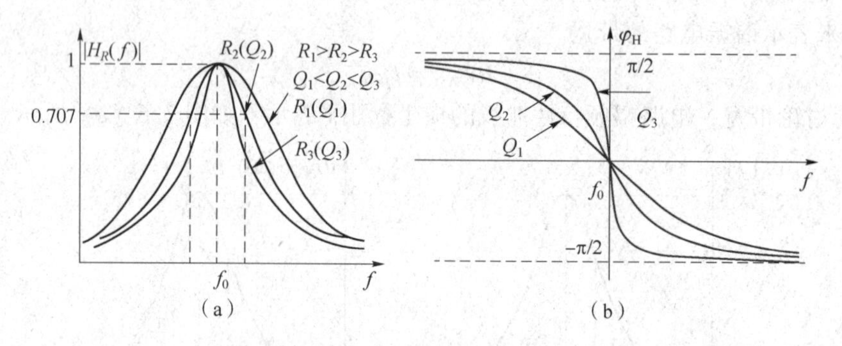

图 7.7　不同 Q 值的电阻电压传输函数的幅频和相频特性曲线

（a）不同 Q 值的幅频特性曲线；（b）不同 Q 值的相频特性曲线

从图 7.7 可见，串联电阻 R 的值增大，品质因数 Q 减小，幅频特性曲线变宽，选频特性变差。品质因数 Q 减小，相频特性曲线角度变化变缓。当频率高于谐振频率时，网络相移为正，当频率低于谐振频率时网络相移为负，只有在谐振频率点，网络的相移才为 0。

对于 RLC 串联谐振电路，不能仅凭 Q 值的大小来衡量电路性能的好坏。在处理多频信号时，假设某信号的中心频率为 f_C，带宽为 BW_S，那么选频电路的中心频率也应为 f_C，选频电路的带宽 $BW_{0.7}$ 应该大于被选信号带宽 BW_S，否则将有信号频谱损失，即有

$$BW_{0.7}>BW_S$$

但选频电路的带宽也不能太宽，太宽了会将邻近信号的频率也选进来，对自身形成干扰，合适的才是最好的。

在 RLC 串联电路中，考虑电源内阻 R_S 和负载 R_L 后，其等效电路如图 7.8 所示。

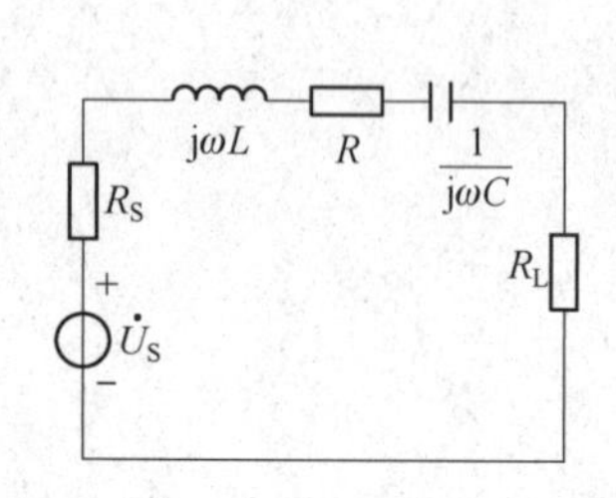

图 7.8　带载 RLC 串联电路

接入 R_S 和 R_L 后，电路的总电阻为

$$R_e=R_S+R+R_L$$

此时的 Q 值称为有载 Q 值，记作 Q_L。Q_L 表达式为

$$Q_L=\frac{\omega_0 L}{R_e}=\frac{\omega_0 L}{R_S+R+R_L}$$

与前面分析比较，在考虑 R_S 和 R_L 后等效电阻增大，Q 值下降，通频带变宽，选择性降低。所以串联谐振回路适用于低内阻的电源，R_S 越小，对串联谐振回路通频带的影响就越小，回路的选择就越好。

【例 7-5】 RLC 串联电路如图 7.8 所示，$R=10\ \Omega$，$L=0.2\ \text{mH}$，$C=800\ \text{pF}$。

（1）设 $R_S=0$，$R_L=0$，求谐振频率和通频带为多少?

（2）设 $R_S=20\ \Omega$，$R_L=20\ \Omega$，再求谐振频率和通频带为多少?

【解】（1）$R_S=0$，$R_L=0$

谐振频率 f_0

$$\begin{aligned}f_0&=\frac{1}{2\pi\sqrt{LC}}\\&=\frac{1}{2\times3.14\times\sqrt{2\times10^{-4}\times8\times10^{-10}}}\\&=\frac{1}{2\times3.14\times4\times10^{-7}}\\&\approx400\times10^3=400(\text{kHz})\end{aligned}$$

空载品质因数 Q

$$\begin{aligned}Q&=\frac{\omega_0 L}{R}\\&=\frac{2\times3.14\times0.4\times10^6\times2\times10^{-4}}{10}\\&\approx50\end{aligned}$$

$$BW_{0.7}^{(1)}=\frac{f_0}{Q}=\frac{0.4\times10^6}{50}=8(\text{kHz})$$

（2）$R_S=20\ \Omega$，$R_L=20\ \Omega$

串联电路的电阻值发生了改变，有

$$R_e=R_S+R+R_L=20+10+20=50(\Omega)$$

但电抗元件值未改变，故电路的谐振频率不变，仍为 400 kHz。

带载后的品质因数 Q_L

$$\begin{aligned}Q_L&=\frac{\omega_0 L}{R_e}\\&=\frac{2\times3.14\times0.4\times10^6\times2\times10^{-4}}{50}\\&\approx10\end{aligned}$$

$$BW_{0.7}^{(2)}=\frac{f_0}{Q_L}=\frac{0.4\times10^6}{10}=40(\text{kHz})$$

可见，在考虑了信号源内阻和负载电阻后，总电阻增大，串联电路谐振时的品质因数下降，带宽增加。电阻值增加到 5 倍，品质因数下降 5 倍，通频带变宽 5 倍。

7.2 RLC 并联谐振电路

7.2.1 RLC 并联谐振的条件

1. 电路组成

RLC 并联电路如图 7.9 所示。

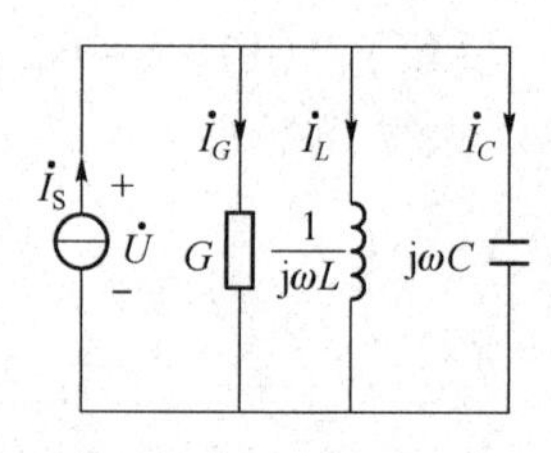

图 7.9 RLC 并联电路

由图 7.9 可得出电路中 *RLC* 并联的复导纳为

$$Y=G+\frac{1}{j\omega L}+j\omega C$$

$$=G+j\left(\omega C-\frac{1}{\omega L}\right)$$

记为

$$Y=G+jB \tag{7-39}$$

式中，G 是导纳的电导部分；B 是导纳的电纳部分，其中

$$B=\omega C-\frac{1}{\omega L} \tag{7-40}$$

$$Z=\frac{1}{Y}=\frac{1}{G+jB}=\frac{G-jB}{G^2+B^2} \tag{7-41}$$

2. 并联谐振条件

端口电压与端口激励电流的关系式为

$$\dot{U}=\frac{\dot{I}_S}{Y}=\frac{\dot{I}_S}{G+jB} \tag{7-42}$$

当并联电路输入电流的频率 ω_0 恰好使电纳 $B=0$，此时有

$$\omega_0 C-\frac{1}{\omega_0 L}=0 \tag{7-43}$$

称式（7-43）为并联电路谐振条件。

由式（7-43）可推导出的并联谐振角频率 ω_0 和谐振频率 f_0 的表达式为

$$\omega_0=\frac{1}{\sqrt{LC}},\quad f_0=\frac{1}{2\pi\sqrt{LC}}$$

可见，无论是 *RLC* 串联电路还是并联电路，谐振角频率 ω_0 和谐振频率 f_0 的表达式都是相同的。

7.2.2 RLC 并联谐振电路的分析

1. 谐振时电路的阻抗

RLC 并联电路的阻抗特性可分为三种情况。

（1）$\omega=\omega_0$，容纳等于感纳，则

$$\omega_0 C=\frac{1}{\omega_0 L}$$

并联电路的导纳为纯电导，记为 Y_0，且有

$$Y_0=G$$

$$Z_0=\frac{1}{Y_0}=\frac{1}{G}=R$$

并联电路呈电阻性质。

如果把 L、C 并联部分看作是一个二端网络，则在并联谐振时，该二端网络相当于开路。

（2）$\omega<\omega_0$，容纳小于感纳，则

$$\omega C<\frac{1}{\omega L}$$

在电子电路中，RLC 并联电路的谐振阻抗都很大，一般在几十千欧至几百千欧之间。

由于 $B<0$，则上式的虚部为正，并联电路呈电感性质。

（3）$\omega>\omega_0$，容纳大于感纳，则

$$\omega C>\frac{1}{\omega L}$$

由于 $B>0$，阻抗 Z 的虚部为负，并联电路呈电容性质。

2. 谐振时电路的端电压

谐振时，端口电压记为 $\dot{U}_0$，且有

$$\dot{U}_0=\frac{\dot{I}_S}{Y_0}=\frac{\dot{I}_S}{G} \tag{7-44}$$

由式（7-44）可知，并联谐振时，并联电路端口的响应电压与端口激励电流同相，电路端口电压达到最大。

3. 谐振时电路的电流

谐振时，电导电流为

$$\dot{I}_{G0}=\dot{I}_S \tag{7-45}$$

端口激励电流全部流过电导 G。

电感支路谐振电流为

$$\dot{I}_{L0}=\frac{\dot{U}_0}{\mathrm{j}\omega_0 L}=-\mathrm{j}\frac{1}{\omega_0 LG}\dot{I}_S \tag{7-46}$$

电容支路谐振电流为

$$\dot{I}_{C0}=\frac{\dot{U}_0}{\dfrac{1}{\mathrm{j}\omega_0 C}}=\mathrm{j}\frac{\omega_0 C}{G}\dot{I}_S \tag{7-47}$$

并联谐振电路的品质因数定义为单个电抗元件电纳与并联电导之比。

其表达式为

$$Q=\frac{\omega_0 C}{G}=\frac{\frac{1}{\omega_0 L}}{G}=\frac{1}{\omega_0 LG} \tag{7-48}$$

由以上定义，式（7-46）和式（7-47）还可写为

$$\dot{I}_{L0}=-\mathrm{j}Q\dot{I}_{\mathrm{S}} \tag{7-49}$$

$$\dot{I}_{C0}=\mathrm{j}Q\dot{I}_{\mathrm{S}} \tag{7-50}$$

以上两式表明，并联谐振时，$\dot{I}_C$ 和 $\dot{I}_L$ 大小相等，相位相反。

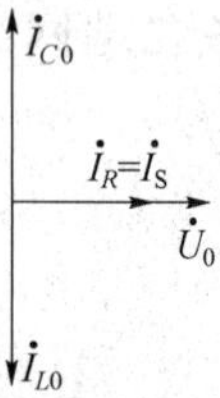

还可得

$$I_{C0}=I_{L0}=QI_{\mathrm{S}} \tag{7-51}$$

由上式可知，并联电路谐振时，流过电感、电容的电流有效值是端口激励电流的 Q 倍。因此，并联谐振也称为电流谐振。在设计较大端口电流的 *RLC* 并联电路时，要考虑电抗元件的过流现象，选用能承受更大电流的电感和电容。

图 7.10　并联谐振相量图

并联谐振相量图如图 7.10 所示。

【例 7-6】　如图 7.9 所示 *RLC* 并联电路，已知 $R=1/G=10\ \mathrm{k\Omega}$，$L=0.1\ \mathrm{mH}$，$C=100\ \mathrm{pF}$，求谐振频率 f_0、品质因数 Q 和谐振抗阻 Z_0。

【解】（1）求谐振频率

$$\begin{aligned} f_0&=\frac{1}{2\pi\sqrt{LC}}\\ &=\frac{1}{2\times3.14\times\sqrt{0.1\times10^{-3}\times100\times10^{-12}}}\\ &=1.59\times10^{6}=1.59(\mathrm{MHz}) \end{aligned}$$

（2）求品质因数

$$\begin{aligned} Q&=\frac{\omega_0 C}{G}=\omega_0 RC\\ &=2\times3.14\times1.59\times10^{6}\times10^{4}\times100\times10^{-12}\\ &\approx10 \end{aligned}$$

（3）求谐振电阻

$$Z_0=R=10\ \mathrm{k\Omega}$$

7.2.3　*RLC* 并联谐振电路的谐振曲线

1. 端口电压的幅频特性曲线和相频特性曲线

根据式（7-42）和式（7-44），可得出端口归一化电压的表达式：

$$\frac{\dot{U}}{\dot{U}_0}=\frac{G}{G+\mathrm{j}B}=\frac{G}{G+\mathrm{j}\left(\omega C-\frac{1}{\omega L}\right)} \tag{7-52}$$

经整理后，得

$$\frac{\dot{U}}{\dot{U}_0}=\frac{1}{1+\mathrm{j}Q\left(\frac{\omega}{\omega_0}-\frac{\omega_0}{\omega}\right)} \tag{7-53}$$

归一化电压有效值为

$$\frac{U}{U_0}=\frac{1}{\sqrt{1+Q^2\left(\frac{\omega}{\omega_0}-\frac{\omega_0}{\omega}\right)^2}}\approx\frac{1}{\sqrt{1+\left(Q\frac{2\Delta f}{f_0}\right)^2}} \tag{7-54}$$

归一化电压相位为

$$\varphi_{U_0}=-\arctan Q\left(\frac{\omega}{\omega_0}-\frac{\omega_0}{\omega}\right)=-\arctan\left(Q\frac{2\Delta f}{f_0}\right) \tag{7-55}$$

其特性曲线图分别如图 7.11（a）和图 7.11（b）所示。与图 7.7 比较，其幅频特性曲线的性质是相同的，但相频特性的性质是不同的。当频率低于谐振频率时，网络相移为正，当频率高于谐振频率时网络相移为负，只有在谐振频率点，网络的相移才为 0。

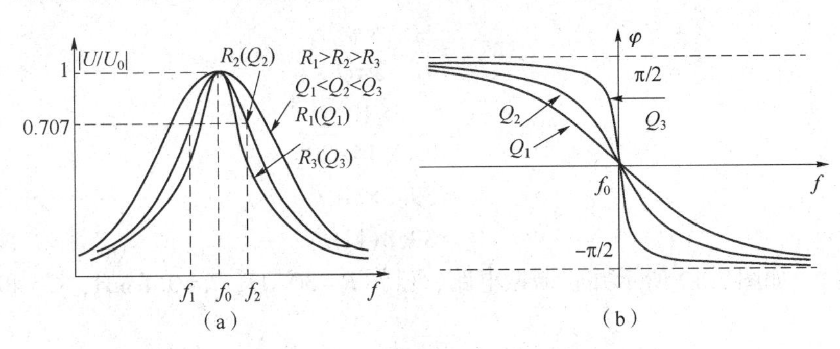

图 7.11　不同 Q 值的幅频和相频特性曲线

（a）不同 Q 值的幅频特性曲线；（b）不同 Q 值的相频特性曲线

2. 并联谐振回路的通频带

并联谐振回路的通频带的定义与串联谐振回路一样。带宽与谐振频率、品质因数之间也满足式（7-38）。

并联谐振回路同样存在通频带与选择性的矛盾，实际电路中应根据需要选取参数。

3. 电源内阻及负载对通频带的影响

在 RLC 并联电路中，考虑电源内阻 R_S 和负载 R_L 后，其电路如图 7.12 所示。

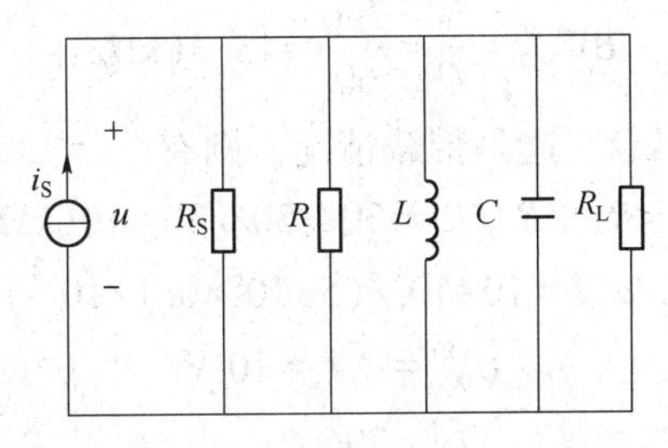

图 7.12　带载 RLC 并联电路

由电路可知，在考虑电源内阻 R_S 和负载 R_L 后，电路总电导增大、总电阻减小，回路品质因数下降，带宽变宽，选频特性变差。

【例 7-7】 如图 7.9 所示并联谐振电路，已知 $R=10\ \text{k}\Omega$，$L=0.1\ \text{mH}$，$C=400\ \text{pF}$，$I_S=1\ \text{mA}$。求谐振时的角频率 ω_0、品质因数 Q、谐振导纳 $|Y_0|$、谐振时电压 U_0、支路电流 I_{L0} 和 I_{C0}、通频带 $BW_{0.7}$ 各为多少？

【解】

$$\omega_0=\frac{1}{\sqrt{LC}}=\sqrt{\frac{1}{0.1\times10^{-3}\times400\times10^{-12}}}$$
$$=5\times10^6(\text{rad/s})$$

$$Q=R\sqrt{\frac{C}{L}}=10\times10^3\times\sqrt{\frac{400\times10^{-12}}{0.1\times10^{-3}}}=20$$

$$|Y_0|=\frac{1}{R}=\frac{1}{10^4}=0.1(\text{mS})$$

$$U_0=RI_S=10^4\times10^{-3}=10(\text{V})$$

$$I_{L0}=I_{C0}=QI_0=20\times1=20(\text{mA})$$

$$BW_{0.7}=\frac{f_0}{Q}=\frac{\omega_0}{2\pi Q}$$
$$=\frac{5\times10^6}{2\times3.14\times20}$$
$$=39.8\times10^3$$
$$=39.8(\text{kHz})$$

【例 7-8】 如图 7.12 所示并联谐振电路，已知 $R=30\ \text{k}\Omega$，$L=0.1\ \text{mH}$，$C=400\ \text{pF}$，$I_S=1\ \text{mA}$。

（1）$R_S=\infty$，$R_L=\infty$，求品质因数 Q、谐振时电压 U_0、通频带 $BW_{0.7}$ 各为多少？

（2）$R_S=30\ \text{k}\Omega$，$R_L=30\ \text{k}\Omega$，求品质因数 Q_L、谐振时电压 U_0、通频带 $BW_{0.7}$ 各为多少？

【解】 L、C 的参数与例 7-7 相同，则谐振角频率和谐振频率为

$$\omega_0=5\times10^6\ \text{rad/s}\qquad f_0=\frac{5\times10^6}{2\times3.14}=796\ (\text{kHz})$$

（1）$R_S=\infty$，$R_L=\infty$，这是空载情况，则有

$$Q=\omega_0CR=5\times10^6\times400\times10^{-12}\times30\times10^3=60$$

$$U_0^{(1)}=RI_S=30\ \text{V}$$

$$BW_{0.7}^{(1)}=\frac{f_0}{Q}=\frac{796}{60}\approx13.3(\text{kHz})$$

（2）$R_S=30\ \text{k}\Omega$，$R_L=30\ \text{k}\Omega$，这是带载情况，则有

$$R_e=R_S//R//R_L=30//30//30=10(\text{k}\Omega)$$

$$Q_L=R/\omega_0L=10\times10^3/(5\times10^6\times0.1\times10^{-3})=20$$

$$U_0^{(2)}=R_eI_S=10\ \text{V}$$

$$BW_{0.7}^{(2)}=\frac{f_0}{Q_L}=\frac{796}{20}\approx39.8(\text{kHz})$$

由以上计算可知，考虑信号源内阻和负载电阻后，并联电路谐振时的品质因数下降，端口电压下降，带宽变宽。

以上分析的 RLC 并联电路是理想元件的并联。在实际应用中，通常要考虑实际电感的直流电阻（也称损耗电阻）。因此，实际电感将用一个理想电感与一个电阻串联来等效。这时的 LC 并联等效电路如图 7.13（a）所示，其相量模型电路如图 7.13（b）所示。

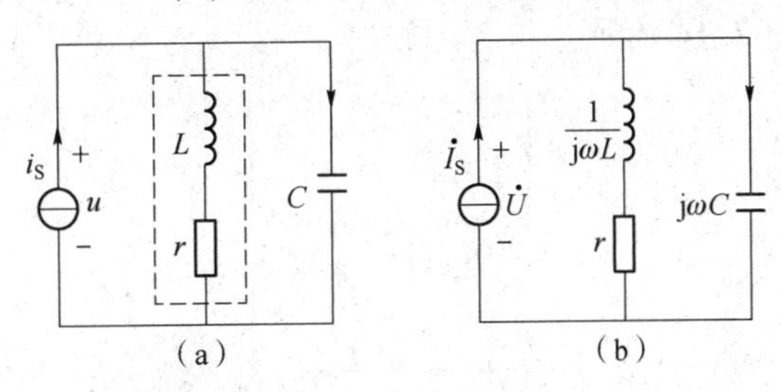

图 7.13　LC 并联电路

（a）时域模型电路；（b）相量模型电路

分析该电路必须先将电感支路转换成电导与电纳并联的形式，再用典型 RLC 并联电路的分析方法进行分析。

由图 7.13（b）可得电感支路的品质因数（串联品质因数）记为 Q_S，表达式为

$$Q_S=\frac{\omega_0 L}{r} \tag{7-56}$$

从电阻 r 两端看，L、C 呈串联连接，其串联谐振频率记为 f_{S0}，表达式为

$$f_{S0}=\frac{1}{2\pi\sqrt{LC}} \tag{7-57}$$

电感支路的阻抗为

$$Z=r+j\omega L$$

将其转换成导纳，得

$$\begin{aligned}Y&=\frac{1}{Z}=\frac{1}{r+j\omega L}\\&=\frac{r-j\omega L}{r^2+(\omega L)^2}\\&=\frac{r}{r^2+(\omega L)^2}-\frac{j\omega L}{r^2+(\omega L)^2}\\&=\frac{1/r}{1+\left(\frac{\omega L}{r}\right)^2}-\frac{j\omega L/r^2}{1+\left(\frac{\omega L}{r}\right)^2}\end{aligned}$$

记为

$$Y=G-j\frac{1}{\omega L_1} \tag{7-58}$$

式中

$$G=\frac{1/r}{1+\left(\frac{\omega L}{r}\right)^2} \tag{7-59}$$

$$\frac{1}{\omega L_1}=\frac{\omega L/r^2}{1+\left(\frac{\omega L}{r}\right)^2} \tag{7-60}$$

其并联等效电路如图 7.14 所示。

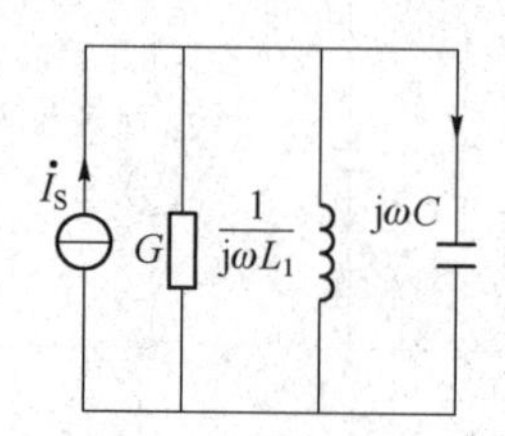

图 7.14　并联等效电路

在并联电路的频带范围内，有 $\omega\approx\omega_0$，故有

$$\frac{\omega L}{r}\approx\frac{\omega_0 L}{r}=Q_S \tag{7-61}$$

则

$$\frac{1}{L_1}=\frac{\omega^2 L/r^2}{1+\left(\frac{\omega L}{r}\right)^2}=\frac{Q_S^2/L}{1+Q_S^2}$$

得

$$L_1=\left(1+\frac{1}{Q_S^2}\right)L \tag{7-62}$$

又有

$$G=\frac{1}{(1+Q_S^2)r} \tag{7-63}$$

由图 7.14 可求得电路的并联谐振频率为

$$f_{P0}=\frac{1}{2\pi\sqrt{L_1 C}}=\frac{1}{2\pi\sqrt{\left(1+\frac{1}{Q_S^2}\right)LC}}$$

$$=\frac{f_{S0}}{\sqrt{\left(1+\frac{1}{Q_S^2}\right)}} \tag{7-64}$$

$$\omega_{P0}=\frac{\omega_{S0}}{\sqrt{\left(1+\frac{1}{Q_S^2}\right)}} \tag{7-65}$$

并联品质因数记为 Q_P，表达式为

$$Q_P=\frac{1}{G\omega_{P0}L_1}=\frac{1}{\frac{\omega_{P0}}{(1+Q_S^2)r}\left(1+\frac{1}{Q_S^2}\right)L}$$

$$=\frac{rQ_S^2}{\omega_{P0}L}=\sqrt{1+\frac{1}{Q_S^2}}\,Q_S \tag{7-66}$$

当 $Q_S \gg 1$ 时，有

$$f_{P0} \approx f_{S0}, Q_P \approx Q_S \tag{7-67}$$

由以上分析可知，当 *LC* 并联电路的电感支路的串联品质 $Q_S \gg 1$，且在谐振频率附近分析图 7.13（a）所示电路时，可用分析 *RLC* 串联电路的方法进行分析。

7.3 *RLC* 谐振电路的应用

7.3.1 用于信号的选频

信号在传输的过程中，不可避免要受到一定的干扰，使信号中混入了一些不需要的干扰信号。利用谐振的特性，就可以将大部分干扰信号滤除。

在图 7.15 中，设信号频率为 f_0，远离信号频率的干扰频率为 f_1，将串联谐振电路和并联谐振电路的谐振频率都调整为 f_0。当信号传送过来时，由于并联谐振电路对频率 f_0 的信号阻抗大，而串联谐振电路对频率 f_0 的信号阻抗小，所以频率为 f_0 的信号可以顺利地传送到输出端；对于干扰频率 f_1，并联谐振电路对其阻抗小，而串联谐振电路对其阻抗大，所以只有很小的干扰信号被送到输出端，干扰信号被大大削弱了，达到了滤除干扰信号的目的。如电视机中的全电视信号，在同步分离后送往鉴频器或预视放前，要经过滤波，取出需要的信号部分，而将其他部分滤除。

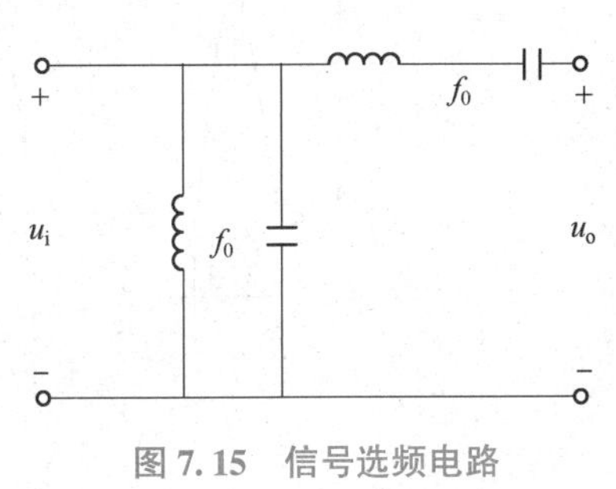

图 7.15 信号选频电路

7.3.2 用于元器件的测量

利用谐振的特性，是测量电抗型元件集总参数的一种有效方法，图 7.16 就是一个典型的例子。

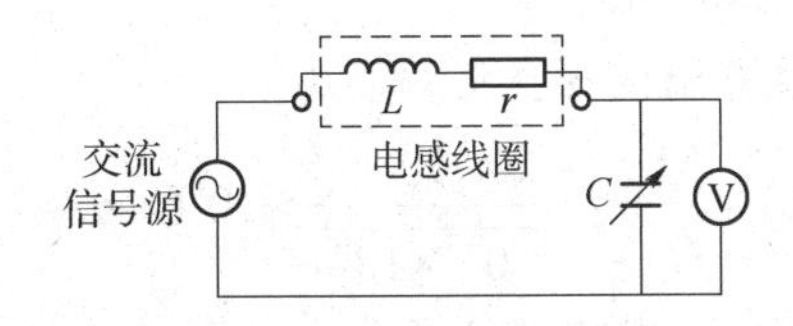

图 7.16 测量电抗元件集总参数原理图

首先调整信号源的频率和幅度，再接入被测电感，调整电容器的容量大小，使电路发生谐振。由于信号源的频率不再改变，所以电容器的变化量和被测电感之间有一一对应的关系。通过谐振状态时电容器两端的电压和信号源电压的关系，可以测量出电感上 *Q* 值的大小及电感量的大小。

如果被测电抗元件换成了一个标准电感（电感量，损耗电阻已知），也可以用来测量电

容器的电容量。

7.3.3 提高功率传输效率

在高频功率放大器中，为了提高传输效率，功率三极管工作在丙类谐振工作状态。功放管的基极电流和集电极电流是余弦脉冲电流串，为了在集电极输出连续的正弦电压信号，在输出极就采用了并联谐振电路，电路的谐振频率为输入信号频率。

丙类谐振功率放大器各极电流电压波形如图 7. 17 所示。

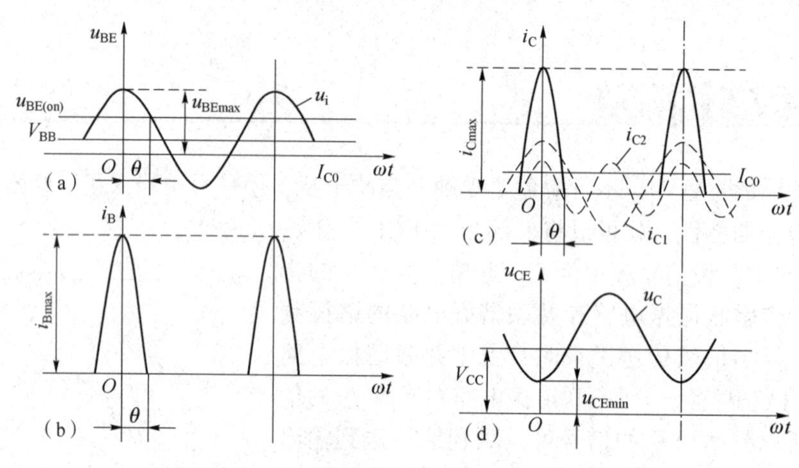

图 7. 17　丙类谐振功放各极电流电压波形

7. 4　*RLC* 谐振电路仿真

7. 4. 1　*RLC* 串联电路仿真

RLC 串联仿真电路如图 7. 18 所示。

由图 7. 18 的元件参数可计算出谐振角频率为

$$\omega_0=\frac{1}{\sqrt{LC}}=\frac{1}{\sqrt{10^{-3}\times10^{-9}}}=10^6(\mathrm{rad/s})$$

谐振频率为

$$f_0=\frac{\omega_0}{2\pi}=\frac{10^6}{6.28}\approx159.2(\mathrm{kHz})$$

品质因数为

$$Q=\frac{\omega_0 L}{R}=\frac{10^6\times10^{-3}}{300}=3.33$$

图 7. 18　*RLC* 串联仿真电路

根据理论知识，谐振时，元件上的电压与激励电压有如下关系：

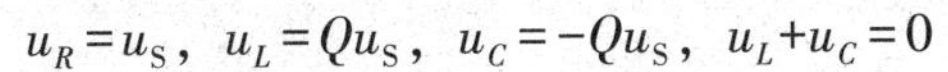

$$u_R=u_S,\ u_L=Qu_S,\ u_C=-Qu_S,\ u_L+u_C=0$$

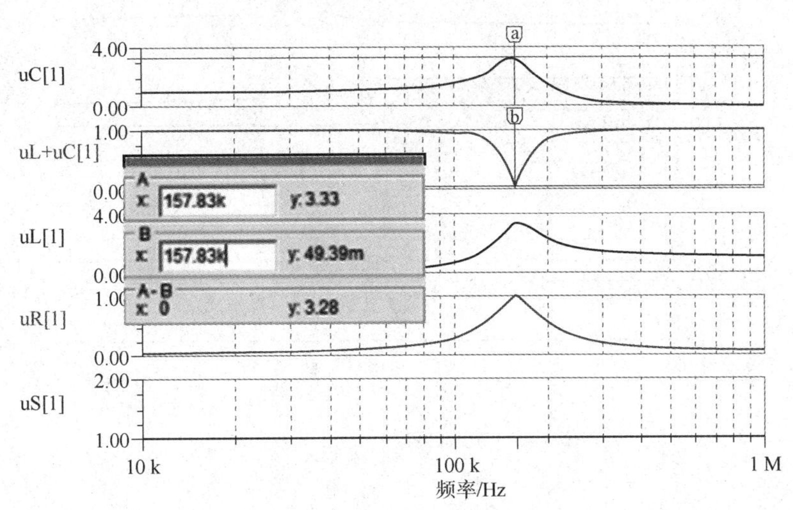

图 7.19　电压传输特性仿真波形图

对其进行电压传输特性仿真，仿真激励信号幅度 $U_{Sm}=1$ V，仿真结果如图 7.19 所示。从图 7.19 中可见，仿真电路的谐振频率与理论计算很接近。谐振时有

$$U_{Rm}\approx 1\ \text{V}=U_{Sm},\ U_L=3.33\ \text{V}=QU_{Sm},\ |U_C|=3.33\ \text{V}=QU_{Sm},\ u_L+u_C\approx 0$$

从图 7.19 中还可见，在频率 f 远低于谐振频率 f_0 时，容抗远大于电阻和感抗，电容电压约等于端口电压。在频率 f 远高于谐振频率 f_0 时，感抗远大于电阻和容抗，电感电压约等于端口电压。

7.4.2　*RLC* 并联电路仿真

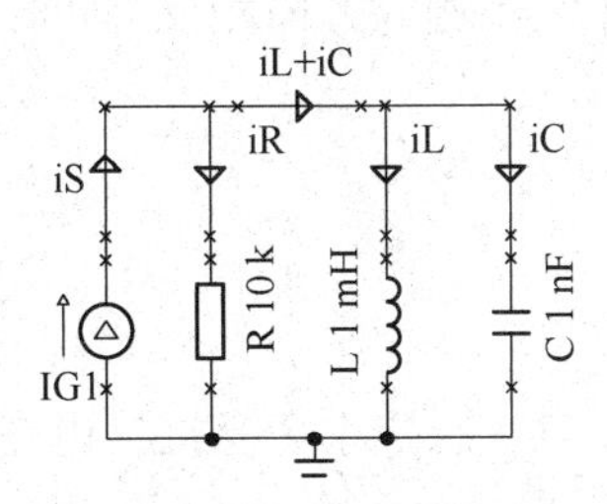

图 7.20　*RLC* 并联仿真电路

RLC 并联仿真电路如图 7.20 所示。

根据元件的参数可知，谐振角频率和谐振频率与前面计算结果相同。

品质因数为

$$Q=\omega_0 CR=10^6\times10^{-9}\times10^4=10$$

根据理论知识，谐振时，通过元件中的电流与激励电流有如下关系：

$$i_R=i_S,\ i_L=-Qi_S,\ i_C=Qi_S,\ i_L+i_C=0$$

对其进行电流传输特性仿真，仿真激励信号幅度 $I_{Sm}=1$ A，仿真结果如图 7.21 所示。

从图 7.21 中可见，电路的谐振频率与理论计算很接近。谐振时有：

$$I_{Rm}\approx 1\ \text{A},\ I_L=9.79\ \text{A}\approx QI_{Sm},\ |I_C|=9.79\ \text{A}\approx QI_{Sm},\ I_L+I_C\approx 0$$

从图 7.21 中还可见，在频率 f 远低于谐振频率 f_0 时，容抗远大于电阻和感抗，流过电容的电流近似为 0；感抗小于电阻，故 I_L 近似等于 I_S。在频率 f 远高于谐振频率 f_0 时，感抗远大于电阻和容抗，流过电感的电流近似为 0；容抗小于电阻，故 I_C 近似等于 I_S。

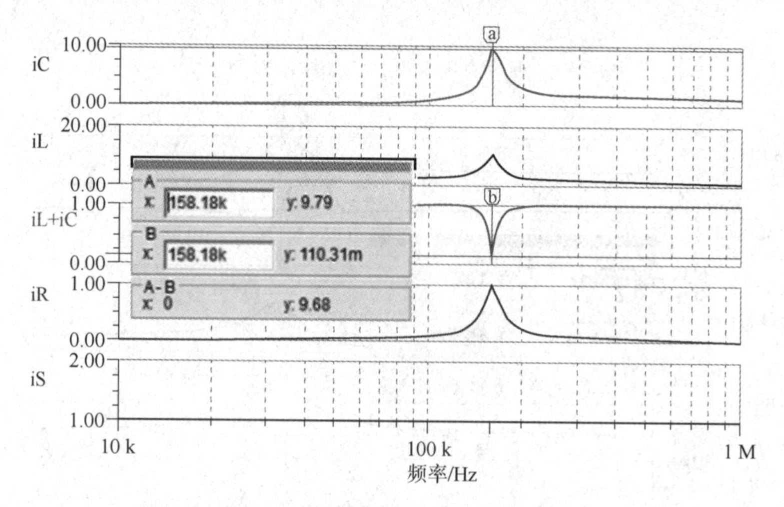

图 7.21　电流传输特性仿真波形图

本章小结

含有电容和电感的线性无源二端网络对某一频率的正弦激励（达到稳态时）所呈现的端口电压和端口电流同相的现象称为谐振。

RLC 串联电路中发生的谐振称为串联谐振，这时电路呈电阻特性，复阻抗最小，电阻上电压的大小等于电源电压。由于串联谐振时电感电压和电容电压大小相等方向相反，可以相互抵消，所以又称为电压谐振。

RLC 并联电路中发生的谐振称为并联谐振，这时电路呈电阻特性，复阻抗最大，流过电导电流的大小等于端口激励电流。并联谐振时电感电流和电容电流大小相等方向相反，可以相互抵消，所以又称为电流谐振。

RLC 电路谐振时所对应的频率称为谐振频率：

$$\omega_0=\frac{1}{\sqrt{LC}},\ f_0=\frac{1}{2\pi\sqrt{LC}}$$

对于 *RLC* 串联电路，当 $\omega=\omega_0$ 时，电路呈电阻特性；当 $\omega<\omega_0$ 时，感抗小于容抗，电路呈电容性质；当 $\omega>\omega_0$ 时，感抗大于容抗，电路呈电感性质。

对于 *RLC* 并联电路，当 $\omega=\omega_0$ 时，电路呈电阻特性；当 $\omega<\omega_0$ 时，容纳小于感纳，电路呈电感性质；当 $\omega>\omega_0$ 时，容纳大于感纳，电路呈电容性质。

品质因数 Q：

串联谐振时，有

$$Q=\frac{\text{谐振感抗(容抗)}}{\text{串联电阻}}$$

$$=\frac{\omega_0 L}{R}=\frac{1}{\omega_0 CR}=\frac{1}{R}\sqrt{\frac{L}{C}}$$

并联谐振时，有

$$Q=\frac{\text{谐振感纳(容纳)}}{\text{并联电导}}$$

$$=\frac{1}{\omega_0 LG}=\frac{\omega_0 C}{G}=\frac{1}{G}\sqrt{\frac{C}{L}}$$

Q 值越大，回路输出的幅频特性曲线就越尖锐，选频特性就越好。

选频网络的通频带定义为输出传输函数的值由最大值下降到 0.707 倍时，对应的上截止频率 f_2 和下截止频率 f_1 之差，记为 $BW_{0.7}$，表达式为

$$BW_{0.7}=f_2-f_1=\frac{f_0}{Q}$$

习题七

7-1　已知 RLC 串联谐振电路，$R=10\ \Omega$，$L=1$ H，$C=1\ \mu$F，求谐振时的频率 f_0、回路的特性阻抗 ρ 和品质因数 Q 各为多少？

7-2　已知 RLC 串联谐振电路，$R=20\ \Omega$，$L=400$ mH，$C=0.1\ \mu$F，电源电压 $U_S=0.1$ V，求谐振时的频率 f_0、回路的特性阻抗 ρ、品质因数 Q、谐振时的 U_{L0}、U_{C0} 各为多少？

7-3　已知 RLC 串联谐振电路，特性阻抗 $\rho=1\ 000\ \Omega$，谐振时的角频率 $\omega_0=10^6$ rad/s，求元件 L 和 C 的参数值？

7-4　已知 RLC 串联谐振电路，$L=0.1$ H，$C=0.4\ \mu$F，①求谐振时的角频率 ω_0、回路的特性阻抗 ρ；②$R_1=10\ \Omega$ 时的品质因数 Q_1 和 $R_2=20\ \Omega$ 时的品质因数 Q_2；③画出归一化幅频特性曲线和相频特性曲线。

7-5　某收音机的输入回路是一个 RLC 串联电路，品质因数 $Q=50$，$L=500\ \mu$H，电路调谐于 700 kHz，信号在线圈中的感应电压为 1 mV，同时有一频率为 630 kHz 的电台信号线圈中的感应电压也是 1 mV，试求二者在回路中产生的电流各为多少？

7-6　已知 RLC 串联电路中，$R=25\ \Omega$，$L=200$ mH，谐振角频率 $\omega_0=5\ 000$ rad/s，$U_S=2$ V。求电容 C 的及各元件电压的瞬时表达式。

7-7　已知 RLC 串联电路中，$L=100\ \mu$H，$C=200$ pF，$Q=50$，$U_S=1$ mV。求电路的谐振频率 f_0、谐振时的电容电压 U_C 和通频带 $BW_{0.7}$。

7-8　已知 RLC 串联谐振时，已知 $BW_{0.7}=3.2$ kHz，电阻的功耗 2 μW，$u_S(t)=2\cos(\omega_0 t)$ mV和 $C=400$ pF。求电感 L、谐振频率 f_0 和谐振时的电感电压 U_L。

7-9　已知 R、L 和 C 组成的并联谐振电路，$\omega_0=10^6$ rad/s，$Q=100$，$|Z_0|=20$ kΩ，求元件 R、L、C 的参数值？

7-10　某收音机的输入电路如题图 7.1（a）所示。线圈 L 的电感 $L=0.23$ mH，损耗电阻 $r=15\ \Omega$，可变电容器 C 的变化范围为 42~360 pF，等效电路如题图 7.1（b）所示，求此电路的谐振频率范围。若某接收信号电压为10 μV，频率为 1 000 kHz，求此时电路中的电流、电容电压及品质因数 Q。

7-11　将一个 $r=15\ \Omega$，$L=0.23\ \text{mH}$ 的电感线圈与一个 $C=100\ \text{pF}$ 的电容器并联，求该并联电路的谐振频率和谐振时的等效阻抗。

7-12　已知一串联谐振电路的参数 $R=10\ \Omega$，$L=0.13\ \text{mH}$，$C=558\ \text{pF}$，外加电压 $U=5\ \text{mV}$。试求电路在谐振时的电流、品质因数及电感和电容上的电压。

7-13　已知串联谐振电路的谐振频率 $f_0=700\ \text{kHz}$，电容 $C=2\ 000\ \text{pF}$，通频带宽度 $BW_{0.7}=10\ \text{kHz}$，试求电路电阻及品质因数。

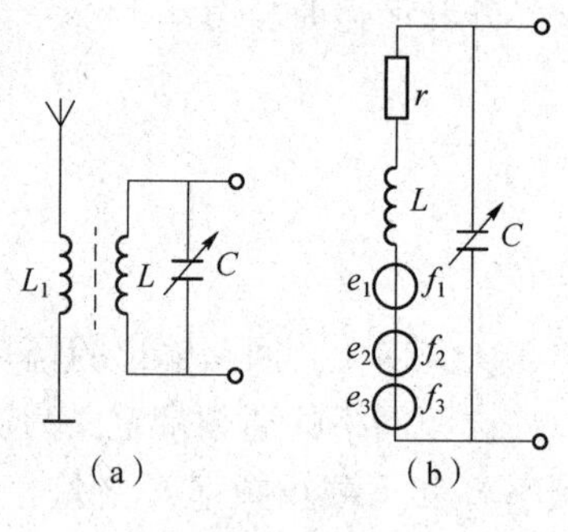

题图 7.1

7-14　已知串联谐振电路的线圈参数为“$R=1\ \Omega$，$L=2\ \text{mH}$”，接在角频率 $\omega=2\ 500\ \text{rad/s}$的 10 V 电压源上，求电容 C 为何值时电路发生谐振？求谐振电流 I_0、电容两端电压 U_C、线圈两端电压 U_{RL}及品质因数 Q。

7-15　电路如题图 7.2 所示，电路已处于谐振状态，已知 $U_S=10\ \text{V}$，$L=1\ \text{H}$，$C=25\ \mu\text{F}$，$R=10\ \Omega$，①求电路的谐振角频率 ω_0；②求 I、U_L、U_C、U_R；③求品质因数 Q。

7-16　电路如题图 7.3 所示，电路已处于谐振状态，已知：$I_S=2\ \text{mA}$，$L=1\ \text{H}$，$C=1\ \mu\text{F}$，$R=1/G=10\ \text{k}\Omega$。①求谐振角频率 ω_0；②求谐振时的 U、I_L、I_C、I_R；③求品质因数 Q。

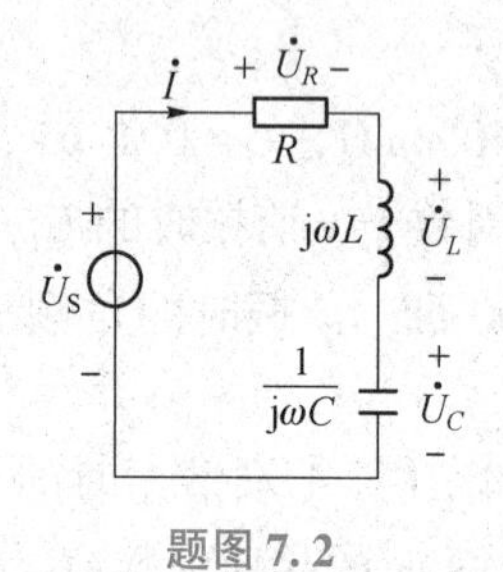

题图 7.2

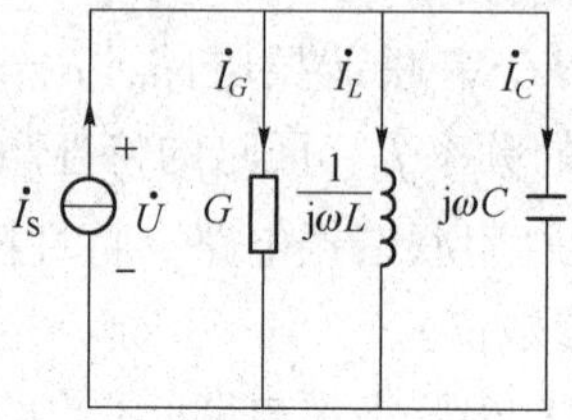

题图 7.3

第8章　互感耦合电路与变压器

内容提要：本章主要介绍互感耦合电路与变压器电路的分析方法，包括互感、同名端与判断、耦合系数、互感线圈的电压和电流关系、互感线圈电路的连接与分析计算、空心变压器与理想变压器的特性及其电路分析方法。最后介绍了电磁耦合的应用。

8.1　互感

耦合电感元件属于多端元件，在实际电路中，如收音机、电视机中的中周线圈、振荡线圈，整流电源里使用的变压器等都是耦合电感元件，熟悉这类多端元件的特性，掌握包含这类多端元件的电路分析方法是非常必要的。

8.1.1　互感现象

实验电路如图8.1所示。把线圈Ⅰ和线圈Ⅱ靠得很近，并且封装在一起，在1、2两端加电源电压U_S，用数字万用表并接在3、4两端，测量线圈Ⅱ上的电压。实验现象是，在开关S接通瞬间，由线圈Ⅰ构成的回路产生电流，同时数字万用表电压挡测得的电压由0逐渐增大然后逐渐减小直至为0，电流表的电流值也由0逐渐增大然后逐渐减小直至为0。在开关S断开瞬间，数字万用表电压挡测得的电压由0变成反向增大然后反向逐渐减小直至

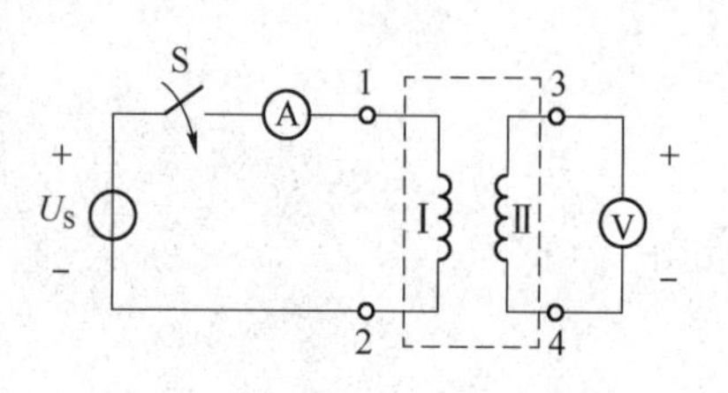

图 8.1 互感现象实验电路

为 0，电流表的电流值也由 0 变成反向增大然后反向逐渐减小直至为 0。

实验现象说明，当线圈 I 中的电流变化时，在线圈 II 中产生感应电压。这种由于一个线圈中的电流变化在另一个相邻线圈中产生感应电压的现象称为互感现象，产生的感应电压称为互感电压。

8.1.2 互感系数与同名端

当线圈通过变化的电流时，它的周围将建立磁场。如果两个线圈的磁场存在相互作用，则称这两个线圈具有磁耦合。具有磁耦合的两个或两个以上的线圈，称为耦合线圈，也称为互感线圈。忽略线圈本身的损耗电阻和匝间分布电容，得到的耦合线圈理想化模型，称为理想耦合电感。含有互感耦合线圈的电路称为互感耦合电路。

1. 互感系数

两个靠得很近的电感线圈的示意图如图 8.2 所示，通过该图可分析它们的磁耦合情况。

当线圈 1 中通以电流 i_1 时，在线圈 1 中产生了磁通，记为 Φ_{11}。在交链自身线圈时产生了磁通链，记为 ψ_{11}，此磁通链称为自感磁通链。自感磁通的部分磁通 Φ_{21} 穿过了临近线圈 2，产生了互感磁通链，记为 ψ_{21}。同理，若在线圈 2 中通电流 i_2 时，在线圈 2 中产生了磁通链，记为 ψ_{22}。同时，ψ_{22} 中的部分磁通链穿过线圈 1，记为 ψ_{12}。

磁通链双下标的含义是：下标的第 1 个数字是磁通链所在的线圈编号，下标的第 2 个数字是产生该磁通链的施感电流所在的线圈的编号。

比如，ψ_{11} 其含义是线圈 1 的施感电流在自身线圈中产生的磁通链；ψ_{21} 是线圈 1 的施感电流产生的磁通链穿过线圈 2 的那部分磁通链。

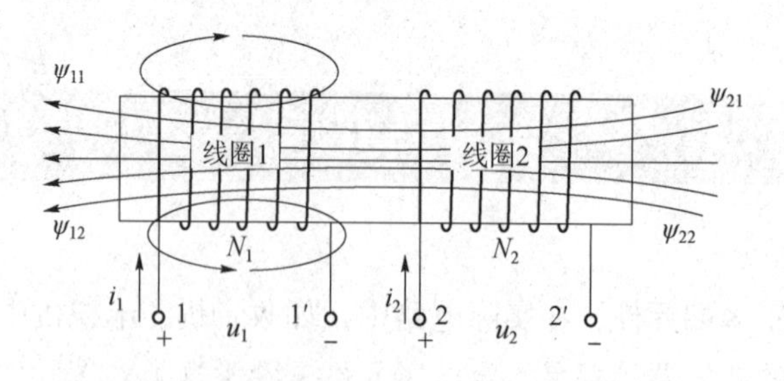

图 8.2 耦合线圈

自感磁通链与自感磁通的关系为

$$\psi_{11}=N_1\Phi_{11}, \psi_{22}=N_2\Phi_{22} \tag{8-1}$$

式中，N_1 为线圈 1 的匝数；N_2 为线圈 2 的匝数。

当线圈周围的空间是各向同性的线性磁介质时，磁通链与产生它的施感电流成正比。

自感磁通链

$$\psi_{11}=L_1 i_1, \psi_{22}=L_2 i_2 \tag{8-2}$$

互感磁通链

$$\psi_{12}=M_{12} i_2, \psi_{21}=M_{21} i_1 \tag{8-3}$$

式中，M_{12}和M_{21}称为互感系数，简称互感，单位为H（亨），用“M”表示。当两个线圈都有电流通过时，每一个线圈的磁通链为自感磁通链与互感磁通链的代数和，即

$$\begin{aligned}\psi_1 &= \psi_{11} \pm \psi_{12} = L_1 i_1 \pm M_{12} i_2 \\ \psi_2 &= \psi_{22} \pm \psi_{21} = L_2 i_2 \pm M_{21} i_1\end{aligned} \tag{8-4}$$

需要指出的是

（1）M值与线圈的形状、几何位置、空间媒质有关，与线圈中的电流无关，通常满足$M_{12}=M_{21}=M$。

（2）自感系数L总为正值，互感系数M前的正负号表明表示自感磁通链与互感磁通链的方向有2种情况。自感磁通链与互感磁通链的方向可以相同，也可以相反。相同时，表明互感起增强作用，M前取正号；相反时，表明互感起削弱作用，M前取负号。

2. 同名端

1）同名端的定义

由于产生互感电压的电流在另一个线圈上，因此，要确定互感电压的符号，就必须知道两个线圈的绕向，这在电路分析中很不方便。为了解决这一问题引入同名端的概念。

当两个电流分别从两个线圈的对应端子同时流入或流出时，若产生的磁通相互增强，则这两个对应端子就称为两互感线圈的同名端，常用小圆点“•”或星号“＊”等符号标记。

2）同名端的判定方法

如图8.3所示，线圈1中的电流i_1从端子1流入，按照右手螺旋定则在线圈1中产生的自感磁通链ψ_{11}方向向左，在线圈2中产生的互感磁通链ψ_{12}方向也向左。线圈2中的电流i_2从端子3流入，在线圈2中产生的自感磁通链ψ_{22}方向向左，在线圈1中产生的互感磁通链ψ_{12}方向也是向左。根据同名端的定义，则端子1和端子3是一对同名端，图中用小圆点表示。同理，端子2和端子4也是一对同名端，只是未用特定符号标明。

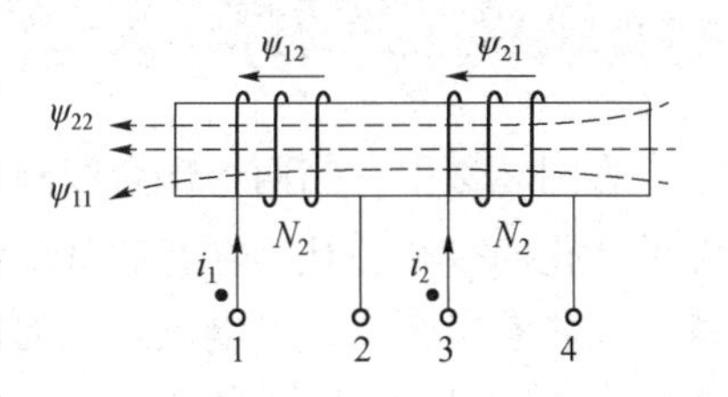

图8.3　同名端标注

两线圈不是同名端的端子构成了异名端。比如，端子1和端子4，端子2和端子3，就各为一对异名端。

注意：当有多个线圈之间存在互感作用时，同名端必须两两线圈分别标定。

【例8.1】　判断如图8.4（a）所示的两绕组的同名端。

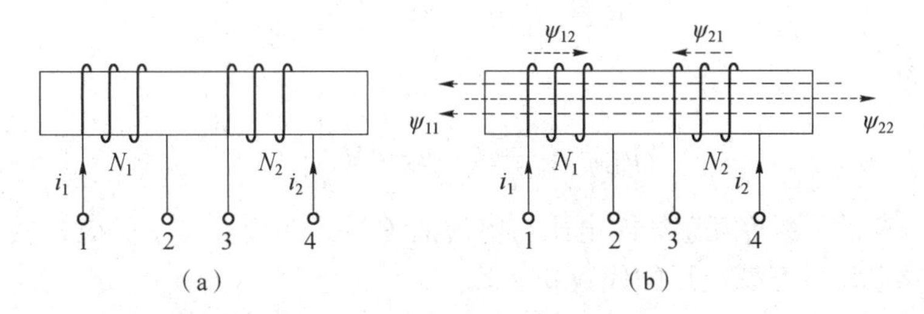

图8.4　例8.1判断两耦合线圈同名端

（a）两耦合线圈；（b）ψ_{11}与ψ_{22}的方向

【解】　由图8.4（a）可知，两绕组的绕向是相同的，但流入的电流位置是不同的。电流i_1从“1”端流入，产生的磁通链ψ_{11}方向向左，i_2从“4”端流入，产生的磁通链ψ_{22}方向向右，如图8.4（b）所示。因此，两电流在相邻的线圈中产生的互感磁通与自感磁通方

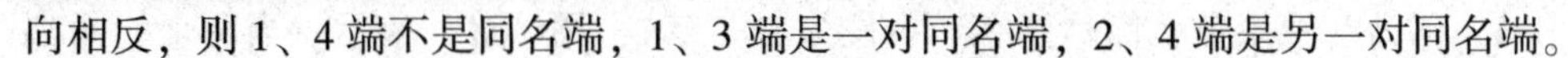

向相反，则 1、4 端不是同名端，1、3 端是一对同名端，2、4 端是另一对同名端。

【例 8.2】 绕制在“日”形磁芯上的三耦合线圈如图 8.5所示，电流 i_1、i_2 和 i_3 分别从线圈的 A、B 和 C 流入，试判断它们相互之间的同名端。

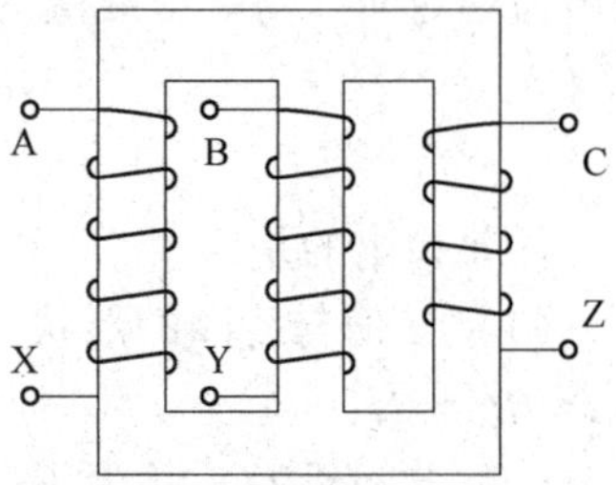

图 8.5 例 8.2 图

【解】 (1) 电流 i_1 从线圈 A 端流入

根据右手螺旋定则，产生的互感磁通链方向在 BY、CZ 线圈中都是顺时针方向。

(2) 电流 i_2 从线圈 B 端流入

产生的互感磁通链方向在 AX 线圈中是逆时针方向，在 CZ 线圈中是顺时针方向。由于电流 i_1 和 i_2 在 A、B 线圈中产生的互感磁通与自感磁通方向相反，因此 A 和 Y 是同名端。

(3) 电流 i_3 从线圈 C 流入

产生的互感磁通链方向在 AX、BY 线圈中都是顺时针方向的，由于电流 i_1 和 i_3 在 AX、CZ 线圈中产生的互感磁通与自感磁通方向相同，因此 A 和 C 是同名端；电流 i_2 和 i_3 在 BY、CZ 线圈中产生的互感磁通与自感磁通方向相同，因此 B 和 C 也是同名端。

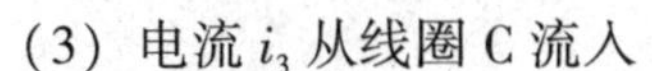

8.1.3 互感线圈的电压和电流关系

在图 8.2 中，当两个耦合线圈 L_1、L_2 中有变化的电流流过时，线圈中磁通链也将随电流的变化而变化，从而在互感线圈两端产生感应电压。设耦合线圈 L_1、L_2 中的电压、电流均为关联参考方向，且电流与磁通符合右手螺旋法则，根据电磁感应定律，可得每个线圈两端的电压 u_1 和 u_2 分别为

$$
\begin{aligned}
u_1 &= \frac{\mathrm{d}\psi_1}{\mathrm{d}t} = \frac{\mathrm{d}\psi_{11}}{\mathrm{d}t} \pm \frac{\mathrm{d}\psi_{12}}{\mathrm{d}t} = u_{11} \pm u_{12} = L_1 \frac{\mathrm{d}i_1}{\mathrm{d}t} \pm M \frac{\mathrm{d}i_2}{\mathrm{d}t} \\
u_2 &= \frac{\mathrm{d}\psi_2}{\mathrm{d}t} = \frac{\mathrm{d}\psi_{22}}{\mathrm{d}t} \pm \frac{\mathrm{d}\psi_{21}}{\mathrm{d}t} = u_{22} \pm u_{21} = L_2 \frac{\mathrm{d}i_2}{\mathrm{d}t} \pm M \frac{\mathrm{d}i_1}{\mathrm{d}t}
\end{aligned}
\tag{8-5}
$$

其中，自感电压为

$$u_{11} = L_1 \frac{\mathrm{d}i_1}{\mathrm{d}t}, \qquad u_{22} = L_2 \frac{\mathrm{d}i_2}{\mathrm{d}t}$$

互感电压为

$$u_{12} = M \frac{\mathrm{d}i_2}{\mathrm{d}t}, \qquad u_{21} = M \frac{\mathrm{d}i_1}{\mathrm{d}t}$$

式 (8-5) 表示了两个互感线圈电压与电流的关系，即伏安关系。该式表明，互感线圈上的电压是自感电压和互感电压的代数和。

当互感磁通链与自感磁通链方向一致时，称为互感的“增强”作用，自感电压与互感电压相加；反之，磁通被削弱，自感电压与互感电压相减。

在正弦交流电路中，其两互感线圈的伏安关系的相量形式为

$$
\begin{aligned}
\dot{U}_1 &= \mathrm{j}\omega L_1 \dot{I}_1 \pm \mathrm{j}\omega M \dot{I}_2 \\
\dot{U}_2 &= \mathrm{j}\omega L_2 \dot{I}_2 \pm \mathrm{j}\omega M \dot{I}_1
\end{aligned}
\tag{8-6}
$$

式中，ωL_1 和 ωL_2 为两个互感线圈的自感抗，ωM 为互感抗，单位为欧姆（Ω）。

注意：互感电压前的正、负号的选取，还要考虑与电流的参考方向有关、两线圈的相对位置和线圈绕向。

【例 8.3】 耦合电感电路如图 8.6（a）所示，图 8.6（b）所示为电流源波形。已知：$R_1=10\ \Omega$，$L_1=5$ H，$L_2=2$ H，$M=1$ H，求 u 和 u_2。

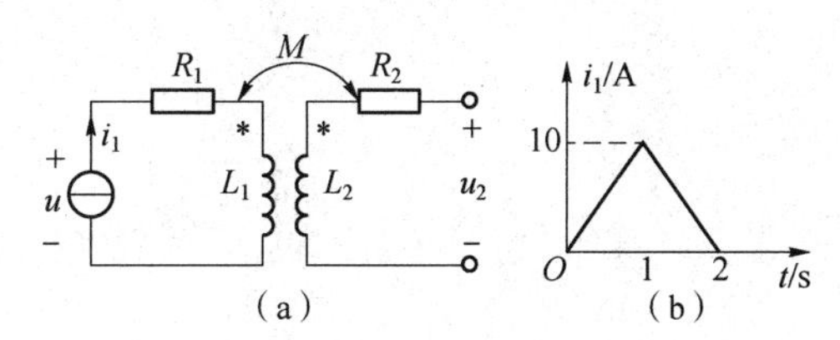

图 8.6　例 8.3 图

（a）耦合电路图；（b）电流源波形

【解】 根据电流源波形，写出其函数表示式为

$$i_1=\begin{cases}10t\ \text{A} & 0<t\leqslant 1\ \text{s}\\ (20-10t)\ \text{A} & 1\ \text{s}<t\leqslant 2\ \text{s}\\ 0\ \text{A} & 2\ \text{s}<t\end{cases}$$

该电流在线圈 2 中引起互感电压：

$$u_2=M\frac{\mathrm{d}i_1}{\mathrm{d}t}=\begin{cases}10\ \text{V} & 0<t\leqslant 1\ \text{s}\\ -10\ \text{V} & 1\ \text{s}<t\leqslant 2\ \text{s}\\ 0 & 2\ \text{s}<t\end{cases}$$

对线圈 1 列写 KVL 方程，得电流源电压为

$$u=R_1i_1+L_1\frac{\mathrm{d}i_1}{\mathrm{d}t}=\begin{cases}(100t+50)\ \text{V} & 0<t\leqslant 1\ \text{s}\\ (-100t+150)\ \text{V} & 1\ \text{s}<t\leqslant 2\ \text{s}\\ 0\ \text{V} & 2\ \text{s}<t\end{cases}$$

8.1.4　耦合系数

工程上用耦合系数 k 来定量的描述两个耦合线圈的耦合紧密程度，定义为

$$k\overset{\text{def}}{=}\frac{M}{\sqrt{L_1L_2}}\tag{8-7}$$

则

$$k\overset{\text{def}}{=}\frac{M}{\sqrt{L_1L_2}}=\sqrt{\frac{M^2}{L_1L_2}}=\sqrt{\frac{\psi_{12}\psi_{21}}{\psi_{11}\psi_{22}}}\leqslant 1$$

耦合系数 k 与线圈的结构、相互几何位置、空间磁介质有关。

当两个耦合线圈的漆包线并线绕制时，显然没有漏磁，如图 8.7（a）所示。没有漏磁的耦合称为全耦合。在此种情况下耦合系数为

$$k=1$$

当两个耦合线圈垂直放置时，称为无耦合，如图 8.7（b）所示，显然任一线圈产生的

磁通链都不能垂直穿过另一线圈的横截面。

在两个耦合线圈垂直放置时，耦合系数为

$$k=0$$

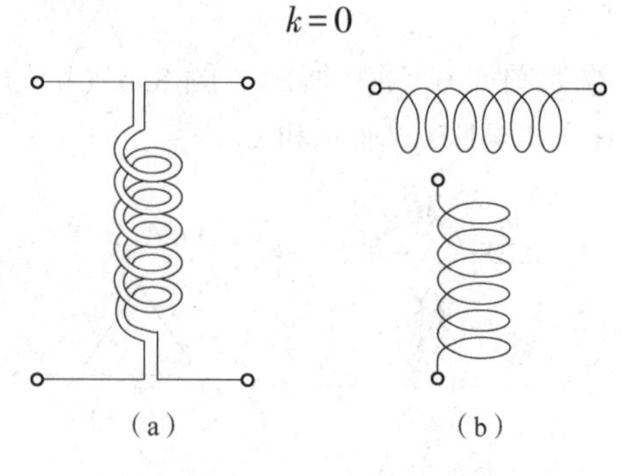

图 8.7　两种特殊耦合

(a) 全耦合；(b) 无耦合

在电子电路和电力系统中，为了更好有效地传输电子信号和电功率，要求尽可能紧密地耦合，使耦合系数 k 尽可能接近 1，一般采用铁磁性材料制成的铁芯可达到这一目的。

但在有些情况下有时需尽量减少互感的作用，以避免线圈之间互相干扰。措施是除了采用屏蔽手段外，一个有效的方法就是合理布置线圈的相互位置，这样可大大地减小它们的耦合作用，使实际的电气设备或系统少受干扰影响，能正常可靠地运行工作。

8.2　耦合电感线圈的连接与计算

含有耦合电感的电路有多种形式，下面将对典型的含有耦合电感的电路进行分析计算。

计算要注意几点：

(1) 在正弦稳态情况下，有耦合电感电路的计算仍可应用前面介绍的相量分析方法。

(2) 注意耦合电感线圈上的电压除自感电压外，还应包含互感电压。

(3) 一般采用支路法和回路法计算。因为耦合电感支路的电压不仅与本支路电流有关，还与其他某些支路电流有关，若列结点电压方程会遇到困难，要另行处理。

8.2.1　耦合电感线圈的串联

耦合电感线圈串联时，根据电流是否是从两耦合电感线圈的同名端流入、还是从异名端流入，可以分为顺向串联和反向串联。

1. 顺向串联

图 8.8 (a) 所示为耦合电感的串联电路，流过两互感线圈的电流为同一电流，并都是从线圈的同名端流入，故互感起“增强”作用，这种串联连接方式称为顺向串联。

按图 8.8 (a) 所示电压、电流的参考方向，列写 KVL 方程为

$$u=R_1i+L_1\frac{\mathrm{d}i}{\mathrm{d}t}+M\frac{\mathrm{d}i}{\mathrm{d}t}+L_2\frac{\mathrm{d}i}{\mathrm{d}t}+M\frac{\mathrm{d}i}{\mathrm{d}t}+R_2i$$

$$=(R_1+R_2)i+(L_1+L_2+2M)\frac{\mathrm{d}i}{\mathrm{d}t}=Ri+L\frac{\mathrm{d}i}{\mathrm{d}t} \tag{8-8}$$

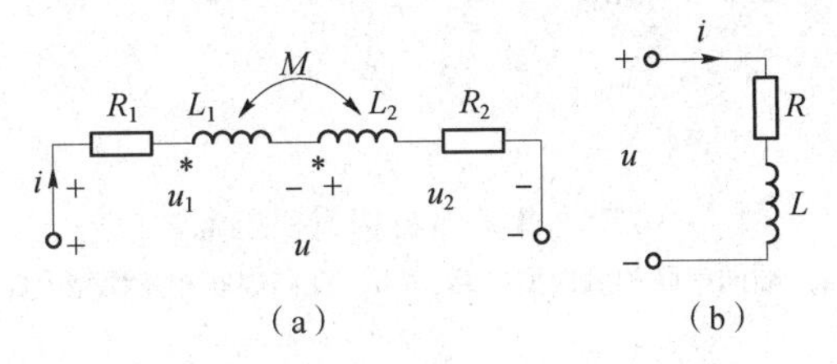

图8.8　顺向串联及等效电路图

(a) 顺向串联电路图；(b) 等效电路图

根据上述方程可以给出图8.8（b）所示的无互感等效电路，等效电路的参数为

$$R=R_1+R_2\qquad L=L_1+L_2+2M \tag{8-9}$$

2. 反向串联

图8.9（a）所示为耦合电感的串联电路，流过两耦合电感线圈的电流为同一电流，但电流从线圈1的同名端流入，从线圈2的异名端流入，故互感起“削弱”作用，这种串联连接方式称为反向串联。

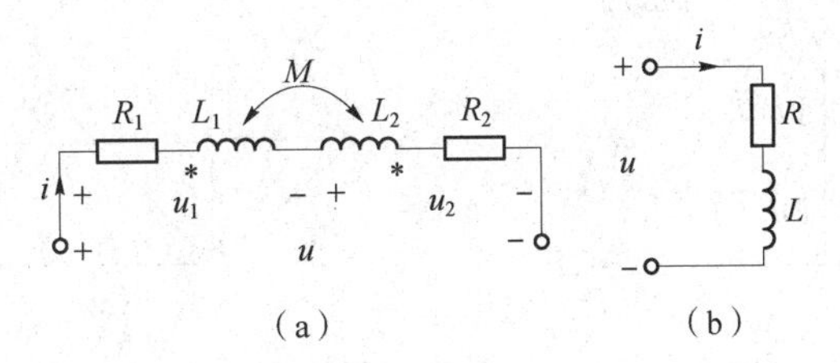

图8.9　反向串联及等效电路图

(a) 反向串联电路图；(b) 等效电路图

按图8.9（a）所示电压、电流的参考方向，列写KVL方程为

$$u=R_1i+L_1\frac{\mathrm{d}i}{\mathrm{d}t}-M\frac{\mathrm{d}i}{\mathrm{d}t}+L_2\frac{\mathrm{d}i}{\mathrm{d}t}-M\frac{\mathrm{d}i}{\mathrm{d}t}+R_2i$$

$$=(R_1+R_2)i+(L_1+L_2-2M)\frac{\mathrm{d}i}{\mathrm{d}t}=Ri+L\frac{\mathrm{d}i}{\mathrm{d}t} \tag{8-10}$$

根据上述方程可以给出图8.9（b）所示的无互感等效电路，等效电路的参数为

$$R=R_1+R_2\qquad L=L_1+L_2-2M \tag{8-11}$$

在正弦稳态激励下，应用相量分析，图8.8（a）和图8.9（a）的相量模型电路如图8.10所示。

由图8.10（a）得KVL方程为

$$\dot{U}=\dot{U}_1+\dot{U}_2=[R_1+R_2+\mathrm{j}\omega(L_1+L_2+2M)]\dot{I}$$

等效阻抗为

$$Z=R_1+R_2+\mathrm{j}\omega(L_1+L_2+2M)$$

可以看出耦合电感顺向串联时，等效阻抗大于无互感时的阻抗。顺向串联时的相量图如图8.11（a）所示。

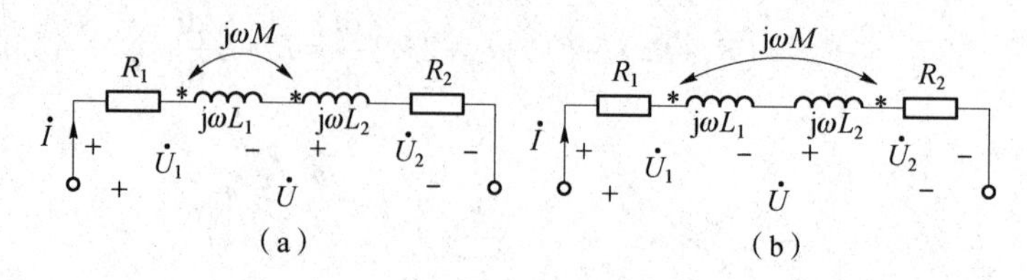

图 8.10　串联互感相量模型电路

（a）顺向串联相量模型电路；（b）反向串联相量模型电路

由图 8.10（b）得 KVL 方程为

$$\dot{U}=\dot{U}_1+\dot{U}_2=[R_1+R_2+j\omega(L_1+L_2-2M)]\dot{I}$$

等效阻抗为

$$Z=R_1+R_2+j\omega(L_1+L_2-2M)$$

可以看出耦合电感反向串联时，等效阻抗小于无互感时的阻抗。反向串联时的相量图如图 8.11（b）所示。

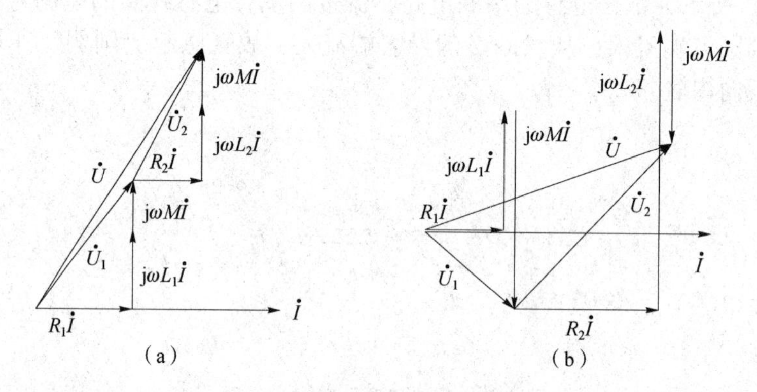

图 8.11　串联耦合电感相量图

（a）顺串时的相量图；（b）反串时的相量图

注意：

（1）互感不大于两个自感的算术平均值，整个电路仍呈感性，即满足关系

$$L=L_1+L_2-2M\geqslant 0 \tag{8-12}$$

$$M\leqslant\frac{1}{2}(L_1+L_2) \tag{8-13}$$

（2）根据上述讨论可以给出测量互感系数的方法：把两线圈顺接一次，测得 $L_{顺}$；反接一次，测得 $L_{反}$；则互感系数可用下式计算

$$M=\frac{L_{顺}-L_{反}}{4} \tag{8-14}$$

【例 8.4】　电路如图 8.12 所示，分别求出（a）、（b）图中的等效阻抗。

【解】　图 8.12（a）中的耦合电感反向串联，其等效阻抗为

$$Z_i=j\omega L_1+j\omega L_2-2j\omega M=j4+j4-2\times j2=j4(\Omega)$$

图 8.12（b）中的耦合电感顺向串联，其等效阻抗为

$$Z_i=j\omega L_1+j\omega L_2+2j\omega M=j4+j4+2\times j2=j12(\Omega)$$

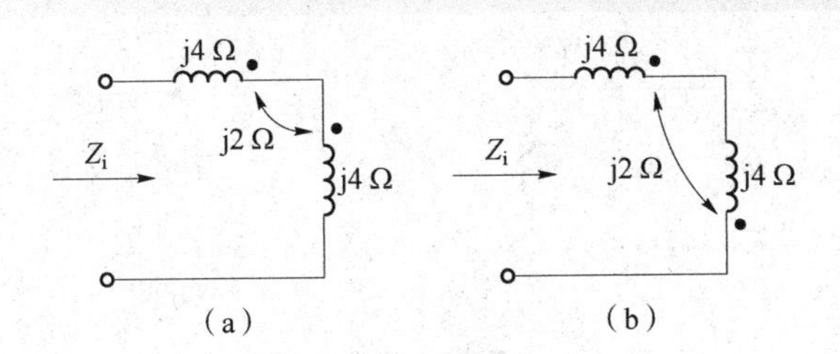

图 8.12　例 8.4 图

8.2.2　互感线圈的并联

1. 同侧并联

图 8.13（a）所示为耦合电感的并联连接，由于同名端连接在同一个结点上，称为同侧并联。

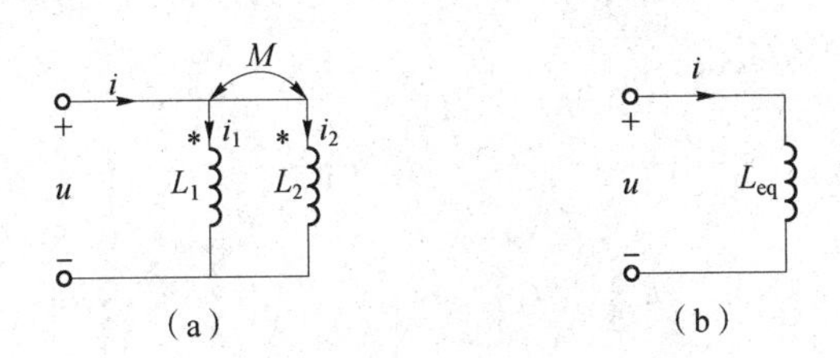

图 8.13　同侧并联及等效电路

（a）同侧并联电路；（b）等效电路

根据 KVL 得同侧并联电路的方程为

$$u=L_1\frac{\mathrm{d}i_1}{\mathrm{d}t}+M\frac{\mathrm{d}i_2}{\mathrm{d}t},\quad u=L_2\frac{\mathrm{d}i_2}{\mathrm{d}t}+M\frac{\mathrm{d}i_1}{\mathrm{d}t}$$

联立以上方程，求得

$$\frac{\mathrm{d}i_1}{\mathrm{d}t}=\frac{L_2-M}{L_1L_2-M^2}u,\quad \frac{\mathrm{d}i_2}{\mathrm{d}t}=\frac{L_1-M}{L_1L_2-M^2}u$$

由电路可知 $i=i_1+i_2$，则解得 u，i 的关系：

$$u=\frac{L_1L_2-M^2}{L_1+L_2-2M}\cdot\frac{\mathrm{d}i}{\mathrm{d}t}$$

根据上述方程可以给出图 8.13（b）所示的无互感等效电路，其等效电感为

$$L_{\mathrm{eq}}=\frac{L_1L_2-M^2}{L_1+L_2-2M}\tag{8-15}$$

2. 异侧并联

图 8.14（a）中由于耦合电感的异名端连接在同一个结点上，故称为异侧并联。

此时电路的方程为

$$u=L_1\frac{\mathrm{d}i_1}{\mathrm{d}t}-M\frac{\mathrm{d}i_2}{\mathrm{d}t},\quad u=L_2\frac{\mathrm{d}i_2}{\mathrm{d}t}-M\frac{\mathrm{d}i_1}{\mathrm{d}t}$$

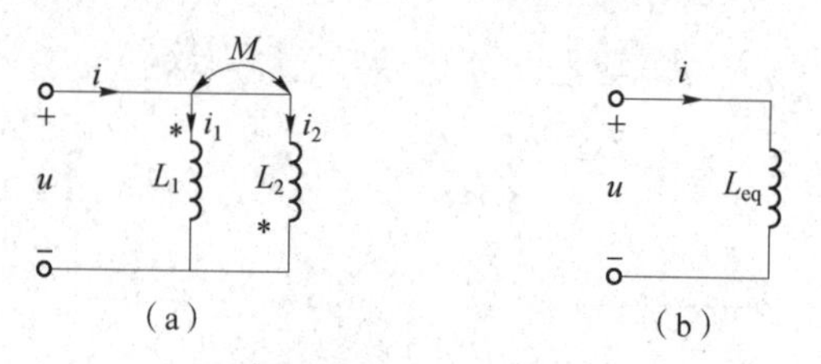

图 8.14 异侧并联及等效电路

(a) 异侧并联电路；(b) 等效电路

由于 $i = i_1 + i_2$，则解得 u，i 的关系：

$$u=\frac{L_1L_2-M^2}{L_1+L_2+2M}\cdot\frac{\mathrm{d}i}{\mathrm{d}t}$$

根据上述方程也可以给出图 8.14（b）所示的无互感等效电路，其等效电感为

$$L_{\text{eq}}=\frac{L_1L_2-M^2}{L_1+L_2+2M} \tag{8-16}$$

【例 8.5】 电路如图 8.15 所示，已知 $L_1=8$ H，$L_2=2$ H，$M=2$ H，分别求出图（a）、（b）中从 1-1′看进去的等效电感。

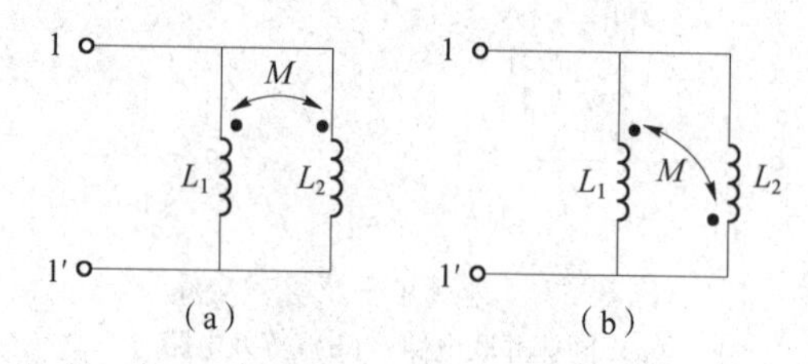

图 8.15 例 8.5 图

【解】 图8.15 中的耦合电感为同侧并联，由式（8-15）可求得从 1-1′看进去的等效电感为

$$L_{\text{eq}}=\frac{L_1L_2-M^2}{L_1+L_2-2M}=\frac{8\times2-2^2}{8+2-2\times2}=2(\text{H})$$

图 8.15 中的耦合电感为异侧并联，由式（8-16）可求得从 1-1′看进去的等效电感为

$$L_{\text{eq}}=\frac{L_1L_2-M^2}{L_1+L_2+2M}=\frac{8\times2-2^2}{8+2+2\times2}=\frac{6}{7}(\text{H})$$

8.2.3 互感线圈的一端相连

如果耦合电感的 2 条支路各有一端与第三条支路连接，形成一个仅含三条支路的共同结点，称为耦合电感的 T 形连接。常见的有同名端为公共端的 T 形连接和异名端为公共端的 T 形连接。

1. 同名端为公共端的 T 形去耦等效

同名端为公共端的 T 形连接如图 8.16（a）所示。

根据所标电压、电流的参考方向得：

$$\dot{I}=\dot{I}_1+\dot{I}_2$$

$$\dot{U}_{13}=\mathrm{j}\omega L_1\dot{I}_1+\mathrm{j}\omega M\dot{I}_2=\mathrm{j}\omega(L_1-M)\dot{I}_1+\mathrm{j}\omega M\dot{I} \tag{8-17}$$

$$\dot{U}_{23}=\mathrm{j}\omega L_2\dot{I}_2+\mathrm{j}\omega M\dot{I}_1=\mathrm{j}\omega(L_2-M)\dot{I}_2+\mathrm{j}\omega M\dot{I} \tag{8-18}$$

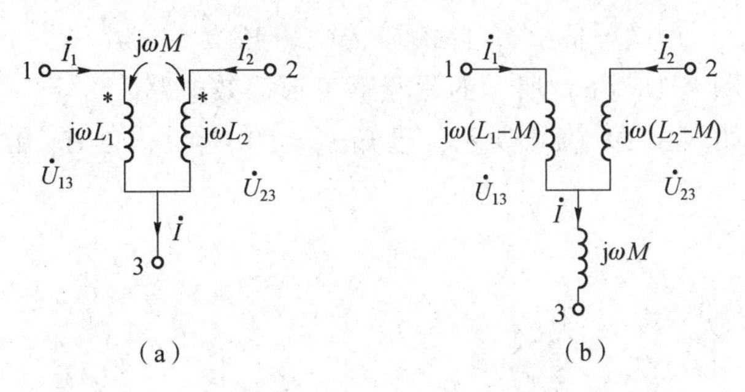

图 8.16　同名端为公共端的 T 形连接及去耦等效

（a）同名端 T 形连接电路；（b）去耦等效电路

由上述方程可得图 8.16（b）所示的无互感 T 形连接等效电路。

【例 8.6】　电路如图 8.17（a）所示，已知 $L_1=8$ H，$L_2=5$ H，$M=2$ H，试求从 1-1′看进去的等效电感。

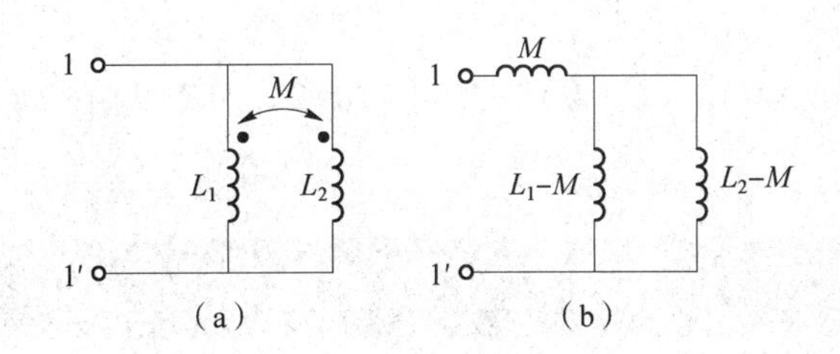

图 8.17　例 8.6 图

（a）同侧并联耦合电压；（b）去耦合电感电路

【解】　图 8.17（a）的去耦等效电路如图 8.17（b）所示，则从 1-1′看进去的等效电感为

$$L_{eq}=[(L_1-M)//(L_2-M)]+M=[(8-2)//(5-2)]+2=4(\mathrm{H})$$

2. 异名端为公共端的 T 形去耦等效

异名端为公共端的 T 形连接如图 8.18（a）所示。

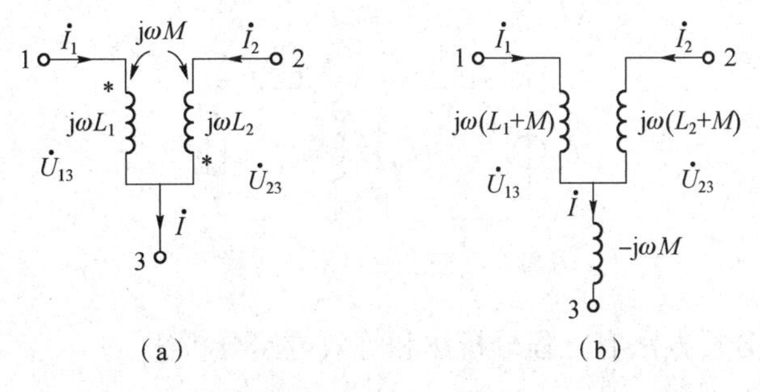

图 8.18　异名端为公共端的 T 形连接及去耦等效

（a）异名端 T 形连接电路；（b）去耦等效电路

根据所标电压、电流的参考方向得

$$\dot{I}=\dot{I}_1+\dot{I}_2$$

$$\dot{U}_{13}=\mathrm{j}\omega L_1\dot{I}_1-\mathrm{j}\omega M\dot{I}_2=\mathrm{j}\omega(L_1+M)\dot{I}_1-\mathrm{j}\omega M\dot{I} \tag{8-19}$$

$$\dot{U}_{23}=\mathrm{j}\omega L_2\dot{I}_2-\mathrm{j}\omega M\dot{I}_1=\mathrm{j}\omega(L_2+M)\dot{I}_2-\mathrm{j}\omega M\dot{I} \tag{8-20}$$

由上述方程可得图 8. 18（b）所示的无互感 T 形等效电路。

【例 8. 7】 电路如图 8. 19（a）所示，已知 $L_1=10$ H，$L_2=2$ H，$M=2$ H，试求从 1-1′看进去的等效电感。

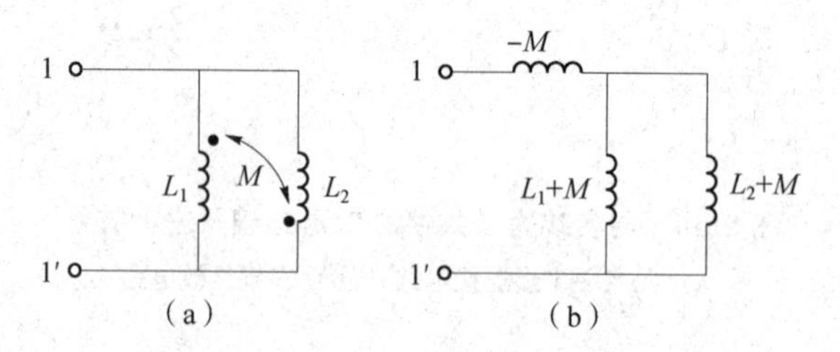

图 8. 19　例 8. 7 图

（a）异侧并联耦合电压；（b）去耦合电感电路

【解】 图 8. 19（a）的去耦等效电路如图 8. 19（b）所示，则从 1-1′看进去的等效电感为

$$L_{\mathrm{eq}}=[(L_1+M)//(L_2+M)]-M=[(10+2)//(2+2)]-2=1(\mathrm{H})$$

8. 3　空心变压器

变压器由两个具有互感的线圈构成，其中一个线圈接电源，另一个线圈接负载。变压器是通过互感来实现从一个电路向另一个电路传输能量或信号的器件。当变压器线圈的芯子为非铁磁材料时，称为空心变压器。

图 8. 20 所示为空心变压器的电路模型，与电源相接的回路称为原边回路（或初级回路），与负载相接的回路称为副边回路（或次级回路）。

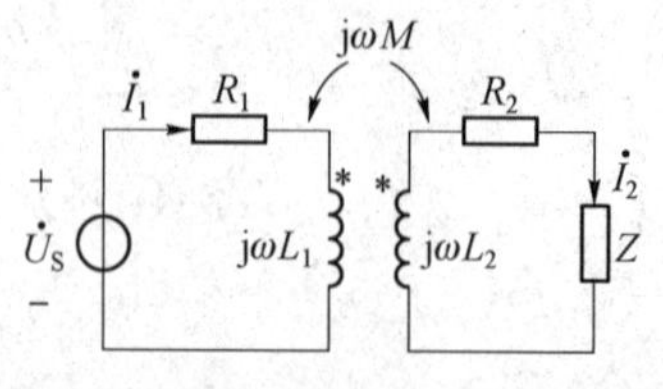

图 8. 20　空心变压器电路模型

该类电路的常用分析方法有方程分析法和等效电路分析法。

8. 3. 1　方程分析法

在正弦稳态情况下，图 8. 20 电路的回路方程为

$$(R_1+j\omega L_1)\dot{I}_1-j\omega M\dot{I}_2=\dot{U}_S$$

$$-j\omega M\dot{I}_1+(R_2+j\omega L_2+Z)\dot{I}_2=0$$

令 $Z_{11}=R_1+j\omega L_1$ 称为原边回路阻抗，$Z_{22}=R_2+j\omega L_2+Z$ 称为副边回路阻抗，则上述方程可简写为

$$Z_{11}\dot{I}_1-j\omega M\dot{I}_2=\dot{U}_S$$

$$-j\omega M\dot{I}_1+Z_{22}\dot{I}_2=0$$

从上列方程可求得原边和副边电流：

$$\dot{I}_1=\frac{\dot{U}_S}{Z_{11}+\frac{(\omega M)^2}{Z_{22}}}$$

$$\dot{I}_2=\frac{j\omega M\dot{U}_S}{\left[Z_{11}+\frac{(\omega M)^2}{Z_{22}}\right]Z_{22}}=\frac{j\omega M\dot{U}_S}{Z_{11}}\cdot\frac{1}{Z_{22}+\frac{(\omega M)^2}{Z_{11}}}$$

8.3.2　等效电路分析法

等效电路分析法实质上是在方程分析法的基础上找出求解的某些规律，归纳总结成公式，得出等效电路，再加以求解的方法。

首先讨论图 8.20 的原边等效电路，令上述原边电流的分母为

$$Z_{1n}=Z_{11}+\frac{(\omega M)^2}{Z_{22}}=Z_{11}+Z_{1L}$$

则原边电流为

$$\dot{I}_1=\frac{\dot{U}_S}{Z_{1n}}=\frac{\dot{U}_S}{Z_{11}+Z_{1L}}$$

根据上式可以画出原边等效电路图如图 8.21 所示，上式中的 Z_{1L}称为引入阻抗（或反映阻抗），是副边回路阻抗通过互感反映到原边的等效阻抗，它体现了副边回路的存在对原边回路电流的影响。从物理意义讲，虽然原、副边没有电的联系，但由于互感作用使闭合的副边产生电流，反过来这个电流又影响原边电流电压。

把引入阻抗 Z_{1L}展开得

$$Z_{1L}=\frac{(\omega M)^2}{Z_{22}}=\frac{\omega^2M^2}{R_{22}+jX_{22}}$$

$$=\frac{\omega^2M^2R_{22}}{R_{22}^2+X_{22}^2}-j\frac{\omega^2M^2X_{22}}{R_{22}^2+X_{22}^2}=R_{1L}+jX_{1L}$$

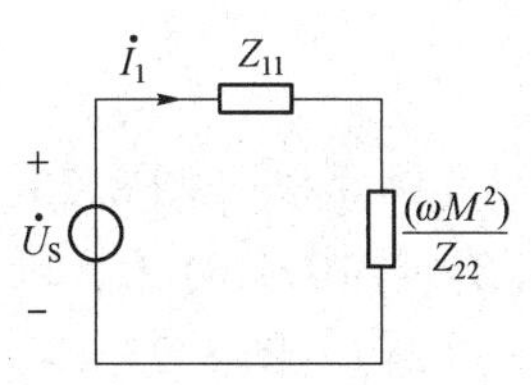

图 8.21　原边等效电路图

上式表明：

（1）引入电阻 $R_{1L}=\frac{\omega^2M^2R_{22}}{R_{22}^2+X_{22}^2}$不仅与副边回路的电阻有关，而且与副边回路的电抗及互感有关。

(2) 引入电抗 $X_{1L}=-\dfrac{\omega^2M^2X_{22}}{R_{22}^2+X_{22}^2}$的负号反映了引入电抗与副边电抗的性质相反。

可以证明引入电阻消耗的功率等于副边回路吸收的功率。

根据副边回路方程得

$$\mathrm{j}\omega M\dot{I}_1=Z_{22}\dot{I}_2$$

方程两边取模值的平方

$$(\omega M)^2I_1^2=(R_{22}^2+X_{22}^2)I_2^2$$

从而得到原边引入电阻的功率

$$P_L=\frac{(\omega M)^2R_{22}}{R_{22}^2+X_{22}^2}I_1^2=R_{22}I_2^2=P_2$$

应用同样的方程分析法得出的副边电流表达式。

令

$$\dot{U}_{OC}=\frac{\mathrm{j}\omega M\dot{U}_S}{Z_{11}}=\mathrm{j}\,\omega M\dot{I}_1$$

$$Z_{2n}=Z_{22}+\frac{(\omega M)^2}{Z_{11}}=Z_{22}+Z_{2L}$$

则

$$\dot{I}_2=\frac{\dot{U}_{OC}}{Z_{22}+Z_{2L}}=\frac{\dot{U}_{OC}}{Z_{22}+\dfrac{(\omega M)^2}{Z_{11}}}$$

根据上式可以画出如图 8.22 所示的副边等效电路，上式中的 Z_{2L}称为原边回路对副边回路的引入阻抗，它与 Z_{1L}有相同的性质。应用戴维南定理也可以求得空心变压器副边的等效电路。

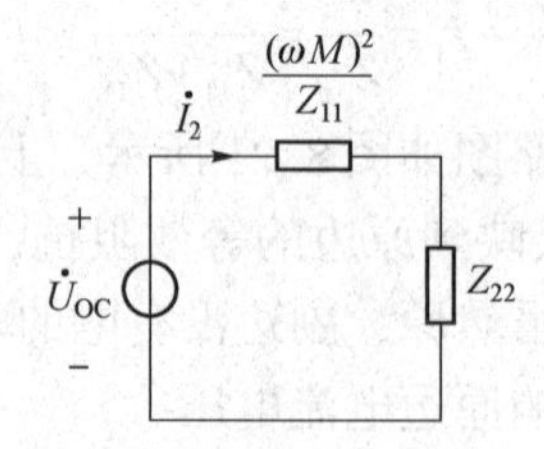

图 8.22　副边等效电路图

【例 8.8】 图 8.23（a）所示为空心变压器电路，已知电源电压 $U_S=20$ V，原边引入阻抗 $Z_{1L}=(10-\mathrm{j}10)$ Ω，求负载阻抗 Z_X 并求负载获得的有功功率。

【解】 图 8.23（a）的原边等效电路如图 8.23（b）所示，引入阻抗为

$$Z_{1L}=\frac{\omega^2M^2}{Z_{22}}=\frac{4}{Z_X+\mathrm{j}10}=(10-\mathrm{j}10)\ (\Omega)$$

解得

$$Z_X=(0.2-\mathrm{j}9.8)\ \Omega$$

此时负载获得的功率等于引入电阻消耗的功率

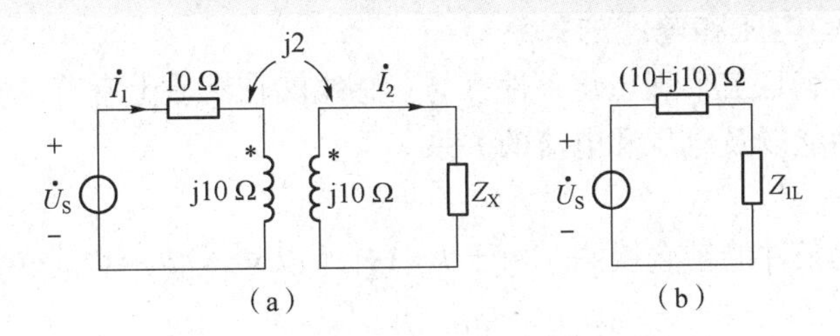

图 8.23　例 8.8 电路图

(a) 空心变压器电路；(b) 原边等效电路

$$P = P_{R引} = \left(\frac{20}{10+10}\right)^2 R_{1L} = 10(\mathrm{W})$$

由于

$$Z_{11} = (10+\mathrm{j}10)\ \Omega$$

电路实际上处于最佳匹配状态，即

$$Z_{1L} = Z_{11}^*$$

根据最佳匹配的功率计算公式得

$$P = \frac{U_S^2}{4R} = 10\ \mathrm{W}$$

8.4　理想变压器

理想变压器是实际变压器的理想化模型，是对互感元件的理想科学抽象，是极限情况下的耦合电感。

8.4.1　理想变压器的伏安关系

1. 理想变压器的三个理想化条件

(1) 无损耗：认为绕制线圈的漆包线无电阻，做芯子的铁磁材料的磁导率无限大。

(2) 全耦合：即耦合系数 $k=1 \Rightarrow M=\sqrt{L_1 L_2}$。

(3) 参数无限大：即自感系数和互感系数 L_1，L_2，$M \Rightarrow \infty$。

但 L_1、L_2 满足如下关系

$$\sqrt{L_1/L_2} = N_1/N_2 = n$$

式中，N_1 和 N_2 分别为变压器原、副边线圈匝数；n 为匝数比。

在实际工程中使用的变压器，都不是理想变压器。为了使实际变压器的性能接近理想变压器，一方面尽量采用具有高导磁率的铁磁材料做铁芯；另一方面尽量紧密耦合，使耦合系数 k 接近于1，并在保持变比 n 不变的前提下，尽量增加原、副线圈的匝数。

实际工程计算中，在误差允许的情况下，把实际变压器看做理想变压器，可简化计算过程。

2. 理想变压器的电压和电流的关系

理想变压器由于满足三个理想化条件，与互感线圈在性质上有着本质的不同，下面介绍理想变压器的主要性能以及电压和电流的关系。

1）电压关系

满足三个理想化条件的耦合线圈，由于 $k=1$，所以 $\Phi_1=\Phi_2=\Phi_{11}+\Phi_{22}=\Phi$，因此有

$$u_1=\frac{\mathrm{d}\psi_1}{\mathrm{d}t}=N_1\frac{\mathrm{d}\Phi}{\mathrm{d}t},\quad u_2=\frac{\mathrm{d}\psi_2}{\mathrm{d}t}=N_2\frac{\mathrm{d}\Phi}{\mathrm{d}t}$$

$$\frac{u_1}{u_2}=\frac{N_1}{N_2}=n \tag{8-21}$$

根据上式得理想变压器模型如图 8.24（a）所示。

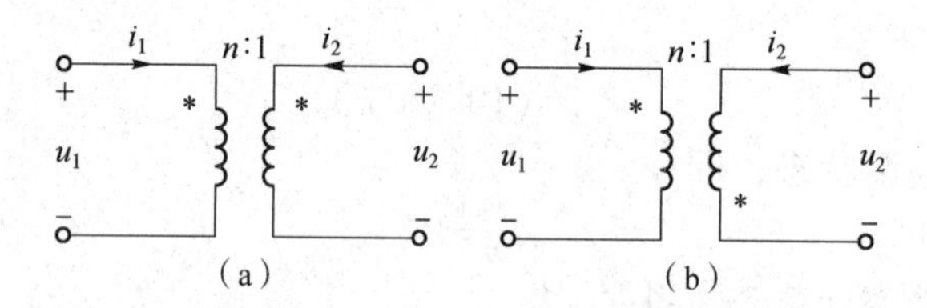

图 8.24 理想变压器模型

（a）电流流入同名端；（b）电流流入异名端

注意：理想变压器的变压关系与两线圈中电流参考方向的假设无关，但与电压极性的设置有关。

若 u_1、u_2 的参考方向的“+”极性端一个设在同名端，一个设在异名端，如图 8.24（b）所示，此时 u_1 与 u_2 之比为

$$\frac{u_1}{u_2}=-\frac{N_1}{N_2}=-n \tag{8-22}$$

2）电流关系

根据互感线圈的电压、电流关系（电流参考方向设为从同名端同时流入或同时流出）可得

$$u_1=L_1\frac{\mathrm{d}i_1}{\mathrm{d}t}+M\frac{\mathrm{d}i_2}{\mathrm{d}t}$$

对上式积分，得

$$i_1=\frac{1}{L_1}\int_0^t u_1(\xi)\,\mathrm{d}\xi-\frac{M}{L_1}i_2$$

代入理想化条件

$$L_1\Rightarrow\infty$$

$$k=1\Rightarrow M=\sqrt{L_1L_2}$$

$$\frac{M}{L_1}=\sqrt{\frac{L_2}{L_1}}=\frac{1}{n}$$

得理想变压器的电流关系为

$$i_1=-\frac{1}{n}i_2 \tag{8-23}$$

注意：理想变压器的变流关系与两线圈上电压参考方向的假设无关，但与电流参考方向的设置有关。

若 i_1、i_2 的参考方向一个是从同名端流入，一个是从同名端流出，如图8.25所示，可得出 i_1 与 i_2 之比为

$$i_1=\frac{1}{n}i_2 \tag{8-24}$$

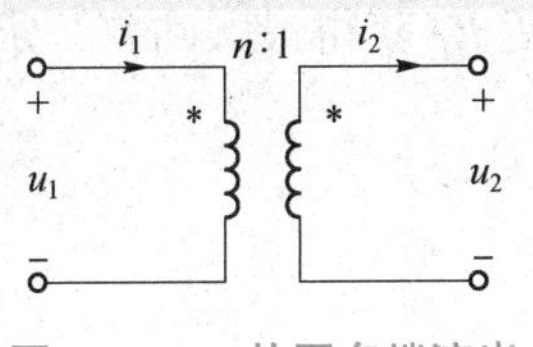

图8.25　i_2 从同名端流出

3）功率

通过以上分析可知，不论理想变压器的同名端如何，由理想变压器的伏安关系总有

$$u_1i_1+u_2i_2=0 \tag{8-25}$$

式（8-25）表明，理想变压器将一侧吸收的能量全部传输到另一侧输出。在传输过程中，理想变压器仅仅将电压和电流按变比做数值的变化，它既不耗能，也不储能，所吸收的瞬时功率恒等于零。也就是说，理想变压器是一个非动态无损耗的磁耦合元件，它把从电源吸收的能量全部输送给了负载。理想变压器可以改变电压及电流大小，但不能改变功率。

理想变压器的电路模型仍然用带同名端的耦合线圈表示。需要注意的是，在电路图中，理想变压器虽然用线圈作为电路符号，但这符号并不意味着电感的作用，而仅是代表着变压器中电压和电流之间的约束关系。

8.4.2　理想变压器的阻抗变换

从上述分析可知，理想变压器可以起到改变电压及改变电流大小的作用。从下面的分析可以看出，它还具有改变阻抗大小的作用。

设理想变压器副边接阻抗 Z，如图8.26（a）所示。

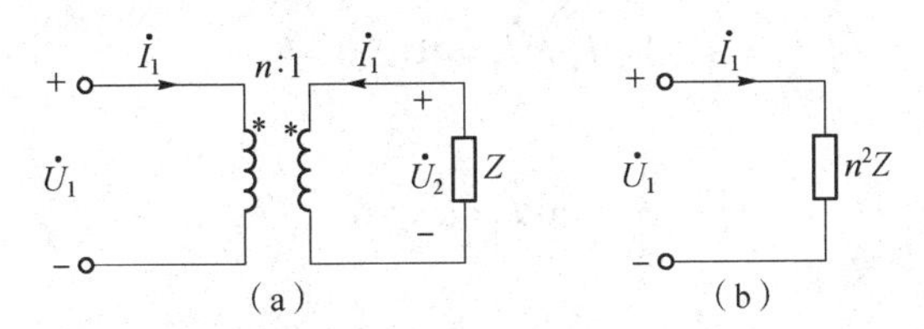

图8.26　带载理想变压器及原边等效电路

（a）带载理想变压器；（b）原边等效电路

由理想变压器的变压、变流关系得原边端的输入阻抗为

$$Z_{\text{in}}=\frac{\dot{U}_1}{\dot{I}_1}=\frac{n\dot{U}_2}{-\frac{1}{n}\dot{I}_2}=n^2\left(-\frac{\dot{U}_2}{\dot{I}_2}\right)=n^2Z \tag{8-26}$$

由此得理想变压器的原边等效电路如图8.26（b）所示，把 Z_{in} 称为副边对原边的折合等效阻抗。

注意：与空心变压器不同，理想变压器的阻抗变换性质只改变阻抗的大小，不改变阻抗的性质。

【例8.9】　电路如图8.27（a）所示，已知电源内阻 $R_S=1\ \text{k}\Omega$，负载电阻 $R_L=10\ \Omega$。为

使 R_L 获得最大功率，求理想变压器的变比 n。

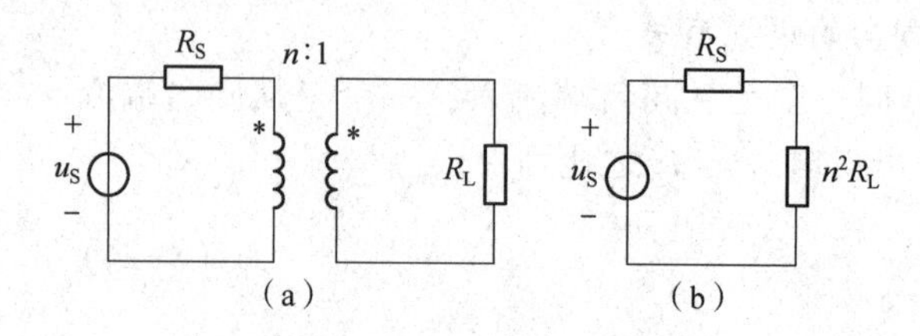

图 8.27　例 8.9 电路图

(a) 副边带载电路；(b) 原边等效电路

【解】　把副边阻抗折算到原边，得原边等效电路如图 8.27（b）所示，因此当 $n^2R_L=R_S$ 时电路处于匹配状态，由此得

$$10n^2=1\ 000$$

即

$$n^2=100，\ n=10$$

【例 8.10】　电路如图 8.28 所示，求负载电阻上的电压 $\dot{U}_2$。

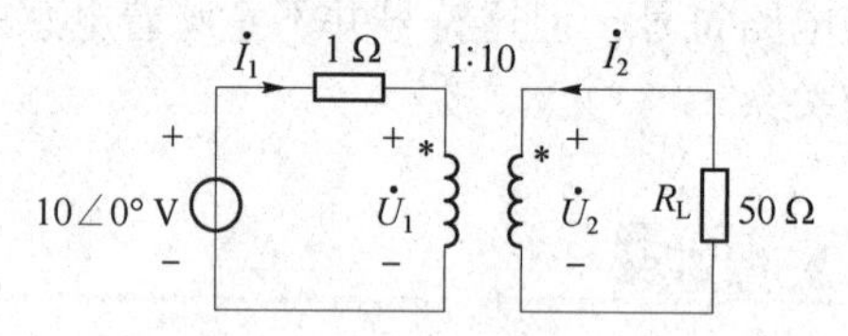

图 8.28　例 8.10 电路图

【解法 1】　列方程求解。

由原边回路得

$$1\times\dot{I}_1+\dot{U}_1=10\angle 0°\ \text{V}$$

由副边回路得

$$50\dot{I}_2+\dot{U}_2=0$$

代入理想变压器的特性方程得

$$\dot{U}_1=\frac{1}{10}\dot{U}_2，\quad \dot{I}_1=-10\dot{I}_2$$

解得

$$\dot{U}_2=33.3\angle 0°\ \text{V}$$

【解法 2】　应用阻抗变换方法求解。

将副边的电阻 R_L 等效到原边，等效电路如图 8.29 所示，由图 8.29 得

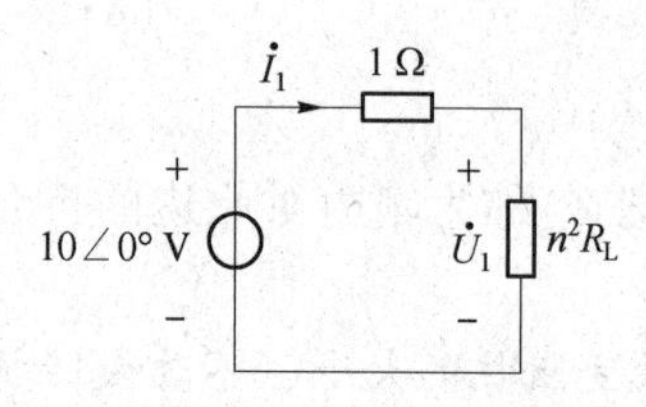

图 8.29　原边等效电路图

$$n^2R_L=\left(\frac{1}{10}\right)^2\times 50=\frac{1}{2}(\Omega)$$

$$\dot{U}_1=\frac{10\angle 0°}{1+1/2}\times\frac{1}{2}=\frac{10}{3}\angle 0°\ \text{V}$$

$$\dot{U}_2=\frac{1}{n}\dot{U}_1=10\dot{U}_1=33.3\angle 0°\ \text{V}$$

【解法 3】　应用戴维南定理求解。

将副边电阻断开，得如图 8.30（a）所示等效电路，求开路电压 $\dot{U}_{\text{OC}}$。

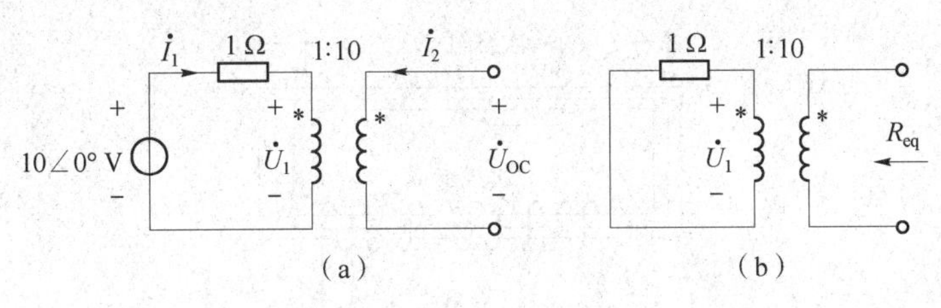

图 8.30　求戴维南等效电路

（a）副边开路求开路电压；（b）求阻抗的外电路等效电阻

由副边回路开路可知

$$\dot{I}_2=0$$

再根据理想变压器的电流关系得

$$\dot{I}_1=0$$

则

$$\dot{U}_{\text{OC}}=10\dot{U}_1=10\dot{U}_{\text{S}}=100\angle 0°\ \text{V}$$

再将电压源置零，求从开路端向左看进去的等效电阻，电路如图 8.30（b）所示。

求得等效电阻

$$R_{\text{eq}}=10^2\times 1=100(\Omega)$$

将阻抗 R_{L} 与其外电路的戴维南等效电路连接，得如图 8.31 所示等效电路。

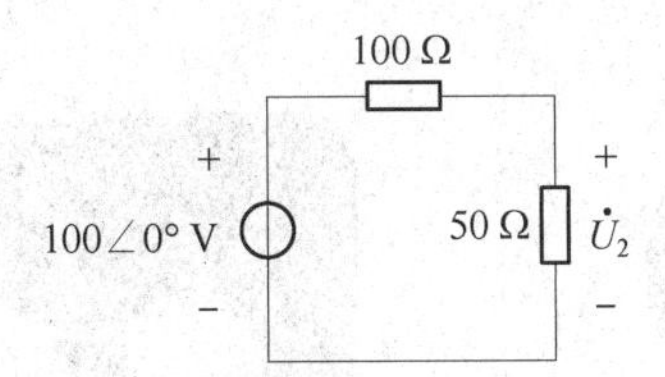

图 8.31　戴维南等效电路

由电路可求得

$$\dot{U}_2=\frac{50°}{100+50}\times 100\angle 0°=33.3\angle 0°(\text{V})$$

8.5　电磁耦合应用

8.5.1　电流互感器

在发电、变电、输电、配电过程中，线路上的电流通常比较大，可以达到几万安培，如果此时要测量线路的电流，直接测量是非常危险的。电流互感器的作用就是在不直接接触的情况下，将大电流转换成便于直接检测的电流值，起到电流变换和电气隔离的作用。

电流互感器的结构较为简单，由相互绝缘的一次绕组、二次绕组、铁芯以及构架、壳体、接线端子等组成，其结构原理图如图 8. 32 所示。

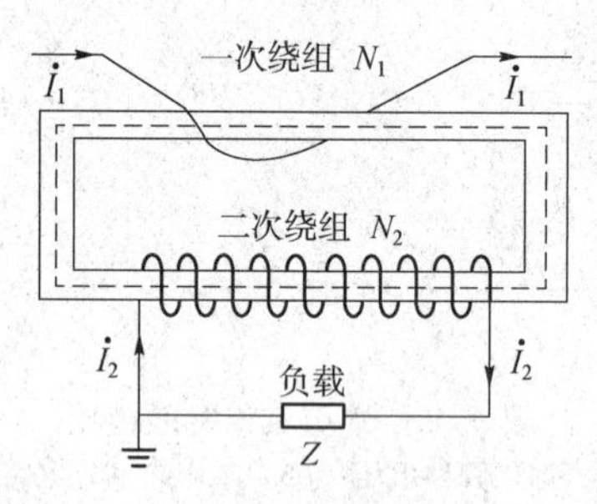

图 8. 32　电流互感器结构原理图

电流互感器的工作原理是基于电磁感应原理，一次绕组的匝数 N_1 较少，直接串联于电源电路中。一次电流 $\dot{I}_1$ 通过一次绕组时，产生的交变磁通感应产生按比例减小的二次电流 $\dot{I}_2$，二次绕组的匝数（N_2）较多，与仪表、继电器、变送器等电流线圈的二次负载 Z 串联形成闭合回路。

根据磁势平衡方程 $\dot{I}_1N_1=\dot{I}_2N_2$，电流互感器额定电流比为

$$\dot{I}_1/\dot{I}_2=N_2/N_1$$

因此，只需要合理的设置一次绕组、二次绕组的匝数比，就可以将不方便直接测量的大电流转换成便于直接测量的小电流。

电流互感器实物图如图 8. 33 所示。

（a）

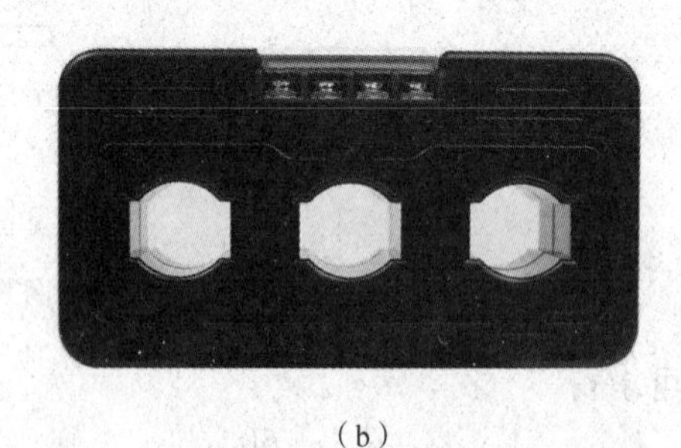

（b）

图 8. 33　电流互感器实物图

（a）单相电流互感器；（b）三相电流互感器

2017 年和 2021 年的全国大学生电子设计竞赛就各有一道题需要用到单相电流互感器。

8. 5. 2　无线充电技术

随着生活水平的提高，电子产品在日常生活中随处可见，而电子产品采用充电器充电时总是要接一条充电线，有时用起来不是很方便。当无线充电技术出现后，越来越多的电子产品开始使用无线充电技术。

无线充电技术源于无线电能传输技术，可分为小功率无线充电和大功率无线充电两种方式。

小功率无线充电常采用电磁感应式，采用的标准是全球首个推动无线充电技术的标准化组织——无线充电联盟提出的 Qi 标准。

大功率无线充电常采用谐振式（大部分电动汽车充电采用此方式），由供电设备（充电器）将能量用磁谐振的方式传送至用电的装置，该装置使用接收到的能量对电池充电，并同时供其本身运作之用。

目前的无线充电设备，都包含一个充电座，里面实际就是一个线圈和相关电路。将充电座接到 220 V 交流电源插座后，线圈周围会因为电流磁效应而产生磁场。待充电的电子产品里面页都有一个线圈。当待充的电子产品靠近充电座时，充电座的磁场将通过电磁感应，在充电设备的线圈上产生感应电流，就实现了充电座和电子产品间的无线充电。电磁感应式充电原理图如图 8.34 所示。

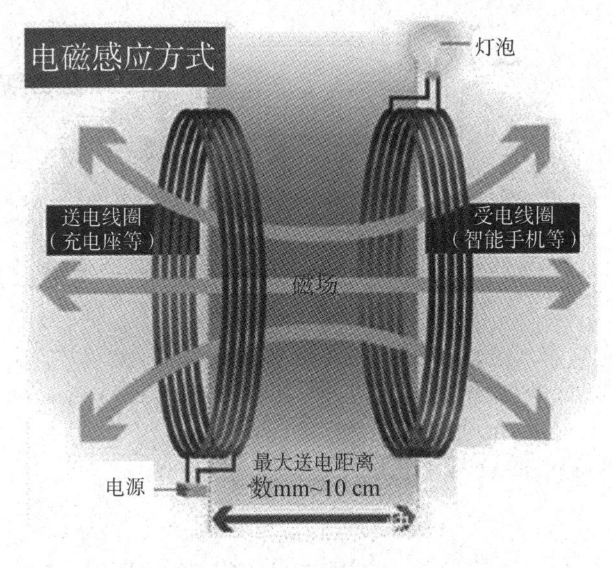

图 8.34　无线充电原理图

无线充电实物如图 8.35 所示，其中，图 8.35（a）是无线充电器电路板，图 8.35（b）是无线充电座和无线充电设备实物图。

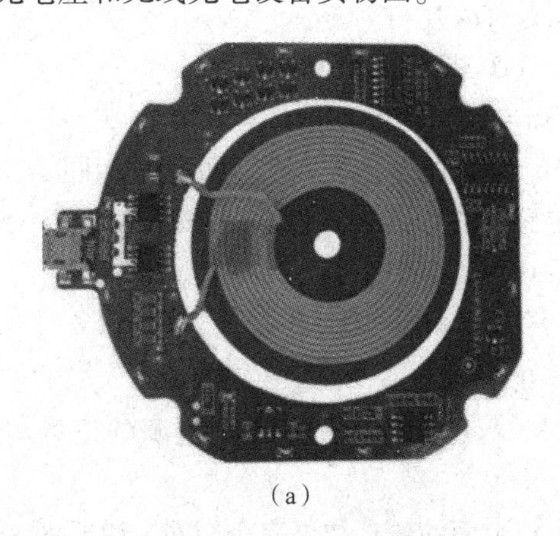

（a）

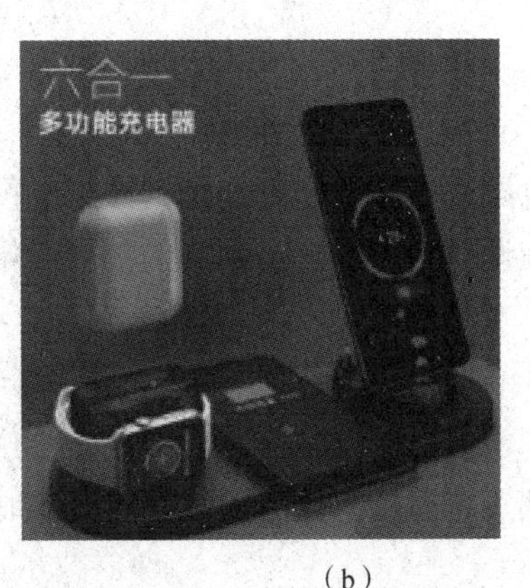

（b）

图 8.35　无线充电实物

（a）无线充电器电路板；（b）无线充电产品

8.6 耦合电感仿真

8.6.1 耦合电感去耦仿真

T形耦合电感仿真电路如图 8.36（a）所示，图中，耦合线圈 $L_1=100$ mH，$L_2=150$ mH，互感 $M=50$ mH；电流源 IG1 为余弦函数，幅值为 200 mA，频率为 50 Hz，初相为 0°；电流源 IG2 为余弦函数，幅值为 100 mA，频率为 50 Hz，初相为 0°。线圈 1 的电压为 u_{13}，线圈 2 的电压为 u_{23}。

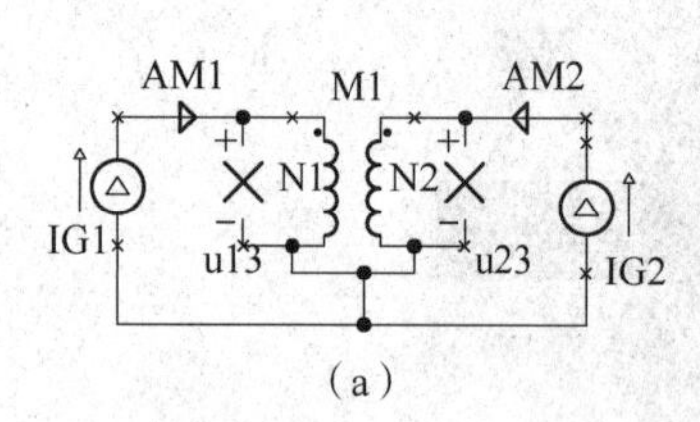

（a）

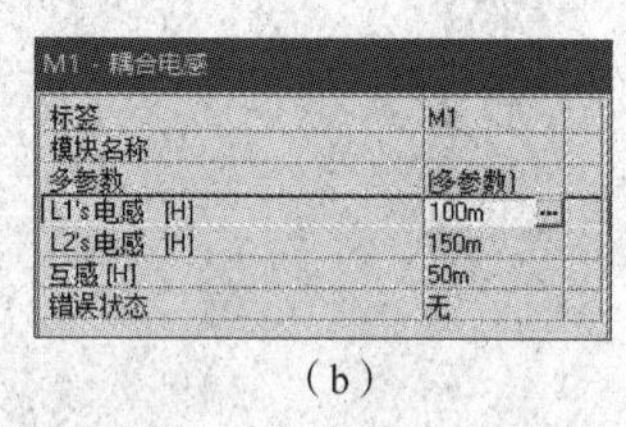

（b）

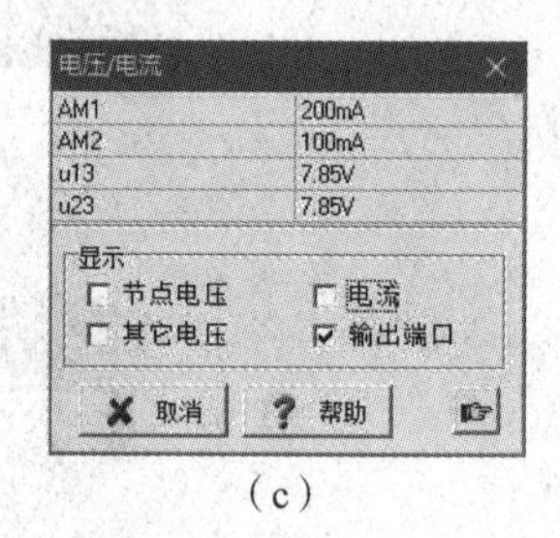

（c）

图 8.36 同名端 T 形连接耦合电感仿真

（a）T 形连接耦合电感；（b）电感及互感参数设置；（c）仿真结果

由式（8-14）可得 u_{13} 的最大值相量值为

$$\dot{U}_{m13}=j\omega L_1\dot{I}_{m1}+j\,\omega M\dot{I}_{m2}$$
$$=j100\pi(0.1\times0.2+0.05\times0.1)$$
$$=j2.5\pi=j7.8(\mathrm{V})$$

由式（8-15）可得 u_{23} 的最大值相量值为

$$\dot{U}_{23}=j\omega L_2\dot{I}_2+j\,\omega M\dot{I}_1$$
$$=j100\pi(0.15\times0.1+0.05\times0.2)$$
$$=j2.5\pi=j7.8(\mathrm{V})$$

对电路进行相量仿真，仿真结果如图 8.36（c）所示，与人工计算完全相同。

由理论分析可知，去耦后的三个无耦合电感的 T 形连接等效电路中有：

$$L_A=L_1-M=0.1-0.05=0.05(\mathrm{H})$$
$$L_B=L_2-M=0.15-0.05=0.1(\mathrm{H})$$
$$L_C=M=0.05\ \mathrm{H}$$

去耦三电感的 T 形连接仿真电路如图 8.37 所示，图中，两个电流源的设置与图 8.36 相同。

对电路进行仿真所得结果如图 8.37 所示，与上面的仿真结果完全相同，说明图 8.36（a）中的耦合电感电路与图 8.37（a）中的去耦电感电路是等效的。

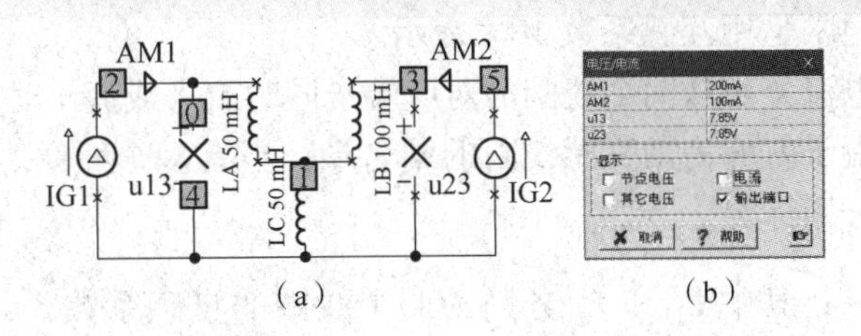

（a）　　　　（b）

图 8.37　去耦三电感 T 形连接仿真电路及仿真结果

（a）仿真电路；（b）仿真结果

8.6.2　理想变压器仿真

理想变压器电路如图 8.38（a）所示，线圈匝数比 $N_2/N_1=5$。电压源为余弦函数，幅值为 10 V，频率为 50 Hz，初相为 0°。变压器一次回路的电压 u_1 与电流 i_1 是关联参考方向，二次回路的电压 u_2 与电流 i_2 也是关联参考方向。

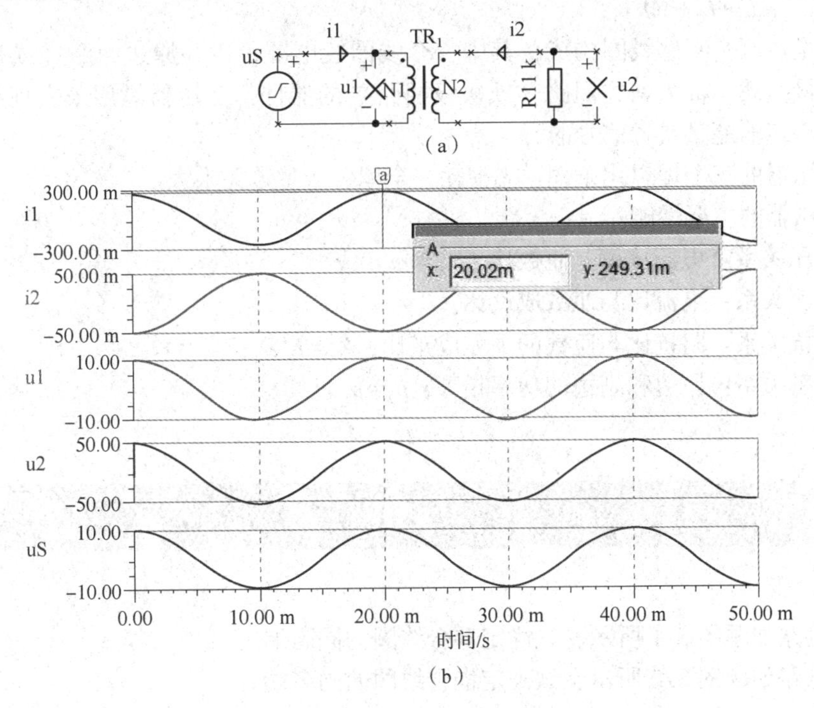

（a）

（b）

图 8.38　理想变压器及仿真波形

（a）理想变压器仿真电路；（b）仿真波形图

对电路进行相量仿真，仿真波形如图 8.38（b）所示。可以看出，i_1 与 i_2 反相，$I_{1m}=5I_{2m}$；u_1 与 u_2 反相，$U_{1m}=U_{2m}/5$。其变压、变流关系与理论分析完全相同。

本章小结

互感指的是当一个线圈中的电流发生变化时，在相邻线圈中引起的电磁感应现象，相邻线圈产生的电磁感应通常是用互感系数 M 来表示。

同名端：当两个电流分别从两个线圈的对应端子同时流入或流出时，若产生的磁通相互增强，则这两个对应端子就称为两互感线圈的同名端；当有多个线圈之间存在互感作用时，同名端必须两两线圈分别标定。

耦合系数 $k \overset{\text{def}}{=} \dfrac{M}{\sqrt{L_1 L_2}}$，其中 L_1 和 L_2 分别为两个线圈的自感系数，$k \leqslant 1$，$k=1$ 时称为全耦合。

当两个互感线圈顺向串联时，其等效电感 $L=L_1+L_2+2M$；当两个互感线圈反向串联时，其等效电感 $L=L_1+L_2-2M$，则互感系数 $M=\dfrac{L_{顺}-L_{反}}{4}$。

当两个互感线圈同侧并联时，其等效电感 $L_{eq}=\dfrac{L_1L_2-M^2}{L_1+L_2-2M}$，当两个互感线圈异侧并联时，其等效电感 $L_{eq}=\dfrac{L_1L_2-M^2}{L_1+L_2+2M}$。

变压器是由两个互感线圈构成，其中一个线圈接电源，称为原边回路（或初级回路），另一个线圈接负载，称为副边回路（或次级回路）的器件，变压器是用来实现从一个电路向另一个电路传输能量或者信号的。

理想变压器的三个理想化条件：无损耗、全耦合、参数无限大。

理想变压器的主要性能：

（1）变压关系：电压比就是匝数比，$u_2=nu_1$；

（2）变流关系：电流比与匝数成反比，$i_2=-i_1/n$；

（3）阻抗关系：阻抗比与匝数的平方成正比，$Z_1=n^2Z_2$；

（4）功率关系：原边和副边的功率相等，$p_2=p_1$。

习题 8

8-1 电路如题图 8.1 所示，试确定耦合线圈的同名端。

8-2 电路如题图 8.2 所示，试确定耦合线圈的同名端。

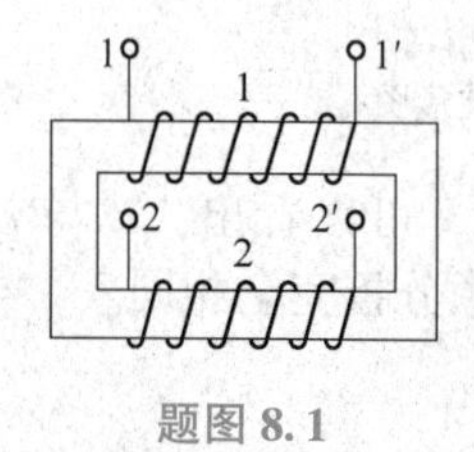

题图 8.1

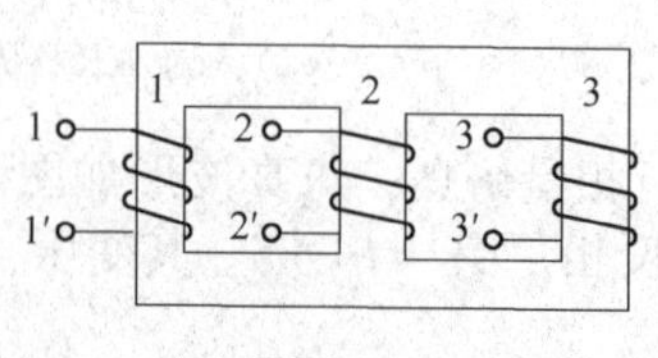

题图 8.2

8-3 电路如题图 8.3 所示，写出各电路的电压、电流关系式。

8-4 电路如题图 8.4 所示，$L_1=0.01$ H，$L_2=0.02$ H，$C=20$ μF，$R=10$ Ω，$M=0.01$ H。求两个线圈分别在顺接串联和反接串联时的谐振角频率 ω_0。

8-5 具有互感的两个线圈顺接串联时总电感为0.6 H，反接串联时总电感为0.2 H，若两线圈的电感量相同时，求互感和线圈的电感。

8-6 求题图8.5中所示电路的等效阻抗。

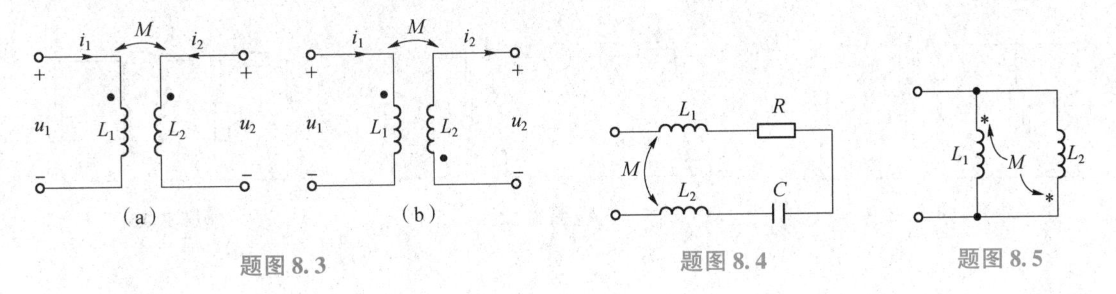

题图8.3　　题图8.4　　题图8.5

8-7 耦合电感 $L_1=6$ H，$L_2=4$ H，$M=3$ H，试计算耦合电感作串联、并联时的各等效电感值。

8-8 电路如题图8.6所示，已知耦合系数是0.5，求：（1）流过两线圈的电流；（2）电路的等效输入阻抗。

8-9 电路如题图8.7所示，已知 $L_1=3.6$ H，$L_2=0.06$ H，$M=0.456$ H，$R_1=20\ \Omega$，$R_2=0.08\ \Omega$，$Z_L=42\ \Omega$，$u_S=115\cos(314t+36°)$ V，求电流 i_1、i_2。

8-10 电路如题图8.8所示，已知 $\dot{U}_S=20\angle 0°$ V，若要使二次侧对一次侧的引入阻抗为（10−j10）Ω，求 Z_x 及 Z_x 吸收的功率。

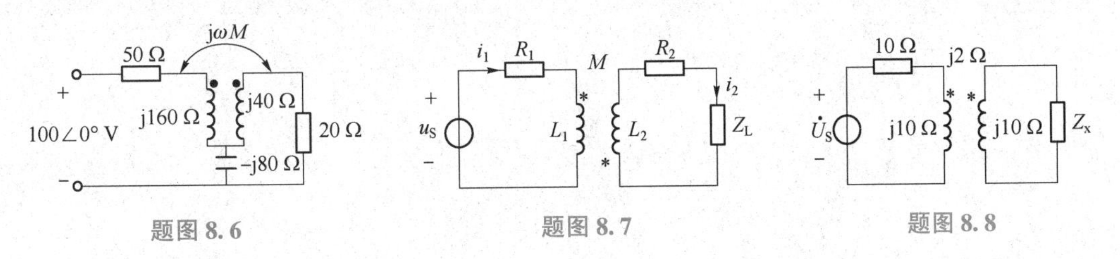

题图8.6　　题图8.7　　题图8.8

8-11 在题图8.9所示电路中，变压器为理想变压器，$\dot{U}_S=10\angle 0°$ V，求电压 $\dot{U}_C$。

8-12 电路如题图8.10所示，变压器为理想变压器，已知 $\dot{U}_S=120\angle 0°$ V，$Z_1=(300-$j$400)$ Ω，$Z_2=(3+$j$4)$ Ω，求电路中一次侧、二次侧电流、电压 $\dot{I}_1$、$\dot{I}_2$、$\dot{U}_1$、$\dot{U}_2$。

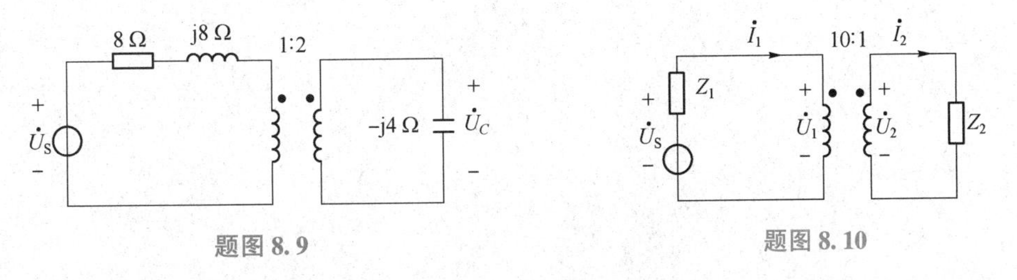

题图8.9　　题图8.10

8-13 如果使10 Ω电阻能获得最大功率，试确定题图8.11所示电路中理想变压器的变比 n。

8-14 电路如题图8.12所示，已知电流表的读数为10 A，正弦电压有效值 $U=10$ V，

求电路中的阻抗 Z。

8-15 电路如题图 8.13 所示，已知 $\dot{U}_S = 100\angle 86°$ V，$R_1 = 12$ kΩ，$R_2 = 6$ kΩ，$R_L = 10$ Ω，变压器为理想变压器，当变比 n 为多少时，R_L 可获得最大功率？求出此最大功率。

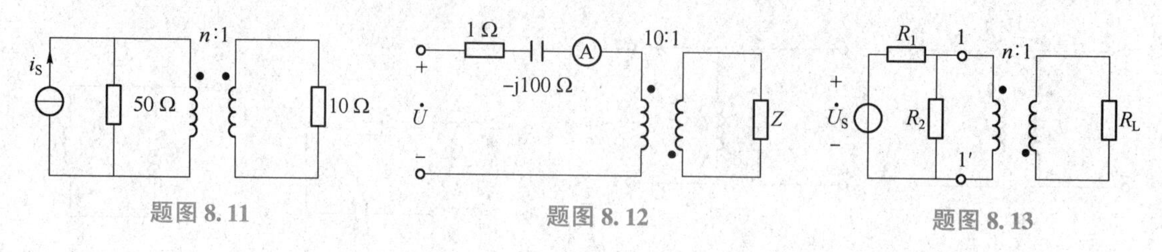

题图 8.11　　题图 8.12　　题图 8.13

附录1 Tina Pro电路仿真软件简介

一、电路仿真软件简介

1. 基本功能

Tina Pro电路仿真软件是匈牙利Design Soft公司的产品，能对模拟电路、数字电路进行仿真。

Tina Pro软件提供了超过2万个元件的软件元件库，用户可以从中选取所需的元件，在电路图编辑器中迅速地调用元件、连接导线、创建电路，并通过20多种不同的分析模式对不同的电路进行仿真，从而分析所设计电路的性能指标。分析的结果可展现在相关的图表中、显示在不同的虚拟仪器里或保存到Word文档中。

2. 突出特点

1）中文界面

Tina Pro中文学生版是专门为中国学生定制的中文电子电路仿真软件，该软件不但界面是中文的，帮助文件也大多是中文的，因此为中国学生学习和使用该软件提供了很好的环境。

2）实例演示

Tina Pro提供了35个动画演示实例，使初学者能很快掌握Tina Pro的使用。这些动画演示实例讲授电路图编辑器，追加新元件、放置电线、放置总线、子回路、DC和AC分析、数字和混合电路分析等。

3）符号规范

Tina Pro提供了规范的元器件符号，每个符号有美国标准和欧洲标准2种不同的图形。这些符号与我国国内《电路分析》《模拟电子线路》和《数字逻辑电路》等相关教科书上的符号是一致的，为初学者提供了方便。

4）分析多样

Tina Pro提供了诸如DC分析、AC分析、瞬时分析、傅里叶分析、符号分析、噪声分析、最优化分析、数字分析、数字VHDL仿真和混合VHDL仿真等分析方法，分析结果能以表格、图形、数学式等形式表现出来。

5）图图联系

Tina Pro能够将电路的仿真结果以图表的形式粘贴在电路图文件中，便于直观、详细地描述电路的功能和性能。

6）函数化简

Tina Pro具有逻辑函数化简功能，能以逻辑函数表达式和真值表的方法输入逻辑函数，并将其转换为其他形式的函数表达式。比如，最小项之和表达式、最简与或表达式、最大项之积表达式、最简或与表达式等，还可以给出相应的基于门电路或PLA的逻辑电路图。

3. 仿真流程

用 Tina Pro 仿真软件进行仿真分析大致可分为以下 5 步：

（1）选择元件，放置元件，构建电路；

（2）设置元件参数；

（3）放置测量工具；

（4）选择分析方法，进行电路仿真；

（5）筛选测试结果。

二、软件界面及功能简介

1. 界面组成

用鼠标左键双击 TINA 图标或以管理员身份运行（Win10 及以上操作系统），将启动 Tina Pro 软件。

开启后的 Tina Pro 软件界面如图 F1 所示。软件界面由上而下依次为主菜单、工具栏、元器件库和图纸区（默认文件名为“Noname”）。

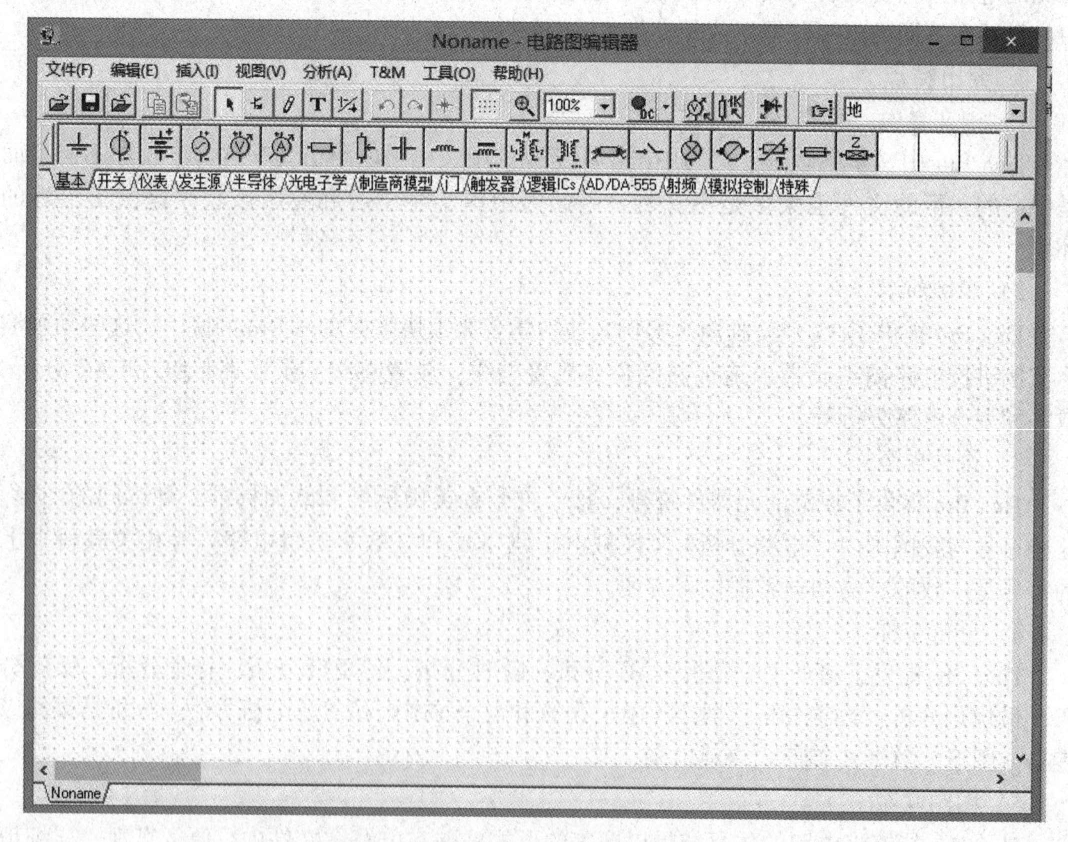

图 F1　Tina Pro 软件界面

主菜单提供了文件管理操作、文件编辑操作、电路编辑操作、视图管理操作、电路分析操作、分析测试操作和工具管理操作。

工具栏以图标的形式提供了一些对文件或图形的常用操作命令。

注意：在工具栏中，两个图标不是大家所熟悉的“撤销操作”和“恢复操作”

命令，而是图形和字符的“逆时针旋转”和“顺时针旋转”命令。

元件库提供了14大类，共2万多个模拟电路、数字电路、控制电路的元件图形符号和几十种仪器和仪表图形符号。

图纸区是绘制仿真电路的专用区域。

当移动光标到工具栏或元件库中某个图标位置时，将出现该图标的中文名称，便于使用者识别其作用。

2. 功能简介

（1）文件操作菜单如图F2所示，编辑操作菜单如图F3所示。

新建(N)　Ctrl+N
打开(O)...　Ctrl+O
保存(S)　Ctrl+S
另存为(A)...
保存所有(R)
关闭(T)　Ctrl+F4
关闭所有(W)
PCB元件库(C)
导出(E)
导入(I)
材料单(Y)...
进入宏(Z)
页面设置(U)...
打印预览(V)
打印(P)...　Ctrl+P
1 C:\...\SUBCIRC\DARLING.TSC
2 C:\...\Optimization\BWIDTH.TSC
退出(X)

图F2　文件操作菜单

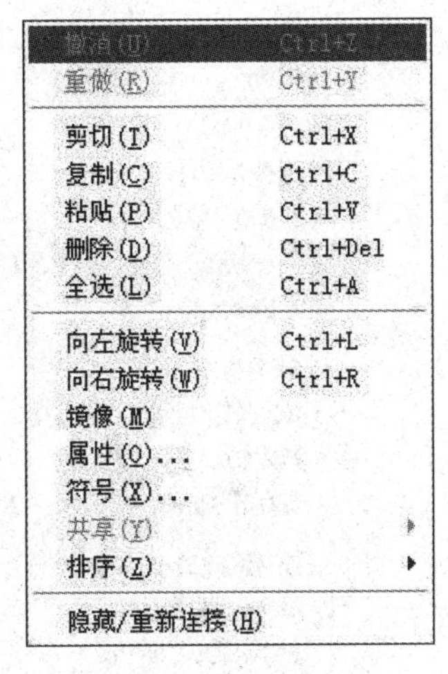

图F3　编辑操作菜单

（2）插入操作菜单如图F4所示。插入操作主要用于添加元器件、连接电路等。

（3）视图操作菜单如图F5所示。菜单中的“单元”指的是元件的计量单位，可打开或关闭元器件所显示的参数计量单位。

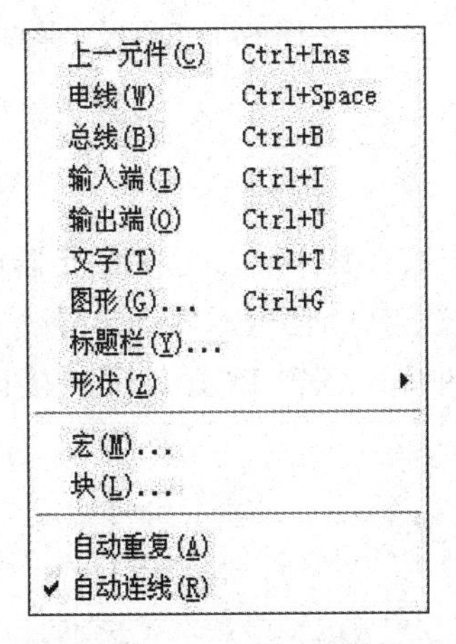

图F4　插入操作菜单

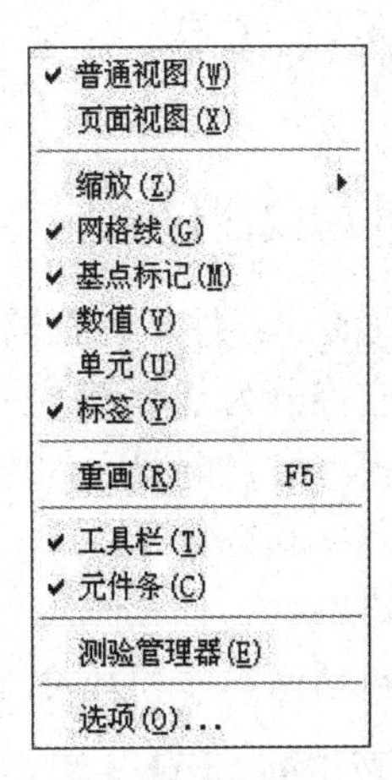

图F5　视图操作菜单

系统默认的电压单位是V，电流单位是A，功率单位是W，电阻单位是Ω，电容单位是

F，电感单位是 H，频率单位是 Hz，时间单位是 s。

比如，放置 1 μF 电容，若选择“单元”则显示为 1 uF；若不选择，则显示为 1 u。在设置参数时，只能输入阿拉伯数字和英文字母，故用 u 代替了 μ。电阻单位 Ω 不能显示出来。

当执行完某些元件的移动操作后，屏幕上可能显示出一些残留图形，显示画面比较乱。用鼠标左键单击“重画”，图纸区里的残留图形将被清除。

（4）分析操作菜单如图 F6 所示。菜单中的 DC 分析、AC 分析、瞬时和傅里叶分析是对模拟信号进行分析。数字逐步、数字计时分析、数字 VHDL 仿真和混合 VHDL 仿真是对数字信号进行分析。

（5）工具操作菜单如图 F7 所示，这个菜单的操作用得不是很多。

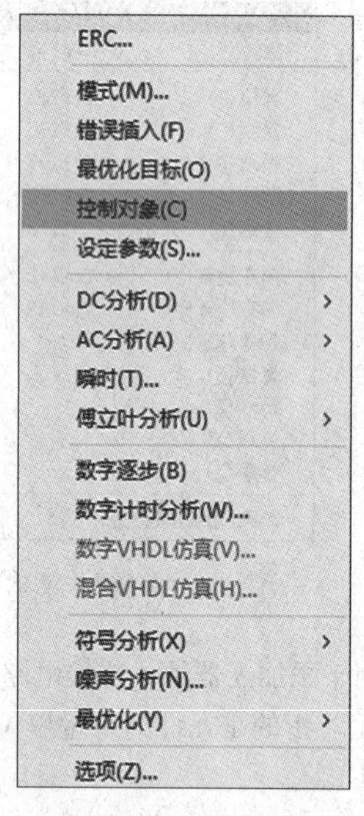

图 F6　分析操作菜单

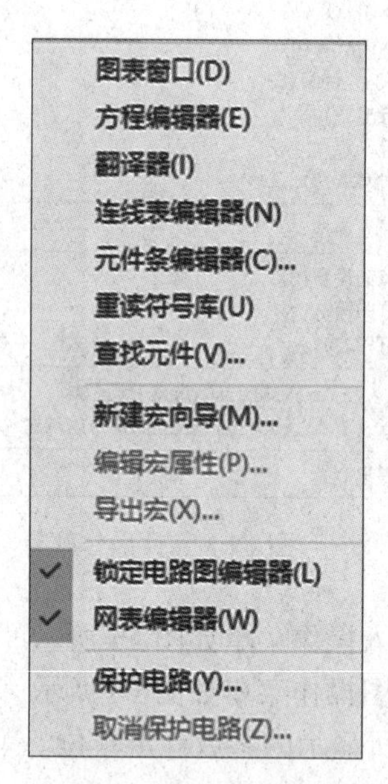

图 F7　工具操作菜单

三、元器件和仪器仪表库

Tina Pro 提供的元器件库和仪器仪表库非常丰富，其中有 2 万多种元器件和二十多种测试仪器和仪表。它们分为基本库、开关库、测试仪表库、信号源库、半导体元件库、光电子元件库、制造商模型库、电路元件库、触发器元件库、逻辑 IC 元件库、接口元件库、射频元件库、模拟控制库和特殊元件库。

1. 基本元器件库

基本元件库包括基本库和开关库，如图 F8 和图 F9 所示。

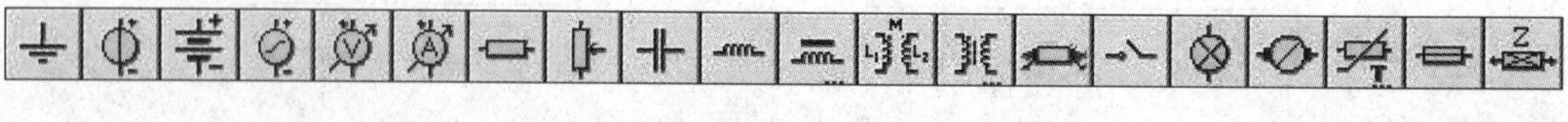

图 F8　基本元件库

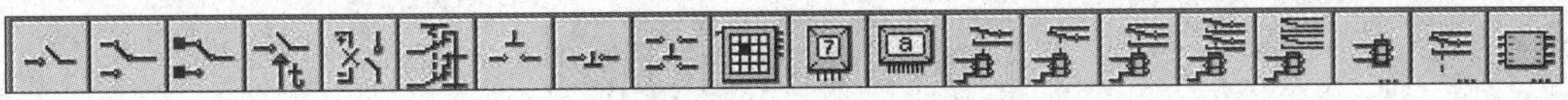

图 F9 开关库

2. 仪器仪表库

仪器仪表库包括测试仪表库和信号源库，如图 F10 和图 F11 所示。

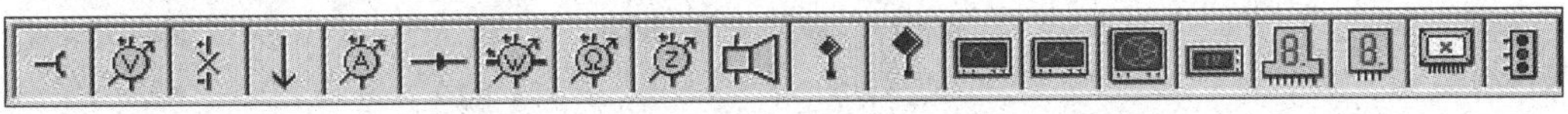

图 F10 仪器仪表库

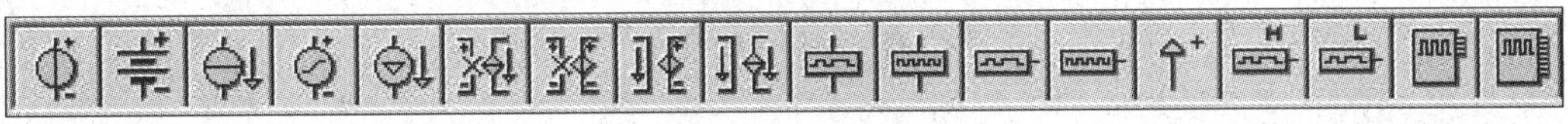

图 F11 信号源库

3. 模拟器件库

模拟器件库包括半导体器件库、光电子器件库和制造商模型库，如图 F12～图 F14 所示。

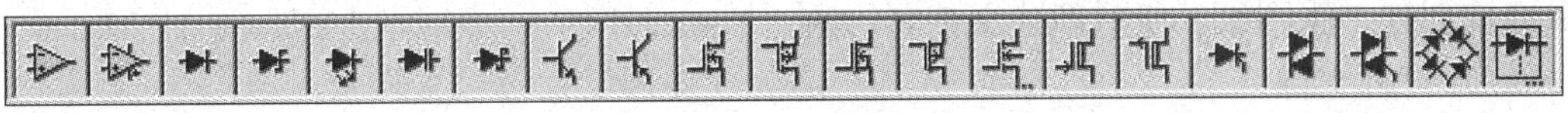

图 F12 半导体器件库

图 F13 光电子器件库

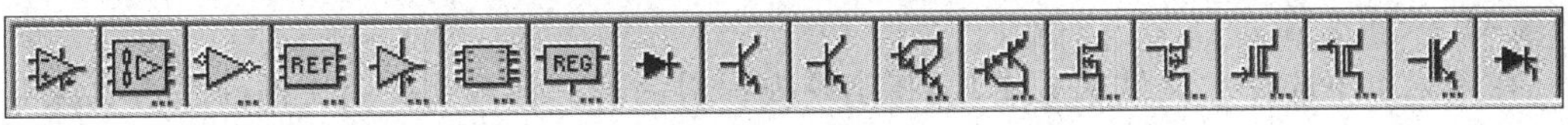

图 F14 制造商模型库

在制造商模型库中，运算放大器共有 13 种、仪表放大器共有 46 种、模拟比较器共有 30 种、基准电压发生器共有 55 种、缓冲器共有 23 种、集成电路共有 202 种、集成稳压器共有 22 种、二极管共有 505 种、NPN 双极型三极管共有 1 061 种、PNP 双极型三极管共有 557 种、NPN 达林顿三极管共有 23 种、PNP 达林顿三极管共有 9 种、N 沟道 MOS 管共有 579 种、P 沟道 MOS 管共有 139 种、N 沟道结型场效应管共有 2 种、P 沟道结型场效应管共有 2 种、IBGT 共有 9 种、晶闸管共有 215 种。

4. 数字器件库

数字器件库包括门电路库、触发器库、逻辑 IC 库和接口库，如图 F15～图 F18 所示。

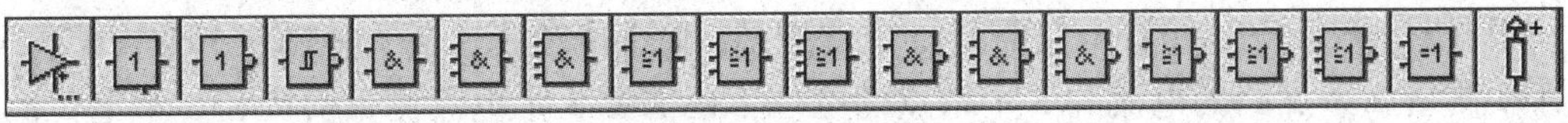

图 F15 门电路库

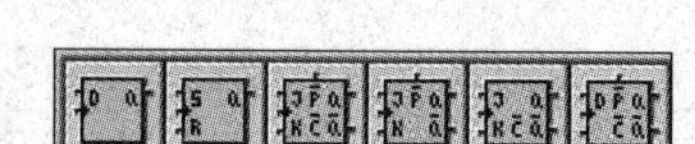

图 F16　触发器库

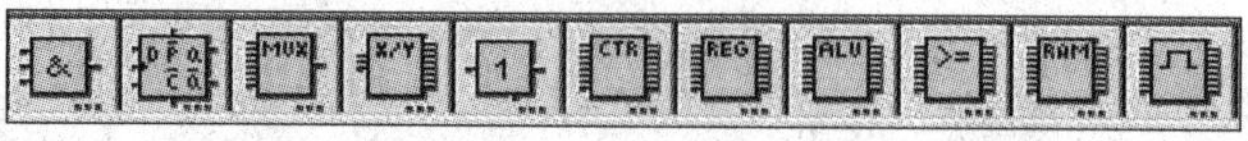

图 F17　逻辑 IC 元件库

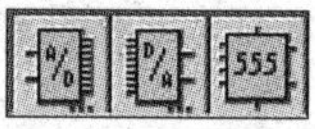

图 F18　接口库

四、绘制电路图及仿真

1. 基本操作

（1）创建文件。

在主菜单中选择“文件\ 新建”，在图纸区将新增 1 张名为“Noname”的图纸。Tina Pro 允许创建多张图纸，所有新建文件名均为“Noname”。

（2）打开文件。

在主菜单中“文件\ 打开”，将开启选择原有文件窗口。软件默认路径是 Design Soft \ Tina Pro \ Examples，在该路径下共有 243 个例子供选择。

（3）保存文件。

在主菜单中选择“文件\ 保存”，将打开文件保存窗口。软件默认路径是 Design Soft \ Tina Pro \ Examples。

（4）关闭文件。

在主菜单中选择“文件\ 关闭”，将出现提示对话框，提示在关闭文件前是否要保存已修改的文件。

2. 直流电路仿真分析

电路如图 F19 所示，用 Tina Pro 进行直流分析，求 I_1、I_2、I_3 和 U_a、U_b、U_c。

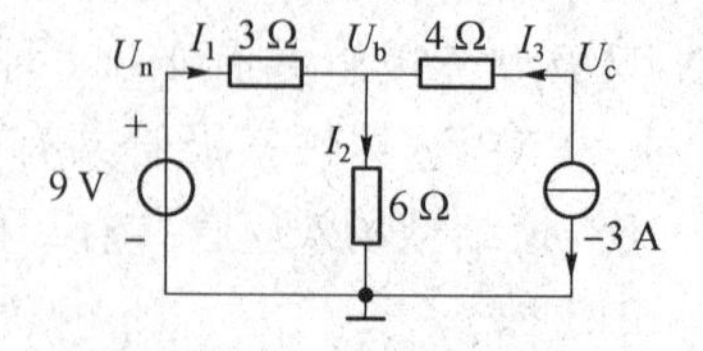

图 F19　直流电路分析

1）绘制仿真电路图

根据图 F19 可知，仿真电路需要 1 个电压源、1 个电流源、3 个电阻和 1 个接地符号。由于要测量 3 条支路的电流和 3 个结点的电位，还需要 3 个电流测量箭头和 3 个电位测量指针。

打开 Tina Pro，创建一个新文件。在基本库里找到电阻和接地符号，在发生源库里找到直流电压源的电流源符号，在仪表库里找到电位测量指针和电流测量箭头符号，按需要放置在图纸中，如图 F20（a）所示。

旋转相关元件、仪表和字符，连接电路。连线具体操作如下：移动光标到元件端点处，此时，光标形状由箭头状变为了笔状，单击鼠标左键，移动光标，就开始画线了。移动光标到要连接元件的端点，再单击鼠标左键，就结束这段连线。反复操作，直到连接好所有线路。连接好的仿真电路如图 F20（b）所示。

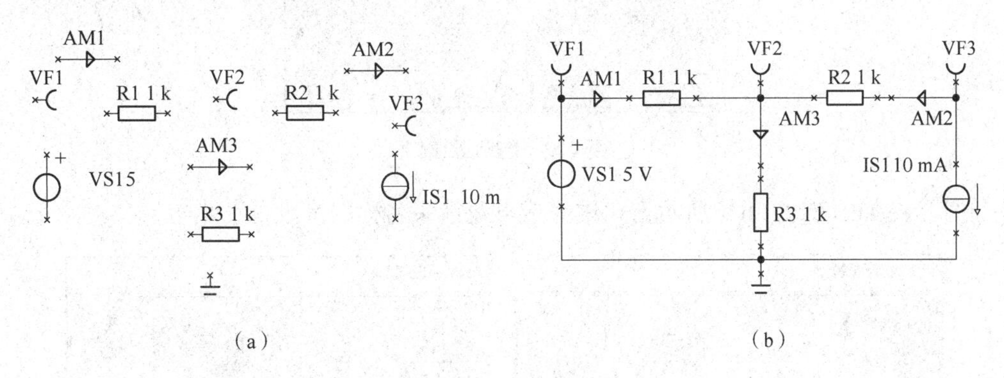

图 F20　直流仿真电路

（a）连接前；（b）连接后

2）修改元器件参数

（1）设置电源参数。

双击电压源符号，在如图 F21（a）所示窗口中完成电压源名称的修改和电压值的设置，并按确认键完成设置。

按同样方法修改电流源参数，如图 F21（b）所示。

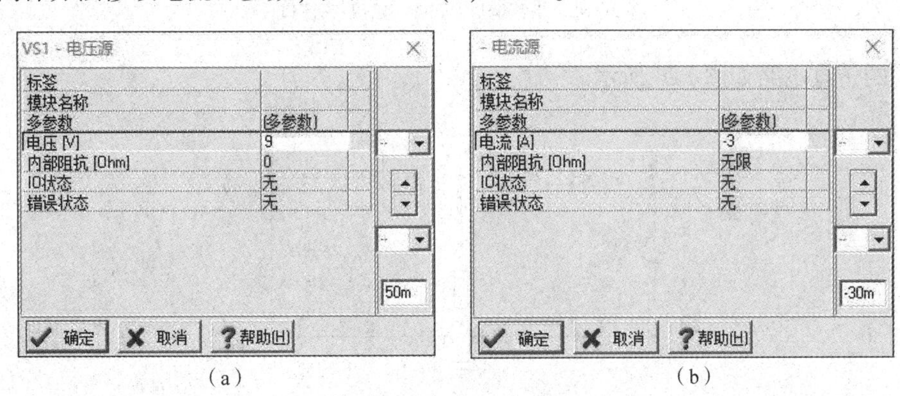

图 F21　电源参数设置窗口

（a）电压源窗口；（b）电流源窗口

（2）修改电阻参数。

双击电压源符号，在如图 F22 所示窗口中完成电压源名称的修改和电压值的设置，并按确认键完成设置。

（3）修改测试仪表名称。

双击电压指针符号，在如图 F23（a）所示窗口中完成电压指针名称的修改。双击电流

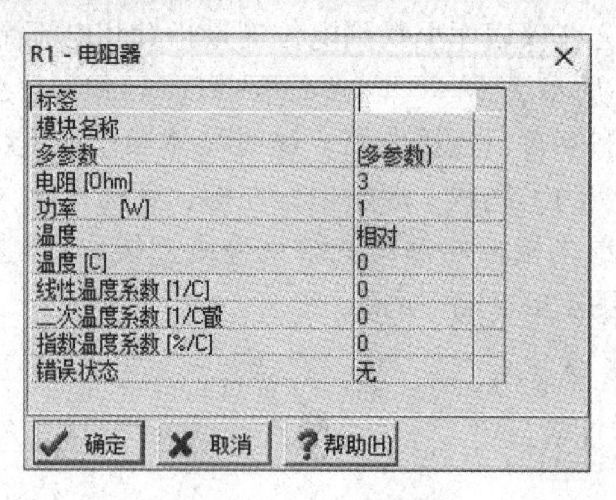

图 F22　电阻源窗口

箭头符号，在如图 F23（b）所示窗口中完成电流箭头名称的修改。

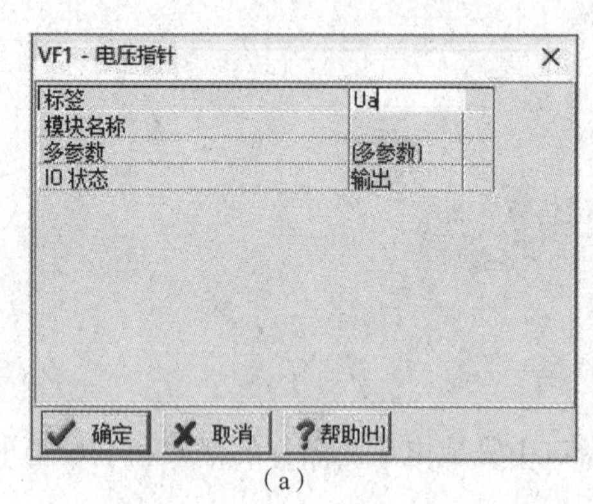

（a）

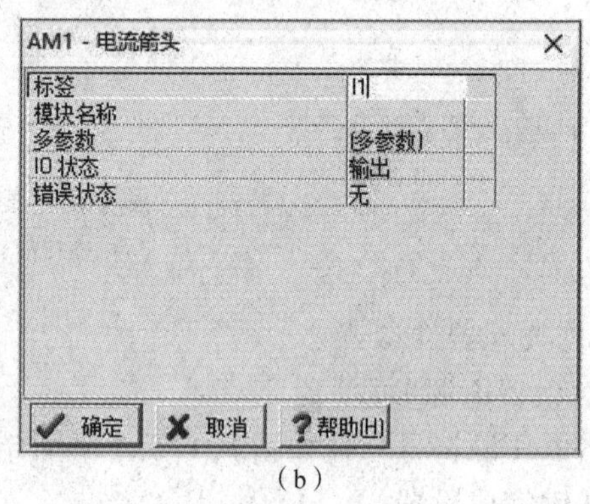

（b）

图 F23　测量仪表名称修改窗口

（a）电压指针窗口；（b）电流箭头窗口

完善的仿真电路如图 F24 所示。

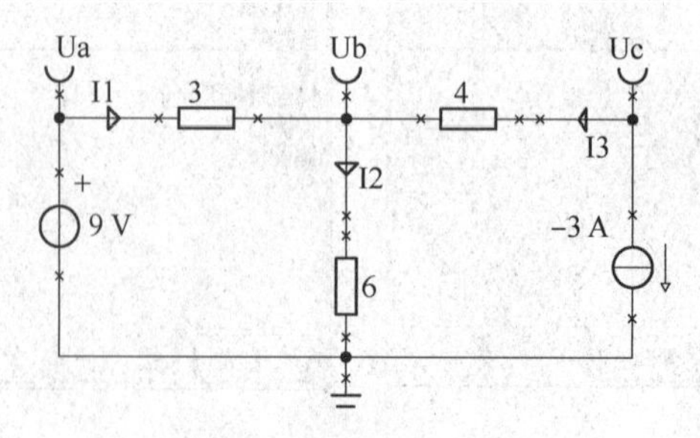

图 F24　完善的仿真电路

3）直流仿真

在分析菜单中选“分析 \ DC 分析 \ DC 结果表”，单击后完成分析。在分析表中勾选“输出端口”，得到如图 F25 所示仿真结果图表。

读者可自行验算仿真结果的对错。

3. 交流电路仿真分析

以 *RLC* 串联电路为例，讲授如何绘制仿真电路图，如何设置相关参数，如何进行波形仿真、相量仿真和传输特性仿真。电路如图 F26 所示，其中 $u_S = 5\cos(2\times10^6\pi t)$ V。

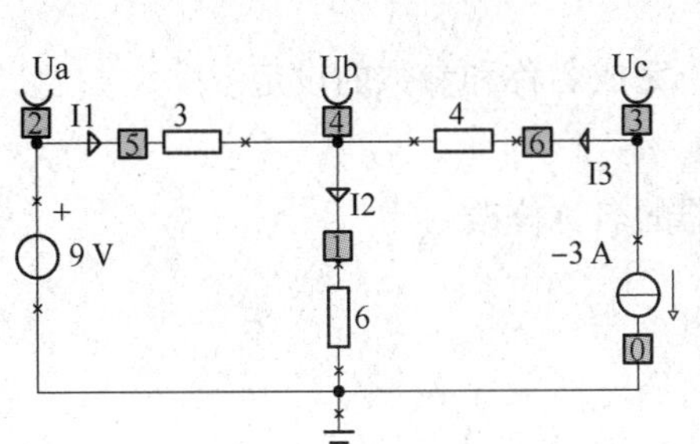

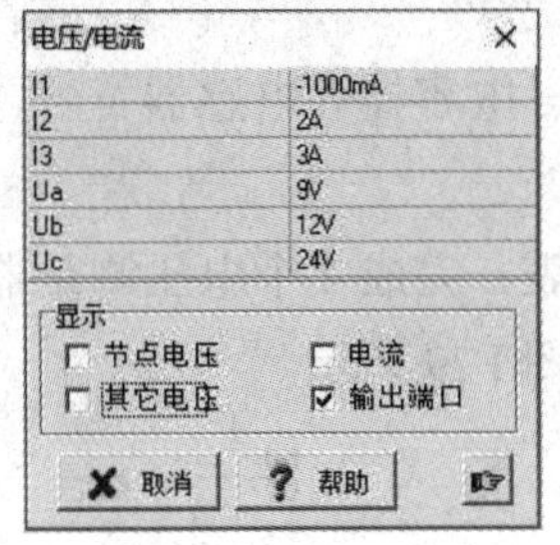

图 F25　仿真结果图表

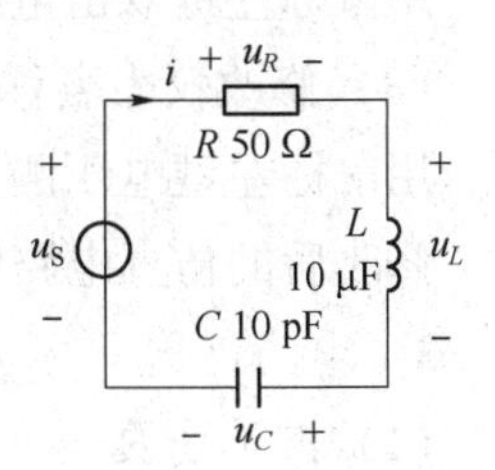

图 F26　*RLC* 串联电路

1）绘制仿真电路图

根据图 F26 可知，仿真电路需要 1 个交流电压源、1 个电阻、1 个电感和 1 个电容，在基本元件库中能找到相应元器件。由于要测量回路电流和元件上的电压，因此还需要添加 1 个电流测量箭头和 4 个电压测量工具。在仪器仪表库里能找到相应测量工具。

打开 Tina Pro，创建一个新文件，放置以上元器件和测量工具到图纸区中，如图 F27（a）所示。

旋转相关元件、仪表和字符，连接电路。连接好的仿真电路如图 F27（b）所示。

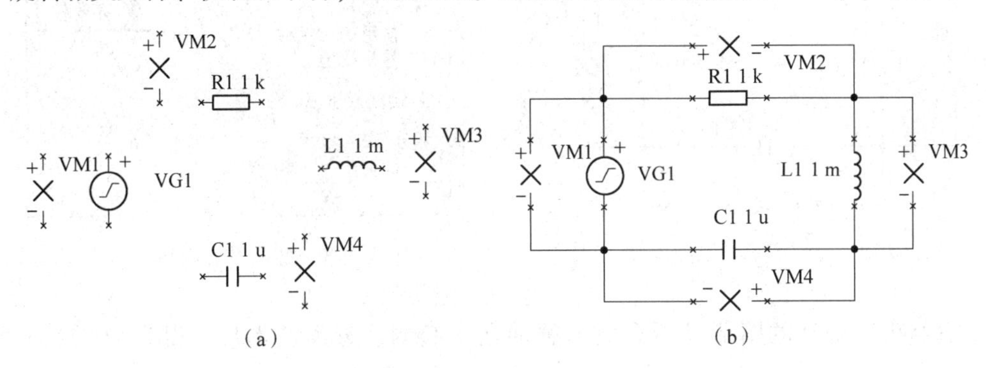

图 F27　*RLC* 仿真电路

（a）连接前；（b）连接后

2）设置相关参数

（1）设置电压源参数。

双击电压源符号，完成名称修改、函数选择、幅度和频率设置，如图 F28 所示。

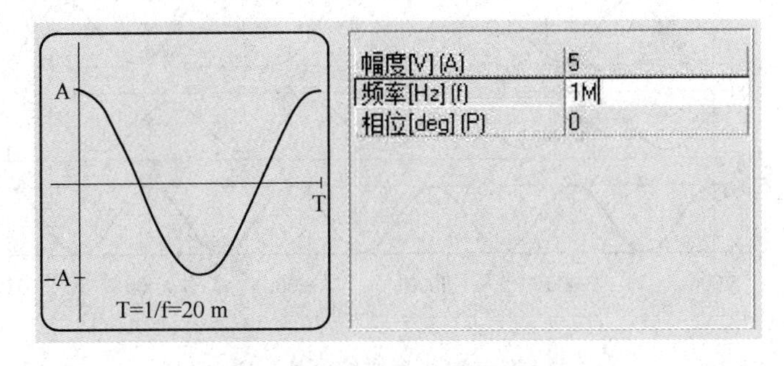

图 F28　电压源参数设置窗口

(2) 设置元件参数。

用鼠标左键双击电阻器、电容器和电感器符号，完成名称和参数的设定。

(3) 修改仪表名称。

用鼠标左键电压测量仪表，完成4个电压测量器的名称修改。

修改后的仿真电路图如图F29所示。

3) 电路仿真

(1) 波形仿真。

选择“分析\瞬时”，将打开如图F30所示窗口，在该窗口中需要设置仿真的起始时间和终止时间。本案例的电压源频率$f=1$ MHz，为保证观察至少2~5个周期的波形，因此，设置仿真时间为5 μs。但考虑到开始仿真时，电路还未处稳态，故选择起始时间为5 μs，终止时间为10 μs。

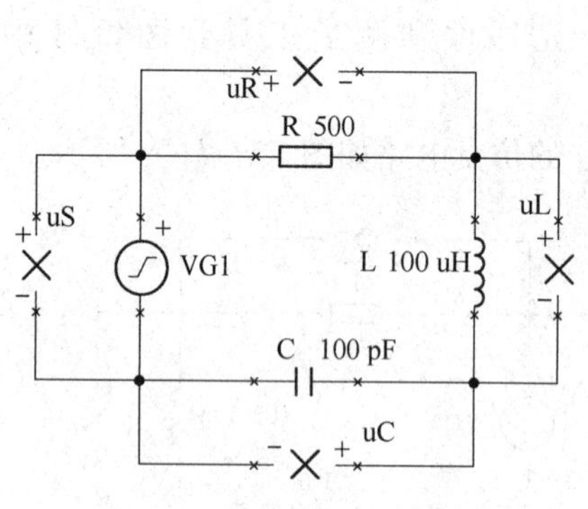

图F29 *RLC*串联仿真电路图

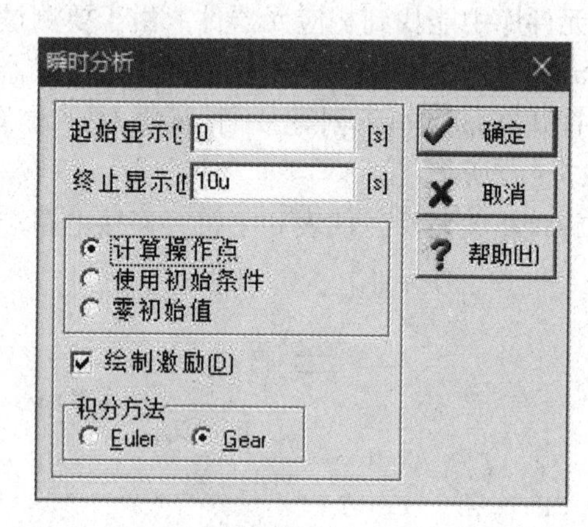

图F30 仿真条件设置窗口

仿真结束后得到的图形是所有波形叠加在一起的，分离波形后，得到如图F31所示波形。

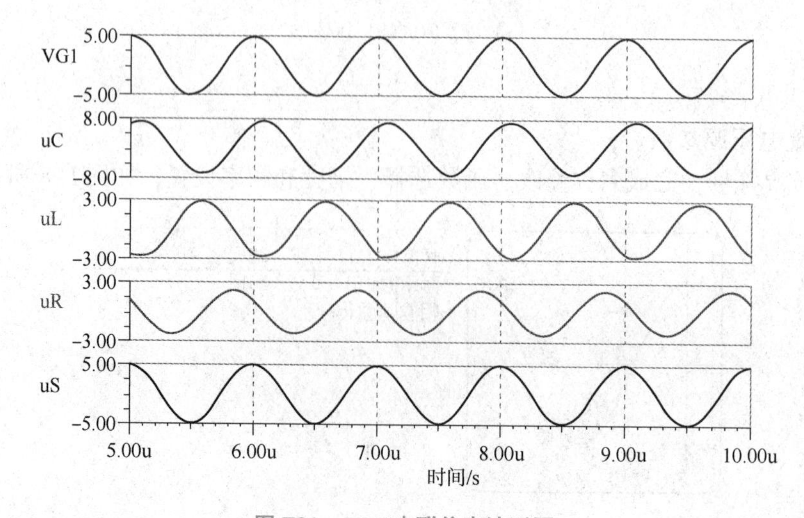

图F31 *RLC*串联仿真波形图

由图 F31 可见，u_R 与 u_S 不同相，说明电路未达到谐振。

从图 F31 中的 u_C 波形可读出，$U_{Cm} \approx 8$ V>U_S，出现了电容电压大于电源电压的现象，与理论吻合。$U_{Lm} \approx 3$ V，说明感抗小于容抗。$U_R \approx 3$ V，比较接近 U_S，说明信号频率接近电路的谐振频率。

（2）相量仿真。

选择分析菜单中的"AC 分析 \ 矢量图"，并把图例放置在矢量图中，得到如图 F32 所示相量仿真图。

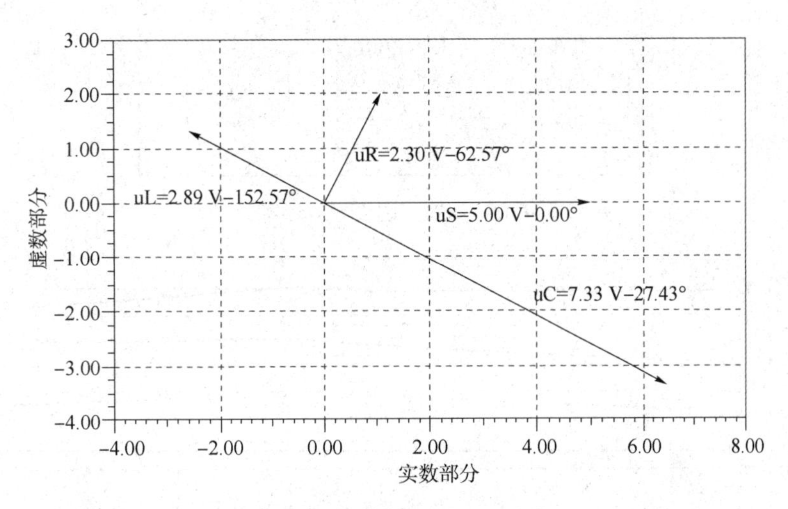

图 F32　*RLC* 串联电路相量仿真图

从相量仿真图中可见，电感电压相量与电容电压相量是反相的，电阻电压相量与电源电压相量的相位差为 62. 57°。

（3）传输特性仿真。

上例仿真分析为定频分析，频点设置为 1 MHz。如果要分析电路的幅频特性和相频特性，就需要进行扫频分析。

传输特性仿真是扫频分析，要根据需要来选择扫频范围。

选择分析菜单中的"AC 分析 \ AC 传输特性"，将出现设置扫频范围的对话窗口。

电路的谐振频率为

$$
\begin{aligned}
f_0 &= \frac{1}{2\pi\sqrt{LC}} \\
&= \frac{1}{2\pi\sqrt{100\times10^{-6}\times100\times10^{-12}}} \\
&= \frac{10^7}{2\times3.14} \\
&= 1.59(\text{MHz})
\end{aligned}
$$

故设置扫频范围为：100 k~10 MHz，如图 F33 所示。

按下窗口中的"确定"键，并将仿真所得的曲线分离，得到如图 F34 所示幅频特性和相频特性图。

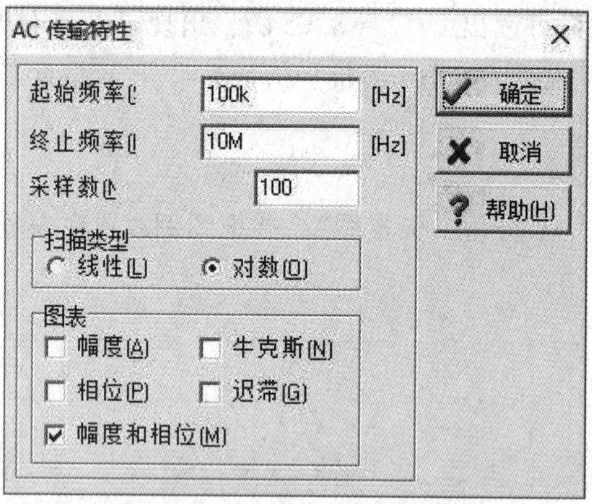

AC 传输特性
起始频率
100k
[Hz]
终止频率
10M
[Hz]
采样数
100
扫描类型
线性(L)
对数(O)
图表
幅度(A)
牛克斯(N)
相位(P)
迟滞(G)
幅度和相位(M)
确定
取消
帮助(H)

图 F33　扫频范围设置对话窗口

uC
10.00
-40.00
uL
10.00
-50.00
uR
0.00
-40.00
uS
600.00 u
-1.00 m
100 k
1 M
10 M
频率/Hz
uC
0.00
-200.00
uL
200.00
0.00
uR
100.00
-100.00
uS
600.00 u
-1.00 m
100 k
1 M
10 M
频率/Hz

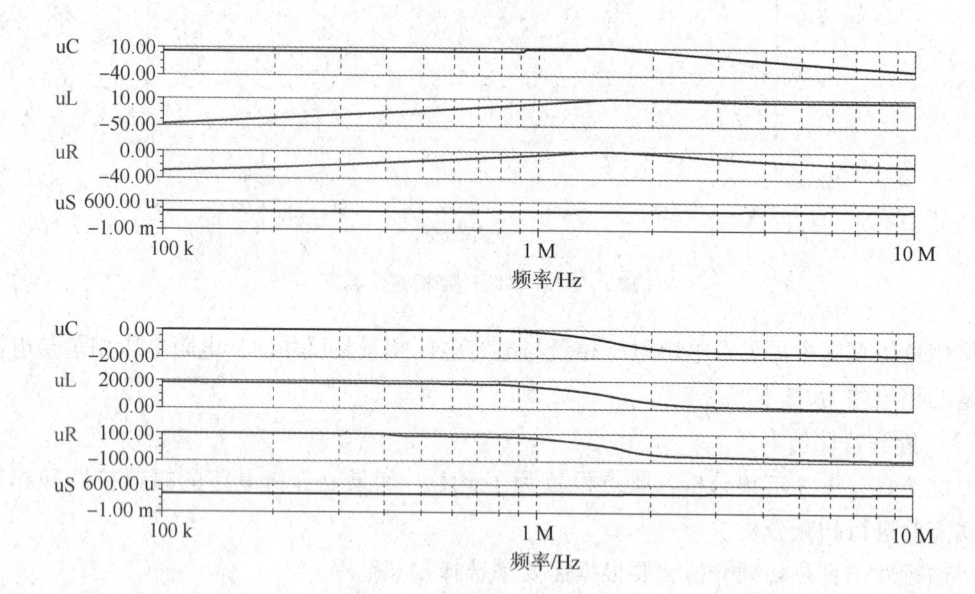

图 F34　幅频特性曲线和相频特性曲线（$R = 500\ \Omega$）

从图 F34 中幅频特性曲线可见，u_R 的钟形特性不明显，电路的带宽很宽，选频特性不好。在谐振频率附近相位变化也缓慢，说明电路的品质因数过小，主要原因是电阻值太大。

$$Q = \frac{\omega_0 L}{R}$$

将电阻值降为 50 Ω，根据上式可知电路的品质因数将增大 10 倍。再进行传输特性仿真，得到如图 F35 所示仿真结果图。

从图 F35 可见，幅频特性在谐振频率点，u_R 出现了明显的尖峰，选频特性变好，在谐振频率附近的相位变化也加快。

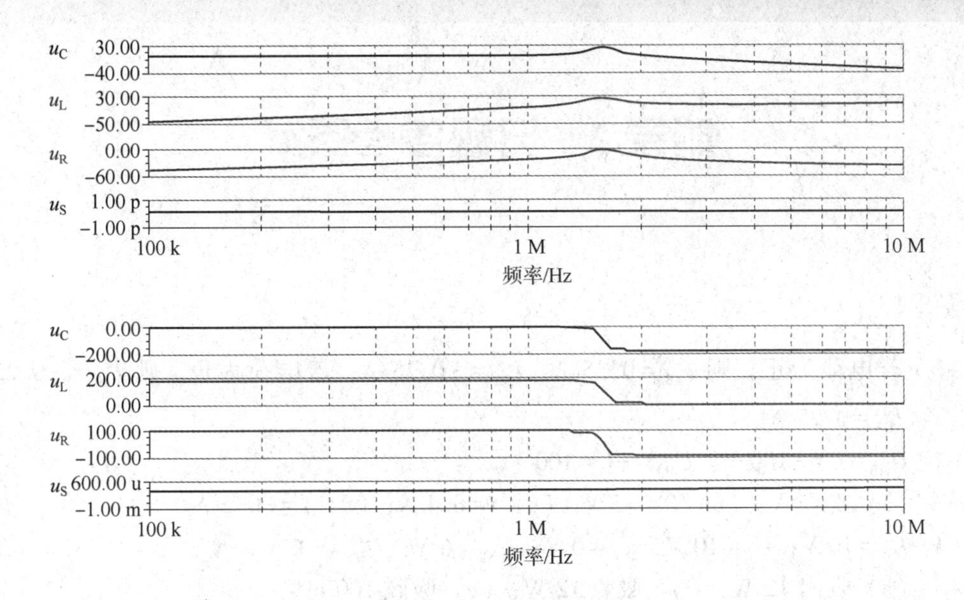

图 F35　幅频特性曲线和相频特性曲线（R=50 Ω）

附录 2　习题参考答案

习题 1

1-1　若电荷为正，则 $I_{AB}=0.25$ A，$I_{BA}=-0.25$ A；若电荷为负，则 $I_{AB}=-0.25$ A，$I_{BA}=0.25$ A。

1-2　$U_{AB}=U=-100$ V；$U_{BA}=-U=100$ V。

1-3　(a) $U=5$ V；(b) $U=-5$ V；(c) $I=0.4$ A；(d) $I=-0.2$ A。

1-4　$U_A=16$ V；$U_B=10$ V；$U_C=0$ V；$U_{AB}=6$ V；$U_{BA}=-6$ V。

1-5　(a) 发出 12 W；(b) 吸收 12 W；(c) 吸收 100 mW。

1-6　(1) $U_A=10$ V；

(2) $I_B=-0.1$ A，实际方向与标出方向相反；

(3) I_C 实际方向与标出方向相同，$P_C=200$ mW。

1-7　(a) 电阻：吸收功率 10 W；电流源：吸收功率 20 W；电压源：发出功率 30 W；

(b) 电阻：吸收功率 45 W；电流源：发出功率 30 W；电压源：发出功率 15 W；

(c) 电阻：吸收功率 45 W；电流源：吸收功率 30 W；电压源：发出功率 75 W。

1-8　(1) (a) $U=16$ V；(b) $U=8$ V；(c) $U=-8$ V；(d) $U=-16$ V。

(2) (a) 支路吸收 32 W，电压源吸收 24 W，电阻消耗 8 W。

(b) 支路发出 16 W，电压源发出 24 W，电阻消耗 8 W。

(c) 支路吸收 16 W，电压源发出 24 W，电阻消耗 8 W。

(d) 支路吸收 32 W，电压源吸收 24 W，电阻消耗 8 W。

1-9　$I_1=4$ A。

1-10　$U=40$ V。

1-11　$U_1=0.5$ V。

1-12　$u_3=-2.4$ V。

1-13　$I_1=5$ mA；$U_0=15$ V。

习题 2

2-1　(a) 2 Ω；(b) 60 Ω。

2-2　(a) 7 Ω；(b) 6 Ω。

2-3　12 Ω。

2-4　4.5 Ω。

2-5　(1) 4 kΩ；(2) 8 mW；(3) 4 mW；

(4) 不等于，不等于。电源做等效变换仅对外部等效。

2-6　(a) 6 A；(b) -1 A。

2-7　(a) $I_1=1$ A；$U_{AB}=-5$ V。

　　(b) $U_{AB}=-5$ V；$U_{CB}=-105$ V。

2-8　4 A。

2-9　0.5 Ω；17 Ω。

2-10　略。

2-11　略。

2-12　3 A；0.5 A。

2-13　1 A。

2-14　解：

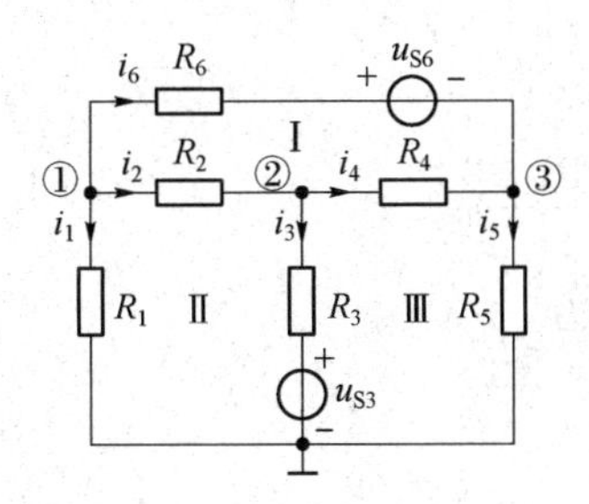

结点①：$i_1+i_2+i_6=0$；

结点②：$-i_2+i_3+i_4=0$；

结点③：$-i_4+i_5-i_6=0$；

回路Ⅰ：$R_6i_6-R_4i_4-R_2i_2=-u_{S6}$；

回路Ⅱ：$R_2i_2+R_3i_3-R_1i_1=-u_{S3}$；

回路Ⅲ：$-R_3i_3+R_4i_4+R_5i_5=u_{S3}$。

2-15　解：

回路Ⅰ为网孔1，电流为 I_{m1}；回路Ⅱ为网孔2，电流为 I_{m2}；回路Ⅲ为网孔3，电流为 I_{m3}，则网孔方程为

$$(R_2+R_4+R_6)i_{m1}-R_2i_{m2}-R_4i_{m3}=-u_{S6}$$

$$-R_2i_{m1}+(R_1+R_2+R_3)i_{m2}-R_3i_{m3}=-u_{S3}$$

$$-R_4i_{m1}-R_3i_{m2}+(R_3+R_4+R_5)i_{m3}=u_{S3}$$

2-16　$I=2.4$ A。

2-17　$I=0.5$ A。

2-18　$I_S=5$ A；$U_o=-42$ V。

2-19

(a)

$$\left(\frac{1}{2}+\frac{1}{3+2}\right)u_{\mathrm{n1}}-\frac{1}{2}u_{\mathrm{n2}}=4-10$$

$$-\frac{1}{2}u_{\mathrm{n1}}+\left(\frac{1}{2}+3+\frac{6\times2}{6+2}\right)u_{\mathrm{n2}}=10$$

（b）

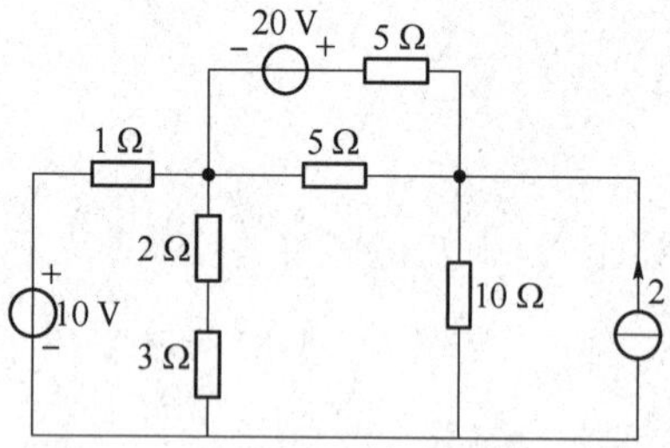

$$\left(\frac{1}{1}+\frac{1}{5}+\frac{1}{5}+\frac{1}{5}\right)u_{\mathrm{n1}}-\left(\frac{1}{5}+\frac{1}{5}\right)u_{\mathrm{n2}}=\frac{10}{1}-\frac{20}{5}$$

$$-\left(\frac{1}{5}+\frac{1}{5}\right)u_{\mathrm{n1}}+\left(\frac{1}{5}+\frac{1}{5}+\frac{1}{10}\right)u_{\mathrm{n2}}=\frac{20}{5}+2$$

2-20 （a）$i_1=2$ A；$i_2=-1$ A；$i_3=3$ A；$i_4=2$ A。

（b）$i_1=1.891$ A；$i_2=1.239$ A；$i_3=0.652$ A；$i_4=2.261$ A；$i_5=-1.609$ A。

2-21 $I_S=9$ A，$I_o=-3$ A。

习题 3

3-1 $I_1=-1$ A；$I_2=2$ A；10 Ω 电阻上消耗的功率 $P_2=40$ W。

3-2 $P=12$ W。

3-3 $I_1=-2$ A；$I_2=4$ A；$I_3=6$ A；R_2 上消耗的功率 $P_2=64$ W。

3-4 $I_1=12$ A，$I_2=6$ A，$I_3=6$ A，$I_4=3$ A；$I_5=3$ A。

3-5 开路电压 $U_{OC}=40$ V，等效内阻 $R_{eq}=5$ Ω。

3-6 开路电压 $U_{oc}=38$ V，等效内阻 $R_{eq}=10$ Ω。

3-7 开路电压 $U_{ab}=8$ V，等效内阻 $R_{eq}=2$ Ω。

3-8 开路电压 $U_{ab}=3$ V，等效内阻 $R_{eq}=6$ Ω。

3-9 开路电压 $U_{OC}=8$ V，等效内阻 $R_{eq}=2$ Ω。

3-10 电流 $I_3=5$ A。

3-11 开路电压 $U_{OC}=2$ V，等效内阻 $R_{eq}=16$ Ω，短路电流 $I_{sc}=1/8$ A。

3-12 开路电压 $u_{OC}=40$ V，短路电流 $i_{sc}=2.5$ A，等效内阻 $R_{eq}=16$ Ω。

3-13 开路电压 $U_{OC}=-0.8$ V，等效电阻 $R_0=-0.8$ Ω。

3-14 当 $R_x=2.4$ Ω 时 $I=\frac{1}{3}$ A，当 $R_x=6.4$ Ω 时 $I=\frac{1}{4}$ A。

3-15 $I=2$ A。

3-16 $I=3$ A。

3-17 当 $R=R_{eq}=2$ Ω 时，将获得最大功率 $P_{max}=\frac{1}{2}$ W。

3-18 当 $R=R_{eq}=4.2$ Ω 时，将获得最大功率 $P_{max}=2.14$ W。

习题4

4-1　$t=1$ s时，$u(1)=1.25$ V；$t=2$ s时，$u(2)=5$ V；$t=5$ s时，$u(5)=-10$ V。

4-2　$t=1$ s时，$i(1)=2.5$ A；$t=2$ s时，$i(2)=5$ A；$t=4$ s时，$i(4)=3.75$ A。

4-3　图（a）中a、b端的等效电容为$C_{ab}=2.5$ F；
　　图（b）中a、b端的等效电感为$L_{ab}=10$ H。

4-4　$u_C(0_+)=3$ V，$i_1(0_+)=i_C(0_+)=\frac{6-3}{2}=1.5$（A），$i_2(0_+)=0$。

4-5　$i_L(0_+)=1$ A，$u_R(0_+)=6$ V。

4-6　$u_C(t)=5e^{-5t}$ V。

4-7　$i_L(t)=2e^{-8t}$ A，$u_L(t)=-16e^{-8t}$ V。

4-8　$u_C(t)=60e^{-0.25t}$ V。

4-9　$i(t)=0.4e^{-10t}$ A。

4-10　$u_C(t)=6(1-e^{-2t})$ V。

4-11　$u_C(t)=2(1-e^{-10t})$ V，波形略。

4-12　$i_L(t)=1-e^{-0.75t}$ A，$u_L(t)=7.5e^{-0.75t}$ V，$i(t)=1+0.25e^{-0.75t}$ A，波形略。

4-13　$i_L(t)=2(1-e^{-500t})$ A，波形略。

4-14　$u_L(t)=14e^{-50t}$ V，电压源发出的功率为$p=(-6-14e^{-50t})$ W。

4-15　$u_C(t)=6(1+e^{-0.5t})$ V，波形略。

4-16　$i_L(t)=(3-e^{-8t})$ A，波形略。

4-17　$u_C(t)=(7-e^{-100t})$ V，$i(t)=(1.5+0.5e^{-100t})$ A，波形略。

习题5

5-1　（1）$U_m=16$ V、$U\approx11.3$ V、$f=5$ Hz、$\omega=10\pi$ rad/s、$T=1/f=1/5=0.2$ s、$\theta=45°$；
　　（2）$I_m=5\sqrt{2}$ A、$I=5$ A、$f=50$ Hz、$\omega=314$ rad/s、$T=0.02$ s、$\theta=60°$；
　　（3）$U_m=20$ V、$U=14.1$ V、$f\approx159$ Hz、$\omega=1\,000$ rad/s、$T=0.2$ s、$\theta=-30°$；
　　（4）$I_m=10$ mA、$I\approx7$ mA、$f=100$ kHz、$\omega=2\times10^5\pi$ rad/s、$T=10$ μs、$\theta=180°$。

5-2　（1）$f=20$ Hz；$u(t)=10\cos(40\pi t+30°)$ V；
　　（2）$i(t)=2\sqrt{2}\cos(100\pi t+180°)$ V。

5-3　（1）$\theta_i=30°$，$\theta_u=45°$，$\theta_i-\theta_u=-15°$，电压超前电流45°；
　　（2）$\theta_i=120°$，$\theta_u=-135°$，电流超前电压255°；
　　（3）$\theta_i=-150°$，$\theta_u=30°$，$\theta_i-\theta_u=-180°$，电压超前电流180°；
　　（4）$\theta_i=120°$，$\theta_u=120°$，$\theta_i-\theta_u=0°$，电流与电压同相。

5-4　（1）$5\angle53.1°$；（2）$5\angle143.1°$；（3）$5\angle-53.1°$；（4）$5\angle-143.1°$。

5-5　（1）$4.33-j2.5$；（2）$-5+j8.66$；（3）$j5$；（4）3。

5-6　（1）$10.33-j10.5$；（2）$1.67-j5.5$；（3）$50\angle-83.1°$；（4）$2\angle-23.1°$。

5-7　（1）$\dot{U}=11.3\angle45°$ V；（2）$\dot{I}=5\angle60°$ A；
　　（3）$\dot{U}=14.1\angle-30°$ V；（4）$\dot{I}\approx7\angle180°$ mA。

5-8 (1) $|Z|=5\ \Omega$，$\varphi_Z=180°$该元件是电阻，实际电压与电流的方向非关联。

(2) $|Z|=10\ \Omega$，$\varphi_Z=-90°$ 电压滞后电流 90°，该元件为电感。

(3) $|Z|=2\ \Omega$，$\varphi_Z=90°$ 电压超前电流 90°，该元件为电容。

5-9 (a) $(1-\mathrm{j}2)\ \Omega$；(b) $(2.7+\mathrm{j}4.5)\ \Omega$；(c) $(2-\mathrm{j})\ \Omega$；(d) $40\ \Omega$；(e) $80\ \Omega$；(f) $(7/8-\mathrm{j}/8)\ \Omega$。

5-10 (1) $C=1$ nF；

(2) $Z_{\mathrm{in}}=\dfrac{(R_0+1/\mathrm{j}\omega C)(R_0+\mathrm{j}\omega L)}{(R_0+1/\mathrm{j}\omega C)+(R_0+\mathrm{j}\omega L)}=\dfrac{R_0^2+\mathrm{j}R_0(\omega L-1/\omega C)+L/C}{2R_0+\mathrm{j}(\omega L-1/\omega C)}$。

5-11 (证明步骤略)。

5-12 (a) $I=10\sqrt{2}$ A；(b) $I=10\sqrt{2}$ A；(c) $I=5\sqrt{2}$ A；

(d) $U=100$ V；(e) $U_2=40$ V；(f) $U=10\sqrt{10}$ V。

5-13 图 (a) $\dot{I}=\sqrt{2}\mathrm{e}^{\mathrm{j}45°}$ A；图 (b) $\dot{I}=200\mathrm{e}^{-\mathrm{j}34.4°}$ A。

5-14 $\dot{U}=\sqrt{5}\angle 63.4°$ V；

5-15 (1) $(Z_1+Z_2)\dot{I}_{\mathrm{m1}}-Z_2\dot{I}_{\mathrm{m2}}=\dot{U}_{\mathrm{S}}$。

$-Z_2\dot{I}_{\mathrm{m1}}+(Z_2+Z_3+Z_4)\dot{I}_{\mathrm{m2}}-Z_4\dot{I}_{\mathrm{m3}}=0$

$\dot{I}_{\mathrm{m3}}=-\dot{I}_{\mathrm{S}}$

(2) $\left(\dfrac{1}{Z_1}+\dfrac{1}{Z_2}+\dfrac{1}{Z_3}\right)\dot{U}_{\mathrm{n1}}-\dfrac{1}{Z_3}\dot{U}_{\mathrm{n2}}=\dfrac{\dot{U}_{\mathrm{S}}}{Z_1}$

$-\dfrac{1}{Z_3}\dot{U}_{\mathrm{n1}}+\left(\dfrac{1}{Z_3}+\dfrac{1}{Z_4}\right)\dot{U}_{\mathrm{n2}}=\dot{I}_{\mathrm{S}}$

5-16 (图略)。

5-17 $i_{\mathrm{L}}=10\sqrt{2}\cos(2t+30°)$ A。

5-18 (略)。

5-19 $(2+\mathrm{j}8)\dot{I}_{\mathrm{m1}}-(1+\mathrm{j}8)\dot{I}_{\mathrm{m2}}-\dot{I}_{\mathrm{m3}}=10\angle 0°$

$-(1+\mathrm{j}8)\dot{I}_{\mathrm{m1}}+(3+\mathrm{j}4)\dot{I}_{\mathrm{m2}}-\dot{I}_{\mathrm{m3}}=0$

$-\dot{I}_{\mathrm{m1}}-\dot{I}_{\mathrm{m2}}+(2-\mathrm{j}/8)\dot{I}_{\mathrm{m3}}=-\mathrm{j}/8\angle 30°$

5-20 $\dot{U}_{\mathrm{n1}}=\dot{U}_{\mathrm{S}}=10\angle 0°$

$-\dot{U}_{\mathrm{n1}}+\left(\dfrac{1}{1}+\dfrac{1}{1}+\dfrac{1}{1+\mathrm{j}8}\right)\dot{U}_{\mathrm{n2}}-\dot{U}_{\mathrm{n3}}=0$

$-\mathrm{j}8\dot{U}_{\mathrm{n1}}-\mathrm{j}1/8\dot{U}_{\mathrm{n2}}+(1+1+\mathrm{j}8)\dot{U}_{\mathrm{n3}}=1\angle 30°$

5-21 $\dot{U}_{\mathrm{OC}}=25\sqrt{2}\angle -15°$ V，$Z_{\mathrm{eq}}=(1-\mathrm{j})\ \Omega$；$\dot{I}_{\mathrm{SC}}=25\angle 30°$ A，$Y_{\mathrm{eq}}=0.5(1+\mathrm{j})\ \Omega$。

5-22 $\omega=1\,000$ rad/s，$I_C=0.2$ A，$P=40$ W。

5-23 $R=10\ \Omega$，$P=4$ kW。

5-24 $Z_{\mathrm{L}}=Z_{\mathrm{eq}}^*=20+\mathrm{j}20\ \Omega$，$P_{\max}=\dfrac{U_{\mathrm{OC}}^2}{4R_{\mathrm{eq}}}==\dfrac{100}{4\times 20}=1.25(\mathrm{W})$。

5-25 $\lambda=0.6$；$P=6$ kW；$Q=8$ kvar；$I=45.45$ A。

5-26　电流源：(250+j250) V·A；电压源：(250-j250) V·A。

习题 6

6-1　(1) $\dot{I}_A=11\angle0°$ A；$\dot{I}_B=11\angle120°$ A；$\dot{I}_C=11\angle-120°$ A；$\dot{I}_N=0$。

(2) $\dot{I}_A=44\angle0°$ A；$\dot{I}_B=10\angle120°$ A；$\dot{I}_C=22\angle-120°$ A；$\dot{I}_N=11.53\angle-115.7°$ A。

6-2　$\dot{I}_A=2.2\angle0°$ A；$\dot{I}_B=2.2\angle150°$ A；$\dot{I}_C=2.2\angle30°$ A；$\dot{I}_N=2.2\sqrt{2}\angle45°$ A。

6-3　$\dot{I}_A=11\angle-53.1°$ A；$\dot{I}_B=11\angle66.9°$ A；$\dot{I}_C=11\angle-173.1°$ A。

6-4　$\dot{I}_A=10\angle0°$ A；$\dot{I}_B=10\angle-120°$；$\dot{I}_C=10\angle120°$；

$\dot{I}_1=5.77\angle30°$ A；$\dot{I}_2=5.77\angle-90°$ A；$\dot{I}_3=5.77\angle150°$ A。

6-5　$\dot{I}_A=30.1\angle-65.8°$ A　$\dot{I}_B=30.1\angle174.2°$ A　$\dot{I}_C=30.1\angle54.2°$ A

$\dot{I}_1=17.38\angle-35.8°$ A　$\dot{I}_2=17.38\angle-155.8°$ A　$\dot{I}_3=17.38\angle84.2°$ A

6-6　$U_P=220$ V；$I_P=5$ A；$Z=35.2+j26.4$ Ω。

6-7　(略)。

6-8　三相总功率，$P=3P_1=5\,476$ W，功率因数，$\lambda=\cos\varphi=\cos56.3°=0.55$。

6-9　$C=91.7$ μF。

习题 7

7-1　谐振时的频率$f_0=159$ Hz；特性阻抗$\rho=1$ kΩ；品质因数$Q\approx100$。

7-2　谐振时的频率$f_0=796$ Hz；特性阻抗$\rho=2$ kΩ；品质因数$Q\approx100$。

电感电压等于电容电压$U_{L0}=U_{C0}=10$ V。

7-3　$L=1$ mH；$C=1$ nF。

7-4　谐振时的角频率$\omega_0=5\,000$ rad/s；特性阻抗为：$\rho=500$ Ω；

品质因数$Q_1=50$　$Q_2=25$。

7-5　谐振时$I_0=0.45$ μA；频率为630 kHz时$I=0.045$ μA。

7-6　谐振电阻$C=0.2$ μF；电阻电压瞬时表达式$U_R=2\sqrt{2}\cos(5\,000t)$ V；

电感电压瞬时表达式$U_L=80\sqrt{2}\cos(5\,000t+90°)$ V；

电容电压瞬时表达式$U_C=80\sqrt{2}\cos(5\,000t-90°)$ V。

7-7　谐振时的频率为：$f_0=1.13$ MHz；电容上的电$U_C=50$ mV；

通频带为$BW_{0.7}=22.5$ kHz。

7-8　电感$L=50$ μH；谐振时的频率$f_0=1.12$ MHz；电感电压$U_L=497.2$ mV。

7-9　谐振电阻$R=20$ kΩ；$L=0.2$ mH；$C=5$ nF。

7-10　电路的谐振频率范围为553~1 620 kHz；当接收信号电压为10 μV时，电路中的电流$I_0=0.67$ μA；电容电压$U_{C0}=0.97$ mV；电路的品质因数$Q=97$。

7-11　谐振频率$f_0=1\,050$ kHz；谐振时的等效阻抗$Z=153.3$ kΩ。

7-12　谐振时的电流$I=0.5$ mA；品质因数$Q=48.3$；电感和电容上的电压$U_L=U_C\approx$ 241.5 mV。

7-13　品质因数$Q=70$；电阻$R\approx1.625$ Ω。

7-14 电容值 $C=80\ \mu F$；品质因数 $Q=5$；谐振时的电流 $I_0=10$ A；电容电压 $U_C=50$ V；线圈两端电压 $U_{RL}\approx 51$ V。

7-15 ①谐振角频率 $\omega_0=200$ rad/s；

②电路中的电流 $I_0=1$ A；电感电压 $U_L=200$ V；电容电压 $U_C=200$ V；电阻电压 $U_R=10$ V；

③品质因数 $Q=20$。

7-16 ①谐振角频率 $\omega_0=10^3$ rad/s；

②电路中的电压 $U=20$ V；电感电流 $I_L=20$ mA；电容电流 $I_C=20$ mA；电阻电流 $I_R=2$ mA；

③品质因数 $Q=10$。

习题 8

8-1 同名端为(1,2′)或(1′,2)。

8-2 同名端为(1,2′)、(1,3′)或(2,3′)。

8-3 (a) $u_1=L_1\frac{di_1}{dt}+M\frac{di_2}{dt}$，$u_2=M\frac{di_1}{dt}+L_2\frac{di_2}{dt}$；

(b) $u_1=L_1\frac{di_1}{dt}+M\frac{di_2}{dt}$，$u_2=-M\frac{di_1}{dt}-L_2\frac{di_2}{dt}$。

8-4 在顺接串联时 $\omega_0\approx 1\ 000$ rad/s，反接串联时 $\omega_0'\approx 2\ 236$ rad/s。

8-5 $L_1=L_2=0.2$ H，$M=0.1$ H。

8-6 $Z_{eq}=\frac{L_1L_2-M^2}{L_1+L_2+2M}$。

8-7 顺接串联时 $L_{eq}=16$ H，反接串联时 $L_{eq}=4$ H；

同侧并联时 $L_{eq}=3.75$ H，异侧并联时 $L_{eq}=0.937\ 5$ H。

8-8 等效输入阻抗 $Z\approx 130\angle 59.5°\ \Omega$，$\dot{I}_1\approx 0.769\angle -59.5°$ A，$\dot{I}_2\approx 0.688\angle -86.1°$ A。

8-9 $i_1=0.078\ 2\sqrt{2}\cos(314t-29.825°)$ A，$i_2=0.243\sqrt{2}\cos(314t-143.944°)$ A。

8-10 $Z_x=(0.2-j9.8)\ \Omega$，Z_x 吸收的功率 $P_x=10$ W。

8-11 $\dot{U}_C=1.88\angle -131°$ V。

8-12 $\dot{I}_1=0.2\angle 0°$ A，$\dot{I}_2=2\angle 0°$ A，$\dot{U}_1=100\angle 53.10°$ V，$\dot{U}_2=10\angle 53.10°$ V。

8-13 $n=\sqrt{5}=2.236$。

8-14 $Z=j1\ \Omega$。

8-15 $n=20$，R_L 获得的最大功率为 $P_{max}=0.069$ W。

参考文献

[1] 邱关源，罗先觉. 电路. [M]. 5 版. 北京：高等教育出版社，2006.
[2] 秦曾煌. 电工学. [M]. 7 版. 北京：高等教育出版社，2009.
[3] 詹姆斯，苏珊. 电路基础（英文版）. [M]. 7 版. 北京：电子工业出版社，2006.
[4] 查尔斯，马修. 电路基础（英文版）. [M]. 6 版. 北京：机械工业出版社，2018.
[5] 吴仕宏. 电路基础（英文版）[M]. 北京：清华大学出版社，2012.
[6] 张宇飞. 电路 [M]. 北京：机械工业出版社，2015.
[7] 皮特·巴锡. 电路原理 [M]. 苏育挺，译. 北京：机械工业出版社，2016.
[8] 刘健，刘良成. 电路分析. [M]. 3 版. 北京：电子工业出版社，2016.
[9] 田社平，何迪，张峰. 电路理论专题研究 [M]. 上海：上海交通大学出版社，2017.
[10] 李丽敏. 电路分析基础 [M]. 北京：机械工业出版社，2019.
[11] 胡福年，黄艳. 电路理论及应用 [M]. 北京：北京理工大学出版社，2020.
[12] 吴建华. 电路原理. [M]. 2 版. 北京：机械工业出版社，2013.
[13] 胡翔骏. 电路基础. [M]. 2 版. 北京：高等教育出版社，2009.
[14] 邵雅武，胡晓阳，陈晨. 电路分析基础 [M]. 北京：北京邮电大学出版社，2018.
[15] 顾梅园，杜铁钧，吕伟锋. 电路分析 [M]. 北京：电子工业出版社，2017.
[16] 董翠莲. 电路分析基础 [M]. 北京：机械工业出版社，2019.
[17] 陈海洋. 电路分析基础 [M]. 西安：西安电子科技大学出版社，2018.
[18] 王红艳. 电路分析基础 [M]. 西安：西安电子科技大学出版社，2018.
[19] 刘原，谢晓霞. 电路分析基础. [M]. 3 版. 北京：电子工业出版社，2017.
[20] 卢飒. 电路分析基础 [M]. 北京：电子工业出版社，2017.
[21] 赵鑫泰. 电路基本理论与应用解析 [M]. 北京：科学出版社，2017.
[22] 吴青萍，沈凯. 电路基础. [M]. 3 版. 北京：北京理工大学出版社，2014.
[23] 刘长学，成开友. 电路基础 [M]. 北京：人民邮电出版社，2016.
[24] 张杰. 电路基础项目教程 [M]. 北京：北京交通大学出版社，2014.
[25] 陈娟. 电路基础教程 [M]. 北京：清华大学出版社，2018.
[26] 何碧贵. 电路基础分析 [M]. 北京：中国水利水电出版社，2012.
[27] 夏继军，宋武. 电路基础 [M]. 北京：北京邮电大学出版社，2015.